CPEC

国家级实验教学示范中心联席会

计算机学科组规划教材

操作系统
基本原理与实践

王晓黎 吴上荣 主 编

李贵林 许 威 范瑞琦 副主编

清華大学出版社

北京

内容简介

本书主要讲解FusionOS的基础理论知识及其实践应用。本书共分为12章，从认识操作系统开始，介绍以下内容：操作系统的定义、特性、分类及应用领域、FusionOS等；操作系统的安装；操作系统的基本设置与使用；用户和组群管理；进程和作业管理；文件系统和磁盘管理；搭建FTP服务器；搭建Web服务器；搭建邮件服务器；搭建数据库服务器；使用双机集群系统；FusionOS Shell编程。本书提供大量应用实例，除第1章，其他章后均附有习题。

本书适合作为高等院校计算机、软件工程专业高年级本科生的教材，也适合作为服务器系统管理员、开发人员、广大科技工作者和研究人员的参考用书。

图书在版编目（CIP）数据

操作系统基本原理与实践/王晓黎，吴上荣主编. -- 北京：清华大学出版社，2025. 1.
(国家级实验教学示范中心联席会计算机学科组规划教材). -- ISBN 978-7-302-67855-7

Ⅰ. TP316

中国国家版本馆CIP数据核字第2024PF1100号

责任编辑：黄 芝 薛 阳
封面设计：刘 键
责任校对：李建庄
责任印制：沈 露

出版发行：清华大学出版社
网 址：https://www.tup.com.cn，https://www.wqxuetang.com
地 址：北京清华大学学研大厦A座 邮 编：100084
社 总 机：010-83470000 邮 购：010-62786544
投稿与读者服务：010-62776969，c-service@tup.tsinghua.edu.cn
质量反馈：010-62772015，zhiliang@tup.tsinghua.edu.cn
课件下载：https://www.tup.com.cn，010-83470236

印 装 者：三河市龙大印装有限公司
经 销：全国新华书店
开 本：185mm×260mm 印 张：25.75 字 数：622千字
版 次：2025年1月第1版 印 次：2025年1月第1次印刷
印 数：1～1500
定 价：79.80元

产品编号：106068-01

本书编委会

主　编：王晓黎　吴上荣

副主编：李贵林　许　威　范瑞琦

编写组：李坤阳　王凌飞　沈金田

陈寿聪　陈亮亮　王立超

序

随着科技的飞速发展，信息技术已经渗透到人们生活的每一个角落。在日新月异的IT科技领域中，操作系统的地位显得尤为重要。为了推动国内信息技术的进步，国产操作系统应运而生，其中超聚变公司的FusionOS以其突出的特点和强大的功能，得到了业界的广泛关注。

本书的写作目标是帮助读者更好地了解和掌握FusionOS，为推动国产操作系统的信创（信息技术应用创新产业）工作贡献力量。通过本书，编者期望能够帮助读者了解操作系统的起源、应用和发展趋势，从而更好地把握研究方向；同时，也希望能够帮助软件工程师们总结各类方法，为推动国产操作系统的信创工作落地提供理论支持和实践指导。

本书内容涵盖操作系统的基本概念、操作系统的安装与部署、操作系统基本维护和资源管理，以及操作系统应用编程等核心知识点。在本书的编写过程中，编者们始终秉持着科学的精神，注重知识的系统性和实用性。同时，结合大量的实践和案例分析，帮助读者深入浅出地理解和掌握操作系统的精髓。

这个信息爆炸的时代，需要的不仅是知识和技能，更需要一种追求真理、探索未知的精神。希望本书的出版能够让更多的人了解和掌握国产操作系统，从而推动国内信息技术的进步。同时，也祝愿中国的年轻一代能够在科学的道路上不断前行，涌现出更多的专业人才，为祖国的繁荣和发展贡献自己的力量。

法国数学家勒内·笛卡儿（René Descartes）曾经说过，"发现新世界的航行，是人类历史上最伟大的冒险之一"。这句话展现了人类对于探索未知的渴望和冒险精神。在历史长河中，东西方之间的贸易和文化交流经历了许多的波折。在奥斯曼土耳其封锁了丝绸之路，欧洲国家被迫寻找新的航线以继续他们的探索和发现这一过程中，他们面对了无数的困难和挑战，但正是这些困难激发了他们的斗志和创新精神，推动了人类历史的进步。

当今，某些国家对我国的技术封锁，激发了我们去寻找新的发展道路，以破解难题并打破技术封锁。面对这种封锁，我们不能被动接受，也不能心存恐惧，而应该积极寻求破解之道，寻找新的发展机遇。

在这个过程中，需要借鉴历史经验，发挥创新精神，不断探索和尝试。只有这样，才能逐步打破技术封锁，实现自主创新，掌握更多的具有自主知识产权的核心技术，进一步推动数字中国建设。这是我们对挑战的回应，也是我们对未来的展望。让我们携手并进，共同开启数字中国建设的新时代，创造更加美好的未来。

兴业银行原信息科技部总经理　傅晓阳

2024年10月

前言

在信息技术领域，操作系统是计算机系统中最基础、最重要的一部分，它充当着计算机硬件和应用软件之间的桥梁，为用户提供了一个可靠、高效的计算环境。如今，中国正在积极努力推动自主创新，其中就包括操作系统领域。在此背景下，本书应运而生。本书以国产超聚变操作系统（FusionOS）为例，介绍过程操作系统的基础维护过程，旨在帮助读者更深入地理解和应用国产操作系统。

本书共分为12章：第1章从认识操作系统开始，介绍操作系统的定义、特性、分类及应用领域、FusionOS等；第2章介绍操作系统的安装，包括安装前的准备、手动安装指导、自动化安装指导、操作系统的升级；第3章介绍操作系统的基本设置与使用，包括环境配置、网络配置，以及图形桌面；第4章介绍用户和组群管理，包括用户和组群的概念、用户和组群文件、用户管理、组群管理；第5章介绍进程和作业管理，包括管理进程与调度命令，作业和任务调度等；第6章介绍文件系统和磁盘管理，包括文件系统管理相关的基本命令，以及磁盘管理基本命令等；第7章介绍搭建FTP服务器；第8章介绍搭建Web服务器；第9章介绍建搭邮件服务器；第10章介绍搭建数据库服务器；第11章介绍使用双机集群系统；第12章介绍FusionOS Shell编程。本书提供了大量应用实例，除第1章，其他章后均附有习题。

本书适合有一定操作系统基础知识和编程经验的高校教师、学生、工程师等。本书可以作为高校"操作系统"课程的后续实训教材，培养学生将理论应用到实际的能力，也可以作为系统管理员的培训和备查资料书籍。希望本书能够成为读者深入研究国产操作系统的有力工具。无论读者是一名计算机学科学生、IT专业人士还是企业管理者，都可以从中受益匪浅。感谢您选择了这本书，相信通过学习它，您将能够更好地理解和应用国产操作系统，为中国信息技术的发展做出自己的贡献。

本书的完成是三方面力量共同协作的成果，包括厦门大学、超聚变数字技术有限公司和兴业银行股份有限公司。特别感谢所有为这个项目付出辛勤努力的人，他们是超聚变数字技术有限公司的徐元君、王贵山、林胜、张志强、郝峰、杨潇等；兴业银行股份有限公司的张天若、钱美旋、黄鸿敏、魏晓燕等；厦门大学的汤颀楠、黄鑫成等。他们在本书的撰写过程中对书中出现的操作步骤和代码进行了细致而严格的测试，对章节的安排及书中内容的理顺、书中的图表整理和交叉引用等细节方面做出了卓越的贡献。他们专业的知识和宝贵的建议对于本书的诞生和完善起到了关键作用。还要感谢那些提供了宝贵意见、审阅了稿件、提供了技术支持或以其他方式为本书的成功贡献了力量的人。没有他们的帮助和支持，这本书将无法出版，衷心感谢他们的付出！

由于编者水平有限，书中不当之处在所难免，欢迎广大同行和读者批评指正。

欢迎读者登录本书网站下载相关资源，包括 FusionOS 操作系统镜像、相关的源代码和 PPT 等。另外，欢迎读者通过本书的微信公众号与我们进一步交流，共同进步。请扫描下方二维码获取网址与关注微信公众号。

编　者

2024 年 10 月

网址与公众号

目 录

第1章

认识操作系统

CHAPTER 1

说到“操作系统”，可能是人们“最熟悉的陌生人”。说人们对操作系统熟悉是因为随着计算机、手机、平板电脑等电子设备的普及，人们每天都在和安装在这些设备上的操作系统打交道，而且随口就可以说出一些操作系统的名字，如 Windows、Linux、macOS 等。说陌生是因为人们一般只知道运行在操作系统上的应用程序，而对操作系统的具体运行过程一无所知，更不清楚怎样对操作系统进行调整和设置才能够使操作系统运行得更高效。针对第一个问题，涉及操作系统原理的理论知识，不是本书的重点，但是作为铺垫，本书将以银行的日常运转为例向读者解释操作系统运行原理中的一些关键概念。针对第二个问题，本书以国产操作系统 FusionOS 为例，向读者着重介绍操作系统，特别是服务器操作系统的各种设置方法以及调优方法。针对第一个问题，本章着重介绍操作系统中的一些关键概念。

1.1 操作系统的定义和基本概念

简单地说,操作系统是指控制和管理整个计算机系统的硬件和软件资源,并合理地组织调度计算机的工作和资源的分配,以提供给用户和其他软件方便的接口和环境集合。操作系统主要包括进程管理、内存管理、设备管理和文件系统等组成部分,如图 1-1 所示。这样说还是让人摸不着头脑,下面将通过一个例子,将操作系统和银行做类比,来让读者对操作系统内部构成有一个形象的理解。

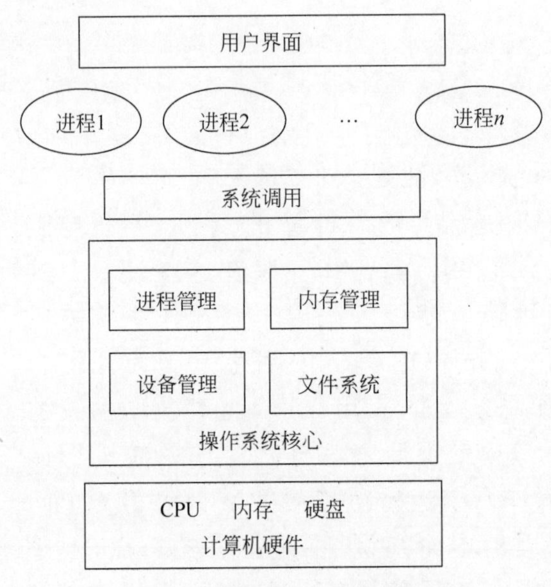

图 1-1 计算机操作系统的组成

如果把操作系统比喻成一家银行的营业网点,那么操作系统的工作就像是这家银行营业网点的管理者,负责协调各种资源和服务,以满足储户的各种需求。操作系统的 4 个核心功能分别是进程管理、内存管理、设备管理和文件系统,下面结合银行的例子对上述 4 个核心功能进行详细的介绍。

1. 进程管理

在操作系统中,与现实世界中储户相对应的重要概念是“进程”。银行的服务对象是储户,操作系统的服务对象是进程。银行以其良好的信誉、丰富的产品和高质量的服务吸引储户,操作系统则利用友好易用的用户界面方便用户运行应用程序,而用户运行应用程序的本质,就是建立了一个又一个进程。银行的一切都是围绕着客户展开的,同理,操作系统中的一切都是围绕“进程”展开的。

客户进入银行后,银行的工作人员就要以最快的速度为储户提供服务。这就需要银行高效地处理不同储户的要求,如增加提供服务的柜员数量,增加银行大堂的服务人员数量,对办理不同业务的储户进行合理安排等。与银行为客户提供快速的服务相对应,操作系统会对进程进行管理,即进程管理。进程管理是操作系统的一个重要功能,具体负责进程的创建、调度、同步、通信、挂起和唤醒、终止等。

进程创建：在银行的例子里，当一位客户进入银行时，银行的工作人员会询问客户要办理的业务类型，然后带领客户填写与其办理业务相关的表格，最后给他分配一个排队号码。这一系列操作完成后，客户就已经在等待银行提供服务的队列中了。在操作系统中，当一个程序被执行时，操作系统会为它创建一个进程，程序和进程的关系如下：程序是存储在硬盘上的可执行文件，是死的；而进程是正在执行的程序，存储在内存中，是活的。每个进程都拥有自己的资源和内存空间。

进程调度：就像银行的大堂经理会根据当前银行的繁忙程度以及办理不同类型业务客户数量的多少为他们合理地安排柜员办理业务。操作系统也会进行进程调度，决定哪些进程应该在什么时间运行。操作系统提供了多种进程调度策略，如先来先服务策略、短作业优先策略、基于优先级策略等。先来先服务策略就是银行严格按每位客户的先来后到为其提供服务；短作业优先策略是单位时间内服务更多的客户，也就是优先为可以在短时间内办理完业务的客户服务，以在单位时间内为更多客户提供服务。基于优先级的调度策略指银行为 VIP 客户提供特殊的待遇，即 VIP 客户比普通客户的优先级更高，能够在更短的时间内办理业务。

进程同步与互斥：在多道程序环境中，多个进程可能同时访问共享资源，就像多个储户同时办理一个业务时，都需要某位银行内部人员的授权，因此这些业务必须排队等待，由银行内部人员一个一个授权。类似地，当操作系统中多个进程因访问同一资源而发生冲突时，必须通过进程间的同步与互斥机制，如互斥锁、信号量等，协调进程之间的执行顺序。

进程通信：有时候，不同的进程需要相互通信，就像储户需要办理转账业务，即将资金从自己的账户转移到另一账户下。这里不同的账户代表不同的进程，转移的资金就是进程间通信的数据。操作系统中提供的进程通信机制包括管道、消息队列、共享内存等，使进程之间可以安全地传递消息和数据。

进程阻塞和唤醒：在前面进程互斥的例子中，多个储户因办理相同业务而对银行内的某个工作人员形成了争夺，该工作人员必须逐个为这些储户服务。当该工作人员为一个储户服务的时候，其他储户的业务不得不被暂停。当轮到为该储户服务的时候，他的业务得以继续。在操作系统中，当多个进程因访问共享资源而发生冲突的情况下，没有获得资源，则操作系统将该进程阻塞，即暂时停止它的执行，并在条件满足时唤醒它，以便合理利用系统资源。

进程终止：当储户办理完业务并离开银行时，他们所占用的各种资源，如办理业务时所用到的办公用品、桌椅，以及为其服务的柜员等就会被释放。在操作系统中，当一个进程完成任务、被用户终止或发生错误时，操作系统会终止该进程，并释放它占用的内存和资源。

2. 内存管理

内存管理是操作系统的一个重要功能，负责有效地管理计算机的内存资源。内存是计算机用于存储正在运行的程序、数据和操作系统本身的地方。内存管理的目标是为每个运行的程序提供合适的内存空间，并在需要时动态地分配和回收内存，以提高系统的性能和资源利用率。内存管理的主要任务包括内存分配、内存回收、内存保护、内存碎片整理、虚拟内存管理以及内存页面调度等。可以把内存比喻成银行为客户提供的存储贵重物品的保险箱。于是,操作系统中的内存管理功能可以类比为银行对客户保险箱空间的管理和分配。

下面将详细介绍操作系统中内存管理的功能,并结合这个比喻进行解释。

内存分配:银行工作人员类似于操作系统中的内存管理器,负责分配保险箱(内存)给客户(进程)。他们会选择一个合适大小的保险箱,以满足客户的需求。类似地,当一个进程被创建时,操作系统会为它分配适当的内存空间来存储其代码、数据和执行时所需要的其他资源。

内存保护:在银行中,每个客户的保险箱绝不能被其他客户非法打开。类似地,操作系统通过内存保护机制确保每个进程只能访问其分配的内存空间,防止进程之间相互干扰和数据的非法访问。

内存回收:当一个客户不再需要保险箱服务时,银行会及时回收保险箱,以便为其他客户提供服务。在操作系统中,当一个进程终止或释放其内存时,操作系统会回收并重新分配这些内存空间,以便其他进程可以使用。

内存碎片整理:保险箱的客户可以随时租用和退还保险箱,随着时间的推移,导致银行的保险箱存储空间出现了变化。有些保险箱空间可能被空置,而其他保险箱可能被租用。这就像计算机内存中的内存碎片化,其中一些内存块被程序使用,而其他内存块则被释放。现在,假设银行管理决定要优化保险箱的存储空间以提高效率。他们决定对空置的保险箱进行整理,将它们放在一起以腾出更大的连续存储空间,以供未来的客户使用。这个过程就像计算机中的内存碎片整理,其中,操作系统将散布在内存中的碎片整理在一起,以创建更大、更连续的内存块,以便程序更容易地分配和使用内存。

虚拟内存管理:银行的保险箱空间有限,无法容纳所有储户的贵重物品。为了解决这个问题,银行引入了虚拟储物柜系统,每位储户都被分配了一个"虚拟储物柜",其中只存放了一部分他们的贵重物品,而其他物品被存放在银行的外部仓库。当储户需要使用存放在外部仓库的物品时,银行会将这些物品取回,并将原本放在虚拟储物柜中的物品暂时移出。类似地,在计算机系统中,虚拟内存允许操作系统将部分数据和程序从物理内存(RAM)中移出,并存储到硬盘上作为虚拟内存文件。只有当前需要的数据和程序才会保留在物理内存中,而其他部分则可以在需要时从虚拟内存中检索和加载到物理内存中。

通过以上的比喻,读者可以更好地理解操作系统中内存管理的功能。就像银行对保险箱进行分配、保护、回收和整理,操作系统通过内存分配、保护、回收、碎片整理、虚拟内存管理等功能,确保每个进程都能够得到足够的内存空间,并且高效地利用和管理系统的物理内存资源。这样,系统能够更好地支持多个进程同时运行,并提供稳定的计算环境。

3. 设备管理

在操作系统中,设备管理是操作系统的一个重要组成部分,负责管理计算机系统中的各种硬件设备(如输入设备、输出设备和存储设备)。设备管理的主要目标是有效地管理这些设备,以提供对设备的控制、访问和分配,并确保设备的正常运行和资源的合理利用。设备管理的主要任务包括设备分配与释放、设备驱动程序管理、设备访问控制、设备缓冲区管理、设备状态监控、设备性能优化等。

银行的日常运作同样也需要用到各种各样的设备,如点钞机、计算机、扫描仪、存放现钞的保险箱等。银行必须合理规划这些设备的使用,才能保证以最高的效率使用这些设备以满足银行高效运转的需求。同理,操作系统管理着计算机系统中的各种硬件设备,进程只能通过操作系统提供的设备管理服务才能利用这些设备完成自己的任务。下面将详细介绍操作系统中设备管理的功能,并结合这个比喻进行解释。

设备分配与释放:操作系统需要分配可用的硬件设备给应用程序或用户进程,并在不再需要设备时释放它们。这确保了多个程序可以有效地共享硬件资源。正如银行员工因办公需要申请某台计算机的使用权,当完成工作后,再退还计算机一样。

设备驱动程序管理:银行的柜员类似于设备的驱动程序,他们操纵手中的设备,完成客户的各种服务。操作系统需要管理设备驱动程序,这些驱动程序是与硬件设备通信的软件组件。它们负责控制设备的操作、数据传输和错误处理。操作系统需要加载、初始化和协调这些设备驱动程序。

设备访问控制:银行中的某些计算机保存着机密信息,需要满足一定权限的工作人员才能访问。操作系统需要确保合适的进程或用户能够访问特定的设备,同时防止未经授权的访问。这涉及权限控制和设备访问策略的实施。

设备缓冲区管理:银行柜员在为客户服务的时候,会收取或发放一些纸钞,因此会在身边放置一个小保险箱,以便随时取用。当纸钞不足时,会得到补充。反之,多余的部分会被银行统一保管。这种管理方式显然很高效。缓冲区就类似这个临时存放纸钞的保险箱。由于设备运行的速度相对于 CPU 都非常缓慢,因此需要利用缓冲区平滑二者之间速度的不匹配。缓冲区是一个临时存储数据的区域,通常位于内存中,用于在不同组件之间进行数据交换。缓冲区管理的主要目的是优化数据的读写操作,减少频繁的 I/O(输入/输出)访问,从而提高系统性能。

缓冲区管理的主要特点和功能如下。

缓冲:缓冲区允许数据在内存中暂时停留,等待处理或传输,从而平衡了不同组件之间的速度差异。

数据传输:缓冲区管理负责数据的传输和复制,将数据从源传输到缓冲区,再从缓冲区传输到目标,以提高数据传输效率。

缓冲区大小:缓冲区的大小通常是有限的,需要根据系统需求和资源进行合理的配置。过小的缓冲区可能导致溢出,而过大的缓冲区可能浪费资源。

数据一致性:在缓冲区管理中,需要处理数据的一致性问题,确保在数据传输过程中数据的正确性和完整性。

缓冲区策略:缓冲区管理涉及选择合适的缓冲区策略,例如,先进先出(First In First Out,FIFO)、最近最少使用(Least Recently Used,LRU)等,以优化数据的传输和处理。

设备状态监控:各种设备在银行的日常运营中起着至关重要的作用。设备状态监控就好比银行工作人员对这些设备的运行状况进行实时观察和管理。设备状态监控主要包括设备健康状态、设备连接和通信状态、设备能耗和资源利用、设备安全性等。

设备性能优化:在银行的日常工作中,通过对数量有限设备的灵活调度,缩短设备的闲置时间,从而更充分地发挥设备的作用。同理,操作系统需要优化设备的性能,以确保它们在满足应用程序需求的同时,尽可能高效地工作。这可能涉及设备缓存、异步操作和设备调度策略的优化。

通过以上的比喻,可以更好地理解操作系统中设备管理的功能。操作系统通过设备分配与释放、设备驱动程序管理、设备访问控制、设备缓冲区管理、设备状态监控、设备性能优化等功能，确保系统中的各种设备能够高效地被应用程序和进程使用，从而提供稳定、可靠的计算环境。

4. 文件系统

文件系统是计算机操作系统中用于管理和组织文件和目录的一种机制或结构。它提供了一种方法，使得计算机可以将数据以文件的形式存储在存储设备（如硬盘、SSD等）中，并通过文件名和路径来访问和操作这些数据。

在文件系统中，文件是存储数据的基本单位，它可以是文本文件、图像文件、音频文件等不同类型的数据。文件系统通过为每个文件分配唯一的文件名和文件路径，使得用户和应用程序可以方便地识别和访问文件。文件系统还通过目录来组织文件的层次结构。目录可以包含文件和子目录，形成树状结构。通过目录，用户可以将相关的文件组织在一起，方便查找和管理。

文件系统提供了一套标准的接口和操作，使得用户和应用程序可以执行诸如创建新文件、读取文件、写入文件、复制文件、删除文件等操作。它还负责控制对文件的访问权限，确保只有具有适当权限的用户或进程才能访问和操作文件。文件系统的主要功能包括文件的创建与命名、文件组织和目录结构、文件操作、文件访问权限和保护、文件共享和协作、文件备份和恢复。

我们可以把银行对客户账户的管理和文件系统进行类比。银行对客户账户进行管理，确保交易的准确性和可靠性。类似地，文件系统管理计算机系统中的文件和目录，负责读取、写入和删除文件，并维护文件的安全性和完整性。下面将详细介绍操作系统中文件系统的功能，并结合这个比喻进行解释。

文件创建和命名：就像在银行为每一位客户建立账户并为其分配账号一样，文件系统允许用户创建新的文件并为其指定一个唯一的名称。这样，用户可以根据自己的需要在系统中存储和组织数据。

文件组织和目录结构：文件系统通常具有层次结构的目录，就像银行账户可以分为不同的账户类型和子账户一样。目录可以包含文件和其他子目录。这类似于银行账户可以有主账户和关联的子账户，用于组织和管理不同类型的资金。

文件操作：用户可以对文件系统中的文件执行各种操作，如创建、修改、复制、移动和删除文件。银行账户持有人也可以执行各种操作，如存款、取款、转账和查询余额。

文件访问权限和保护：文件系统允许设置文件的访问权限，决定哪些用户或程序可以读取、写入或执行文件。这类似于银行账户具有不同的权限设置，决定了谁可以访问账户以及执行不同类型的交易。

文件共享和协作：文件系统提供文件共享和协作功能，允许多个用户或进程同时访问和编辑文件，以便实现协同工作和数据共享。银行之间可以共享客户的账户信息，也就是储户可以用同一个账户在A银行存钱，在B银行取钱。

文件备份和恢复：文件系统通常支持备份和恢复功能，以防止数据丢失。银行也有类似的机制，例如，账户对账单和历史交易记录，用于跟踪和恢复资金流动。

通过以上的比喻，读者可以更好地理解操作系统中文件系统的功能。操作系统中的文件系统通过创建、组织、执行各种操作、保护和共享文件，为用户和应用程序提供了一个结构化和可靠的数据存储和管理方式。这样，用户可以方便地访问和处理文件，并确保数据的安全性和完整性。

5. 其他：用户界面、系统调用、网络管理、安全性等

除了上述功能外，操作系统还包括一些其他功能，如用户界面、系统调用、网络管理和系统安全等方面。下面仍然延续银行的例子对上述概念进行解释。

银行良好的信用、丰富的产品以及优质的服务类似于操作系统友好易用的用户界面，目前在PC、手机或平板电脑这类为普通人服务的计算机上安装的操作系统都提供优美且易于使用的图形用户界面，这种易用界面的引入为人人可以使用计算机起到了至关重要的作用，可以说"操作系统"之所以有今天的知名度，友好的用户界面功不可没。

系统调用很像银行柜员，当客户提出所要办理的业务后，由银行柜员负责与银行内部的系统交互完成业务。可以看出，银行柜员在客户和银行内部系统之间起到了桥梁或信息通道的作用。系统调用也是这样，客户相当于操作系统中的进程，银行内部系统相当于设备管理模块，当进程要访问一个设备时，那么进程通过系统调用向设备管理模块提出请求，最终设备管理模块完成进程的打印请求，并将运行结果反馈给进程。

网络已经渗透到人们日常生活的方方面面，很难想象没有连通网络的计算机该如何使用。与之相对应，操作系统中也有对网络进行管理的功能。仍然拿银行的例子做类比，银行服务的客户种类千差万别，如个人客户、企业客户、政府部门等。不同类型的客户就类似于网络中的其他主机或服务器。银行会针对不同类型的客户采用不同的服务方式，同理，操作系统与网络上的不同主机和服务器也是按照不同的通信协议进行通信。

安全是银行一切活动的基石。同样地，操作系统的运行也依赖于安全性。安全性指操作系统防止未经授权的访问、保护系统资源免受恶意攻击以及确保系统可靠运行的能力。

综上所述，本书以银行的日常运转为例子，向读者简要阐述了操作系统的构成以及各部分的功能。这种类比的目的是帮助读者对操作系统中抽象的概念有一个具体形象的认识，关于操作系统各个模块更详细的功能请感兴趣的读者参考相关教材。

1.2 操作系统的特性

操作系统是计算机系统的核心软件，它对于计算机的正常运行和资源管理起着至关重要的作用。操作系统的特性决定了它在计算机中的地位和功能，包括并发性、共享性、虚拟性、持久性、异步性、可扩展性以及实时性等。下面探讨这些特性的含义、作用和意义。

1. 并发性

并发性(Concurrency)是操作系统的一个重要特性，指计算机系统可以同时执行多个进程或任务。在现代计算机中，人们经常面对多个程序同时运行的情况。这些程序可能是不同的应用程序，也可能是同一应用程序的多个实例。操作系统通过并发性实现了多任务处理，使得计算机可以在同一时间片内交替执行多个任务。这样，用户可以同时进行多项操作，提高了计算机系统的效率和性能。

并发性带来了一些挑战，如资源竞争和同步问题。多个进程同时访问共享资源时可能会产生冲突，操作系统需要采取相应的机制来保证资源的正确访问。同步问题指的是多个进程之间需要协调和同步的情况，如避免死锁（Deadlock）和资源争用（Race Condition）等。操作系统通过引入锁和信号量等机制来解决这些问题，确保并发性的正确实现。

2. 共享性

共享性（Sharing）是操作系统的另一个重要特性，指多个进程可以共享计算机系统中的资源。在现代计算机系统中，存在大量的共享资源，如内存、文件、设备等。操作系统需要确保多个进程可以同时访问和使用这些共享资源，以提高资源利用率。

共享资源的管理需要考虑到并发性和同步问题。操作系统需要保证资源可以被多个进程共享，同时避免资源竞争和数据一致性问题。为此，操作系统引入了锁、信号量和互斥量等机制，确保共享资源的正确访问和更新。

3. 虚拟性

虚拟性（Virtualization）是操作系统的另一个重要特性，指操作系统可以为每个进程提供独立的虚拟环境。在计算机系统中，每个进程拥有独立的虚拟地址空间和资源。虚拟性使得每个进程都认为自己拥有整个计算机系统的资源，而不受其他进程的影响。

虚拟性的实现涉及地址映射和分页技术。操作系统使用页表将虚拟地址映射到物理地址，从而实现地址的虚拟化。这样，每个进程都有自己的虚拟地址空间，使得内存资源可以被高效地共享和利用。

虚拟性的优势在于增强了系统的安全性和稳定性。如果一个进程发生故障或错误，它不会影响其他进程的运行，从而提高了系统的可靠性。

4. 持久性

持久性（Persistence）是操作系统的特性之一，指计算机系统能够将数据和程序在关机后保存在存储设备中，并在下次启动时继续使用。持久性保证了数据的长期保存和持续使用，使得计算机可以在不同时间点进行工作。

在现代计算机系统中，持久性实现主要依靠辅助存储设备（如硬盘、SSD等）。操作系统负责将数据和程序写入辅助存储设备中，并在需要时将其加载到内存中进行使用。这样，即使计算机关机，数据仍然保持在存储设备中，不会丢失。

持久性的优势在于保证了数据的安全性和持续使用，使得计算机系统具有更强的稳定性和可靠性。

5. 异步性

异步性（Asynchrony）是操作系统的一个重要特性，指多个进程的执行是不可预测的，并且可能在任何时刻发生中断和切换。在现代计算机系统中，多个进程并发执行，每个进程的执行时间和顺序是不确定的。

异步性给操作系统带来了一些挑战，如进程调度和上下文切换。操作系统需要采取合适的调度算法，合理安排进程的执行顺序，以提高系统的性能和效率。上下文切换是指在进程切换时保存和恢复进程的上下文,这需要消耗一定的时间和资源。操作系统需要优化上下文切换的开销,以减少进程切换对系统性能的影响。

异步性的优势在于提高了系统的并发性和响应性,使得计算机可以同时处理多个任务,并快速响应用户的操作。

6. 可扩展性

可扩展性(Scalability)是操作系统的特性之一,指操作系统能够适应不同的硬件平台和架构,并能够处理不同规模的计算机系统。现代计算机系统涵盖了各种不同规模的设备,从个人计算机到大型服务器,操作系统需要具备可扩展性,以适应不同规模的计算需求。

可扩展性的实现涉及硬件抽象和驱动程序的设计。操作系统需要提供统一的硬件接口,使得不同硬件设备可以方便地与操作系统交互。同时,操作系统需要提供适配不同硬件设备的驱动程序,以确保硬件能够正常工作和被操作系统支持。

可扩展性的优势在于使得操作系统可以适用于不同规模和类型的计算机系统,使得计算机技术在各个领域得以广泛应用。

7. 实时性

实时性(Real-Time)是一些特殊应用场景下的操作系统特性,它指操作系统能够按照特定的时间限制响应任务,并保证任务在指定时间内完成。在实时操作系统中,时间的精确性和稳定性是至关重要的,如航空航天、工业控制、医疗设备等领域。

实时操作系统通常分为硬实时和软实时两种类型。硬实时系统要求任务必须在严格的时间限制内完成,否则可能导致严重的后果。软实时系统允许任务在一定范围内完成,但也尽量保证任务的实时性。

实时性的实现需要优化进程调度和响应机制。操作系统需要采取快速的调度算法,并确保任务得到及时的响应和执行。

操作系统的特性决定了它在计算机系统中的功能和作用。并发性、共享性、虚拟性、持久性、异步性、可扩展性和实时性等特性使得操作系统能够高效地管理计算机资源、提供友好的用户界面,并保证计算机系统的稳定性和可靠性。随着计算机技术的不断发展,操作系统将继续演进和改进,以满足不断增长的计算需求和应用场景。操作系统作为计算机系统的核心,将继续发挥着不可替代的作用,推动计算机技术的发展和进步。

1.3 操作系统的分类

操作系统可以根据不同的标准进行分类。根据不同的特性和用途,可以从不同的角度对操作系统进行分类。

1. 按照可同时使用操作系统的用户数分类

1) 单用户操作系统

单用户操作系统(Single-User Operating System)是一种只能同时支持一个用户使用的操作系统。这种操作系统通常只能运行一个程序或任务,而不能进行多任务处理。单用户操作系统的概念最早出现在早期的个人计算机上，例如，苹果Ⅱ和 IBM PC。这些计算机只有一个中央处理器(Central Processing Unit,CPU)和一个显示器，因此只能供一个用户使用。随着技术的发展，单用户操作系统逐渐被多用户操作系统所取代，后者可以支持多个用户同时登录和使用不同的程序或任务。多用户操作系统的优势在于可以提高资源的利用率和效率，以及增强系统的安全性和稳定性。然而，单用户操作系统仍然有其存在的价值和应用场景，例如，嵌入式系统和移动设备。这些系统通常只需要执行一些特定的功能，而不需要与其他用户或设备进行交互，因此单用户操作系统可以满足其需求，并且具有较低的成本和复杂度。

2) 多用户操作系统

多用户操作系统(Multi-User Operating System)是设计用于多个用户同时使用的操作系统。它通常用于服务器和大型主机系统，可以支持多个用户同时访问和共享系统资源。多用户操作系统提供更复杂的用户管理和权限控制，以确保用户之间的资源隔离和数据安全。多用户操作系统的概念最早出现在大型计算机和小型计算机上，后来也被应用到个人计算机和服务器上。

多用户操作系统的主要特点如下。第一，具有高效的资源管理能力，能够合理地分配和调度计算机的处理器、内存、磁盘、网络等资源，满足多个用户的需求。例如，多用户操作系统可以根据用户的优先级和任务的类型，动态地分配处理器的时间片，实现公平和高效的并发执行。多用户操作系统还可以利用虚拟内存技术，扩展可用的内存空间，提高内存的利用率。第二，具有良好的安全性和可靠性，能够保护系统和用户数据不受未授权的访问和破坏，以及在发生故障时能够及时恢复。例如，多用户操作系统可以实现用户身份认证和访问控制，防止非法用户进入系统或者访问其他用户的文件。多用户操作系统还可以采用备份和恢复机制，防止数据丢失或者损坏。第三，具有友好的用户界面和应用程序接口，能够提供多种方式让用户与系统交互，以及支持各种类型的应用程序运行。例如，多用户操作系统可以提供图形化或者命令行式的用户界面，让用户根据自己的喜好选择合适的方式操作系统。多用户操作系统还可以提供标准化或者定制化的应用程序接口，让开发者能够方便地编写和运行各种应用程序。

2. 按照任务调度和处理方式的不同分类

1) 批处理操作系统

批处理操作系统(Batch Processing Operating System)是一种早期的操作系统类型，主要用于处理大量批量任务。在批处理系统中，多个作业被收集在一起形成一个作业队列，然后由操作系统按顺序自动执行，无须用户交互。

批处理操作系统的概念最早出现在19世纪50年代，当时计算机的速度远远超过了输入/输出设备的速度，因此需要一种方法来提高计算机的利用率。批处理操作系统的基本思想是将用户的作业按照一定的顺序排列在一个输入设备(如磁带或卡片)上，然后由一个特殊的程序(如监督程序或监控程序)来控制计算机按照顺序执行这些作业，而无须人工干预。批处理操作系统的优点是可以减少人工操作和等待时间，提高计算机的效率和吞吐量。批处理操作系统的缺点是不能及时响应用户的需求，缺乏交互性和灵活性，以及难以处理实时任务和并发任务。

批处理操作系统主要有以下几种类型。

单道批处理操作系统：这是最早的一种批处理操作系统，只能同时处理一个作业，即在内存中只有一个用户程序。当一个作业执行完毕后，才能装入下一个作业。这种操作系统的特点是简单易实现，但是效率低下，因为在进行输入/输出操作时，计算机的 CPU 会处于空闲状态。

多道批处理操作系统：这是一种改进的批处理操作系统，能够同时处理多个作业，即在内存中可以有多个用户程序。当一个作业在进行输入/输出操作时，计算机的 CPU 可以切换到另一个作业继续执行。这种操作系统的特点是提高了 CPU 的利用率和系统的吞吐量，但是仍然缺乏交互性和灵活性。

2）分时操作系统

分时操作系统（Time-Sharing Operating System）出现于 19 世纪 60 年代晚期和 19 世纪 70 年代早期，是批处理操作系统的进化。它允许多个用户通过终端或其他设备与计算机交互，共享计算机的资源和处理器时间。

在分时操作系统中，计算机处理器会快速地在不同用户之间切换执行任务，每个用户感觉就像独占了整个计算机一样。这种切换是如此迅速，以至于用户几乎无法察觉到其他用户的存在。这种技术使得多个用户可以同时使用计算机而不会互相干扰。

以下是分时操作系统的一些重要特点和优势。第一，多用户支持。分时操作系统支持多用户并行使用，每个用户都可以在自己的终端上运行自己的程序，独立于其他用户。第二，时间片轮转。分时操作系统采用时间片轮转算法来分配 CPU 时间。每个用户被分配一个小的时间片（通常为几十毫秒），当时间片用完后，操作系统会迅速地切换到下一个用户，从而实现快速切换并给用户一种同时运行的感觉。第三，响应时间短。分时操作系统的设计目标之一是缩短用户请求的响应时间。通过迅速地在用户之间切换，用户可以很快地获得系统的响应，提高了用户体验。第四，资源共享。分时操作系统可以有效地管理计算机的资源，包括 CPU、内存、设备等，确保这些资源在多个用户之间得到合理的共享和分配。第五，交互性。分时操作系统允许用户与计算机进行交互，通过终端输入命令，运行程序，查看输出结果，实现了实时交互。第六，多任务支持。分时操作系统支持多任务处理，使得多个程序可以同时运行，并且它们之间可以共享资源和数据。第七，稳定性。分时操作系统通常是稳定可靠的，能够处理用户之间的冲突和错误，确保整个系统的稳定运行。

常见的分时操作系统包括早期的 UNIX 系统，如 AT&T UNIX 和 BSD UNIX，以及后来的类 UNIX 系统，如 Linux 和 macOS（基于 UNIX）。分时操作系统为计算机的多用户和多任务环境奠定了基础，对于现代计算机系统的发展起到了重要的推动作用。

3）实时操作系统

实时操作系统（Real-Time Operating System）是一种专为实时应用而设计的操作系统。它的主要特点是能够在规定的时间范围内对任务做出及时的响应，并满足实时性要求。实时应用对于任务执行的时间敏感，需要在特定的时间限制内完成，否则可能会导致系统失效或产生严重后果。

实时操作系统可以分为两类：硬实时操作系统和软实时操作系统。

硬实时操作系统：在硬实时操作系统中，任务必须在规定的时间限制内完成，否则会导致系统的失败。硬实时操作系统的关键是保证任务的时间截止期限得到严格遵守。这种类型的系统通常应用于对时间要求非常严格的应用，如航空航天、医疗设备、工业自动化等领域。

软实时操作系统：软实时操作系统允许任务在时间限制内完成，但不是强制性的。在软实时操作系统中，任务错过了时间截止期限时，系统仍然可以继续运行，只是可能导致性能下降或数据不准确。软实时操作系统应用于对实时性要求相对较低的应用，如多媒体应用、通信系统等。

实时操作系统的特点和优势如下。第一，实时性。实时操作系统保证任务在规定的时间限制内完成，确保系统对事件的响应及时性。第二，可预测性。实时操作系统对任务执行时间进行预测和管理，提供可预测的系统行为。第三，资源管理。实时操作系统对计算机资源（如 CPU、内存、设备）进行有效管理，以确保任务获得所需资源。第四，稳定性。实时操作系统通常是稳定的，能够处理异常情况和错误，以保持系统的可靠性。第五，多任务支持。实时操作系统支持多任务处理，可以同时运行多个任务。第六，优先级调度。实时操作系统使用优先级调度算法，确保高优先级任务得到优先执行。第七，中断处理。实时操作系统对硬件中断的处理非常重要，能够迅速响应硬件事件。

实时操作系统广泛应用于各种实时应用领域，包括航空航天、军事系统、汽车电子、医疗设备、工业自动化、通信设备、嵌入式系统等。对于这些应用来说，时间的准确性和可靠性至关重要，实时操作系统为它们提供了一种有效的解决方案。

3. 按照操作系统所面向的不同硬件类型分类

随着大规模集成电路工艺技术的快速发展，以及微处理器的出现，计算机不仅迎来了个人计算机的时代，而且开始向计算机网络、分布式处理、移动计算的方向发展。按照操作系统所面向的不同硬件类型，操作系统可分为网络操作系统、分布式操作系统和嵌入式操作系统。

1）网络操作系统

网络操作系统（Network Operating System）是一种专为网络环境设计的操作系统，它的主要目标是管理和控制网络中的各种资源和服务，使得多台计算机或设备能够在网络上协同工作。网络操作系统在计算机网络中扮演着关键的角色，它为网络上的计算机提供了统一的管理和协调，使得网络用户可以共享资源、通信和访问网络上的服务。

网络操作系统的主要特点和功能包括如下。第一，网络资源管理。网络操作系统负责管理网络中的各种资源，包括计算机、服务器、存储设备等。它允许管理员对这些资源进行集中管理和配置。第二，用户管理。网络操作系统可以管理网络中的用户账户和权限，控制用户对资源和服务的访问权限，确保网络的安全性和数据的保密性。第三，文件共享。网络操作系统支持文件共享，允许用户在网络上共享文件和文件夹，方便团队协作和数据交换。第四，网络通信。网络操作系统提供通信服务，允许用户通过网络进行即时通信、电子邮件、远程访问等。第五，网络安全。网络操作系统具备网络安全功能，包括防火墙、身份认证、数据加密等，以保护网络免受恶意攻击和未授权访问。第六，远程管理。网络操作系统支持远程管理，允许管理员通过网络远程管理和监控网络中的设备和资源。第七，服务管理。网络操作系统可以管理网络中提供的各种服务，如 Web 服务、数据库服务、应用服务等。第八，协议支持。网络操作系统支持各种网络协议，如 TCP/IP 协议族，以确保网络设备之间的通信和数据传输。

2) 分布式操作系统

分布式操作系统(Distributed Operating System)是一种设计用于分布式计算环境的操作系统,其主要目标是管理多台计算机或设备组成的分布式系统,使它们能够协同工作并以一种统一的方式运行。分布式操作系统提供了对分布式资源的透明访问和管理,使得分布式系统能够更高效地进行任务分配、数据共享和通信。

分布式操作系统的主要特点和功能如下。第一,透明性。分布式操作系统提供资源透明性、访问透明性和位置透明性。用户无须关心资源的位置和物理细节,可以像访问本地资源一样访问远程资源。第二,任务调度。分布式操作系统负责将任务分配给网络中的计算机,根据计算机的负载和性能特点进行合理的任务调度。第三,通信管理。分布式操作系统管理网络通信,使得分布式系统中的不同节点可以进行信息交换和协作。第四,数据共享。分布式操作系统支持数据在分布式系统中的共享和同步,确保数据的一致性和可靠性。第五,容错和高可用性。分布式操作系统通过容错机制来处理节点故障,确保系统的高可用性和鲁棒性。第六,安全性。分布式操作系统提供安全功能,包括身份认证、访问控制和数据加密,保护分布式系统的数据和资源不受未授权访问。第七,分布式文件系统。分布式操作系统通常支持分布式文件系统,使得用户可以通过网络访问远程文件,实现文件的共享和存储管理。第八,分布式数据库。分布式操作系统可能包含分布式数据库管理系统(Data Base Management System,DBMS),支持分布式数据库的管理和查询。

分布式操作系统在许多领域得到广泛应用,尤其是在大规模的云计算环境和分布式计算集群中。它们使得分布式系统的管理和维护变得更加高效和方便,同时提高了系统的可扩展性和性能。分布式操作系统是实现分布式计算的关键基础设施之一,它为分布式系统的管理和协调提供了重要的支持,使得分布式计算环境能够更加灵活、高效地运行。

3) 嵌入式操作系统

嵌入式操作系统(Embedded Operating System)是一种专门设计用于嵌入式系统的操作系统。嵌入式系统是一种特殊的计算机系统,通常用于嵌入其他设备或产品中,以实现特定的功能或控制任务。这些嵌入式系统可以是智能手机、家用电器、汽车控制系统、医疗设备、工业自动化、路由器、摄像头等各种产品。

嵌入式操作系统的设计目标如下。第一,资源限制。嵌入式系统通常具有有限的计算资源(如CPU、内存、存储空间),因此嵌入式操作系统需要高效地管理和利用这些资源。第二,实时性。很多嵌入式应用对实时性要求很高,要求操作系统能够及时地响应外部事件和处理任务。第三,小尺寸。嵌入式操作系统需要具有较小的内核和代码尺寸,以适应嵌入式设备的存储空间要求。第四,可靠性。嵌入式操作系统通常用于关键的应用领域,如医疗、航空航天等,因此嵌入式操作系统需要具备高度的稳定性和可靠性。第五,低功耗。嵌入式设备通常依赖电池供电,嵌入式操作系统需要优化能耗,延长电池寿命。

嵌入式操作系统在现代技术中扮演着重要角色,它们为嵌入式系统提供了一个高效、可靠和稳定的基础,使得各种嵌入式设备能够顺利运行并满足特定的应用需求。由于嵌入式系统的广泛应用,嵌入式操作系统也在不断演进和发展,以满足不断增长的需求和挑战。

综上所述,仅是操作系统的一些常见分类,实际上还有其他的一些特殊类型操作系统,如实时嵌入式操作系统、实时分布式操作系统等。操作系统的分类在不断地发展和演变,以满足不断变化的计算需求和技术发展。

1.4 操作系统的应用领域

操作系统作为计算机系统的核心软件,在各个领域都有广泛的应用。它是计算机硬件和应用软件之间的桥梁,负责管理计算机资源、提供用户接口、支持多任务处理等。以下是操作系统在不同领域的主要应用。

1. 个人计算机

操作系统在个人计算机(PC)上的应用最为广泛,如 Windows、macOS 和 Linux 等。它们提供图形用户界面和用户友好的交互方式,使得个人用户可以方便地操作计算机、运行应用程序和访问互联网。

2. 服务器和数据中心

在服务器和数据中心中,操作系统通常是多用户操作系统,如 Linux、UNIX 等。它们能够支持多个用户同时访问和共享系统资源,实现高效的资源管理和任务调度,满足大规模计算和存储需求。

3. 嵌入式系统

操作系统在嵌入式系统中的应用也非常广泛,如智能手机、智能家居、汽车控制系统等。嵌入式操作系统通常需要占用较少的资源,并具有实时性和可靠性。

4. 实时控制系统

操作系统在实时控制系统中的应用涉及航空航天、工业自动化、医疗设备等领域。实时操作系统要求任务必须在特定的时间限制内完成,以满足实时性需求。

5. 科学计算和超级计算

操作系统在科学计算和超级计算中扮演着重要角色。它们通常需要支持大规模的并行计算和高性能的存储访问,如在气象预测、天文学研究、基因组学等领域。

6. 网络通信

网络操作系统在互联网和局域网中起着关键作用。它们负责网络通信和资源共享,使得计算机可以连接互联网和其他网络,实现数据传输和访问。

7. 分布式计算

操作系统在分布式计算环境中扮演着重要角色,如云计算、分布式数据库、大规模数据处理等。分布式操作系统允许多台计算机协同工作,共同完成任务,提高计算效率和系统可靠性。

8. 虚拟化技术

操作系统在虚拟化技术中也有广泛应用，如虚拟机和容器技术。它们允许多个虚拟化的操作系统运行在同一台物理计算机上，实现资源隔离和优化资源利用。

操作系统在各个领域都有广泛的应用，从个人计算机到大型服务器，从实时控制系统到科学计算，都离不开操作系统的支持。它为计算机系统提供了稳定和高效的运行环境，使得计算机技术在各个领域得以广泛应用，并不断推动计算机技术的发展和进步。

1.5　FusionOS 简介

开源社区：依托同行评审和社区生产，皆以分散、协作的方式开发；任何人都能查看、修改和分发他们认为合适的代码。因此通过开源社区可以迅速汇聚技术力量，启动整个产业和生态的快速发展，定义技术路线、定义行业标准、定义整体框架。国内外主流 Linux 开源社区如图 1-2 所示。

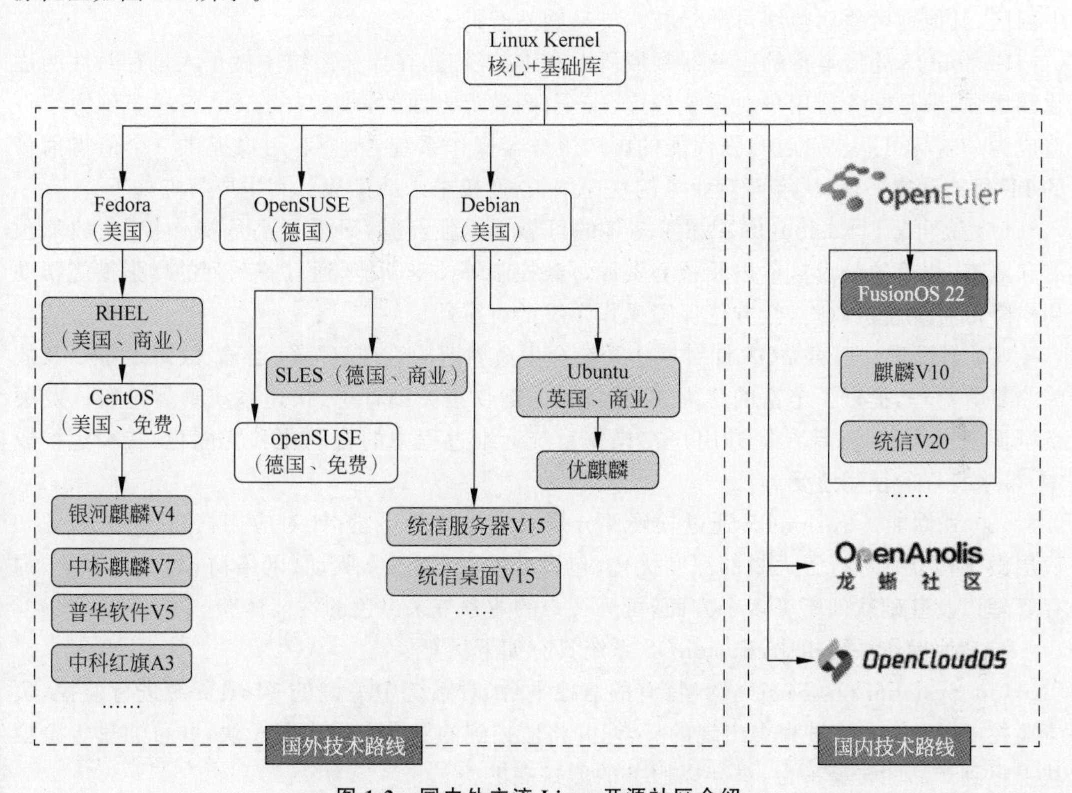

图 1-2　国内外主流 Linux 开源社区介绍

商业发行版本：依托成熟稳定的开源社区，利用其技术路线的先进性以及背后庞大的社区技术力量和生态圈，通过对社区源代码直接包装或者二次开发后，配合产品化落地以及完备的技术支持服务实现商业闭环。

openEuler：由华为公司欧拉操作系统正式捐赠给开放原子基金会(GXB 为主管单位)成立的国产化操作系统根社区，具备鲜明的产业身份。其战略定位就是解决中国基础软件

“卡脖子”问题。拥有厚重的技术积累，是在 Linux 内核社区贡献排名前 20 中唯一的国内厂家。其 5.10 内核版本贡献度排名全球第一，全行业装机量超过 250 万套，是一个面向全球，国内影响力最大的操作系统开源社区。

FusionOS(超聚变操作系统)：一款面向运营商、金融、政企等行业的关键业务而设计开发的企业级服务器操作系统软件。其在 openEuler 社区版的基础上，融入了众多的自研竞争力特性，完善了生态支持和专业的技术保障。FusionOS 可广泛适用于数据库、大数据、云计算、Web 服务等应用场景，支持光盘、U 盘和网络等多种安装方式，可部署在物理服务器、虚拟机和容器等环境中，同时可为客户提供灵活的部署、升级和迁移方案。

对于测试、试用客户以及高效教学目的使用者，可访问超聚变生态及创新服务中心获取安装镜像，以及产品文档(https://eco.xfusion.com/cn)技术问题可访问超聚变技术支持互动社区提单，超聚变工程师及社区伙伴将进行解答(https://support.xfusion.com/forum/#/home)。

对于商业客户，可访问超聚变技术支持网站获取技术支持文档以及问题案例(https://support.xfusion.com/support/#/zh/home)，或直接拨打售后服务电话 400-009-8999(仅中国区，其他地区售后热线可登录技术支持网站查询)。

FusionOS 凭借丰富的服务器领域研发和维护经验，在操作系统中做了大量针对性的优化和增强，满足服务器用户对系统稳定、安全、高效等方面的诉求。FusionOS 一直致力于打造成为一款高可靠、易维护、强性能的国产服务器操作系统，为企业用户提供一个值得信赖的 IT 基础设施平台，从容面对业务的快速增长，迎接未来的挑战。其主要特点如下。

(1) 高可靠。FusionOS 积累了多年的可靠性增强经验，研发了高危操作控制、故障预测和隔离、故障的分级自愈以及核心资源过载控制等关键功能，通过一系列的增强措施帮助用户降低系统宕机风险，全方位保障操作系统的可靠性。

(2) 易维护。FusionOS 针对操作系统全生命周期的管理、部署、迁移、故障运维以及故障修复等流程，提供了丰富的解决方案，具备一键收集关键日志、快速系统部署升级以及关键资源监控告警等，旨在提升用户在操作系统运维过程中的自动化和智能化，减少运维成本，带来良好的使用感受。

(3) 强性能。FusionOS 通过软硬件分层垂直优化的手段，针对应用接口、系统服务和底层微架构分别进行了大量的深度优化，包含 CPU 调度、IO 驱动、网络协议、文件系统、内存管理以及基础软件库等多个方面，可为客户的业务带来出色的性能体验。

与其他操作系统相比，FusionOS 系统具有如下优势。

(1) Sysmonitor：FusionOS 特有的监控平台，对系统中关键的 14 项资源进行监控，负责监控 OS 系统允许过程中出现的异常，并将监控到的异常上报告警模块，并可通过告警模块上报到产品的告警平台，框架以服务的形式提供。

(2) osHealthCheck：OS 健康检查工具，用来检查 FusionOS 系统的关键进程运行是否正常、数据及配置文件是否丢失等。

(3) kbox：Linux 内核比较复杂，且各个模块之间联系紧密，缺少有效的维护工具，进一步增加了维护难度。在一些异常情况下，无法或来不及记录异常信息，无法定位问题的根本原因，FusionOS 提供了内核黑匣子特性，在系统异常触发时记录重要信息，供维护人员分析发生异常时的系统状态。

(4) 内存分析工具：内存泄漏、内存占用过高等问题在Linux操作系统使用过程中比较常见，很容易触发宕机，影响客户业务，业界无工具能跟踪整个内存的申请与释放，很难定位问题的根本原因。FusionOS基于内核中page alloc、slab alloc、LRU链表的实现以及模块占用的vmalloc内存大小进行跟踪，从而获取确切的内存信息，方便问题根本原因的定位。

1.6　推荐读物和网站

学习操作系统时，有一些经典的书籍和优质的网站可以帮助读者建立坚实的基础并深入了解操作系统的原理和实践。以下是一些推荐的经典教材和网站。

教材推荐：

《操作系统概念》[1] (*Operating System Concepts*)，由Abraham Silberschatz、Peter B. Galvin和Greg Gagne合著。这是一本广泛使用的操作系统教材，涵盖了操作系统的基本概念、原理和实践应用。

《现代操作系统》[2] (*Modern Operating Systems*)，由Andrew S. Tanenbaum和Herbert Bos合著。这本书介绍了操作系统的各种概念和技术，包括进程管理、内存管理、文件系统、网络和安全等方面。

《操作系统设计与实现》[3] (*Operating Systems：Design and Implementation*)，由Andrew S. Tanenbaum和Albert S. Woodhull合著。这本书着重介绍了操作系统的设计和实现原理，适合希望深入了解操作系统内部结构的读者。

《操作系统精髓》[4] (*Operating Systems：Internals and Design Principles*)，由William Stallings等合著。这本书详细介绍了操作系统的内部结构和设计原理，以及各种常见的操作系统技术和算法。

网站推荐：

MIT OpenCourseWare-Operating Systems Engineering[5]是麻省理工学院的开放课程平台，提供了操作系统工程方面的课程资料和视频讲座，可以免费在线学习和参考。

Linux Kernel Archives[6]是Linux内核官方网站，提供了Linux内核的文档、源代码和开发资源，可以帮助用户深入了解Linux操作系统的内部实现。

FreeBSD Documentation[7]是FreeBSD官方文档网站，提供了关于FreeBSD操作系统的详细介绍、手册和技术指南，适合用于学习和参考。

FusionOS Documentation[8]是国产操作系统FusionOS官方文档网站，提供了关于FusionOS操作系统的详细介绍、手册和技术指南供读者学习和参考。

小结

本章以银行的日常运转为例子对操作系统的基本概念进行了类比介绍，同时简要介绍了操作系统的特性、分类、应用领域等。最后对FusionOS国产操作系统的历史演变过程、特点、优化增强、应用领域，以及如何通过社区获取技术支持的内容进行了介绍。

第2章

操作系统的安装

CHAPTER 2

本章主要介绍FusionOS操作系统的安装与部署方法。目前,FusionOS在物理机和虚拟机上均支持以下安装方式:①手动安装;②通过kickstart工具自动化安装。其中,手动安装方式可以通过光盘安装(物理光驱、虚拟光驱)或通过USB安装。自动化安装方式包括半自动化安装、全自动化安装和通过脚本全自动安装三种方式。

kickstart是一种无人值守的自动化安装方式,包括半自动化安装、全自动化安装、通过脚本全自动安装。自动化安装需要搭建DHCP环境,并使用PXE通过网络安装。虚拟机支持qcow2镜像安装方式。

2.1 安装前的准备

2.1.1 环境要求

1. 物理机的安装要求

若需要在物理机环境上安装 FusionOS 操作系统，则物理机需要满足如下硬件兼容性和最低硬件要求。安装 FusionOS 时，应注意硬件兼容性方面的问题，当前已支持的服务器类型可以通过兼容性查询助手网址（https://eco.xfusion.com/certifications/cn/compatibility/list）查看。FusionOS 所需的最低硬件要求如表 2-1 所示。

表 2-1　最低硬件要求

部件名称	最低硬件要求
架构	x86_64 或 aarch64
内存	不小于 4GB（为了获得更好的应用体验，建议不小于 8GB）
硬盘	为了获得更好的应用体验，建议不小于 120GB

2. 虚拟机的安装要求

若需要在虚拟机环境上安装 FusionOS 操作系统，则虚拟机需要满足如下虚拟化平台兼容性和最小虚拟化要求。对宿主机的要求与物理机要求一致，具体参见物理机的安装要求。安装 FusionOS 时，应注意虚拟化平台兼容性的问题，当前已支持的虚拟化平台可以通过兼容性查询助手网址查看。FusionOS 所需的最小虚拟化空间要求如表 2-2 所示。

表 2-2　最小虚拟化空间要求

部件名称	最小虚拟化空间要求
架构	x86_64 或 aarch64
内存	不小于 4GB（为了获得更好的应用体验，建议不小于 8GB）
硬盘	不小于 32GB（为了获得更好的应用体验，建议不小于 120GB）

2.1.2 获取安装镜像

请按以下步骤获取 FusionOS 的软件包和校验文件。

步骤 1　登录网站 https://support.xfusion.com/support/#/zh/home。

步骤 2　单击“软件下载”，进入产品软件页面。

步骤 3　选择 FusionOS→FusionOS 22，进入 FusionOS 22 产品页面。

步骤 4　单击所需版本，进入版本详情页面，在“版本及补丁软件”栏目中选择所需的软件包下载到本地。以 FusionOS 22 22.0.1 版本为例，选择 FusionOS-22_22.0.1_everything_x86-64.iso。

步骤 5 检验软件包的完整性。

在软件包下载页面获取数字证书和软件,校验工具和校验方法可在软件数字签名(OpenPGP)验证工具(https://support.xfusion.com/pgp-verify/#/zh/native)中获取。需要注意的是,x86 发布包支持 UEFI 模式和 Legacy 模式安装。aarch64 发布包支持 UEFI 模式安装。

2.1.3 硬件驱动准备

首先需要准备 RAID 卡驱动安装包,请按以下步骤查询兼容性和获取驱动安装包。不同的 RAID 卡安装 FusionOS 方式不同,安装 OS 过程中加载驱动安装的操作请参见本书公众号中关于"安装时加载 RAID 卡驱动指导"的相关内容。

进入兼容性查询助手网站查看 FusionOS 兼容的 RAID 卡型号。"产品类别"选择"板卡",如图 2-1 所示。RAID 卡型号在 FusionOS 兼容性列表中,则无须加载 RAID 卡驱动。使用的 RAID 卡为第三方产品时,须进入该厂商官网获取相应的驱动安装包。

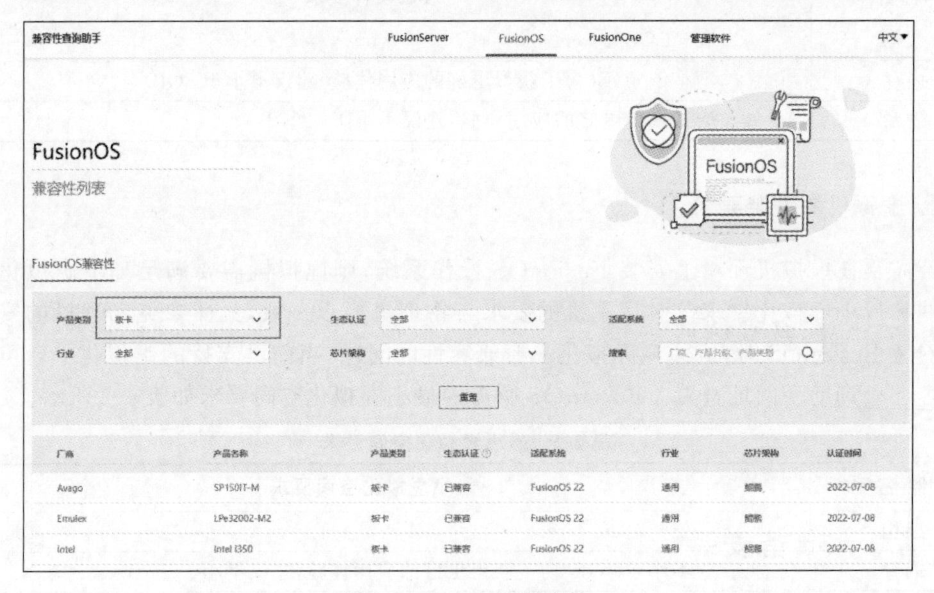

图 2-1 FusionOS 兼容性

使用硬件为 FusionServer 机架服务器,访问兼容性查询助手网站 FusionServer iDriver(https://support.xfusion.com/support/#/zh/idriver/fusionserver-idriver-pid-21588909/software)。在"软件"选项卡下,单击所需的版本进入对应页面。选择相应"服务器型号"和"RAID 控制卡",单击"查询"按钮,在页面下方的"版本及补丁软件"区域下载对应的驱动安装包,如图 2-2 所示。

为了防止软件包在传递过程中或存储期间被恶意篡改,下载软件包时需下载对应的数字签名文件用于完整性验证。在软件包下载之后,请参考《OpenPGP 签名验证指南》,对从 Support 网站下载的软件包进行 PGP 数字签名校验。如果校验失败,请不要使用该软件包,联系技术支持工程师解决。使用软件包安装/升级之前,也需要按上述过程先验证软件包的数字签名,确保软件包未被篡改。如果使用的硬件为第三方产品,则进入该厂商官网获取相应驱动安装包。

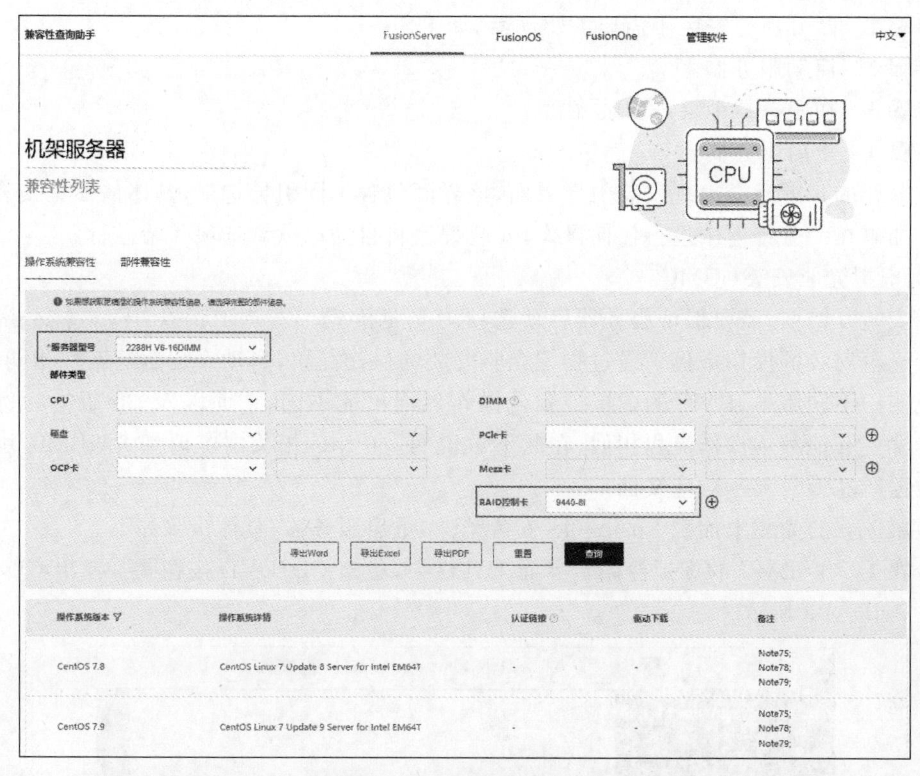

图 2-2　FusionServer 兼容性

2.2　手动安装指导

本节介绍手动安装 FusionOS 的过程，自动化安装方式详见 2.3 节。在手动安装方式中，安装源介质不同，安装过程不同，待启动安装程序后，即从安装引导界面开始安装。

2.2.1　准备安装源

1. 光盘安装

本节介绍如何制作和使用光盘安装源，并介绍相应的操作步骤，指导用户进行安装。系统支持的光盘安装方式有物理光驱安装和虚拟光驱安装。

1）物理光驱安装

使用该方法安装系统时，需要拔出 U 盘或者格式化 U 盘，否则当 USB 插有其他版本 U 盘安装盘时，可能会因 U 盘和虚拟光驱的 LABEL 名称一致，而导致安装出错无法安装正确版本。如果获取的是系统安装光盘，可以直接使用系统光盘安装系统。如果获取的是系统 ISO 镜像，可以通过刻录软件将系统的 ISO 镜像刻录到 DVD 中，使用刻录完成的 DVD 安装系统。

需要将启动安装程序设置为优先从光盘进行启动引导。以 BIOS 为例，需要将 Boot Type Order 中的 CD/DVD-ROM Drive 选项调整到首位，具体操作步骤可参见对应硬件产品文档。

步骤 1 断开所有安装不需要的驱动器，如 USB。

步骤 2 启动服务器。

步骤 3 在服务器中插入安装光盘。

步骤 4 重启服务器。

在短暂的延迟后会出现安装引导界面，该界面包含不同引导选项，具体请参见安装引导界面。如果在一分钟内未进行任何操作，安装程序将自动以默认选项开始运行。

2）虚拟光驱安装(iBMC)

在安装开始前，需要保证服务器启动选项为光驱优先。安装步骤以 iBMC 挂载虚拟光驱进行光盘安装的操作举例。通过物理光驱安装的操作简单，启动安装后的流程相同，在此不再说明。不同版本 iBMC 的虚拟控制台操作界面可能不同，下面以 V630 版本为例说明操作步骤。其他版本操作流程相似，在此不再说明。iBMC 相关内容请参考《iBMC 用户指南》，根据产品型号参考对应文档。

在服务器的光驱中加载 FusionOS 安装镜像，重启服务器，具体步骤如下。

步骤 1 在 iBMC 的虚拟控制台界面工具栏中，单击 CD/DVD 按钮 ，弹出 CD/DVD 对话框，如图 2-3 所示。

图 2-3 镜像文件

步骤 2 在 CD/DVD 对话框中，选择“镜像文件”单选按钮，并单击文件选择框中的“…”，弹出“打开”对话框，如步骤 1 所示。

步骤 3 选择本地镜像文件，单击“打开”按钮。然后在 CD/DVD 对话框中，单击“连接”按钮。当“连接”显示为“断开”后，表示虚拟光驱已连接到服务器。

步骤 4 在工具栏中单击“系统启动项”按钮 ，选择“光驱”，如图 2-4 所示。

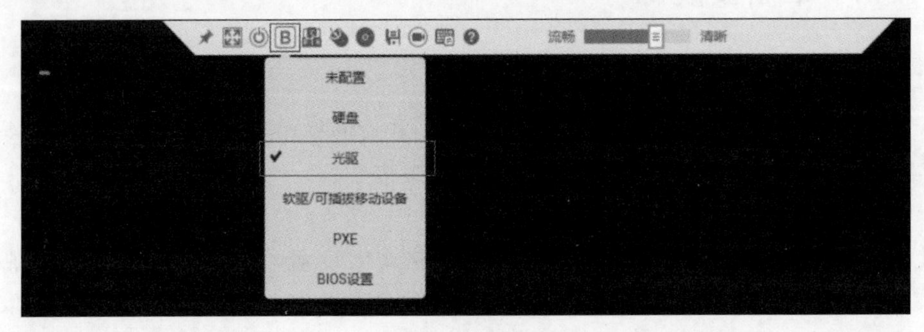

图 2-4 光驱

步骤 5 重启服务器。

在工具栏中单击“控制”按钮 ，选择“强制重启”，如图 2-5 所示。

在短暂的延迟后会出现安装引导界面，该界面包含不同引导选项，具体请参见安装引导

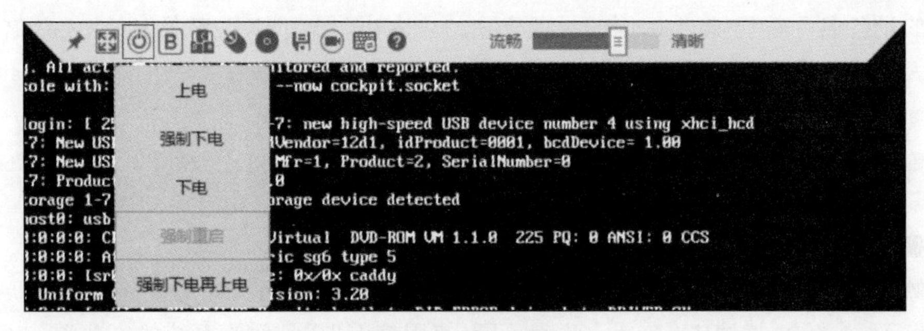

图 2-5　强制重启

界面。如果在一分钟内未进行任何操作，安装程序将自动以默认选项开始运行。

2. USB 安装

本节介绍如何制作 USB 盘安装源，并介绍基本的操作步骤，指导用户进行安装。

第一，准备安装引导介质。这里需要注意 USB 盘容量的大小，它必须有足够的空间存储整个镜像，建议 USB 盘空间大于 16GB。

步骤 1　将 USB 盘连接到该系统中，执行如下命令查看相关的日志信息。

```
dmesg
```

在该日志的最后可以看到刚刚连接的 USB 盘所生成的一组信息，如下所示。

```
[170.171135] sd 5:0:0:0: [sdb] Attached SCSI removable disk
```

步骤 2　执行如下命令，切换为 root 用户，需要输入相应的密码。

```
$ su - root
```

步骤 3　确保 USB 盘没有被挂载。以连接的 USB 盘名称为 sdb 举例，使用如下命令进行查询。

```
# findmnt /dev/sdb
```

如果执行此命令后无输出，表明未挂载，可以继续执行步骤 4。

如果输出以下信息，表明 USB 盘已经自动挂载。

```
TARGET  SOURCE  FSTYPE  OPTIONS
/mnt/iso /dev/sdb iso9660 ro,relatime
```

此时，需要使用 umount 命令卸载该设备。

```
# umount /mnt/iso
```

步骤 4　使用 dd 命令将 ISO 安装镜像直接写入 USB 盘。

需要说明的是，在 x86_64 架构情况下，如 isolinux 描述，由 mkisofs 命令创建的 ISO 9660 文件系统会通过 BIOS 固件启动，但只能从 CD、DVD 和 BD 等介质启动。所以在使用 dd 命令制作 x86 的启动 U 盘前需要使用 isohybrid -u your. iso 对 ISO 进行处理，然后正常使用 dd 命令将 ISO 写入 U 盘即可。

```
# dd if = /path/to/image. iso of = /dev/device bs = blocksize
```

使用下载的 ISO 镜像文件的完整路径替换/path/to/image. iso，使用之前由 dmesg 命令给出的设备名称替换 device，同时设置合理的块大小（如 512KB）替换 blocksize，这样可以加快写入进度。例如，如果该 ISO 镜像文件位于/home/testuser/Downloads/FusionOS-22_22.0.2_aarch64.iso，同时探测到的设备名称为 sdb，则该命令如下。

```
# dd if = /home/testuser/Downloads/FusionOS - 22_22.0.2_aarch64.iso of = /dev/sdb bs = 512k
status = progress
```

步骤 5 等待镜像写入完成，拔掉 USB 盘。

镜像写入过程中不会有进度显示，当#号再次出现时，执行如下命令将数据同步写入磁盘。退出 root 账户，拔掉 USB 盘。此时，可以使用该 USB 盘作为系统的安装源。

```
# sync
```

第二，按照以下步骤启动安装程序。需要先设置系统优先从 USB 进行启动引导。以 BIOS 为例，需要将 Boot Type Order 中的 USB 选项调整到首位。

步骤 1 断开所有安装不需要的驱动器。

步骤 2 打开服务器。

步骤 3 在服务器中插入 USB 盘。

步骤 4 重启服务器。

在短暂的延迟后会出现安装引导界面，该界面包含不同的引导选项，具体请参见安装引导界面。如果在一分钟内未进行任何操作，安装程序将自动以默认选项开始运行。

2.2.2 安装引导界面

创建安装源并完成引导后会显示引导菜单，该引导菜单除启动安装程序外还提供其他一些选项。

步骤 1 安装系统时，默认采用 Test this media & install FusionOS 22 方式进行安装。如果要选择默认选项之外的选项，请使用↑和↓方向键进行选择，具体安装引导选项见表 2-3。在 UEFI 启动模式下，按 E 键进入参数编辑界面；按 C 键进入命令行模式。在 Legacy 启动模式下，按 Tab 键进入参数编辑界面；Legacy 安装用 syslinux，不用 grub，该模式下切换不到命令行模式。

表 2-3 安装引导选项

选项		功能
Install FusionOS 22		在服务器上使用图形用户界面模式安装
Test this media & install FusionOS 22		默认选项，在服务器上使用图形用户界面模式安装，但在启动安装程序前会进行安装介质的完整性检查
Troubleshooting（故障排除）	Install FusionOS 22 in basic graphics mode	简单图形安装模式，该模式下在系统启动并运行之前不启动视频驱动程序
	Rescue the FusionOS system	救援模式，用于修复系统。该模式下输出定向到 VNC 或 BMC(Baseboard Management Controller)端，串口不可用
	Run a memory test	用于测试内存是否正常工作，以确定是否为因内存问题导致的系统问题
	Boot from local drive	该模式下可以选择本地硬盘启动系统

步骤 2 在选项为高亮状态时按 Enter 键进入安装。如果 60s 内未按任何键，系统将从

默认选项 Test this media & install FusionOS 22 自动进入安装界面，如图 2-6 所示。安装物理机时，如果使用↑和↓方向键无法选择启动选项，按 Enter 键无响应，可以单击 BMC 界面上的鼠标控制图标，设置“键鼠复位”，如图 2-7 所示。

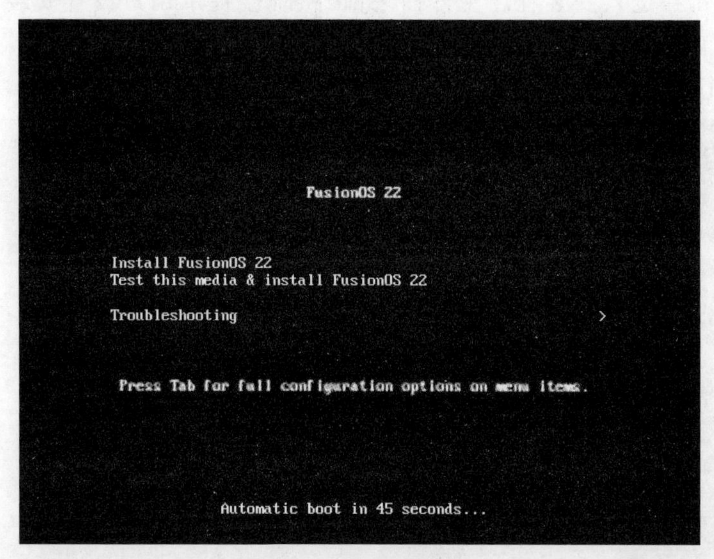

图 2-6　安装引导界面

图 2-7　键鼠复位

在“安装引导界面”中选择 Test this media & install FusionOS 22 进入图形化模式安装。可以通过键盘操作图形化安装程序，具体如表 2-4 所示。FusionOS 推荐使用图形化模式安装方法，如需使用文本模式安装，请参见本书公众号中关于“FusionOS 文本模式安装指导”的相关内容。

表 2-4　键盘操作方式说明

键盘操作	功　能
Tab、Shift＋Tab	界面控件(按钮、区域框、复选框等)间的移动
↑、↓方向键	列表里的移动
←、→方向键	水平工具条和表条间移动
“空格”、Enter	选择或取消高亮显示的选项、展开或折叠下拉菜单
Alt＋快捷键	选择快捷键所在的控件，其中，快捷键可通过按住 Alt 键高亮(加下画线)显示

2.2.3 设置安装程序语言

启动安装后，在进入安装程序主界面之前，系统会提示用户设置安装过程中使用的语言。

步骤1 当前默认为英语，用户可根据实际情况进行调整，如图2-8所示，单击"中文"。

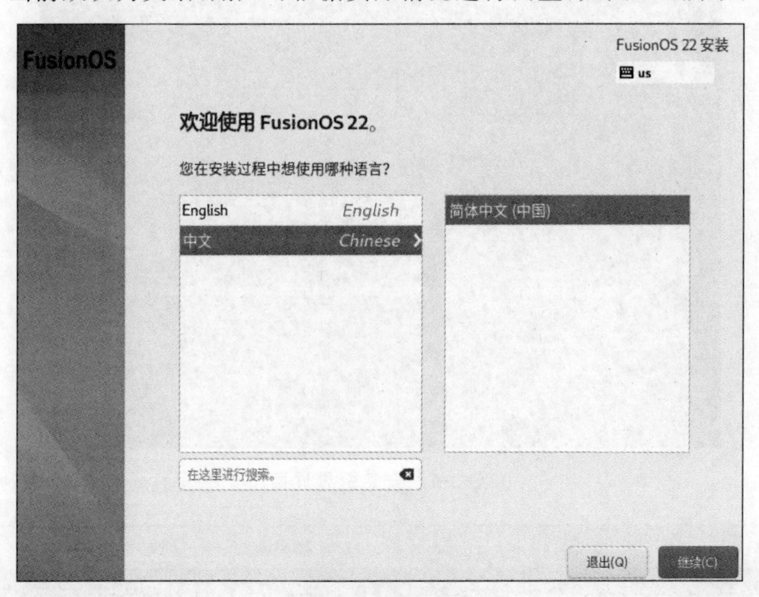

图2-8 选择语言

步骤2 完成设置后，单击"继续"按钮，进入安装设置主界面。

步骤3 如果想退出安装，可以单击"退出"按钮并在弹出的"您确定要退出安装程序吗？"对话框中单击"是"按钮重新进入"安装引导界面"。

2.2.4 安装前配置

系统安装程序正常启动后，会进入如图2-9所示的安装设置主界面。用户可以进行时间、语言、安装源、网络、安装位置等相关设置。部分配置项会有告警符号，用户完成该选项配置后，告警符号消失。当界面上不存在告警符号时，用户才能单击"开始安装"按钮进行系统安装。如果想退出安装，可以单击"退出"按钮并在弹出的"您确定要退出安装程序吗？"对话框中单击"是"按钮重新进入"安装引导界面"。

1. 设置键盘

步骤1 在"安装信息摘要"页面中选择"键盘"，用户可以在系统中添加或者删除多个键盘布局，如图2-10所示。要查看键盘布局，请在左侧选框中单击选中该键盘布局，然后单击下面的"键盘"按钮。要测试键盘布局，请在左侧选框中添加键盘布局，然后在右上角键盘图标处进行单击切换为目标键盘，单击右侧文本框内部，输入文本以确认所选键盘布局可正常工作。

步骤2 设置完成后，请单击左上角"完成"按钮返回"安装信息摘要"页面。

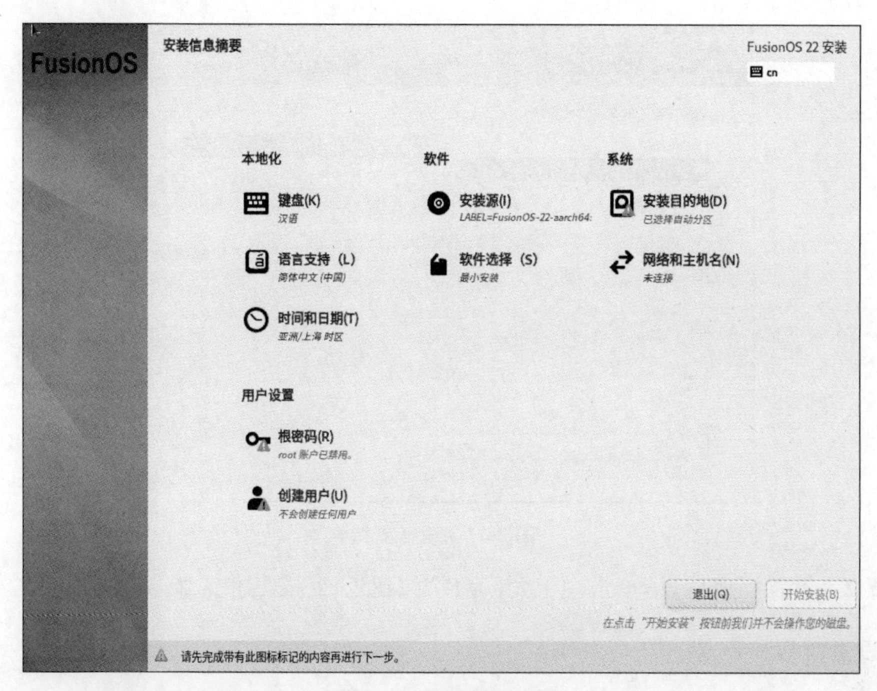

图 2-9　安装信息摘要

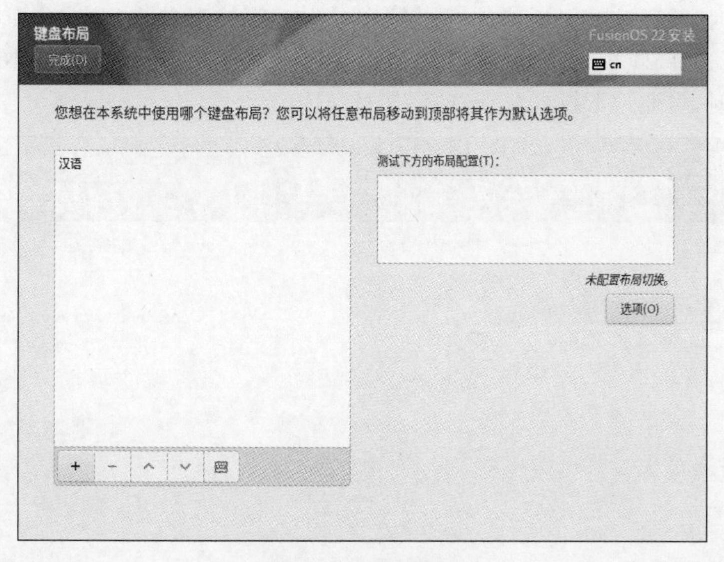

图 2-10　键盘布局

2. 设置系统语言

步骤 1　在"安装信息摘要"页面中选择"语言支持"，设置系统的语言。如图 2-11 所示，用户也可根据实际情况进行调整，选择"中文"。

若选择"中文"，系统安装完成后，使用 VNC 登录不支持中文显示，使用串口登录支持中文显示，使用 SSH 登录时是否支持中文显示与使用的 SSH 客户端有关。若选择 English，则无影响。

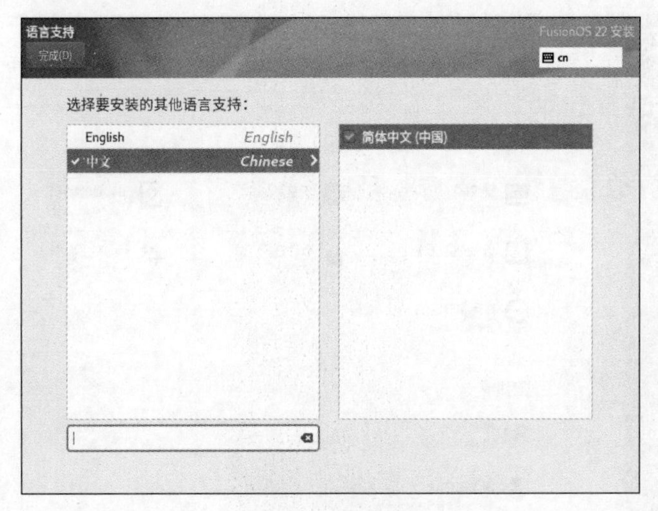

图 2-11　语言支持

步骤 2　设置完成后，请单击左上角“完成”按钮返回“安装信息摘要”页面。

3. 设置时间和日期

步骤 1　在“安装信息摘要”页面中选择“时间和日期”，设置系统的时区、日期、时间等。

设置时区时，需通过页面顶部的“地区”和“城市”下拉菜单进行选择，如图 2-12 所示。设置时间时，可选择 24 小时制或 AM/PM 制，然后通过 ^ 和 ˅ 按钮进行小时和分钟的调整。设置日期时，可通过下拉框分别选择年、月、日。

图 2-12　日期和时间

如果所在城市没有出现在下拉菜单中，请选择同一时区中离自己最近的城市。手动设置时区时，请先关闭右上角“网络时间”同步开关。如需使用网络时间，请保证网络能连通远程 NTP 服务器，设置网络具体请参见本小节的“7. 设置网络和主机名”。

步骤 2　设置完成后，请单击左上角“完成”按钮返回“安装信息摘要”页面。

4. 设置安装源

步骤 1　在“安装信息摘要”页面中选择“安装源”，指定安装源的位置。不同安装源配置过程不同。当使用完整光盘安装时，安装程序会自动探测并显示安装源信息，用户直接使用默认配置即可，不需要进行设置，如图 2-13 所示。

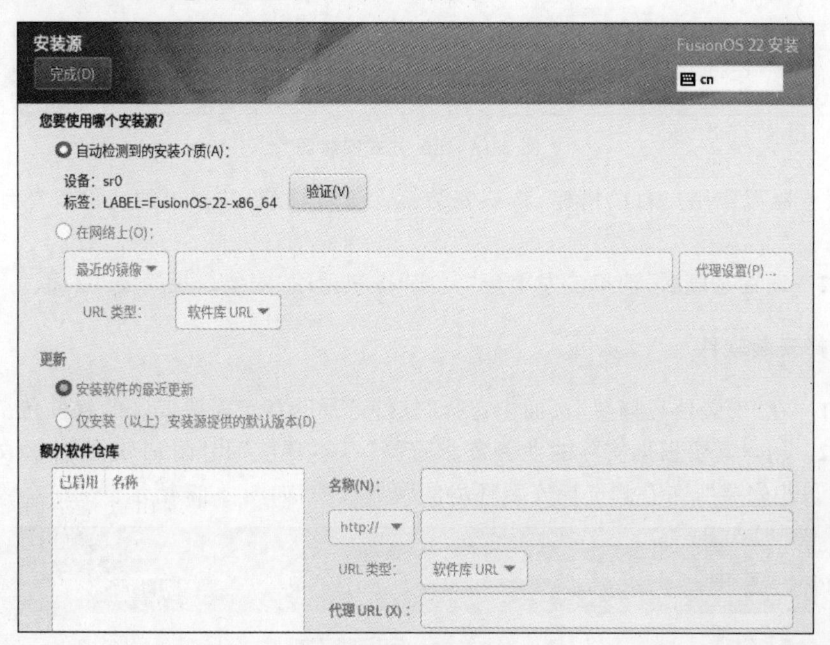

图 2-13　安装源

当使用网络源进行安装的时候，需设置网络源的 URL。需确保有已开启的网络接口，否则无法切换到网络源配置选项。网络接口设置详情参考本小节的“7. 设置网络和主机名”。

(1) http 或 https 方式：http 或 https 方式的安装源如图 2-14 所示，输入框内容根据实际的 http 或 https 地址输入。

图 2-14　http 或 https 方式安装源

输入框内容以用户搭建网络源 URL 为准，搭建 http 网络源的详细操作指导请参考 2.4 节中部署远端 repo 源的内容。如果 https 服务器使用的是私有证书，则需要在安装引导界面按 E 键(UEFI 模式下)或 Tab 键(Legacy 模式下)进入已选选项的参数编辑界面，在参数中增加 inst. noverifyssl 参数。

(2) FTP 方式：FTP 方式的安装源如图 2-15 所示，输入框内容根据实际的 FTP 地址输入。

FTP 服务器需要用户自己搭建，将待安装的镜像进行挂载，挂载出的文件复制到 FTP

的共享目录中。搭建 FTP 服务器的详细指导请参见第 7 章。

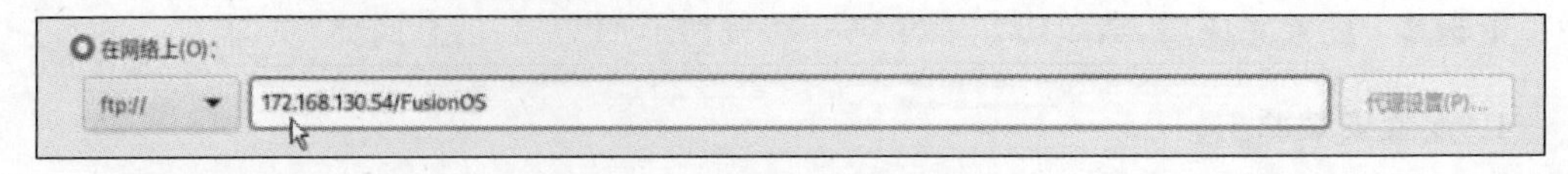

图 2-15 FTP 方式安装源

(3) nfs 方式。

nfs 方式的安装源如图 2-16 所示,输入框内容根据实际的 nfs 地址输入。

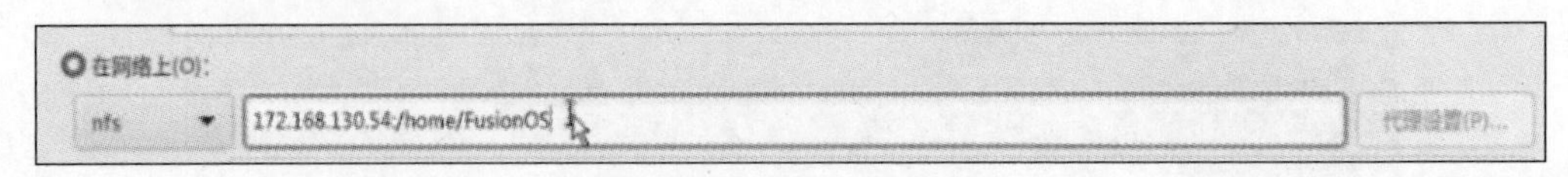

图 2-16 nfs 方式安装源

nfs 服务器需要用户自己搭建,将待安装镜像进行挂载,挂载出的文件复制到 nfs 的共享目录中。

步骤 2 设置完成后,请单击左上角"完成"按钮返回"安装信息摘要"页面。

5. 选择安装软件

步骤 1 在"安装信息摘要"页面中选择"软件选择",指定需要安装的软件包。

步骤 2 用户需要根据实际的业务需求选择"基本环境"和"附加软件"。例如,在左侧选择一个"最小安装",在右侧选择安装环境的附加选项,如图 2-17 所示。

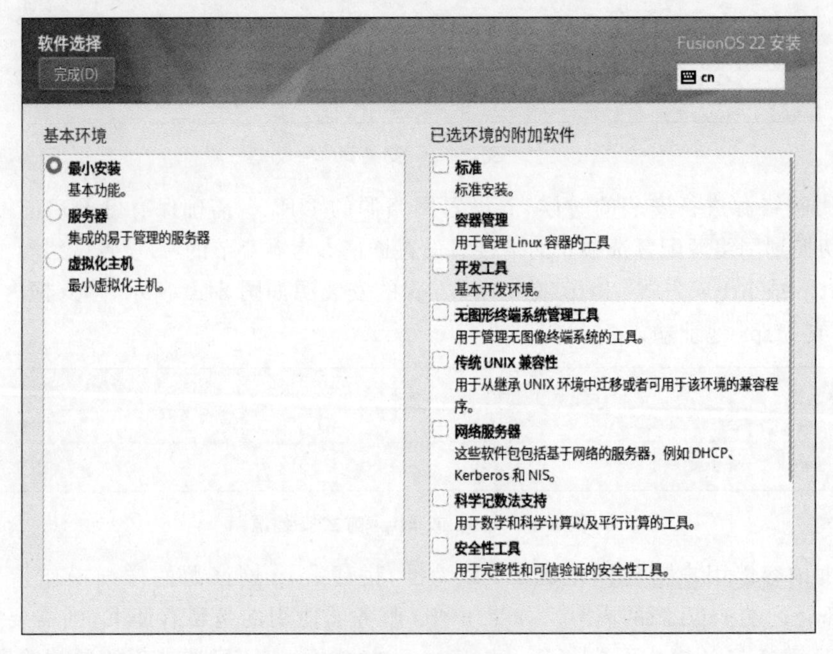

图 2-17 软件选择

在最小安装的环境下,并非安装源中所有的包都会安装。如果用户需要使用的包未安装,可将安装源挂载到本地制作 repo 源,通过 DNF 工具单独安装。选择"虚拟化主机"时会默认安装虚拟化组件 qemu、libvirt、edk2,且可在附加选项处选择是否安装 ovs 等组件。系统默认选择左侧"最小安装",右侧附加选项不选。

步骤3　设置完成后,请单击左上角"完成"按钮返回"安装信息摘要"页面。

6. 设置安装目的地

1）安装目标位置

步骤1　在"安装信息摘要"页面中选择"安装目的地",设置操作系统的安装磁盘及分区。在如图2-18所示的页面中可以看到服务器中的本地可用存储设备。

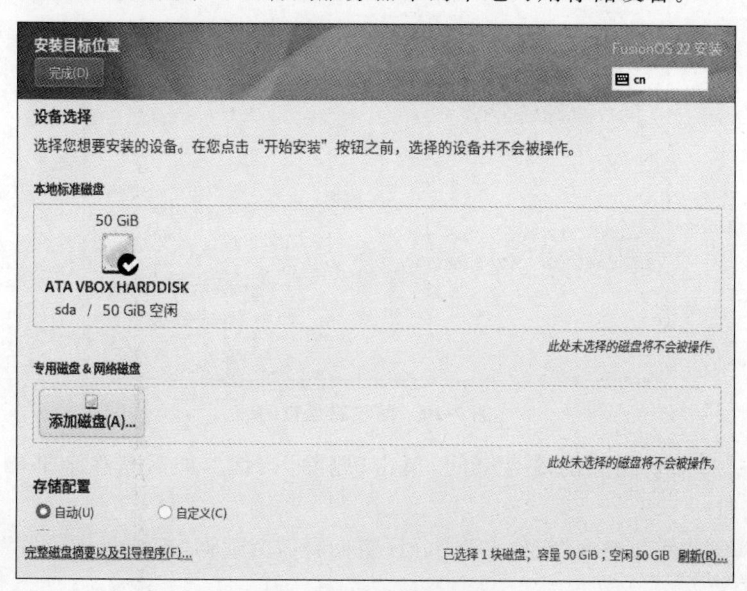

图2-18　安装目标位置

步骤2　设置完成后,请单击左上角"完成"按钮返回"安装信息摘要"页面。建议选择有RAID配置的磁盘组。如果无法识别目标磁盘,请检查硬件RAID配置。

2）回收磁盘空间

当磁盘剩余空间不足或磁盘上已经有一个系统时,会出现如图2-19所示的界面,可删除原来的分区以回收磁盘空间。

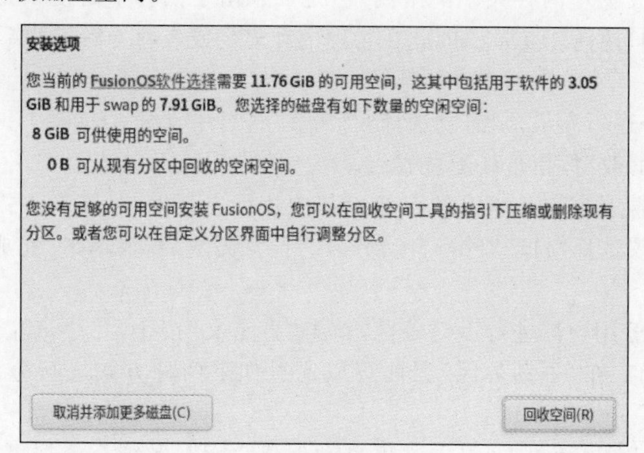

图2-19　提示对话框

步骤 1　单击“回收空间”按钮，进入“回收磁盘空间”对话框，如图 2-20 所示。可以移除不使用的文件系统来释放空间以便进行安装。移除文件系统将会永久地删除其中的数据。

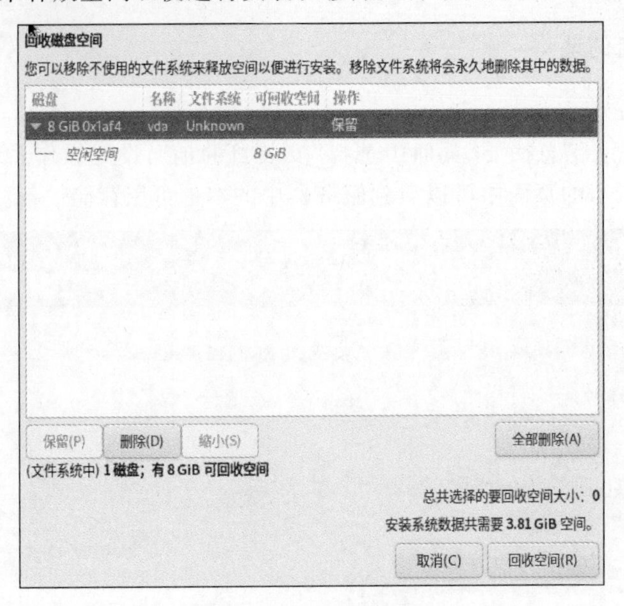

图 2-20　回收磁盘空间

步骤 2　选择需要删除的磁盘空间，单击“删除”按钮。如需删除全部磁盘空间，单击“全部删除”按钮。

步骤 3　单击“回收空间”按钮，完成分区空间释放并返回“安装目标位置”页面。

3）存储配置

步骤 1　在“安装目标位置”界面，需要进行存储配置以便对系统分区。可以手动配置分区，也可以选择让安装程序自动分区。

在进行分区时，出于系统性能和安全的考虑，建议划分如下单独分区：/boot、/var、/var/log、/var/tmp、/var/log/audit、/home、/tmp。划分原因是为全局使用的目录设置单独分区。系统如果配置了 swap 分区，当系统的物理内存不够用时，会使用 swap 分区。虽然 swap 分区可以增大物理内存大小的限制，但是如果由于内存不足使用到 swap 分区，会增加系统的响应时间，使性能变差。因此在物理内存充足或者性能敏感的系统中，不建议配置 swap 分区。

如果需要拆分逻辑卷组，则需要选择“自定义”进行手动分区，并在“手动分区”界面单击“卷组”区域中的“修改”按钮重新配置卷组。

(1) 自动：如果是在未使用过的存储设备中执行全新安装，或者不需要保留该存储设备中任何数据，建议选择“自动”进行自动分区。设置完成后，请单击“完成”按钮返回“安装信息摘要”页面。

(2) 自定义：若用户需进行手动分区，单击“自定义”按钮，并单击左上角“完成”按钮，出现手动分区界面。在“手动分区”界面可以通过如下两种方式进行分区，分区完成后如图 2-21 所示。

① 自动创建：在界面单击“点击这里自动创建它们”，系统会根据可用的存储空间，自动分出 4 个挂载点：/boot、/、/boot/efi、swap。

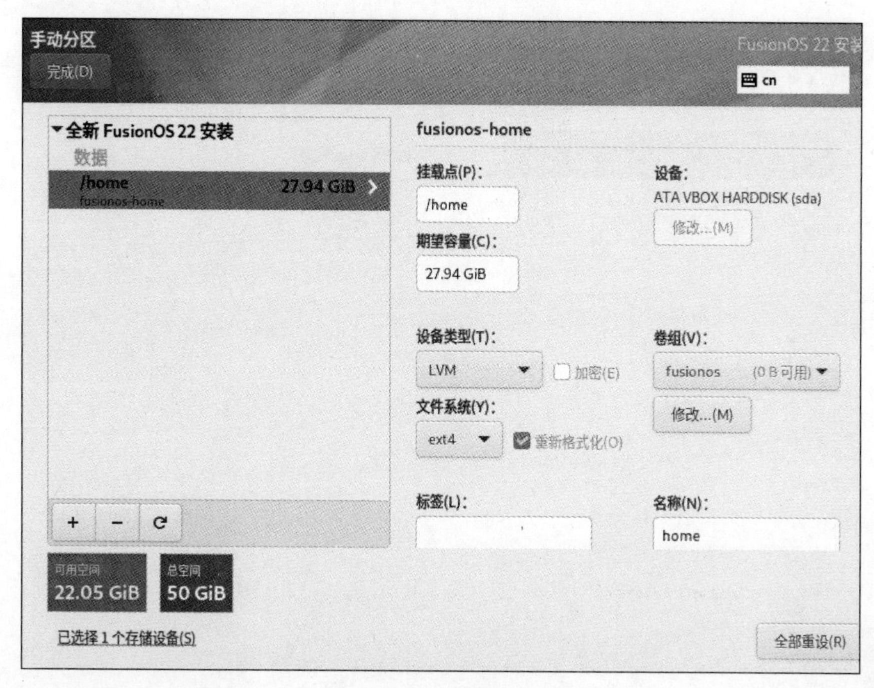

图 2-21　手动分区

② 手动创建：单击 + 按钮添加新挂载点，建议每个挂载点的期望容量不超过可用空间。

若设置的挂载点期望容量超过了可用空间，系统将剩余的可用空间全部分配给该挂载点。如果选择非 UEFI 引导，则不需要/boot/efi 分区。若选择 UEFI 引导，则必须有/boot/efi 分区。

步骤 2　设置完成后，请单击左上角“完成”按钮，弹出“更改摘要”对话框，提示更改产生的变更信息。

步骤 3　单击“接受更改”按钮，返回“安装信息摘要”页面。

7. 设置网络和主机名

步骤 1　在“安装信息摘要”页面中选择“网络和主机名”，设置系统的网络功能。

步骤 2　安装程序会自动探测可本地访问的接口。探测到的接口列在左侧方框中，右侧显示相应的接口详情，如图 2-22 所示。用户可以通过页面右上角的开关，来开启或者关闭网络接口。开关默认是关闭状态，若设置安装源选择的是在网络上安装，需要开启开关。

步骤 3　用户还可以单击“配置”按钮以配置选中的接口。勾选 Connect automatically with priority 复选框，即可将该网卡设置为开机自启动，如图 2-23 所示。

步骤 4　用户可在页面下方“主机名”字段中输入主机名。

主机名可以是完全限定域名(FQDN)，其格式为 hostname. domainname；也可以是简要主机名，其格式为 hostname。

步骤 5　设置完成后，请单击左上角“完成按钮”返回“安装信息摘要”页面。

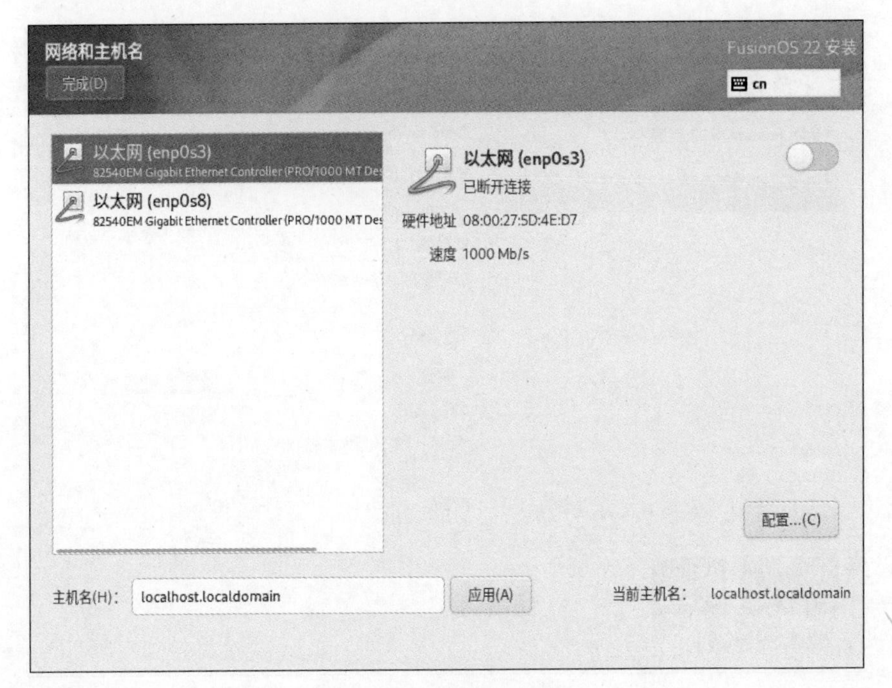

图 2-22　网络和主机名

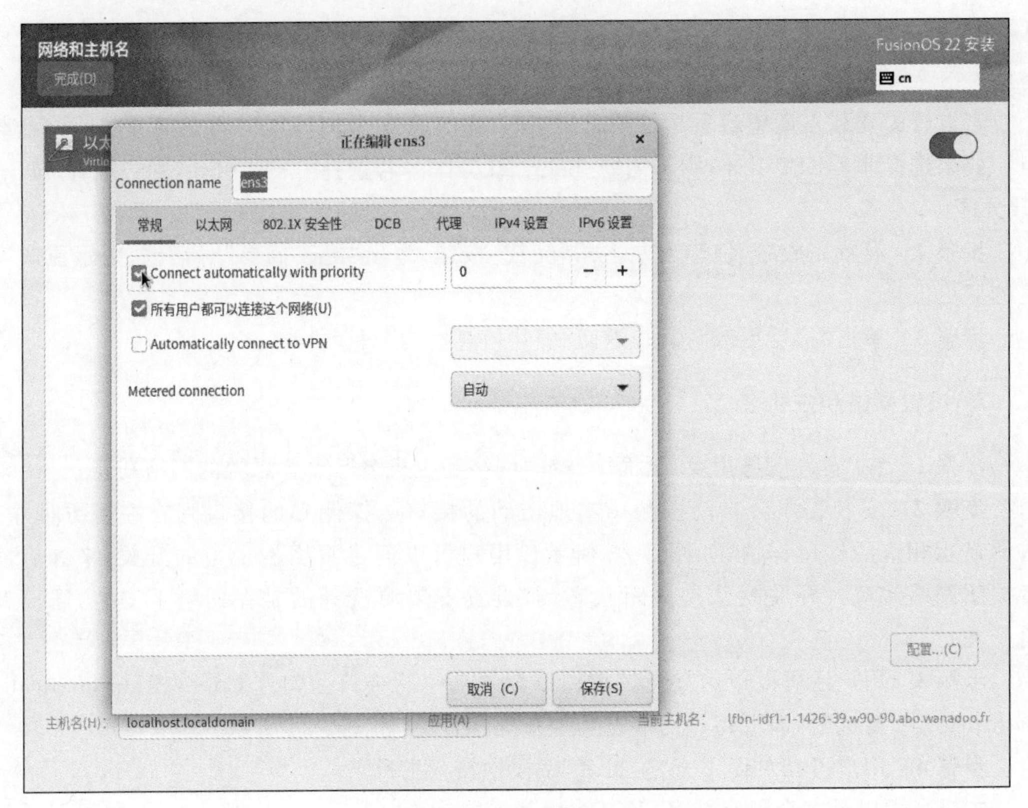

图 2-23　配置网络

8. 设置根密码

步骤 1　在“安装信息摘要”页面中选择“根密码”，弹出设置“ROOT 密码”界面，如图 2-24 所示，根据密码复杂度输入密码并再次输入密码进行确认。

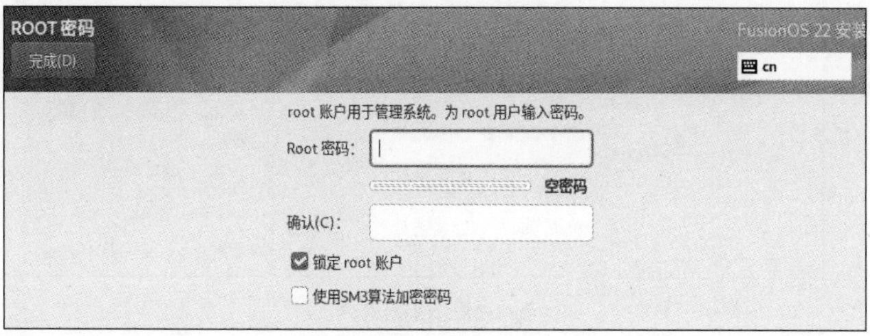

图 2-24　ROOT 密码

root 账户是用来执行关键系统管理任务，不建议在日常工作及系统访问时使用 root 账户。在“ROOT 密码”界面若选择“锁定 root 账户”复选框，则 root 账户将禁用。

步骤 2　完成设置后，单击左上角的“完成”按钮返回“安装信息摘要”页面。

用户设置的 root 用户密码或新创建用户的密码均需要满足密码复杂度要求，否则会导致密码设置或用户创建失败。设置密码的复杂度的要求如下。

(1) 口令长度至少 8 个字符。

(2) 口令至少包含大写字母、小写字母、数字和特殊字符中的任意三种。

(3) 口令不能和账号一样。

(4) 口令不能使用字典词汇。

在已安装好的 FusionOS 环境中，可以通过 cracklib-unpacker/usr/share/cracklib/pw_dict > dictionary.txt 命令导出字典库文件 dictionary.txt，用户可以查询密码是否在该字典中。

9. 创建用户

出于系统安全考虑，FusionOS 默认禁止 root 用户直接 SSH 远程登录。建议在此创建普通用户，并加入 wheel 群组，以方便在系统安装完成后远程登录。

步骤 1　在“安装信息摘要”页面中选择“创建用户”，弹出“创建用户”界面如图 2-25 所示。

步骤 2　输入用户名，并设置密码，并再次确认密码。

若在设置根密码时勾选“锁定 root 账户”复选框，建议在此处勾选“将此用户设为管理员”复选框，否则后续将无法解锁 root 账户。

步骤 3　可以选择通过“高级”选项设置用户主目录、用户组等，如图 2-26 所示。

步骤 4　完成设置后，单击左上角的“完成”按钮返回“安装信息摘要”页面。

2.2.5　开始安装

步骤 1　在安装界面上完成所有必填选项的配置后，界面上的警告会消失。此时，用户

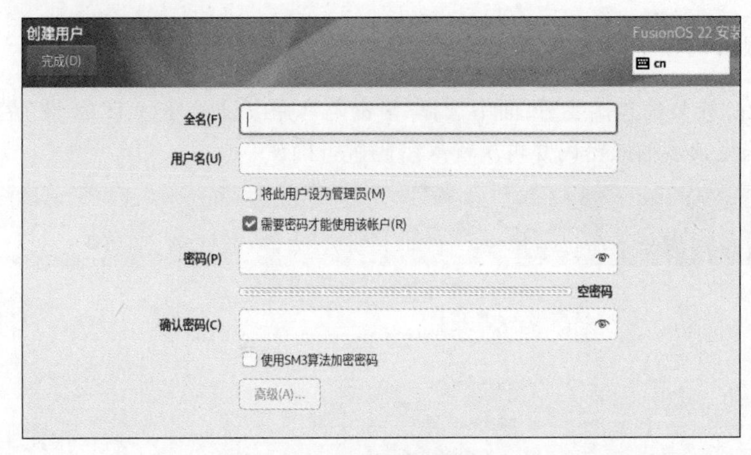

图 2-25　创建用户

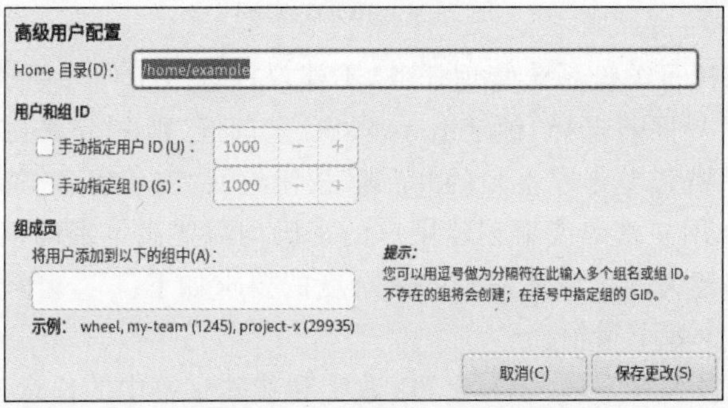

图 2-26　高级用户配置

可以单击“开始安装”按钮进行系统安装。

步骤 2　开始安装后会出现进度页面，显示安装进度及所选软件包写入系统的进度，如图 2-27 所示。若在系统安装过程中，单击“退出”按钮，或复位、下电服务器，则安装过程将被中断，系统将不可用，需要重新进行安装。

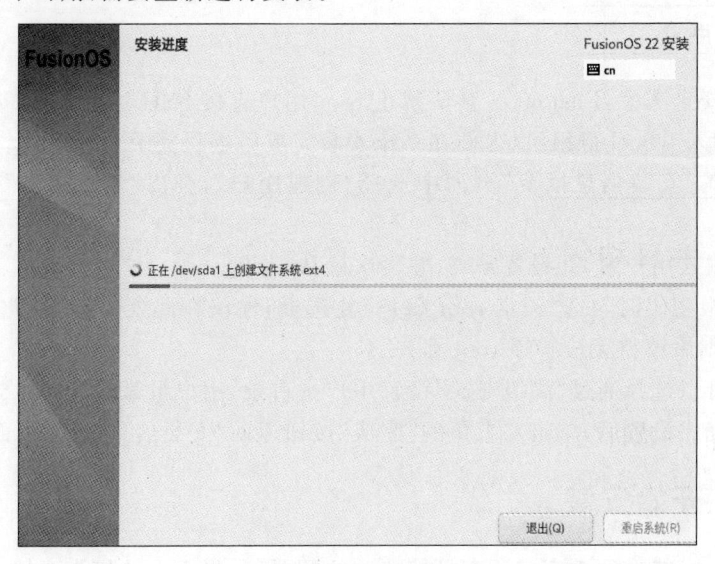

图 2-27　安装过程

步骤3 安装过程执行完成后，FusionOS完成安装，单击“重启系统”按钮后，系统将重新启动。

如果优先从光驱启动(物理光驱或虚拟光驱)，会再次进入安装界面，此时关闭服务器，调整启动顺序(优先从硬盘启动)。

2.3 自动化安装指导

2.3.1 总体介绍

kickstart是一种无人值守的安装方式。它的工作原理是在安装过程中记录典型的需要人工干预填写的各种参数，并生成一个配置文件(ks.cfg)。在安装过程中，安装程序首先会去查找ks.cfg配置文件，如果找到合适的参数，就采用所找到的参数；如果没有找到合适的参数，便需要安装者手工设定。所以，如果kickstart文件涵盖了安装过程中需要设定的所有参数，安装者只需要告诉安装程序从何处取ks.cfg文件，就能实现系统安装的自动化。

kickstart安装提供一个安装过程自动化的方法，既可以是部分自动化，也可以是完全自动化。用户可以使用kickstart工具进行FusionOS系统的自动化安装，包括以下三种方式。

(1) 半自动化安装：安装人员不需要手动设定操作系统的键盘、语言、分区等具体属性(通过kickstart实现自动化)，但是需要手动指定kickstart文件的位置。

(2) 全自动化安装：通过配置PXE服务器，实现操作系统的安装过程全自动化。

(3) 使用脚本全自动化安装：安装人员只需要修改CSV文件，通过执行脚本简化配置PXE服务器的烦琐步骤。第三种安装方式是全自动化安装方式的优化版本。

这三种安装方法的优缺点对比如表2-5所示，用户可以自行选择安装方式。

表2-5 三种安装方式的优缺点对比

安装方式	优点	缺点
半自动化安装	不需要准备tftp、pxe、dhcp等服务	需要手动指定kickstart文件的位置
全自动化安装	操作系统的全自动化安装	需要配置tftp、dhcpd、pxe等服务
通过脚本全自动化安装	操作系统的全自动化安装，不需要人工配置tftp、pxe、dhcp等服务	不如以上两种方式灵活性高

2.3.2 半自动化安装指导

1. 环境要求

使用kickstart进行FusionOS系统的半自动化安装的环境要求如下。

(1) 物理机/虚拟机(虚拟机创建可参考对应厂商的资料)。包括使用kickstart工具进行自动化安装的服务器和被安装的服务器。

(2) httpd：存放kickstart文件。

(3) ISO：如FusionOS-22_22.0.2_aarch64.iso。

2. 操作步骤

使用 kickstart 进行 FusionOS 系统的半自动化安装的操作步骤如下。

步骤 1 环境准备。

(1) 安装之前,请确保 http 服务器的防火墙处于关闭状态。关闭防火墙可参照如下命令。

```
iptables -F
```

(2) 安装 httpd 与启动服务。

执行如下命令安装 httpd。

```
# dnf install httpd -y
```

安装完成后,需要删除/etc/httpd/conf.d/welcome.conf 文件,或者删除该文件中如下 Options -Indexes 配置项,以确保后续操作能正常运行,如图 2-28 所示。

```
#
# This configuration file enables the default "Welcome" page if ther
# is no default index page present for the root URL.  To disable the
# Welcome page, comment out all the lines below.
#
# NOTE: if this file is removed, it will be restored on upgrades.
#
<LocationMatch "^/+$">
    Options -Indexes
    ErrorDocument 403 /.noindex.html
</LocationMatch>

<Directory /usr/share/httpd/noindex>
    AllowOverride None
    Require all granted
</Directory>

Alias /.noindex.html /usr/share/httpd/noindex/index.html
```

图 2-28 删除 Options-Indexes 选项

执行如下命令启动服务。

```
# systemctl start httpd
# systemctl enable httpd
```

(3) 准备 kickstart 文件。以下给出了半自动安装系统的 kickstart 配置文件的样例,用户需根据自身实际需求对该配置文件内容进行修改。配置文件中的主要配置项含义在表 2-6 中进行了详细说明。

```
# mkdir /var/www/html/ks
# vim /var/www/html/ks/FusionOS-ks.cfg    #根据系统自动生成的 anaconda-ks.cfg 修改得到
#version=DEVEL
ignoredisk --only-use=sda
autopart --type=lvm
# Partition clearing information
clearpart --none --initlabel
# Use graphical install
graphical
# Use CDROM installation media
cdrom                                     #此处是安装源位置
# Keyboard layouts
keyboard --vckeymap=cn --xlayouts='cn'
# System language
lang zh_CN.UTF-8
# Network information
network --bootproto=dhcp --device=eno3 --onboot=on --ipv6=auto
```

```
network --hostname=localhost.localdomain #此处是本地搭建服务器或者远端服务器的主机名,
                                          #需根据实际情况修改
# Root password
rootpw --iscrypted
$6$fQE83lxEZ48Or4zc$j7/PlUMHn29yTjCD4Fi44WTZL/RzVGxJ/7MGsZMl6QfE3
KjIVT7M4UrhFXbafvRq2lUddAFcyWHd5WRmXfEK20 #此处需要根据实际的密码生成和替换
# Run the Setup Agent on first boot
firstboot --enable
# Do not configure the X Window System
skipx
# System services
services --disabled="chronyd"
# System timezone
timezone Asia/Shanghai --isUtc
# Reboot after installation
reboot
%packages
@^minimal-environment
@standard
%end
%anaconda
pwpolicy root --minlen=8 --minquality=1 --notstrict --nochanges --notempty
pwpolicy user --minlen=8 --minquality=1 --notstrict --nochanges --emptyok
pwpolicy luks --minlen=8 --minquality=1 --notstrict --nochanges --notempty
%end
%post
#enable kdump                                #默认安装已使能 kdump
#sed -i "s/ ro / ro crashkernel=512M /" /boot/efi/EFI/FusionOS/grub.cfg
%end
======================================
```

表 2-6　半自动化 FusionOS-ks.cfg 配置项说明

配　置　项	说　　明
ignoredisk --only-use=sda	在安装过程中忽略除 sda 之外的所有硬盘设备,并只使用 sda 设备
autopart --type=lvm	安装程序将自动创建一个 LVM 分区
graphical	安装程序将使用图形界面进行安装
cdrom	指示安装程序从光盘启动并安装系统
keyboard	指定用于安装系统的键盘布局
lang	指定安装过程中使用的语言
network	配置安装过程中的网络设置
rootpw	设置安装过程中 root 用户的密码
firstboot	指定首次启动时执行的命令
services	指定系统启动时需要启动的服务
timezone	设置系统时区

需要特别注意的是,该配置文件的 rootpw 即 root 密码采用密文生成方式。

```
# python 3
Python 3.7.0 (default, Apr 1 2019, 00:00:00
)
[GCC 7.3.0] on linux
Type "help",
"copyright", "credits" or "license" for more information.
>>> import crypt
>>> passwd = crypt.crypt("myPasswd")    #以设置密码 myPasswd 为例
```

```
>>> print(passwd)
$6$63c4tDmQGn5SDayV$mZoZC4pa9Jdt6/ALgaaDq6mIExiOO2EjzomB.Rf6V1BkEMJDcMddZeGdp17cMyc919
ML9ldthytBEPVcnboR/0
```

（4）将 ISO 镜像文件挂载到需要安装 FusionOS 服务器的光驱上。另外，也可以选择 NFS 等网络安装，kickstart 文件中需要指定安装源位置（默认是 cdrom）。

步骤 2　安装系统。

（1）启动系统进入安装选择界面。

在“2.2.2 安装引导界面”中的“安装引导界面”中选择 Install FusionOS 22，按 E 键（UEFI 模式下）或 Tab 键（Legacy 模式下）进入已选选项的参数编辑界面。在启动参数的首行末尾追加“inst.ks=http://server ip/ks/FusionOS-ks.cfg”，例如：

```
setparams 'Install FusionOS 22'
        linux /images/pxeboot/vmlinuz inst.stage2 = hd:LABEL = FusionOS - 22 - aarch64 quiet
inst.ks = http://172.168.130.2/ks/FusionOS - ks.cfg
```

参数需追加在第一个以 linux 开头段落的结尾才能生效，如图 2-29 所示。按 Ctrl+X 组合键，开始系统的自动安装。

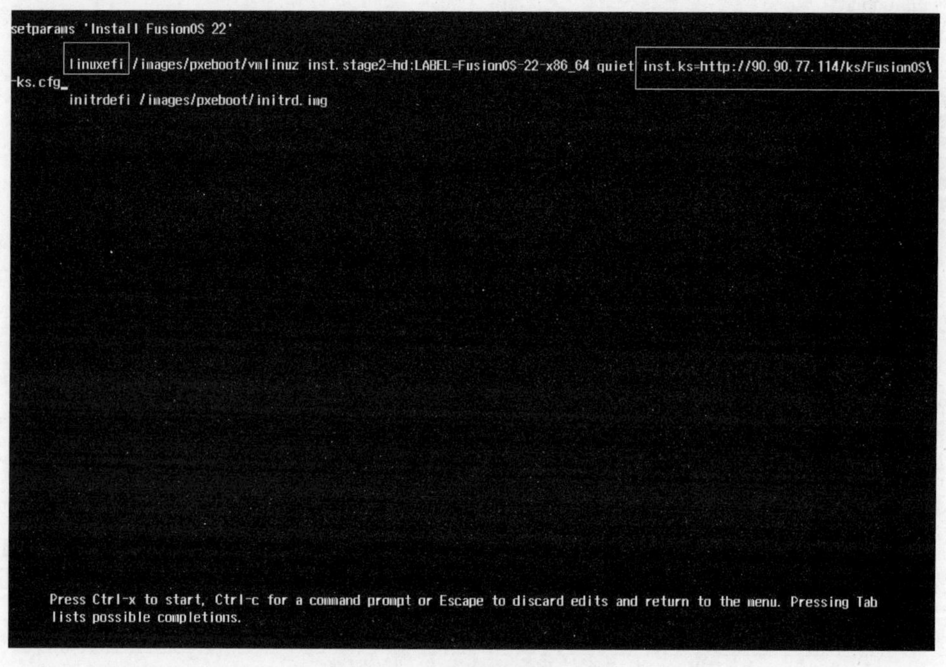

图 2-29　启动参数追加样例

（2）确认系统安装完毕。

系统安装完毕后，界面显示如图 2-30 所示。

```
Authorized users only. All activities may be monitored and reported.
localhost login:
```

图 2-30　系统安装完毕显示界面

系统安装完毕以后会自动重启，如果优先从光驱启动，会再次进入安装界面，此时关闭服务器，调整启动顺序（优先从硬盘启动）。

2.3.3　全自动化安装指导

1. 环境要求

使用 kickstart 进行 FusionOS 系统的全自动化安装的环境要求如下。

(1) 物理机/虚拟机(虚拟机创建可参考对应厂商的资料)。包括使用 kickstart 工具进行自动化安装的服务器和被安装的服务器。

(2) httpd：存放 kickstart 文件。

(3) tftp：提供 vmlinuz 和 initrd 文件。

(4) dhcpd/pxe：提供 DHCP 服务。

(5) ISO：如 FusionOS-22_22.0.2_aarch64.iso。

其中需要利用 PXE 提供 DHCP 服务。PXE(Preboot eXecution Environment)是一种网络协议,它允许计算机通过网络连接从服务器引导并加载操作系统。使用 PXE 可以实现自动化安装操作系统的原理如下。

DHCP 服务器配置：在网络中设置一个 DHCP 服务器(动态主机配置协议服务器)。当计算机启动时,它会向 DHCP 服务器发送请求以获取 IP 地址和其他网络配置信息。

PXE 服务器配置：在网络中设置一个 PXE 服务器,通常与 DHCP 服务器集成。PXE 服务器上存储了引导映像(Boot Image)和操作系统安装文件。这些文件可以是网络引导映像(如 PXE 引导映像)和操作系统镜像(如 Windows 或 Linux 安装文件)。

启动流程：当客户机启动时,它会发送 DHCP 请求。DHCP 服务器会回应并提供计算机所需的 IP 地址、网关、子网掩码等网络配置信息。此外,DHCP 服务器还会指示计算机从 PXE 服务器获取引导文件。

引导阶段：客户机会从 PXE 服务器下载引导映像,这是一个小型操作系统,通常包含网络支持和基本的系统工具。引导映像负责建立网络连接并与 PXE 服务器通信。

要使用 PXE 引导,需要正确配置服务器以及服务器需支持 PXE 的网络接口。如果目标硬件安装有支持 PXE 的网络接口卡,可以配置它从其他网络系统的文件而不是本地介质(如光盘)来引导并执行 Anaconda 安装程序。对于 PXE 安装,客户机通过支持 PXE 的网卡,向网络发送请求 DHCP 信息的广播,请求 IP 地址等信息。DHCP 服务器给客户机提供一个 IP 地址和其他网络信息,如域名服务器、FTP 服务器(它提供启动安装程序所必需的文件)的 IP 地址或主机名,以及服务器上文件的位置。TFTP、DHCP、HTTP 等服务器详细配置请参考 2.3.3 节。

操作系统安装：一旦引导映像启动并建立了网络连接,它会请求操作系统安装文件。这些文件通常位于 PXE 服务器上的特定目录中。引导映像会下载操作系统安装文件并开始执行安装过程。

自动化安装：操作系统安装过程可以根据预定义的配置进行自动化。这可能包括选择分区、安装软件包、设置系统参数等。自动化配置可以通过操作系统安装文件中的脚本、策略文件或其他配置方式实现。

安装完成：一旦自动化安装完成,操作系统会被正确地部署到计算机上。计算机可以重新启动,并从本地磁盘启动新安装的操作系统。

通过 PXE,可以实现大规模的自动化操作系统部署,节省时间和资源,同时确保一致性和标准化的系统配置。这在大型企业、数据中心和教育机构等场景中特别有用。

2. 操作步骤

下面以 UEFI 启动模式为例,介绍使用 kickstart 进行 FusionOS 系统的全自动化安装的操作步骤。在安装之前,需要确保 http 服务器的防火墙处于关闭状态。关闭防火墙可参照如下命令。

```
systemctl stop firewalld
```

步骤 1 httpd 的安装与服务启动。

因 nginx 和 httpd 默认端口号相同,若服务器上已安装了 nginx 且未更改默认端口号,使用 httpd 时会存在端口冲突问题,需要修改端口号。执行如下命令安装 httpd。

```
# dnf install httpd -y
```

安装完成后,需要删除/etc/httpd/conf.d/welcome.conf 文件,或者删除该文件中如图 2-28 所示的 Options -Indexes 配置项,以确保后续操作能正常运行。执行如下命令启动服务。

```
# systemctl start httpd
# systemctl enable httpd
```

步骤 2 TFTP 的安装与配置,TFTP 配置文件的主要参数说明如表 2-7 所示。

```
# dnf install tftp-server -y
# vim /etc/xinetd.d/tftp

service tftp
{
        socket_type         = dgram
        protocol            = udp
        wait                = yes
        user                = root
        server              = /usr/sbin/in.tftpd        #位置需注意
        server_args         = -s /var/lib/tftpboot      #tftp-server 的根目录
        disable             = no                        #no 表示启动 TFTP 服务器
        per_source          = 11
        cps                 = 100 2
        flags               = IPv4
}

#kuo
# systemctl start tftp
# systemctl enable tftp
```

表 2-7 TFTP 配置项说明

配 置 项	说 明
socket_type	用于设置 TFTP 服务器使用的套接字类型。套接字类型可以是"stream"(流式套接字)或"datagram"(数据报套接字)。默认情况下,TFTP 服务器使用数据报套接字
protocol	设置 TFTP 服务器使用的传输协议。默认情况下,TFTP 服务器使用 TFTP
wait	TFTP 服务器在发送文件之前等待的时间。默认情况下,TFTP 服务器没有设置等待时间

续表

配置项	说明
user	设置 TFTP 服务器使用的用户名。默认情况下，TFTP 服务器使用 root 用户
server	设置 TFTP 服务器的地址。默认情况下，TFTP 服务器监听所有网络接口
server_args	用于设置 TFTP 服务器的可选参数
disable	用于控制 TFTP 服务器的启用与否，此处值修改为 no，no 表示启动 TFTP 服务器
per_source	用于控制 TFTP 服务器是否为每个来源站点创建一个单独的传输进程
cps	用于设置 TFTP 服务器在发送数据时的最大速率限制，单位为 B/s

步骤 3　安装源的制作。

```
# mount FusionOS-22_22.0.2_aarch64.iso /mnt
# cp -r /mnt/* /var/www/html/FusionOS/
```

步骤 4　设置和修改 kickstart 配置文件 FusionOS-ks.cfg，参考步骤 3 中安装源的目录，此处选择 http 安装源。以下给出了全自动化安装系统的 kickstart 配置文件的样例，用户需根据自身实际需求对该配置文件内容进行修改。配置文件中的主要配置项含义在表 2-8 中进行了详细说明。

```
#vim /var/www/html/ks/FusionOS-ks.cfg
#version=DEVEL
# Use graphical install
graphical
#Use http installation source
url --url=http://192.168.122.1/FusionOS/ #修改为配置 PXE 环境的主机 IP

%packages
@^server-product-environment            #服务器安装方式

%end

# Keyboard layouts
keyboard --vckeymap=cn --xlayouts='cn'
# System language
lang zh_CN.UTF-8

# Network information
network --hostname=localhost.localdomain #此处是本地搭建服务器或者远端服务器的主机名,
                                         #需根据实际情况修改

# Run the Setup Agent on first boot
firstboot --enable
# System services
services --enabled="chronyd"
ignoredisk --only-use=sda                #虚拟机是 vda 盘
autopart --type=lvm                      #自动创建分区
# Partition clearing information
clearpart --all --initlabel              #此配置会清空原来硬盘中的操作系统

# System timezone
timezone Asia/Shanghai --utc

# Root password
```

```
rootpw --iscrypted                      #该部分和后面部分不存在换行,中间只有一个空
                                        #格,由于排版问题显示换行
ci'yu'jv $6$0pOeykgtaBcTKSQ/$pTXrazvqhA3MxfpU/7cpE5zxmAYMnRtLloyV/2rJOL.J3nWsocjjko5OI9GCa9E2
eaG6N7jvLXou6gNAfhADe1
#此处需要根据实际的密码生成和替换
```

表 2-8　全自动化 FusionOS-ks.cfg 配置项说明

配置项	说　明
url	通常用于设置安装软件包的 URL 地址
keyboard	指定用于安装系统的键盘布局
lang	指定安装过程中使用的语言
network	配置安装过程中的网络设置
firstboot	指定首次启动时执行的命令
services	指定系统启动时需要启动的服务
ignoredisk	用于设置忽略的磁盘分区
autopart	用于自动分区功能，而 --type=lvm 是一个可选参数，用于指定使用 LVM（逻辑卷管理器）进行分区
clearpart	用于清除分区中的数据
timezone	设置系统时区
rootpw	设置安装过程中 root 用户的密码

步骤 5　修改 PXE 配置文件 grub.cfg，可参考如下内容（注意：FusionOS 当前不支持 BLS 格式的.cfg 文件）。

（1）x86_64 架构配置文件示例如下，配置文件的主要参数含义如表 2-9 所示。

```
# cp -r /mnt/images/pxeboot/* /var/lib/tftpboot/
# cp /mnt/EFI/BOOT/BOOTX64.EFI /var/lib/tftpboot/
# cp /mnt/EFI/BOOT/grubx64.efi /var/lib/tftpboot/
# cp /mnt/EFI/BOOT/grub.cfg /var/lib/tftpboot/
# ls /var/lib/tftpboot/
grubx64.efi grub.cfg initrd.img TRANS.TBL vmlinuz images

# mkdir -p /var/lib/tftpboot/images/pxeboot
# cp /var/lib/tftpboot/vmlinuz /var/lib/tftpboot/images/pxeboot
# cp /var/lib/tftpboot/initrd.img /var/lib/tftpboot/images/pxeboot
# chmod -R 755 /var/lib/tftpboot/images
#ls /var/lib/tftpboot/images/pxeboot/
vmlinuz initrd.img

# vim /var/lib/tftpboot/grub.cfg
set default = "1"          #设置安装菜单默认选项
function load_video {
insmod efi_gop
insmod efi_uga
insmod video_bochs
insmod video_cirrus
insmod all_video
}

load_video
set gfxpayload = keep
insmod gzio
insmod part_gpt
```

```
insmod ext2

set timeout = 60
### END /etc/grub.d/00_header ###

search --no-floppy --set = root -l 'FusionOS-22_22.0.3_x86-64'  #此处修改为安装系统
                                                               #的镜像名称

### BEGIN /etc/grub.d/10_linux ###
menuentry 'Install FusionOS 22' --class FusionOS --class gnu-linux --class gnu --class os
{
        set root = (tftp,90.90.115.20)                  #修改为服务器的 IP 地址
        linuxefi /images/pxeboot/vmlinuz quiet inst.ks = http://192.168.2.111/ks/FusionOS-
ks.cfg                                                  #quiet 后面追加的为配置的 KS 文件的位
                                                        #置,该处 http 地址要改成服务器的地址
        initrdefi /images/pxeboot/initrd.img
}                                                       #注意 vmlinuz,initrd.img 两文件的位置
menuentry 'Test this media & install FusionOS 22' --class FusionOS --class gnu-linux --
class gnu --class os {
        linuxefi /images/pxeboot/vmlinuz quiet inst.ks = http://192.168.2.111/ks/FusionOS-
ks.cfg
        initrdefi /images/pxeboot/initrd.img
}
submenu 'Troubleshooting -->' {
        menuentry 'Install FusionOS 22 in basic graphics mode' --class FusionOS --class gnu
-linux --class gnu --class os {

        linuxefi /images/pxeboot/vmlinuz quiet inst.ks = http://192.168.2.111/ks.FusionOS-
ks.cfg
        initrdefi /images/pxeboot/initrd.img
        }

        menuentry 'Rescue a FusionOS system' --class FusionOS --class gnu-linux --class
gnu --class os {

        linuxefi /images/pxeboot/vmlinuz quiet inst.ks = http://192.168.2.111/ks.FusionOS-
ks.cfg
        initrdefi /images/pxeboot/initrd.img
        }
}
```

表 2-9　x86_64 架构 grub.cfg 配置项说明

配置项	说　明
set default	用于设置默认启动的 Linux 内核。0 表示默认启动第一个内核。如果想默认启动第二个内核,请将参数设置为 1
efi_gop	加载 EFI 系统分区的引导模块
efi_uga	加载 EFI 通用统一固件接口(UGA)模块
video_bochs	加载 Bochs 虚拟机视频驱动模块
video_cirrus	加载 Cirrus 显卡驱动模块
all_video	加载所有视频驱动模块
gfxpayload	gfxpayload 参数用于控制 GRUB 在图形模式下如何处理图形卡驱动。keep 是一个可选的参数,用于保留图形卡驱动的载入
gzio	加载 gzip 压缩的 GRUB 模块

续表

配置项	说　明
part_gpt	加载 part_gpt 分区类型支持模块
ext2	加载 ext2 文件系统支持模块
timeout	用于指定 GRUB 菜单在显示后的多少秒后自动关闭。timeout=60 表示 GRUB 菜单将在显示后 60s 自动关闭
set root	设置 GRUB 的根目录。通常用于指定 Linux 根文件系统的挂载点
linuxefi	设置系统使用可扩展固件接口(Extensible Firmware Interface,EFI)进行启动
initrdefi	设置系统使用 EFI 进行启动,并且初始化 RAM 磁盘和根文件系统将使用 EFI 系统分区上的 initramfs

(2) aarch64 架构配置文件示例如下,配置文件的主要参数含义如表 2-10 所示。

```
# cp -r /mnt/images/pxeboot/* /var/lib/tftpboot/
# cp /mnt/EFI/BOOT/BOOTAA64.EFI /var/lib/tftpboot/
# cp /mnt/EFI/BOOT/grubaa64.efi /var/lib/tftpboot/
# cp /mnt/EFI/BOOT/grub.cfg /var/lib/tftpboot/
# ls /var/lib/tftpboot/
grubaa64.efi grub.cfg initrd.img TRANS.TBL vmlinuz image

# mkdir -p /var/lib/tftpboot/images/pxeboot
# cp /var/lib/tftpboot/vmlinuz /var/lib/tftpboot/images/pxeboot
# cp /var/lib/tftpboot/initrd.img /var/lib/tftpboot/images/pxeboot
# chmod -R 755 /var/lib/tftpboot/images
#ls /var/lib/tftpboot/images/pxeboot/
vmlinuz initrd.img

# vim /var/lib/tftpboot/grub.cfg
set default = "0"

function load_video {
  if [ x$feature_all_video_module = xy ]; then
    insmod all_video
  else
    insmod efi_gop
    insmod efi_uga
    insmod ieee1275_fb
    insmod vbe
    insmod vga
    insmod video_bochs
    insmod video_cirrus
  fi
}

load_video
set gfxpayload = keep
insmod gzio
insmod part_gpt
insmod ext2

set timeout = 60
### END /etc/grub.d/00_header ###

search --no-floppy --set=root -l 'FusionOS-22_22.0.3_aarch64'  #此处修改为安装系统
                                                                #的镜像名称
```

```
### BEGIN /etc/grub.d/10_linux ###
menuentry 'Install FusionOS 22' --class red --class gnu-linux --class gnu --class os {
        set root=(tftp,90.90.113.19)    #该处填自己的用户名和 IP 地址
         linux /images/pxeboot/vmlinuz ro inst.geoloc=0 console=tty0 smmu.bypassdev=
0x1000:0x17 smmu.bypassdev=0x1000:0x15 video=efifb:off video=VGA-1:640x480-32@60me
inst.ks=http://90.90.113.19/ks/FusionOS-ks.cfg  #填自己的 IP 地址和文件路径,并且与上
                                                 #面不存在换行
        initrd /images/pxeboot/initrd.img
}
menuentry 'Test this media & install FusionOS 22' --class red --class gnu-linux --class gnu
--class os {
    linux /images/pxeboot/vmlinuz inst.stage2=hd:LABEL=FusionOS-22-aarch64 rd.live.
check inst.geoloc=0 console=tty0 smmu.bypassdev=0x1000:0x17 smmu.bypassdev=0x1000:0x15
video=efifb:off video=VGA-1:640x480-32@60me initrd /images/pxeboot/initrd.img
}
submenu 'Troubleshooting -->'{
    menuentry 'Install FusionOS 22 in basic graphics mode' --class red --class gnu-linux
--class gnu --class os {
         linux /images/pxeboot/vmlinuz inst.stage2=hd:LABEL=FusionOS-22-aarch64
nomodeset inst.geoloc=0 console=tty0 smmu.bypassdev=0x1000:0x17 smmu.bypassdev=0x1000:
0x15 video=efifb:off video=VGA-1:640x480-32@60me
initrd /images/pxeboot/initrd.img
    }
    menuentry 'Rescue the FusionOS system' --class red --class gnu-linux --class gnu --
class os {
        linux /images/pxeboot/vmlinuz inst.stage2=hd:LABEL=FusionOS-22-aarch64 rescue
console=tty0 smmu.bypassdev=0x1000:0x17 smmu.bypassdev=0x1000:0x15 video=efifb:off
video=VGA-1:640x480-32@60me initrd /images/pxeboot/initrd.img
    }
}
```

表 2-10　aarch64 架构 grub.cfg 配置项说明

配置项	说　明
set default	用于设置默认启动的 Linux 内核。0 表示默认启动第一个内核。如果想默认启动第二个内核,请将参数设置为 1
efi_gop	加载 EFI 系统分区的引导模块
efi_uga	加载 EFI 通用统一固件接口(UGA)模块
video_bochs	加载 Bochs 虚拟机视频驱动模块
video_cirrus	加载 Cirrus 显卡驱动模块
ieee1275_fb	加载 ieee1275_fb 模块,提供 framebuffer 设备驱动
vbe	加载 vbe 模块,提供 VBE(VGA 显示卡)设备驱动
vga	加载 vga 模块,提供 VGA 设备驱动
gfxpayload	gfxpayload 参数用于控制 GRUB 在图形模式下如何处理图形卡驱动。keep 是一个可选的参数,用于保留图形卡驱动的载入
gzio	加载 gzip 压缩的 GRUB 模块
part_gpt	加载 part_gpt 分区类型支持模块
ext2	加载 ext2 文件系统支持模块
timeout	用于指定 GRUB 菜单在显示后的多少秒后自动关闭。timeout=60 表示 GRUB 菜单将在显示后 60s 自动关闭

续表

配置项	说　明
menuentry	定义一个 GRUB 菜单条目。通常包含一个唯一的标识符，以及一个指向操作系统启动文件的链接
initrd	指定用于初始化系统的初始化 RAM 磁盘(initrd)文件，通常包含 initrd 文件的路径
linux	指定操作系统的内核，通常包含内核文件的路径和选项

步骤 6　DHCP 的配置文件示例如下，配置文件的主要参数含义如表 2-11 所示。

```
# dnf install dhcp -y
# cp /usr/share/doc/dhcp-server/dhcpd.conf.example /etc/dhcp/dhcpd.conf
# vim /etc/dhcp/dhcpd.conf
# DHCP Server Configuration file.
#   see /usr/share/doc/dhcp-server/dhcpd.conf.example
#   see dhcpd.conf(5) man page
#
ddns-update-style interim;
ignore client-updates;

subnet 192.168.122.0 netmask 255.255.255.0 {
option routers 192.168.122.1;                              #网关地址
option subnet-mask 255.255.255.0;                          #子网掩码
range dynamic-bootp 192.168.122.50 192.168.122.200; #动态 IP 范围
default-lease-time 21600;
max-lease-time 43200;
filename "grubx64.efi";      #pxelinux 启动文件位置; aarch64 架构下为"grubaa64.efi"
#如果客户机开启了安全启动,则需要将"grubx64.efi"(aarch64 下为"grubaa64.efi")修改为
#"BOOTX64.EFI"(aarch64 下为"BOOTAA64.EFI")
next-server 192.168.122.1; #(重要)TFTP Server 的 IP 地址
}
# systemctl start dhcpd
# systemctl enable dhcpd
```

表 2-11　dhcpd.conf 配置项说明

配　置　项	说　明
default-lease-time	默认租约时间，单位为 s。DHCP 客户机在默认租约时间的 75% 会和服务器续约，如果服务器没有响应，那么客户机会在 87.5% 的时候继续尝试续约
max-lease-time	最大租约时间，单位为 s。当 DHCP 客户机的租约时间达到最大租约时间后，客户机将无法使用当前的 IP 地址
subnet	DHCP 服务器所在网络子网的 IP 地址
netmask	DHCP 服务器所在网络子网的掩码
option routers	DHCP 服务器的网关地址
option subnet-mask	DHCP 服务器的子网掩码
range dynamic-bootp	动态 IP 范围

步骤 7　下面以使用 iBMC 的虚拟控制台为例，演示在物理机上以 PXE 方式自动化安装步骤。打开 iBMC 虚拟控制台，单击工具栏中的“系统启动项”按钮 B，选择 PXE，如图 2-31 所示。

步骤 8　单击工具栏中的“控制”按钮，选择“强制重启”，如图 2-32 所示。

步骤 9　进入安装引导界面。重新启动后，自动进入安装引导界面，如图 2-33 所示。

步骤 10　进入自动安装界面。手动选择安装模式或者等待 60s 后，进入自动安装界

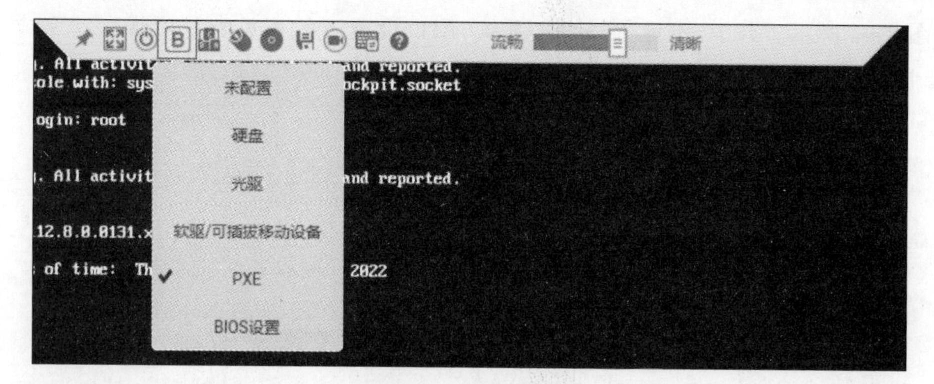

图 2-31　系统启动项

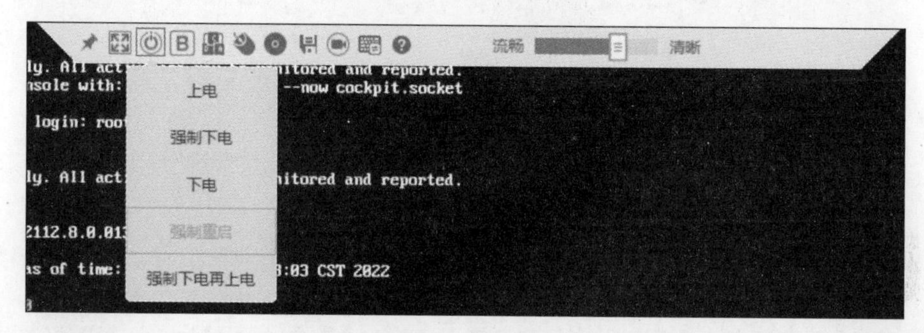

图 2-32　强制启动

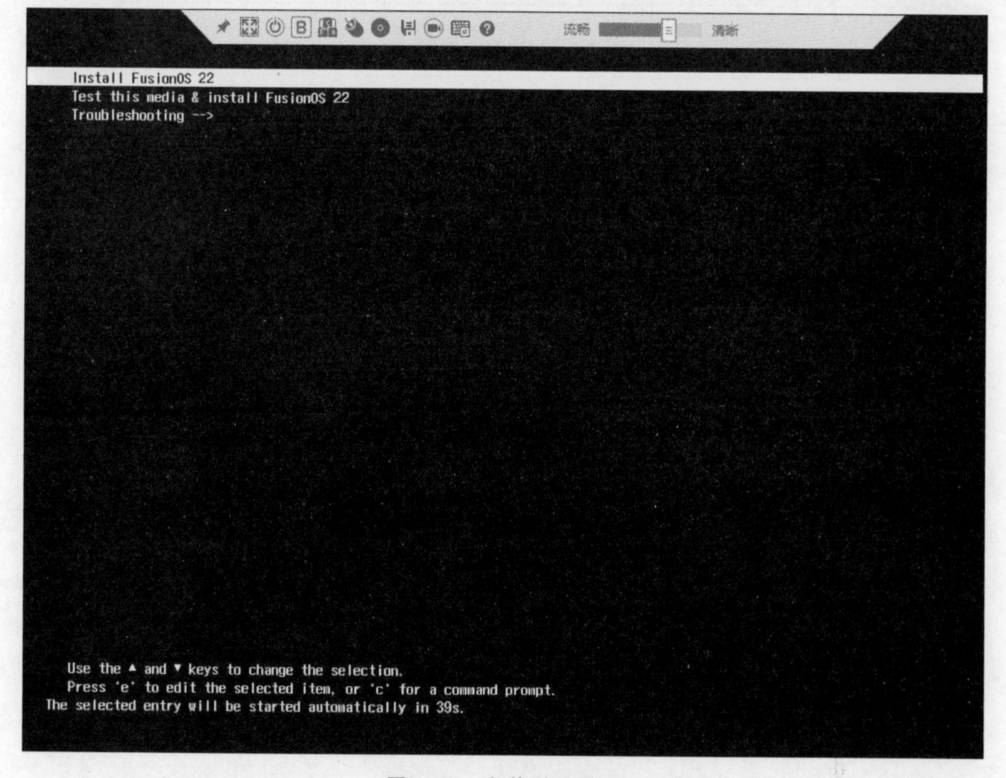

图 2-33　安装引导界面

面，如图 2-34 所示。其中，本地化、软件、系统、用户设置下的相关配置项将自动完成，配置完成后自动跳转到安装进度界面，如图 2-35 所示。

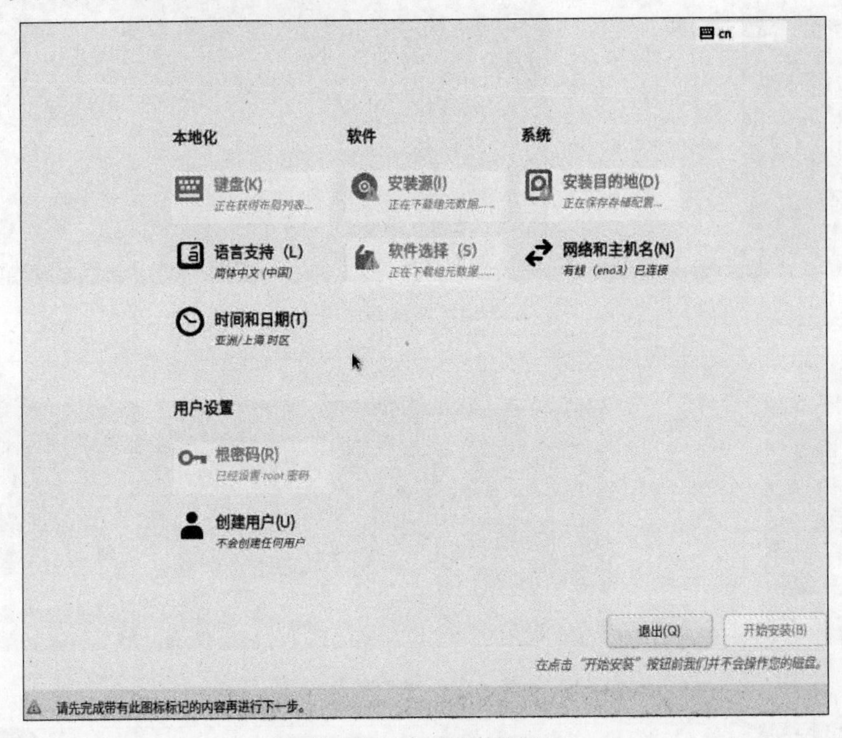

图 2-34　自动安装界面

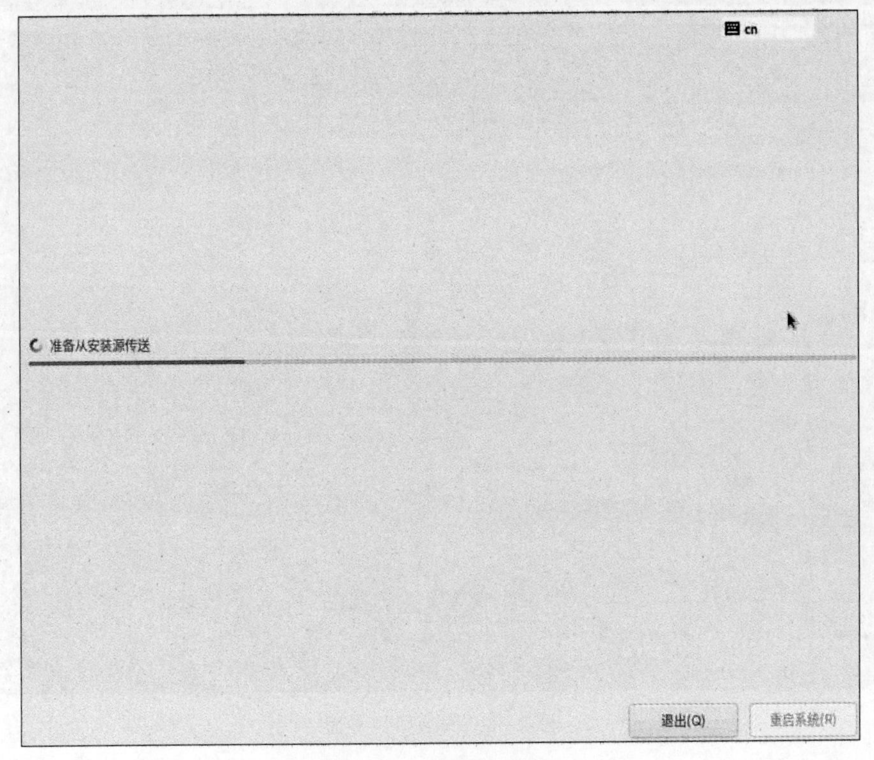

图 2-35　安装进度界面

步骤 11 确认系统安装完毕。系统安装完毕后,界面显示如图 2-30 所示。

2.3.4 通过脚本全自动化安装

1. 环境要求

使用 kickstart 进行 FusionOS 系统的脚本全自动化安装的环境要求如下。

(1) 物理机/虚拟机(虚拟机创建可参考对应厂商的资料):包括使用 kickstart 工具进行自动化安装的计算机(服务器)和被安装的计算机(客户机),要求服务器为 FusionOS 操作系统,并且只支持给客户机安装 FusionOS 操作系统,请事先调整启动方式为 UEFI 启动。

(2) 概念:在网络传输中,把提供网络资源的机器称为服务器,需要从网络中获取资源的机器称为客户机。在 PXE 配置中,将执行 PXE 脚本,修改本地配置,提供安装文件及配置的机器称为服务器。把未安装操作系统,需要通过 PXE 提供网络安装的机器称为客户机。

(3) ISO:服务器的 ISO 和 tar 包,客户机的 ISO。要求:服务器 ISO 的版本最好与服务器安装的操作系统的版本相同,tar 包为 rpm 升级包,要求架构与服务器架构相同。

2. 操作步骤

使用 PXE 脚本进行 FusionOS 系统的全自动化安装的操作步骤如下(在服务器端进行部署配置)。

步骤 1 安装对应的 rpm 包。首先使用新版本配置好 yum 源,然后使用 **yum install auto-pxe** 下载 rpm 包。

步骤 2 使用 **mkdir** 命令创建以下两个文件目录。

/home/clientFusionOS 用来存放被安装的计算机(客户机)的 ISO。

/home/FusionOS 用来存放使用 PXE 脚本进行自动化安装的计算机(服务器)ISO 和 tar 包。

步骤 3 传入对应的 ISO 和 tar 包。

传入服务器所需的 ISO 和 tar 包,主要用来给服务器自动配置本地 yum 源,存放在/home/FusionOS 目录下。要求:服务器 ISO 的版本最好与服务器安装的操作系统的版本相同,tar 包为 rpm 升级包,架构相同即可;客户机的 ISO 存放在/home/clientFusionOS 目录下。

步骤 4 编写 CSV 表格。

进入/etc/auto-pxe/,填写对应的 CSV 文档。CSV 表格包括 network. csv 和 ks_cfg . csv。network. csv 存放网络信息,ks_cfg. csv 存放 kickstart 工具的配置信息,若有需要添加新的配置,只需要在 ks_cfg. csv 表格中按照格式在最后一行追加即可。

具体编写规范:内容中不能存在中文,只能存在两列。network. csv 存放网络信息;ks_cfg. csv 存放 kickstart 工具的配置信息。若有需要添加新的配置,只需要在 ks_cfg. csv 表格中按照格式在后方追加即可;若存在多行内容属于同一类型需要写入,如配置分区 part,需要设置键名为不同的,如 part1、part2,每一个值只能写一行,如果存在多行键的名字相同,前面的内容会被覆盖;若安装机器为物理机,则需要修改 ks_cfg.csv 里 ignoredisk 配置一项。物理机和虚拟机该项的配置不一致。物理机修改为 sda(根据具体磁盘名称修改)。CSV 表格编写建议如表 2-12 所示。

表 2-12 CSV 表格编写建议

字段标题	字段描述内容	内容示例	编写规范	常用选项
网络配置部分				
Ip	服务器 IP 地址	90.90.67.51	—	—
Routers	网关地址	90.90.64.1	通常为子网地址第 4 位加 1	—
Netmask	子网掩码	255.255.224.0	—	—
Subnet	子网	90.90.64.0	通过 IP 和子网掩码进行与运算获得	—
dynamicBootp	动态 IP 范围	90.90.67.40 90.90.67.50	开头 IP 和结尾 IP 中间留空	—
kickstart 文件配置部分				
Keyboard	键盘类型	keyboard --vckeymap=cn --xlayouts='cn'	—	—
Lang	系统语言	lang zh_CN.UTF-8	—	lang en_US:设置英文
Network	—	network --hostname=localhost.localdomain	—	—
Firstboot	—	firstboot --enable	—	—
Services	—	services --enabled="chronyd"	—	—
ignoredisk	—	ignoredisk --only-use=vda	采用 PXE 启动的客户机若是虚拟机则 use=vda,若是物理机则 use=sda	—
Autopart	—	autopart --type=lvm	—	—
Clearpart	—	clearpart --all --initlabel	—	—
Timezone	—	timezone Asia/Shanghai --utc	—	—

网络配置和 kickstart 配置的 CSV 内容示例如表 2-13 和表 2-14 所示。其中,表中的第一列为键(不允许重复),第二列为写进文件内部的值。机器为虚拟机,默认不分区。

表 2-13 network.csv 示例(IP 为 19 位)

键	值
Ip	90.90.115.51
Routers	90.90.112.1
Netmask	255.255.252.0
Subnet	90.90.112.0
dynamicBootp	90.90.114.1 90.90.115.50

表 2-14 ks_cfg.csv 示例

键	值
Keyboard	keyboard --vckeymap=cn --xlayouts='cn'

续表

键	值
Lang	lang zh_CN. UTF-8
Network	network --hostname=localhost. localdomain
Firstboot	firstboot --enable
Services	services --enabled="chronyd"
ignoredisk	ignoredisk --only-use=vda
autopart	autopart --type=lvm
clearpart	clearpart --all --initlabel
timezone	timezone Asia/Shanghai --utc

步骤 5　执行脚本。

```
python3 /bin/pxe_start.py
```

中间提示输入密码时，输入客户机的 root 用户密码。执行过程中未出现红色 failed，则执行成功，服务器配置完毕。

如果客户机开启了安全启动，需要将 dhcp 配置中的 filename 从 grubx64. efi（aarch64 下为 grubaa64. efi）修改为 BOOTX64. EFI（aarch64 下为 BOOTAA64. EFI）。

```
vi /bin/pxe_fuction.py
```

修改 addDHCP 函数中 filename 的值。

步骤 6　安装系统的步骤与全自动化安装完全相同，请参见 2.3.3 节。

2.4　操作系统的升级

本节指导用户配置 repo 源，进行软件包升级或者安装 FusionOS 提供的非系统默认安装的软件包。

（1）利用 ISO 或 rpm 集合升级包配置本地 repo 源。

（2）利用 ISO 或 rpm 集合升级包配置提供 http 服务的远端 repo 源。

（3）使用 FusionOS 提供的官方 repo 源。

本节中以 FusionOS 22 22. 0. 1 版本的 FusionOS-22_22. 0. 1_everything_x86-64. iso 作为基线 repo 源，FusionOS 22 22. 0. 1. SPC2 版本的 FusionOS-22_22. 0. 1. SPC2_everything_x86-64. tar. gz 作为 update repo 源。

2.4.1　升级前必读

grub. cfg 文件不会随系统升级自动更新，将导致升级后的系统执行 uname -a 和 FusionOS -latest 时回显的内核信息不一致。因此在执行升级之前，需使用下列命令检查是否安装 grubby-bls。

```
rpm - q grubby - bls
```

若已安装则执行如下命令卸载后再升级，若未安装则可以直接升级。

```
yum remove grubby - bls
```

uname-build-checks 只存在于 FusionOS 22 22.0.1、22.0.1.SPC1、22.0.2 版本中，当这些版本升级为 FusionOS 22 22.0.1.SPC2 及后续版本时，uname-build-checks 的存在会导致升级后的系统执行 uname -a 和 FusionOS -latest 时回显的内核信息不一致。

因此在执行升级之前，需使用下列命令检查是否安装 uname-build-checks。

```
rpm  - q uname - build - checks
```

若已安装则执行如下命令卸载后再升级，若未安装则可以直接升级。

```
yum remove uname - build - checks
```

1. 注意事项

在进行系统升级的过程中还有一些需要特别注意的事项。

(1) 在安装或更新中，突然掉电或更新进程被强制中止，会有系统无法重新启动的风险。

(2) 升级存在失败的可能，需要提前对系统进行备份。

(3) dnf(yum)不支持并行操作，需要等待前一个 dnf(yum)命令执行结束后，再去执行下一条 dnf(yum)相关命令。

(4) 升级时请保证根分区有足够的存储空间，一般要求大于 8GB，否则升级可能会失败。

(5) /etc/mtab 文件内容必须小于 1MB，否则升级内核时可能出现升级失败，报错“no root mount_point found or file size over 1,048,576 bytes”或者“error parsing or file size over 1,048,576 bytes”。

(6) 全量升级成功后需要重启系统。

2. 安装升级约束

(1) 产品使用了未对外开放的内核接口，此类接口兼容性存在不确定性，可能会导致升级失败。

(2) 因开源社区不支持平滑升级以及版本间的兼容，FusionOS 与开源社区策略保持一致。例如，不支持 Python 2 升级到 Python 3。

(3) 若用户修改了部分配置文件，可能会出现升级后配置丢失的情况。

(4) 本次版本升级要求 kernel 与 kbox 配套，单独升级 kernel 或者单独升级 kbox 将会报错，即要求 kernel 与 kbox 同时升级，例如，配套版本为 kernel-4.19.90-2207.3.0.0159.u58.fos22 和 kbox-kmod-5.0-8.36.u3.fos22。

内核的模块之间紧密关联。由于维护工具不够高效，维护工作难以实施。尽管内核配备了像 klogd 和 syslogd 这样的日志记录系统，但在紧急情况下，如意外系统重启、内核崩溃和内存溢出，可能无法记录日志。结果无法确定这些问题的根本原因。为了解决这些问题并恢复丢失的内核日志，FusionOS 提供了 kbox 功能。kbox 的功能类似于设计用于飞行器系统的黑匣子。在系统异常发生时，重要信息会记录在一个特殊的通道中(使用非易失性存储)。因此，可以在异常发生时分析系统状态。kbox 提供了一种机制，可以在系统异常发生时记录有关内核的重要信息，并将重要信息记录在非易失性存储设备中。根据记录的信息，可以分析系统异常的原因并定位故障。

2.4.2 升级前准备

1. 升级方案

操作系统的升级是系统管理员一项非常重要的工作，在升级系统前请确认当前系统源版本，并查找对应升级路径及其所需文件，具体参见表 2-15。以源版本 FusionOS 22 22.0.1 升级到目标版本 FusionOS-22_22.0.1.SPC2 为例，升级所需文件为

```
ISO 发布包:FusionOS-22_22.0.1_everything_x86-64.iso
rpm 集合升级包:FusionOS-22_22.0.1.SPC2_everything_x86-64.tar.gz
```

表 2-15　支持的升级路径

产品	源版本	源架构	升级目标版本	目标架构	所需文件
FusionOS 22	FusionOS 22 22.0.1	x86-64	FusionOS 22 22.0.1.SPC1	x86-64	FusionOS-22_22.0.1_everything_x86-64.iso FusionOS-22_22.0.1.SPC1_everything_x86-64.tar.gz
			FusionOS 22 22.0.1.SPC2	x86-64	FusionOS-22_22.0.1_everything_x86-64.iso FusionOS-22_22.0.1.SPC2_everything_x86-64.tar.gz
			FusionOS 22 22.0.4	x86-64	FusionOS-22_22.0.4_x86-64.iso
	FusionOS 22 22.0.2	aarch64	FusionOS 22 22.0.1.SPC2	aarch64	FusionOS-22_22.0.2_everything_aarch64.iso FusionOS-22_22.0.1.SPC2_everything_aarch64.tar.gz
			FusionOS 22 22.0.4	aarch64	FusionOS-22_22.0.4_aarch64.iso
	FusionOS 22 22.0.1.SPC1	x86-64	FusionOS 22 22.0.1.SPC2	x86-64	FusionOS-22_22.0.1_everything_x86-64.iso FusionOS-22_22.0.1.SPC2_everything_x86-64.tar.gz
			FusionOS 22 22.0.4	x86-64	FusionOS-22_22.0.4_x86-64.iso
	FusionOS 22 22.0.1.SPC2	aarch64	FusionOS 22 22.0.4	aarch64	FusionOS-22_22.0.4_aarch64.iso
	FusionOS 22 22.0.1.SPC2	x86-64	FusionOS 22 22.0.4	x86-64	FusionOS-22_22.0.4_x86-64.iso

2. 创建 repo 源

系统升级时首先需要创建或者部署 repo 源，有以下三种方式，任选一种部署方式即可。

（1）创建/更新本地 repo 源：在虚拟机或物理机上创建一个 repo 源，不需要网络，可以自由选择安装内容。

（2）部署远端 repo 源：在一台机器上部署 repo 源，局域网内其他机器不需要单独配置，直接使用这台机器上部署的 repo 源进行安装。

(3) 部署 FusionOS 官方 repo 源：无须自己搭建 repo 源，直接使用官网提供的 repo 源进行软件包安装，需要能访问官网的网络环境。

1) 创建/更新本地 repo 源

步骤 1 获取 ISO 发布包和 rpm 集合升级包。

以源版本 FusionOS 22 22.0.1 升级到目标版本 FusionOS-22_22.0.1.SPC2 为例，创建本地 repo 源要获取：

```
ISO 发布包:FusionOS-22_22.0.1_everything_x86-64.iso
rpm 集合升级包:FusionOS-22_22.0.1.SPC2_everything_x86-64.tar.gz
```

获取 ISO 发布包和 rpm 集合升级包，请参见 2.1.2 节。

步骤 2 挂载 ISO。

在 root 权限下使用 mount 命令挂载 ISO 发布包，使用 ISO 作为 repo 源安装软件包或者升级系统，示例如下。

```
# mount /home/FusionOS/FusionOS-22_22.0.1_everything_x86-64.iso /mnt/
```

挂载好的 mnt 目录如下。

```
.
├── docs
├── EFI
├── images
├── isolinux
├── ks
├── Packages
├── repodata
├── RPM-GPG-KEY-FusionOS
└── TRANS.TBL
```

其中，Packages 为 rpm 包所在的目录，repodata 为 repo 源元数据所在的目录，RPM-GPG-KEY-FusionOS 为 FusionOS 的签名公钥。

步骤 3 解压 rpm 集合升级包。

此升级涉及 FusionOS-22_22.0.1.SPC2_everything_x86-64.tar.gz，所以需要对 tar.gz 进行处理，如果不涉及 tar.gz 请跳过本步骤。

在 root 权限下使用 tar 命令解压 FusionOS-22_22.0.1.SPC2_everything_x86-64.tar.gz，注意解压时查看对应目录磁盘容量是否充足。

示例如下。

```
# mkdir -p /home/FusionOS/srv/update
# tar -xf /home/FusionOS/FusionOS-22_22.0.1.SPC2_everything_x86-64.tar.gz -C /home/FusionOS/srv/update
```

解压后目录如下。

```
# ls /home/FusionOS/srv/update
FusionOS-22_22.0.1.SPC2_everything_x86-64
```

其中，FusionOS-22_22.0.1.SPC2_everything_x86-64 中包含所有本次升级更新的 rpm 包。

步骤 4 创建本地 repo 源。

执行 dnf update 此类升级操作时，将 ISO 挂载在根目录的一级目录下（如/mnt、

/media、/opt、/home)会造成 filesystem 软件包升级失败,因此创建完 repo 源后要将一级目录下的 ISO 取消挂载。此处需对步骤 2 中的挂载点执行 umount /mnt/,如果系统存在其他挂载点,请参考 2.4.3 节。

(1) 复制 ISO 发布包中相关文件至本地目录以创建本地基线 repo 源,注意复制时查看对应目录磁盘容量是否充足,示例如下。

```
# mkdir -p /home/FusionOS/srv/repo/
# cp -r /mnt/Packages /home/FusionOS/srv/repo/
# cp -r /mnt/repodata /home/FusionOS/srv/repo/
# cp -r /mnt/RPM-GPG-KEY-FusionOS /home/FusionOS/srv/repo/
# umount /mnt/
```

从而本地基线 repo 目录如下。

```
.
|—— Packages
|—— repodata
└—— RPM-GPG-KEY-FusionOS
```

Packages 为 rpm 包所在的目录,repodata 为 repo 源元数据所在的目录,RPM-GPG-KEY-FusionOS 为 FusionOS 的签名公钥。

(2) 使用 createrepo 建立本地 update repo 源,rpm 集合升级包在解压时已填入磁盘,仅需要创建 update repo 源元数据,示例如下。

此升级涉及 FusionOS-22_22.0.1.SPC2_everything_x86-64.tar.gz,所以需要对 tar.gz 进行处理。如果不涉及 tar.gz,则请跳过本步骤。

```
# createrepo /home/FusionOS/srv/update/
```

从而本地 update repo 目录如下。

```
.
|—— FusionOS-22_22.0.1.SPC2_everything_x86-64
└—— repodata
```

FusionOS-22_22.0.1.SPC2_everything_x86-64 为 rpm 包所在的目录,repodata 为 update repo 源元数据所在的目录。

若执行 createrepo 过程中提示“createrepo: 未找到命令”,则表示未安装 createrepo,可在 root 权限下执行 dnf install createrepo_c 进行安装。如因软件源(yum 源)无法访问或者没有配置导致安装失败,可执行下列命令制作 yum 源,再次执行 **dnf install createrepo_c** 即可。

```
# cat >> /etc/yum.repos.d/FusionOS.repo <<\EOF
[base]
name=base
baseurl=file:///home/FusionOS/srv/repo
enabled=1
gpgcheck=1
gpgkey=file:///home/FusionOS/srv/repo/RPM-GPG-KEY-FusionOS
EOF
```

步骤 5　更新本地 repo 源。更新 repo 源有以下两种方式。

(1) 通过新版本的 ISO 更新已有的 repo 源: 与创建本地基线 repo 源的方式相同,挂载

ISO 发布包并重新复制 ISO 发布包至本地目录。

(2) 引入新的 rpm 包并为它构建依赖关系：在 repo 源的 Packages 目录下添加 rpm 包，然后通过 createrepo 命令更新 repo 源。

```
$ createrepo --update --workers=10 /home/FusionOS/srv/repo
```

其中，--update 表示更新；--workers 表示线程数，可自定义。

通过步骤 4，已经成功创建了本地基线 repo 源和 update repo 源，此处更新本地 repo 源仅用作 repo 源更新时的参考，非必要无须执行。

2) 部署远端 repo 源

安装 FusionOS 操作系统，在 FusionOS 上通过 nginx 部署 repo 源，提供 http 服务。

步骤 1 nginx 安装与配置。

(1) 若 nginx 未安装，请自行参考本节内容配置本地 repo 源，在 root 权限下执行 **dnf install nginx** 安装 nginx。

(2) 安装 nginx 之后，在 root 权限下配置/etc/nginx/nginx.conf。以下给出了该文件的参考示例，读者需要根据具体情况进行修改，特别注意配置文件中注释部分的内容。

```
user nginx;
worker_processes auto;
error_log /var/log/nginx/error.log warn;            # log 存放位置
pid /var/run/nginx.pid;

events {
    worker_connections 1024;
}

http {
    include /etc/nginx/mime.types;
    default_type application/octet-stream;

    log_format main '$remote_addr - $remote_user [$time_local] "$request" '
                    '$status $body_bytes_sent "$http_referer" '
                    '"$http_user_agent" "$http_x_forwarded_for"';


    access_log /var/log/nginx/access.log main;
    sendfile        on;
    keepalive_timeout 65;

    server {

        listen        80;
        server_name localhost;                      # 服务器名(url)
        client_max_body_size 4G;
        root /usr/share/nginx/repo;                 # 服务默认目录

        location / {

            autoindex           on;                 # 开启访问目录下层文件
```

```
autoindex_exact_size on;
            autoindex_localtime on;
        }

    }

}
```

步骤 2　启动 nginx 服务。

(1) 在 root 权限下通过 systemd 启动 nginx 服务。

```
# systemctl enable nginx
# systemctl start nginx
```

(2) nginx 是否启动成功可通过下面的命令查看,如图 2-36 所示。

```
$ systemctl status nginx
```

```
[root@localhost ~]# systemctl status nginx
● nginx.service - SYSV: Nginx is an HTTP(S) server, HTTP(S) reverse proxy and IMAP/POP3 p
roxy server
   Loaded: loaded (/etc/rc.d/init.d/nginx)
   Active: active (running) since Wed 2016-12-21 05:20:31 EST; 2 days ago
     Docs: man:systemd-sysv-generator(8)
 Main PID: 1965 (nginx)
   CGroup: /system.slice/system-hostos.slice/nginx.service
           ├─1965 nginx: master process /usr/sbin/nginx -c /etc/nginx/nginx.conf
           └─1967 nginx: worker process

Dec 21 05:20:30 localhost.localdomain systemd[1]: Starting SYSV: Nginx is an HTTP(S) s....
Dec 21 05:20:31 localhost.localdomain nginx[1446]: Starting nginx: [  OK  ]
Dec 21 05:20:31 localhost.localdomain systemd[1]: Started SYSV: Nginx is an HTTP(S) se....
Hint: Some lines were ellipsized, use -l to show in full.
```

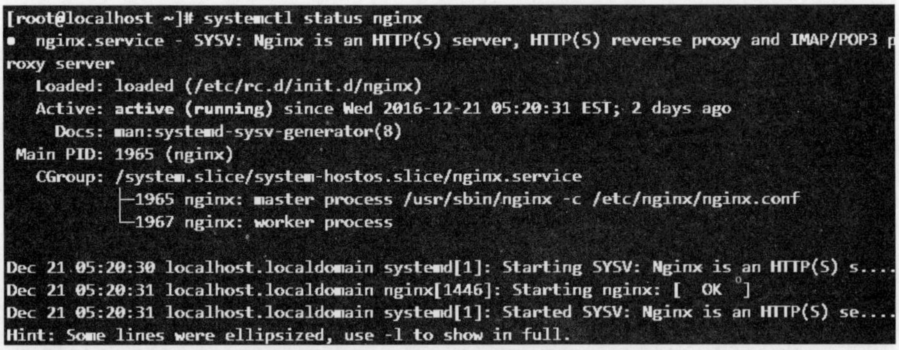

图 2-36　nginx 服务启动成功

(3) 若 nginx 服务启动失败,查看错误信息,如图 2-37 所示。

```
$ systemctl status nginx.service --full
```

```
[root@localhost ~]# systemctl status nginx.service --full
● nginx.service - SYSV: Nginx is an HTTP(S) server, HTTP(S) reverse proxy and IMAP/POP3 p
roxy server
   Loaded: loaded (/etc/rc.d/init.d/nginx)
   Active: failed (Result: exit-code) since Thu 2016-12-08 06:13:45 EST; 3min 8s ago
     Docs: man:systemd-sysv-generator(8)
  Process: 24340 ExecStart=/etc/rc.d/init.d/nginx start (code=exited, status=1/FAILURE)

Dec 08 06:13:45 localhost.localdomain systemd[1]: Starting SYSV: Nginx is an HTTP(S) serve
r, HTTP(S) reverse proxy and IMAP/POP3 proxy server...
Dec 08 06:13:45 localhost.localdomain nginx[24340]: Starting nginx: nginx: [emerg] mkdir()
 "/var/spool/nginx/tmp/client_body" failed (13: Permission denied)
Dec 08 06:13:45 localhost.localdomain nginx[24340]: [FAILED]
Dec 08 06:13:45 localhost.localdomain systemd[1]: nginx.service: control process exited, c
ode=exited status=1
Dec 08 06:13:45 localhost.localdomain systemd[1]: Failed to start SYSV: Nginx is an HTTP(S
) server, HTTP(S) reverse proxy and IMAP/POP3 proxy server.
Dec 08 06:13:45 localhost.localdomain systemd[1]: Unit nginx.service entered failed state.
Dec 08 06:13:45 localhost.localdomain systemd[1]: nginx.service failed.
```

图 2-37　nginx 服务启动失败

如图 2-37 所示的 nginx 服务创建失败,是由于目录/var/spool/nginx/tmp/client_body 创建失败,需要在 root 权限下手动进行创建,类似的问题可以这样处理。

```
# mkdir -p /var/spool/nginx/tmp/client_body
# mkdir -p /var/spool/nginx/tmp/proxy
# mkdir -p /var/spool/nginx/tmp/fastcgi
# mkdir -p /usr/share/nginx/uwsgi_temp
# mkdir -p /usr/share/nginx/scgi_temp
```

因 nginx 和 httpd 默认端口号相同，若服务器上已安装了 httpd 且未更改默认端口号，使用 nginx 时会存在端口冲突问题，需要修改端口号。

步骤 3 部署 repo 源。

(1) 在 root 权限下创建 nginx 配置文件/etc/nginx/nginx.conf 中指定的目录/usr/share/nginx/repo，以及基线 repo 和 update repo 目录/usr/share/nginx/repo/update、/usr/share/nginx/repo/base。

```
# mkdir -p /usr/share/nginx/repo/base
# mkdir -p /usr/share/nginx/repo/update
```

(2) 在 root 权限下修改目录的权限。

```
# chmod -R 755 /usr/share/nginx/repo
# chmod -R 755 /usr/share/nginx/repo/base
# chmod -R 755 /usr/share/nginx/repo/update
```

(3) 设置防火墙规则，开启 nginx 设置的端口(此处为 80 端口)，在 root 权限下通过 firewall 设置端口开启。

```
# firewall-cmd --add-port=80/tcp --permanent
# firewall-cmd --reload
```

在 root 权限下查询 80 端口是否开启成功，输出为 yes 则表示 80 端口开启成功。

```
# firewall-cmd --query-port=80/tcp
```

也可以在 root 权限下通过 iptables 来设置 80 端口开启。

```
# iptables -I INPUT -p tcp --dport 80 -j ACCEPT
```

(4) nginx 服务设置好之后，即可通过 IP 直接访问网页，如图 2-38 所示。

图 2-38 nginx 部署成功

(5) 通过下面两种方式将 repo 源放入/usr/share/nginx/repo/base 和/usr/share/nginx/repo/update。

① 建立远端基线 repo 源：在 root 权限下复制相关文件至/usr/share/nginx/repo/base。

```
# mount /home/FusionOS/FusionOS-22_22.0.1_everything_x86-64.iso /mnt/
# cp -r /mnt/Packages /usr/share/nginx/repo/base
# cp -r /mnt/repodata /usr/share/nginx/repo/base
# cp -r /mnt/RPM-GPG-KEY-FusionOS /usr/share/nginx/repo/base
```

② 建立远端 update repo 源，在 root 权限下解压相关文件至/usr/share/nginx/repo/update。

```
# tar -xf /home/FusionOS/FusionOS-22_22.0.1.SPC2_everything_x86-64.tar.gz -C /usr/share/nginx/repo/update
# createrepo /usr/share/nginx/repo/update
# createrepo -g /usr/share/nginx/repo/update/FusionOS-22_22.0.1.SPC2_everything_x86-64/normal.xml /usr/share/nginx/repo/base
```

③ 修改目录权限。

```
# chmod -R 755 /usr/share/nginx/repo/base
# chmod -R 755 /usr/share/nginx/repo/update
```

④ 使用 root 在/usr/share/nginx/repo/base 下创建 repo 源的软链接(该方式仅针对基线 repo)。

```
# ln -s /mnt /usr/share/nginx/repo/base/os
```

/mnt 为已经创建好的 repo 源，/usr/share/nginx/repo/base/os 将指向/mnt。

3) 部署 FusionOS 官方 repo 源

FusionOS 提供了官方在线 repo 源 http://repo.xfusion.com/FusionOS/，用户无须自己搭建 repo 源。不同架构的官方 repo 源及其签名公钥如表 2-16 所示，官方 repo 源可直接配置为 yum 源使用，参见 2.4.2 节配置 yum 源。

表 2-16 官方 repo 源链接

cpu 架构	官方 repo 源链接地址
x86	基线 repo：http://repo.xfusion.com/FusionOS/FusionOS-22_22.0/everything/x86_64/ 基线公钥：http://repo.xfusion.com/FusionOS/FusionOS-22_22.0/everything/x86_64/RPM-GPG-KEY-FusionOS update repo：http://repo.xfusion.com/FusionOS/FusionOS-22_22.0/update/x86_64/ update 公钥：http://repo.xfusion.com/FusionOS/FusionOS-22_22.0/update/x86_64/RPM-GPG-KEY-FusionOS
arm	基线 repo：http://repo.xfusion.com/FusionOS/FusionOS-22_22.0/everything/aarch64/ 基线公钥：http://repo.xfusion.com/FusionOS/FusionOS-22_22.0/everything/aarch64/RPM-GPG-KEY-FusionOS update repo：http://repo.xfusion.com/FusionOS/FusionOS-22_22.0/update/aarch64/ update 公钥：http://repo.xfusion.com/FusionOS/FusionOS-22_22.0/update/aarch64/RPM-GPG-KEY-FusionOS

3. 配置 yum 源

yum(Yellow dog Updater,Modified)是一个 Shell 前端软件包管理器，基于 RPM 包管理，能够从指定的服务器自动下载 RPM 包并安装，可以自动处理依赖性关系，并且一次安装所有依赖的软件包，无须烦琐地一次次下载和安装。

1) repo 配置为 yum 源(软件源)

构建好的 repo 源可以配置为 yum 源使用，前面介绍了三种 repo 源的部署方式，可分别用来配置本地 yum 源、http 服务器 yum 源和 FusionOS 官方 yum 源，请根据 repo 源的类型部署 yum 源，见表 2-17。

表 2-17 repo 源和 yum 源

repo 源类型	2.5.2.21. 创建/更新本地 repo 源	2.5.2.22. 部署远端 repo 源	2.5.2.23. 部署 FusionOS 官方 repo 源
配置 yum 源	本地 yum 源	http 服务器 yum 源	FusionOS 官方 yum 源

yum 源的配置文件必须以.repo 作扩展名，使用 root 权限在/etc/yum.repos.d/目录下创建 ***.repo 文件即可。关于下文 FusionOS.repo 文件中各配置项的含义，请参见表 2-18。

表 2-18 FusionOS.repo 配置项说明

配置项	说明
[repoid]	repoid 为软件仓库(repository)的 ID，所有.repo 配置文件中的各 repoid 不能重复，必须唯一。 示例中 repoid 设置为 base
name	软件仓库描述的字符串
baseurl	软件仓库的地址
enabled	是否启用该软件源仓库，可选值为 1 和 0。 默认值为 1，表示启用该软件源仓库
priority	不设置此参数时，优先级默认为 99。 优先级可选值范围是 1～99，其中，1 为最高优先级，99 为最低优先级。 当相同优先级的源存在同名 rpm 包时，会安装最新版本的 rpm 包
gpgcheck	可设置为 1 或 0。1 表示进行 gpg(GNU Private Guard)校验，0 表示不进行 gpg 校验。 gpgcheck 可以确定 rpm 包的来源是有效和安全的
gpgkey	验证签名用的公钥

(1) 配置本地 yum 源。

在/etc/yum.repos.d 目录下创建 FusionOS.repo 文件，需要确认升级是否需要 FusionOS-22_22.0.1.SPC2_everything_x86-64.tar.gz，然后配置 yum 源。升级不需要 tar.gz 文件，则不存在 update repo 源，只需基线 repo 源即可，FusionOS.repo 的内容如下。

```
[base]
name = base
baseurl = file:///home/FusionOS/srv/repo
enabled = 1
gpgcheck = 1
gpgkey = file:///home/FusionOS/srv/repo/RPM - GPG - KEY - FusionOS
```

升级需要 tar.gz 文件，使用基线 repo 源和 update repo 源共同作为 yum 源，FusionOS.repo 的内容如下。

```
[base]
name = base
baseurl = file:///home/FusionOS/srv/repo
enabled = 1
gpgcheck = 1
gpgkey = file:///home/FusionOS/srv/repo/RPM - GPG - KEY - FusionOS
[update]
name = update
baseurl = file:///home/FusionOS/srv/update/
enabled = 1
```

```
gpgcheck = 1
gpgkey = file:///home/FusionOS/srv/repo/RPM - GPG - KEY - FusionOS #update 未发布 GPG key,使用
                                                                  #ISO 中的即可
```

(2) 配置 http 服务器 yum 源。

在/etc/yum. repos. d 目录下创建 FusionOS. repo 文件，需要确认升级是否需要 FusionOS-22_22. 0. 1. SPC2_everything_x86-64. tar. gz，然后配置 yum 源。升级不需要 tar. gz 文件，则不存在 update repo 源，只需基线 repo 源即可，FusionOS. repo 的内容如下。

```
[base]
name = base
baseurl = http://190.168.139.200/base
enabled = 1
gpgcheck = 1
gpgkey = http://190.168.139.200/base/RPM - GPG - KEY - FusionOS
```

升级需要 tar. gz 文件，使用基线 repo 源和 update repo 源共同作为 yum 源，FusionOS . repo 的内容如下。

```
[base]
name = base
baseurl = http://190.168.139.200/base
enabled = 1
gpgcheck = 1
gpgkey = http://190.168.139.200/base/RPM - GPG - KEY - FusionOS
[update]
name = update
baseurl = http://190.168.139.200/update
enabled = 1
gpgcheck = 1
gpgkey = http://190.168.139.200/base/RPM - GPG - KEY - FusionOS
```

其中，“190. 168. 139. 200”为示例地址，请用户根据实际情况进行配置。

(3) 配置 FusionOS 官方 yum 源。

以 x86_64 架构的 repo 为例配置 yum 源：在/etc/yum. repos. d 目录下创建 FusionOS . repo 文件，FusionOS. repo 的内容如下。

```
[remote_base]
name = remote_base
baseurl = http://repo.xfusion.com/FusionOS/FusionOS - 22_22.0/everything/x86_64/
enabled = 1
gpgcheck = 1
gpgkey = http://repo.xfusion.com/FusionOS/FusionOS - 22_22.0/everything/x86_64/RPM - GPG -
KEY - FusionOS
[remote_update]
name = remote_update
baseurl = http://repo.xfusion.com/FusionOS/FusionOS - 22_22.0/update/x86_64/
enabled = 1
gpgcheck = 1
gpgkey = http://repo.xfusion.com/FusionOS/FusionOS - 22_22.0/update/x86_64/RPM - GPG - KEY -
FusionOS
```

aarch64 架构的官方 repo 源及其公钥的链接见表 2-16。

2) repo 优先级

当有多个 repo 源时，可在.repo 文件的 priority 参数设置 repo 的优先级，如给 FusionOS.repo 配置优先级为 2：

```
[base]
name = base
baseurl = http://192.168.139.209/base
enabled = 1
priority = 2
gpgcheck = 1
gpgkey = http://192.168.139.209/base/RPM-GPG-KEY-FusionOS
```

2.4.3 升级操作

FusionOS 对软件包的安装和对系统的升级均以 rpm 作为基本单位，可以使用 dnf update 或 yum update 检查系统中需要更新的软件包，对软件包进行全部更新或者选择性更新。

FusionOS.repo 配置完成后使用 dnf 命令进行安装升级操作，dnf 能够自动解析包的依赖关系，一般的使用方式如下。

```
dnf <command> <packages name>
```

由于本次版本包含 filesystem 的升级，系统一级目录(如/mnt、/media、/opt、/home 等)不允许挂载镜像，否则将导致 filesystem 软件包升级失败。因此，在执行 dnf update 相关动作前需要检查系统一级目录是否被作为挂载点，可以通过执行 mount 指令查看当前系统目录挂载情况，当发现系统一级目录挂载了虚拟光驱或者 ISO，例如，看到如下回显时：

```
# sysfs on /sys type sysfs (rw,nosuid,nodev,noexec,relatime)
# /home/FusionOS-22_22.0.3_5.10.B003_x86-64.iso on /mnt type iso9660 (ro,relatime,
nojoliet,check=s,map=n,blocksize=2048)
# /home/FusionOS-22_22.0.3_5.10.B003_x86-64.iso on /media/iso type iso9660 (ro,relatime,
nojoliet,check=s,map=n,blocksize=2048)
```

应当执行 umount /mnt 将/mnt 目录解挂释放，而/media/iso 虽然也是挂载点，但由于是二级目录，所以可以不用理会，/sys 虽然是一级目录，但是其挂载的是 sysfs 文件系统而并非虚拟光驱或者 ISO，也可以不用理会。常用的命令如下。

(1) 安装，需要在 root 权限下执行。

```
# dnf install <packages name>
```

(2) 升级，需要在 root 权限下执行。

```
# dnf update <packages name>
```

(3) 全量升级，需要在 root 权限下执行，可以对当前系统中所有可升级包进行升级。

```
# dnf update
```

(4) 回退，需要在 root 权限下执行。

```
# dnf downgrade <packages name>
```

(5) 检查更新。

```
# dnf check-update
```

(6) 卸载,需要在 root 权限下执行。

```
# dnf remove <packages name>
```

(7) 查询。

```
# dnf search <packages name>
```

(8) 本地安装,需要在 root 权限下执行。

```
# dnf localinstall <absolute path to package name>
```

(9) 查看历史记录。

```
# dnf history
```

(10) 清除缓存目录。

```
# dnf clean all
```

(11) 更新缓存。

```
# dnf makecache
```

2.4.4 升级验证

升级验证依据单包升级(dnf update ＜packages name＞)或整体升级(dnf update),有不同验证方式。

(1) 单包升级(以 binutils 为例),确认查询到的包版本为目的版本即可。

```
# rpm -q binutils
binutils-2.34-22.u4.fos22.x86_64
```

(2) 整体升级(以 FusionOS 22 22.0.4 版本为例),确认 VERSION_ID 为 22.0.4 即可。

```
# cat /etc/os-release
NAME="FusionOS"
VERSION="22"
ID="fusionos"
ID_LIKE="openEuler"
VERSION_ID="22.0.4"
PRETTY_NAME="FusionOS 22"
ANSI_COLOR="0;31"
```

小结

本章介绍了在安装 FusionOS 操作系统之前需要进行的准备工作,包括环境要求、物理机和虚拟机的安装要求、获取安装镜像以及准备 RAID 卡驱动安装包;提供了在安装 FusionOS 操作系统之前的详细准备步骤和要求,以确保操作系统能够在正确的硬件和环境中顺利安装和运行;详细介绍了手动安装 FusionOS 的过程,包括不同安装源介质(光盘、

USB盘)的准备步骤以及启动安装程序的方式。接着介绍关于安装FusionOS操作系统的步骤和设置的说明。这些步骤涵盖了安装FusionOS操作系统的各种设置和配置选项，确保系统能够顺利安装并进行初始化。kickstart是一种无人值守安装方法，通过生成配置文件(ks.cfg)实现安装自动化。在安装过程中，安装程序搜索ks.cfg文件，并应用适当的参数。kickstart提供部分或完全自动化，有三种安装方法：半自动化、通过PXE服务器的全自动化，以及基于脚本的全自动化。自动化安装方法简化了安装过程，通过各种配置提供部分或完全自动化，提高效率和一致性。最后，提供了配置repo源以进行软件包升级或安装非系统默认的FusionOS软件包的指导。

习题

1. 物理机安装FusionOS时需要注意哪些硬件兼容性方面的问题？
2. FusionOS操作系统的最低硬件要求是什么？
3. 虚拟机环境上安装FusionOS的最小虚拟化空间要求是什么？
4. 如何获取FusionOS的安装镜像？
5. 如何在FusionOS操作系统安装过程中加载RAID卡驱动？
6. 什么是FusionOS的手动安装过程？
7. 手动安装方式中，光盘安装有哪些支持的方式？
8. 物理光驱安装需要注意哪些问题？
9. 如何制作和使用光盘安装源？虚拟光驱安装的步骤是什么？
10. 通过USB盘安装需要注意哪些问题？USB盘安装的启动步骤是什么？
11. 什么是安装引导界面？如何选择安装选项？默认的安装选项是什么？
12. 如何进入简单图形安装模式？如何进入系统救援模式？
13. 如何从本地硬盘启动系统？
14. 在UEFI启动模式下，如何进入参数编辑界面和命令行模式？
15. 在Legacy启动模式下，如何进入参数编辑界面？
16. 在安装系统时，如果磁盘空间不足或已有系统，如何回收磁盘空间？如何手动创建分区？
17. 什么是kickstart安装方式？它是如何工作的？
18. kickstart安装可以实现哪些级别的自动化？
19. 半自动化安装和全自动化安装的优缺点是什么？
20. PXE是什么？它在自动化安装中的作用是什么？
21. PXE服务器配置和DHCP服务器配置在自动化安装中有什么作用？
22. 半自动化安装的环境要求是什么？全自动化安装的环境要求是什么？
23. PXE的启动流程是怎样的？
24. PXE脚本全自动化安装的步骤是什么？PXE的全自动化安装如何实现自动配置和安装？
25. 脚本全自动化安装的环境要求是什么？在全自动化安装中，哪些文件需要传入服务器？全自动化安装中，怎样进入安装引导界面和自动安装界面？

26. 如何进行软件包升级或安装非系统默认的软件包？列举出三种部署 repo 源的方式。

27. 在升级前需要注意哪些事项？提供至少三点注意事项。

28. 在进行升级时，系统的根分区需要满足什么样的存储空间要求？

29. 升级时需要注意哪个文件的大小限制？如果文件大小超过限制可能会出现什么问题？

30. 在升级前的准备阶段，如何创建本地 repo 源？列出具体步骤。

31. 如何部署远端 repo 源，以提供 HTTP 服务？列出具体步骤。

32. FusionOS 提供了哪种功能用于解决系统异常时的内核日志记录问题？这个功能类似于什么？

33. 如何配置 FusionOS 官方 yum 源？

第3章

操作系统的基本设置与使用

CHAPTER 3

3.1 环境配置

正确安装操作系统后，还需要对操作系统进行各种设置，以提高系统的易用性、用户体验和数据准确性。操作系统的基本环境设置包括以下几方面：语言环境、键盘、时间、kdump、磁盘调度算法、NMI watchdog、日志打印级别，以及查看系统的软硬件信息等。这些设置对于确保系统的正常运行和用户的工作效率至关重要。

3.1.1 设置语言环境

语言环境决定了系统界面和应用程序的语言显示。正确设置语言环境可以确保用户界面和应用程序以用户熟悉和可理解的语言显示，提高系统的易用性。如果语言环境设置不正确，可能会导致乱码或显示错误的字符，使得用户无法正确理解和操作系统。本节介绍FusionOS中进行语言环境设置的方法。

可以通过localectl修改系统的语言环境，对应的参数设置保存在/etc/locale.conf文件中。这些参数会在系统启动过程中被systemd的守护进程读取。

1. 显示当前语言环境状态

显示当前语言环境，命令如下。

```
# localectl status
```

例如，显示系统当前的设置，命令和输出如下。

```
# localectl status
   System Locale: LANG=zh_CN.UTF-8
       VC Keymap: cn
      X11 Layout: cn
```

其中，System Locale：LANG=zh_CN.UTF-8表示系统的区域设置(Locale)被设置为中国(zh_CN)，使用的字符编码是UTF-8。区域设置涉及语言、日期、时间、数字和货币格式等。在这种情况下，系统以中文为主要语言，使用UTF-8字符编码来支持广泛的字符集。VC Keymap：cn表示虚拟控制台(Virtual Console)的键盘映射设置为cn，即中国。它会影响终端或虚拟终端(如TTY)中键盘输入的布局和字符映射。X11 Layout：cn表示X11(图形用户界面)的键盘布局设置为cn，即中国。这将影响在图形界面中输入文本时的键盘映射。

2. 列出可用的语言环境

显示当前可用的语言环境，命令如下。

```
# localectl list-locales
```

例如，显示当前系统中所有可用的中文环境，命令和输出如下。

```
# localectl list-locales | grep zh
zh_CN.UTF-8
zh_HK.UTF-8
zh_SG.UTF-8
zh_TW.UTF-8
```

localectl 用于管理系统的区域设置和语言相关的配置。list-locales 是 localectl 命令的一个选项，用于列出系统中可用的所有区域设置。“|”表示“通道”，作用是将 localectl 命令的输出传递给 grep 命令作为输入。grep zh 是一个用于文本搜索的命令。在这里，它会从 localectl list-locales 命令的输出中筛选出包含“zh”的行，即与中文相关的区域设置。

综合起来，localectl list-locales | grep zh 命令会列出系统中所有可用的区域设置，并从中筛选出与中文相关的区域设置。这可以用来查看系统中支持的所有中文语言和区域设置选项。

3. 设置语言环境

要设置语言环境，在 root 权限下执行如下命令，其中，locale 是要设置的语言类型，取值范围可通过 **localectl list-locales** 获取，请根据实际情况修改。

```
# localectl set - locale LANG = locale
```

例如，设置为简体中文语言环境，在 root 权限下执行如下命令。

```
# localectl set - locale LANG = zh_CN.UTF - 8
```

修改后需要重新登录或者在 root 权限下执行 source /etc/locale.conf 命令刷新配置文件，使修改生效。

3.1.2 设置键盘

正确设置键盘布局可以确保输入的字符与实际按键对应，避免输入错误的字符或无法输入特定字符。键盘布局也涉及特殊按键的映射，如功能键、组合键等。正确设置键盘布局可以提高工作效率和准确性。读者可以通过 localectl 修改系统的键盘设置，对应的参数设置保存在/etc/locale.conf 文件中。这些参数会在系统启动的早期被 systemd 的守护进程读取。

1. 显示当前设置

显示当前键盘设置，命令如下。

```
# localectl status
```

例如，显示系统当前的设置，命令和输出如下。

```
# localectl status
   System Locale: LANG = zh_CN.UTF - 8
       VC Keymap: cn
      X11 Layout: cn
```

2. 列出可用的键盘布局

显示当前可用的键盘布局，命令如下。

```
# localectl list - keymaps
```

例如，显示系统当前的中文键盘布局，命令和输出如下。

```
# localectl list - keymaps | grep cn
cn
```

3. 设置键盘布局

设置键盘布局,在 root 权限下执行如下命令,其中,map 是想要设置的键盘类型,取值范围可通过 localectl list-keymaps 获取,请根据实际情况修改。

```
# localectl set - keymap map
```

此时设置的键盘布局同样也会应用到图形界面中。设置完成后,查看当前状态:

```
# localectl status
   System Locale: LANG = zh_CN.UTF - 8
       VC Keymap: cn
      X11 Layout: us
```

3.1.3 设置日期和时间

正确设置日期和时间对于系统的时间同步、日志记录和时间相关任务的准确性至关重要。错误的日期和时间设置可能导致计划任务失效、日志记录混乱、文件时间戳不准确等问题。正确的日期和时间设置还对跨时区协作和时间敏感的应用程序非常重要。本节介绍如何通过 timedatectl、date、hwclock 命令来设置系统的日期、时间和时区等。

1. 使用 timedatectl 命令设置

1) 显示日期和时间

显示当前的日期和时间,命令如下。

```
# timedatectl
```

例如,显示系统当前的日期和时间,命令和输出如下。

```
# timedatectl
                Local time: Mon 2022 - 03 - 30 04:05:00 EDT
                Universal time: Mon 2022 - 03 - 30 08:05:00 UTC
                RTC time: Mon 2022 - 03 - 30 08:05:00
                Time zone: America/New_York (EDT, - 0400)
                System clock synchronized: no
                NTP service: inactive
                RTC in local TZ: no
```

其中,Local time 是本地时间,指当前系统所在地的时间。Universal time 是格林尼治标准时间,它是一种国际标准时间,作为全球时间的参考。RTC time 是实时时钟(RTC)的时间,即计算机硬件上的时钟时间。Time zone: America/New_York 是系统所设置的时区。System clock synchronized 表示系统时钟是否已与其他时间源同步。NTP service 表示网络时间协议(NTP)服务的状态。NTP 是一种用于同步计算机系统时钟的协议,它允许计算机从网络上的时间服务器获取精确的时间信息,以便确保计算机系统的时间保持准确和同步。RTC in local TZ 表示实时时钟是否处于本地时区。

2）通过远程服务器进行时间同步

可以启用 NTP 远程服务器进行系统时钟的自动同步。是否启用 NTP，可在 root 权限下执行如下命令进行设置。其中，boolean 可取值 yes 和 no，分别表示启用和不启用 NTP 进行系统时钟自动同步，请根据实际情况修改。

若启用了 NTP 远程服务器进行系统时钟自动同步，则不能手动修改日期和时间。若需要手动修改日期或时间，则需确保已经关闭 NTP 系统时钟自动同步。可执行 timedatectl set-ntp no 命令进行关闭。

```
# timedatectl set-ntp boolean
```

例如，开启自动远程时间同步，命令如下。

```
# timedatectl set-ntp yes
```

3）修改日期

修改日期前，请确保已经关闭 NTP 系统时钟自动同步。修改当前的日期，在 root 权限下执行如下命令，其中，YYYY 代表年份，MM 代表月份，DD 代表日期，请根据实际情况修改。

```
# timedatectl set-time YYYY-MM-DD
```

例如，修改当前的日期为 2022 年 3 月 4 日，命令如下。

```
# timedatectl set-time '2022-03-04'
```

4）修改时间

修改时间前，请确保已经关闭 NTP 系统时钟自动同步。修改当前的时间，在 root 权限下执行如下命令，其中，HH 代表小时，MM 代表分钟，SS 代表秒，请根据实际情况修改。

```
# timedatectl set-time HH:MM:SS
```

例如，修改当前的时间为 15 时 57 分 24 秒，命令如下。

```
# timedatectl set-time 15:57:24
```

5）修改时区

显示当前可用时区，命令如下。

```
# timedatectl list-timezones
```

要修改当前的时区，在 root 权限下执行如下命令，其中，time_zone 是想要设置的时区，请根据实际情况修改。

```
# timedatectl set-timezone time_zone
```

例如，修改当前的时区，首先查询所在地域的可用时区，此处以 Asia 为例。

```
# timedatectl list-timezones | grep Asia
Asia/Aden
Asia/Almaty
Asia/Amman
Asia/Anadyr
Asia/Aqtau
Asia/Aqtobe
Asia/Ashgabat
Asia/Baghdad
```

```
Asia/Bahrain
…

Asia/Seoul
Asia/Shanghai
Asia/Singapore
Asia/Srednekolymsk
Asia/Taipei
Asia/Tashkent
Asia/Tbilisi
Asia/Tehran
Asia/Thimphu
Asia/Tokyo
```

然后修改当前的时区为“Asia/Shanghai”,命令如下。

```
# timedatectl set-timezone Asia/Shanghai
```

2. 使用 date 命令设置

1）显示日期和时间

显示当前的日期和时间,命令如下。

```
# date
```

默认情况下,date 命令显示本地时间。要显示 UTC 时间,需添加--utc 或-u 参数。

```
# date --utc
```

要自定义对应的输出信息格式,需添加 +“format”参数,其中,format 的参数说明如表 3-1 所示。

```
# date +"format"
```

表 3-1　format 参数说明

格式参数	说明
%H	小时以 HH 格式表示(例如 16)
%M	分钟以 MM 格式表示(例如 03)
%S	秒以 SS 格式表示(例如 25)
%d	日期以 DD 格式表示(例如 04)
%m	月份以 MM 格式表示(例如 03)
%Y	年份以 YYYY 格式表示(例如 2022)
%Z	时区缩写(例如 CEST)
%F	日期整体格式为 YYYY-MM-DD(例如 2022-03-04),等同%Y-%m-%d
%T	时间整体格式为 HH:MM:SS(例如 16:03:25),等同%H:%M:%S

实际使用示例如下。

(1) 显示当前的日期和本地时间。

```
# date
Sat Mar 4 16:03:40 CST 2022
```

(2) 显示当前的日期和 UTC 时间。

```
$ date --utc
Fri Mar 4 08:03:40 UTC 2022
```

(3) 自定义 date 命令的输出。

```
$ date +"%Y-%m-%d %H:%M"
2022-03-04 16:03
```

2) 修改日期

修改当前的日期,添加--set 或者-s 参数。在 root 权限下执行如下命令,其中,YYYY 代表年份,MM 代表月份,DD 代表日期,请根据实际情况修改。

```
# date --set YYYY-MM-DD
```

例如,修改当前的日期为 2022 年 3 月 4 日,命令如下。

```
# date --set 2022-03-04
```

3) 修改时间

要修改当前的时间,需添加--set 或者-s 参数。在 root 权限下执行如下命令,其中,HH 代表小时,MM 代表分钟,SS 代表秒,请根据实际情况修改。

```
# date --set HH:MM:SS
```

默认情况下,date 命令设置本地时间。要设置 UTC 时间,需添加--utc 或-u 参数。

```
# date --set HH:MM:SS --utc
```

例如,修改当前的时间为 23 时 26 分 00 秒,在 root 权限下执行如下命令。

```
# date --set 23:26:00
```

3. 使用 hwclock 命令设置

可以使用 hwclock 命令设置硬件时钟 RTC(Real Time Clock)。

1) 硬件时钟和系统时钟

Linux 将时钟分为:①系统时钟 (System Clock),即当前 Linux Kernel 中的时钟;②硬件时钟 RTC,即主板上由电池供电的主板硬件时钟,该时钟可以在 BIOS 的 Standard BIOS Feature 项中进行设置。当 Linux 启动时,会读取硬件时钟,并根据硬件时间来设置系统时间。

2) 显示日期和时间

显示当前硬件的日期和时间,在 root 权限下执行如下命令。

```
# hwclock
```

例如,显示当前硬件的日期和时间,命令和输出如下。

```
# hwclock
2022-03-04 17:03:03.451939+08:00
```

3) 设置日期和时间

修改当前硬件的日期和时间,在 root 权限下执行如下命令,其中,dd 表示日期,mm 表示月份,yyyy 表示年份,HH 表示小时,MM 表示分钟,请根据实际情况修改。

```
# hwclock --set --date "dd mm yyyy HH:MM"
```

例如,修改当前的时间为 2022 年 3 月 4 日 17 时 03 分,命令如下。

```
# hwclock --set --date "04 Mar 2022 17:03" --utc
```

3.1.4　设置 kdump

kdump 提供了一种方便的方式来捕获系统崩溃时的内核转储信息，以便开发人员和系统管理员可以对崩溃进行故障排除和调试。通过分析转储信息，可以确定导致崩溃的原因，如内存损坏、硬件故障、驱动程序问题等。这对于保障系统的稳定性和可靠性非常重要，并帮助开发人员快速解决问题。

本节介绍如何设置 kdump 预留内存及 kdump 配置文件参数修改。

1. 设置 kdump 预留内存

kdump 预留内存是指在系统正常运行时，为 kdump 保留的一部分物理内存，以便在系统崩溃时将内存转储(dump)到磁盘中，以供后续分析和故障排除。

kdump 预留内存参数必须添加到内核启动参数中，配置文件为 grub.cfg，FusionOS 发布版本中默认已经添加，可以根据实际使用情况调整，各参数的含义及推荐值如表 3-2 和表 3-3 所示。添加和修改启动参数后，重启系统生效。grub.cfg 配置文件路径如下。

```
EFI 模式:/boot/efi/EFI/FusionOS/grub.cfg
Legacy 模式:/boot/grub2/grub.cfg
```

表 3-2　kdump 预留内存参数格式

内核启动参数	描　述	默认值	备　注
crashkernel=x	在 4GB 以下的物理内存预留 x 大小的内存给 kdump 使用	默认配置 512MB	该配置方法只在 4GB 以下内存预留，必须保证 4GB 以下连续可用内存足够预留
crashkernel=x@y	在 y 起始地址预留 x 大小的内存给 kdump 使用	未使用	需要确保 y 起始地址的 x 大小的内存未被其他模块预留
crashkernel=x,high	在 4GB 以下的物理内存中预留 256MB 内存，在 4GB 以上预留 x 大小内存给 kdump 使用	arm64 版本默认配置 1024MB,high	需要确保 4GB 以下有 256MB 连续可用的物理内存，4GB 以上有 x 大小的连续可用的物理内存。实际预留内存大小为 256MB+x
crashkernel=x,low crashkernel=y,high	在 4GB 以下的物理内存中预留 x 大小，在 4GB 以上预留 y 大小内存给 kdump 使用	未使用	需要确保 4GB 以下有连续的 x 大小物理内存，4GB 以上有连续的 y 大小物理内存

表 3-3　kdump 预留内存推荐值

推荐方案	预 留 参 数	参 数 说 明
通用方案	crashkernel=2048MB,high	4GB 以下预留 256MB，4GB 以上预留 2048MB 内存给 kdump 使用。共 256MB+2048MB
经济方案	crashkernel=1024MB,high	4GB 以下预留 256MB，4GB 以上预留 1024MB 内存给 kdump 使用。共 256MB+1024MB。推荐系统 512GB 内存以内的场景，并不使用网络转储 kdump 文件。对于虚拟机场景，可以适当减少内存预留值，推荐虚拟机设置为 crashkernel=512MB 或者 crashkernel=256MB,high

2. 禁用网络相关驱动

当不需要通过网络转储 kdump 文件时，需要设置 kdump 文件系统不打包网络相关驱动。网络驱动加载需要申请较大内存，可能导致预留内存不足，kdump 失败。因此建议禁用网络相关驱动。需要注意的是，禁用网络驱动可能会导致在 kdump 过程中无法进行网络通信，这可能会影响一些特定场景下的调试需求。因此，在配置 kdump 时，需要综合考虑系统的需求和情况，决定是否禁用网络相关驱动。

kdump 配置文件(/etc/kdump.conf)中，dracut 参数可以设置裁剪的驱动模块，可以将网络驱动配置到裁剪驱动列表中，让 kdump 文件系统中不加载该驱动，修改配置文件后，重启 kdump 服务生效。dracut 参数配置如下。

```
dracut_args -- omit - drivers "mdio - gpi usb_8dev et1011c rt2x00usb bcm - phy - lib mac80211_
hwsim rtl8723be rndis_host hns3_cae amd vrf rtl8192cu mt76x02 - lib int51x1 ppp_deflate team_
mode_loadbalance smsc911x aweth bonding mwifiex_usb hnae dnet rt2x00pci vaser_pci hdlc_ppp
marvell rtl8xxxu mlxsw_i2c ath9k_htc rtl8150 smc91x cortina at803x rockchip cxgb4 spi_ks8995
mt76x2u smsc9420 mdio - cavium bnxt_en ch9200 dummy macsec ice mt7601u rtl8188ee ixgbevf
net1080 liquidio_vf be2net mlxsw_switchx2 gl620a xilinx_gmii2rgmii ppp_generic rtl8192de
sja1000_platform ath10k_core cc770_platform realte igb c_can_platform c_can ethoc dm9601
smsc95xx lg - vl600 ifb enic ath9 mdio - octeon ppp_mppe ath10k_pci cc770 team_mode_
activebackup marvell10g hinic rt2x00lib mlx4_en iavf broadcom igc c_can_pci alx rtl8192se
rtl8723ae microchip lan78xx atl1c rtl8192c - common almia ax88179_178a qed netxen_nic brcmsmac
rt2800usb e1000 qla3xxx mdio - bitbang qsemi mdio - mscc - miim plx_pci ipvlan r8152 cx82310_eth
slhc mt76x02 - usb ems_pci xen - netfront usbnet pppoe mlxsw_minimal mlxsw_spectrum cdc_ncm
rt2800lib rtl_usb hnae3 ath9k_common ath9k_hw catc mt76 hns_enet_drv ppp_async huawei_cdc_ncm
i40e rtl8192ce dl2 qmi_wwan mii peak_usb plusb can - dev slcan amd - xgbe team_mode_roundrobin
ste10Xp thunder_xcv pptp thunder_bgx ixgbe davicom icplus tap tun smsc75xx smsc dlci hns_dsaf
mlxsw_core rt2800mmi softing uPD60620 vaser_usb dp83867 brcmfmac mwifiex_pcie mlx4_core
micrel team macvlan bnx2 virtio_net rtl_pci zaurus hns_mdi libcxgb hv_netvsc nicvf mt76x0u
teranetics mlxfw cdc_eem qcom - emac pppox mt76 - usb sierra_net i40evf bcm87xx mwifiex pegasus
rt2x00mmi sja1000 ena hclgevf cnic cxgb4vf ppp_synctty iwlmvm team_mode_broadcast vxlan
vsockmon hdlc_cisc rtl8723 - common bsd_comp fakelb dp83822 dp83tc811 cicada fm10 8139t sfc hs
geneve hclge xgene - enet - v2 cdc_mbim hdlc asix netdevsim rt2800pci team_mode_random lxt ems_
usb mlxsw_pci sr9700 mdio - thunder mlxsw_switchib macvtap atlantic cdc_ether mcs7830 nicpf mdi
peak_pci atl1e cdc_subset ipvtap btcoexist mt76x0 - common veth slip iwldvm bcm7xxx vitesse
netconsole epic100 myri10ge r8169 qede microchip_t1 liquidi bnx2x brcmutil mwifiex_sdi mlx5_
core rtlwifi vmxnet3 nlmon hns3 hdlc_raw esd_usb2 atl2 mt76x2 - common iwlwifi mdio - bcm -
unimac national ath rtwpci rtw88 nfp rtl8821ae fjes thunderbolt - net 8139cp atl1 mscc vcan
dp83848 dp83640 hdlc_fr e1000e ipheth net_failover aquantia rtl8192ee igbvf rocker intel -
xway tg3" -- omit "ramdisk network ifcfg qemu - net" -- install "chmod" -- nofscks
```

3.1.5 设置磁盘调度算法

本节介绍如何设置磁盘调度算法。磁盘调度算法决定了操作系统如何安排磁盘访问请求以最大限度地减少磁盘的寻道时间和延迟。通过设置适当的磁盘调度算法，可以优化系统的磁盘性能，提高磁盘访问的效率和响应时间。

常见的磁盘调度算法如下。

CFQ(Complete Fair Queuing)：CFQ 是 Linux 内核默认的磁盘调度算法。它采用公平队列调度策略，为每个进程提供相对公平的磁盘访问机会。它适用于多任务工作负载，尤其是对于常规硬盘而言。

Deadline：采用最小响应时间作为调度依据，它试图减少磁盘I/O的响应延迟。它将I/O请求分为两类：实时请求和普通请求。实时请求具有更高的优先级，以确保对于对响应时间敏感的应用程序（如视频流、音频播放）能够及时获得磁盘访问。

NOOP：NOOP算法是一种简单的调度算法，它按照请求到达的顺序处理磁盘I/O请求，不对请求进行排序或调度。它适用于低延迟的存储设备，如固态硬盘（SSD），因为这些设备的随机访问延迟较低，不需要复杂的调度算法。

BFQ（Budget Fair Queuing）：旨在提供低延迟和高带宽。它通过将磁盘访问请求划分为多个预算组，并为每个组分配独立的预算，以提供相对公平和预测性的性能。

Kyber：是一种新的磁盘调度算法，旨在提供低延迟和高吞吐量。它试图平衡CFQ和Deadline两种调度算法的特性，适用于各种负载情况。

这些调度算法各有特点，适用于不同的应用场景和硬件配置。根据具体需求和环境，选择合适的磁盘调度算法可以提高系统的磁盘性能和响应能力。在选择算法时，要考虑磁盘类型（传统硬盘或固态硬盘）、应用负载特性和性能需求，并进行测试和评估以确定最适合的算法。

1. 临时修改调度策略

例如，将所有IO调度算法修改为mq-deadline，此修改重启系统后会失效。例如：

```
echo mq-deadline > /sys/block/sda/queue/scheduler
```

2. 永久设置调度策略

可以通过在内核启动配置文件grub.cfg中的kernel行追加elevator=mq-deadline，重启系统后永久生效。

```
linux  /vmlinuz-4.19.90-2112.8.0.0131.u32.fos22.aarch64 root=/dev/mapper/fusionos-
root ro resume=/dev/mapper/fusionos-swap rd.lvm.lv=fusionos/root rd.lvm.lv=fusionos/
swap crashkernel=512M elevator=mq-deadline
```

可通过执行如下命令确认配置是否生效，下方显示当前IO调度算法已修改为mq-deadline。

```
[root@poc ~]$ cat /sys/block/vda/queue/scheduler
[mq-deadline] kyber bfq none
[root@poc ~]$
```

3.1.6 设置NMI watchdog

NMI（Non-Maskable Interrupt）作为系统最高优先级的中断，属于不可屏蔽的中断类型。即使系统处于忙碌状态或其他中断正在处理，NMI也会被优先处理。NMI watchdog提供了一种机制来监视系统的稳定性和可靠性，并在出现故障时采取措施以避免系统长时间处于无响应状态。它在服务器和关键系统中特别有用，因为这些系统需要高可用性和可靠性。NMI watchdog可用于检测服务器异常挂起事件，触发系统收集故障信息后重启。需要注意的是，NMI watchdog的使用需要谨慎，因为误报或错误配置可能导致系统频繁重启或误操作。开启NMI watchdog的情况下，NMI偶尔会产生大量中断，并可能会降低服务器部分性能。以下 NMI watchdog 设置仅限 FusionOS 已完成兼容性验证的硬件服务器类型,其余类型服务器和虚拟机下 NMI watchdog 仅供参考。

1. 显示当前 NMI watchdog 配置状态

```
# sudo sysctl kernel.nmi_watchdog
kernel.nmi_watchdog = 0
```

2. 设置 NMI watchdog 配置参数

```
# sudo sysctl -w kernel.nmi_watchdog = 1
```

参数值为"1"表示开启,"0"表示关闭。

3.1.7 显示内核日志打印级别

不同的日志打印级别,用于控制内核消息的输出级别和详细程度。常见的内核日志打印级别,按照从高到低的顺序包括以下几种。

- EMERG(紧急):表示系统遇到了严重的问题,需要立即采取行动,否则系统可能无法正常工作。
- ALERT(警报):表示需要立即注意的情况,可能是潜在的系统问题,需要及时处理。
- CRIT(临界):表示临界状态,需要立即采取行动以防止系统中断或数据丢失。
- ERR(错误):表示一般错误,不会导致系统崩溃,但需要修复。
- WARNING(警告):表示潜在问题或不寻常情况,需要注意,但不一定需要立即处理。
- NOTICE(注意):表示需要注意的普通情况,可能需要进一步调查。
- INFO(信息):表示一般信息,用于记录系统运行状态和操作信息。
- DEBUG(调试):表示调试信息,通常用于开发和故障排除目的。
- TRACE(跟踪):表示更详细的跟踪信息,用于深入分析问题。

设置适当的内核日志打印级别可以帮助管理员过滤和聚焦关注特定类型的日志消息,从而更有效地进行故障排除和系统监控。根据实际需求,管理员可以调整日志级别以平衡详细程度和日志量之间的关系。

```
# sysctl kernel.printk
kernel.printk = 7       4       1       7
```

从左到右 4 个数值的含义如下,数值越小,优先级越高。

- 控制台日志级别:优先级高于该值的消息将被打印至控制台。
- 默认的消息日志级别:将用该优先级来打印没有优先级的消息。
- 最低的控制台日志级别:控制台日志级别可被设置的最小值(最高优先级)。
- 默认的控制台日志级别:控制台日志级别的默认值。

如果要调整内核日志打印级别,可修改/etc/sysctl.d/99-sysctl.conf 文件,执行以下命令,使其生效。

```
# sysctl -p /etc/sysctl.d/99-sysctl.conf
```

3.1.8 查看系统信息

(1) 查看系统信息,命令如下。

```
# cat /etc/os-release
```

例如,命令和输出如下。

```
# cat /etc/os-release
NAME="FusionOS"
VERSION="22"
ID="fusionos"
VERSION_ID="22.0.1"
PRETTY_NAME="FusionOS 22"
ANSI_COLOR="0;31"
```

(2) 查看系统相关的资源信息。

查看 CPU 信息,命令如下。

```
# lscpu
```

查看内存信息,命令如下。

```
# free
```

查看磁盘信息,命令如下。

```
# fdisk -l
```

查看系统资源实时信息,命令如下。

```
# top
```

3.2 网络配置

操作系统网络配置是指在计算机操作系统中设置网络连接参数的过程。这些参数包括但不限于 IP 地址、子网掩码、默认网关、DNS 服务器等。网络参数的正确设置对于计算机正常连接到网络并进行通信至关重要。通过适当配置网络参数,可以确保计算机能够与其他设备进行通信,并且能够访问互联网上的资源。

3.2.1 配置 IP

IP 地址(Internet Protocol Address)是计算机或设备在互联网或局域网中的唯一标识符,用于在网络中进行通信。它是一个数字标签,用于标识和定位网络上的设备,类似于现实世界中的邮政地址。IP 地址是互联网协议(IP)的基本组成部分,它使得数据可以正确地从一个地点传递到另一个地点,实现网络通信。

IP 地址确保在网络上的每个设备都有一个唯一的标识,这样数据包可以正确地路由和传递给特定的目标设备。IP 地址还充当了网络中的"地址",类似于邮政地址。通过 IP 地址,数据包可以准确地找到目标设备的位置,从而实现数据传输。网络路由器使用 IP 地址来确定数据包的最佳路径，以便将其从源设备传递到目标设备。每个路由器在转发数据包时根据目标 IP 地址来做出决策。因此，任何计算机必须进行 IP 配置后才能访问 Internet。

IP 地址通常分为两个主要版本：IPv4 和 IPv6。IPv4(Internet Protocol Version 4)是最常见的 IP 地址版本，由 32 位二进制数表示，通常以十进制点分十六进制表示，如 192.168.1.1。然而，由于 IPv4 地址空间有限，随着互联网的扩展，IPv6 逐渐取代了 IPv4。IPv6 是新一代的 IP 地址，由 128 位二进制数表示，通常以冒号分隔的 8 组 4 位十六进制数字表示，如 2001:0db8:85a3:0000:0000:8a2e:0370:7334。IPv6 提供了更大的地址空间，以满足日益增长的互联网连接需求。

1. 使用 nmcli 命令

本节主要介绍采用 nmcli 命令、ip 命令和直接修改 ifcfg 文件三种方式对主机 IP 进行配置。使用 nmcli 命令进行的网络配置可以立即生效且系统重启后配置也不会丢失。

1) nmcli 介绍

nmcli 是 NetworkManager 的一个命令行工具，它提供了使用命令行配置由 NetworkManager 管理网络连接的方法。nmcli 命令的基本格式为

```
nmcli [OPTIONS] OBJECT { COMMAND | help }
```

其中，OBJECT 选项可以是 general、networking、radio、connection 或 device 等。在日常使用中，最常使用的是-t，--terse(用于脚本)；-p，--pretty 选项(用于用户)及-h，--help 选项，用户可以使用“nmcli help”获取更多参数及使用信息。

```
$ nmcli help
```

常用命令使用举例如下。

(1) 显示 NetworkManager 状态。

```
$ nmcli general status
```

(2) 显示所有连接。

```
$ nmcli connection show
```

(3) 只显示当前活动连接，如下所示添加 -a，--active。

```
$ nmcli connection show -- active
```

(4) 显示由 NetworkManager 识别到的设备及其状态。

```
$ nmcli device status
```

(5) 使用 nmcli 工具启动和停止网络接口，在 root 权限下执行如下命令。

```
# nmcli connection up id enp3s0
# nmcli device disconnect enp3s0
```

2) 设备管理

(1) 连接到设备。

使用如下命令，NetworkManager 将连接到对应网络设备，尝试找到合适的连接配置，并激活配置。

```
$ nmcli device connect " $ IFNAME"
```

如果不存在相应的配置连接，NetworkManager将创建并激活具有默认设置的新配置文件。

（2）断开设备连接。

使用如下命令，NetworkManager将断开设备连接，并防止设备自动激活。

```
$ nmcli device disconnect "$IFNAME"
```

3）设置网络连接

列出目前可用的网络连接。

```
$ nmcli con show

NAME     UUID                                   TYPE      DEVICE
enp4s0   5afce939-400e-42fd-91ee-55ff5b65deab   ethernet  enp4s0
enp3s0   c88d7b69-f529-35ca-81ab-aa729ac542fd   ethernet  enp3s0
virbr0   ba552da6-f014-49e3-91fa-ec9c388864fa   bridge    virbr0
```

输出结果中的NAME字段代表连接ID(名称)。

添加一个网络连接会生成相应的配置文件，并与相应的设备关联。检查可用的设备，方法如下。

```
$ nmcli dev status

DEVICE       TYPE      STATE      CONNECTION
enp3s0       ethernet  connected  enp3s0
enp4s0       ethernet  connected  enp4s0
virbr0       bridge    connected  virbr0
lo           loopback  unmanaged  --
virbr0-nic   tun       unmanaged  --
```

（1）配置动态IP连接。

① 配置IP。

要使用DHCP分配网络时，可以使用动态IP配置添加网络配置文件，命令格式如下。

```
nmcli connection add type ethernet con-name connection-name ifname interface-name
```

例如，创建名为net-test的动态连接配置文件，在root权限下使用以下命令。

```
# nmcli connection add type ethernet con-name net-test ifname enp3s0
Connection 'net-test' (a771baa0-5064-4296-ac40-5dc8973967ab) successfully added.
```

NetworkManager会将参数connection. autoconnect设定为yes，并将设置保存到“/etc/sysconfig/network-scripts/ifcfg-net-test”文件中，在该文件中会将ONBOOT设置为yes。

② 激活连接并检查状态。

在root权限下使用以下命令激活网络连接。

```
# nmcli con up net-test
Connection successfully activated (D-Bus active path:/org/freedesktop/NetworkManager/
ActiveConnection/5)
```

检查这些设备及连接的状态，使用以下命令。

```
$ nmcli device status

DEVICE       TYPE      STATE      CONNECTION
enp4s0       ethernet  connected  enp4s0
enp3s0       ethernet  connected  net-test
virbr0       bridge    connected  virbr0
lo           loopback  unmanaged  --
virbr0-nic   tun       unmanaged  --
```

（2）配置静态 IP 连接。

① 配置 IP。

添加静态 IPv4 配置的网络连接，可使用以下命令。

```
nmcli connection add type ethernet con-name connection-name ifname interface-name ip4
address gw4 address
```

例如，创建名为 net-static 的静态连接配置文件，在 root 权限下使用以下命令。

```
# nmcli con add type ethernet con-name net-static ifname enp3s0 ip4 192.168.0.10/24 gw4
192.168.0.254
```

还可为该设备同时指定 IPv6 地址和网关，示例如下。

```
# nmcli con add type ethernet con-name test-lab ifname enp3s0 ip4 192.168.0.10/24 gw4 192.
168.0.254 ip6 abbe::**** gw6 2001:***::*
Connection 'net-static' (63aa2036-8665-f54d-9a92-c3035bad03f7) successfully added.
```

NetworkManager 会将其内部参数 ipv4.method 设定为 manual，将 connection.autoconnect 设定为 yes，并将设置写入/etc/sysconfig/network-scripts/ifcfg-test-lab 文件，其中会将对应 BOOTPROTO 设定为 none，将 ONBOOT 设定为 yes。

设定两个 IPv4 DNS 服务器地址，在 root 权限下使用以下命令。

```
# nmcli con mod net-static ipv4.dns "*.*.*.* *.*.*.*"
```

设置两个 IPv6 DNS 服务器地址，在 root 权限下使用以下命令。

```
# nmcli con mod net-static ipv6.dns "2001:4860:4860::**** 2001:4860:4860::****"
```

② 激活连接并检查状态。

激活新的网络连接，在 root 权限下使用以下命令。

```
# nmcli con up net-static ifname enp3s0
Connection successfully activated (D-Bus active path: /org/freedesktop/NetworkManager/
ActiveConnection/6)
```

检查这些设备及连接的状态，使用以下命令。

```
$ nmcli device status

DEVICE       TYPE      STATE      CONNECTION
enp4s0       ethernet  connected  enp4s0
enp3s0       ethernet  connected  net-static
virbr0       bridge    connected  virbr0
lo           loopback  unmanaged  --
virbr0-nic   tun       unmanaged  --
```

查看配置的连接详情，使用以下命令（使用-p，--pretty 选项在输出结果中添加标题和分段）。

```
$ nmcli -p con show net-static
===============================================================================
Connection profile details (net-static )
===============================================================================
connection.id:                          net-static
connection.uuid:                        b9f18801-6084-4aee-af28-c8f0598ff5e1
connection.stable-id:                   --
connection.type:                        802-3-ethernet
connection.interface-name:              enp3s0
connection.autoconnect:                 yes
connection.autoconnect-priority:        0
connection.autoconnect-retries:         -1 (default)
connection.multi-connect:               0 (default)
connection.auth-retries:                -1
connection.timestamp:                   1578988781
connection.read-only:                   no
connection.permissions:                 --
connection.zone:                        --
connection.master:                      --
connection.slave-type:                  --
connection.autoconnect-slaves:          -1 (default)
connection.secondaries:                 --
connection.gateway-ping-timeout:        0
connection.metered:                     unknown
connection.lldp:                        default
connection.mdns:                        -1 (default)
connection.llmnr:                       -1 (default)
```

(3) 添加 Wi-Fi 连接。

有以下两种方式添加 Wi-Fi 连接。

① 通过网络接口连接 Wi-Fi。

连接到由 SSID 或 BSSID 指定的 Wi-Fi 网络。命令如下,该命令找到匹配的连接或创建一个连接,然后在设备上激活它。

```
$ nmcli device wifi connect "$SSID" password "$PASSWORD" ifname "$IFNAME"
$ nmcli --ask device wifi connect "$SSID"
```

② 通过配置文件连接 Wi-Fi

• 使用以下命令查看可用 Wi-Fi 访问点。

```
$ nmcli dev wifi list
```

• 使用以下命令生成使用的静态 IP 配置,但允许自动 DNS 地址分配的 Wi-Fi 连接。

```
$ nmcli con add con-name Wifi ifname wlan0 type wifi ssid MyWifi ip4 192.168.100.101/24 gw4
192.168.100.1
```

• 使用以下命令设定 WPA2 密码,例如“answer”。

```
$ nmcli con modify Wifi wifi-sec.key-mgmt wpa-psk
$ nmcli con modify Wifi
wifi-sec.psk answer
```

• 使用以下命令更改 Wi-Fi 状态。

```
$ nmcli radio wifi [ on | off ]
```

(4) 更改属性。

请使用以下命令检查具体属性,如 mtu。

```
$ nmcli connection show id 'Wifi ' | grep mtu
802-11-wireless.mtu: auto
```

使用以下命令更改设置的属性。

```
$ nmcli connection modify id 'Wifi ' 802-11-wireless.mtu 1350
```

使用以下命令确认更改。

```
$ nmcli connection show id 'Wifi ' | grep mtu
802-11-wireless.mtu: 1350
```

4) 配置静态路由

(1) 使用 nmcli 命令为网络连接配置静态路由,使用命令如下。

```
$ nmcli connection modify enp3s0 +ipv4.routes "192.168.122.0/24 10.10.10.1"
```

使用 nmcli 命令修改名为 enp3s0 的网络连接的 IPv4 路由配置。具体来说,它将添加一个新的 IPv4 路由,将目标网络 192.168.122.0/24 的流量通过网关 10.10.10.1 进行路由。

(2) 使用编辑器配置静态路由,使用命令如下。

```
$ nmcli con edit type ethernet con-name enp3s0
===| nmcli interactive connection editor |===
Adding a new '802-3-ethernet' connection
Type 'help' or '?
' for available commands.
Type 'describe [<setting>.<prop>]' for detailed property description.
You may edit the following settings: connection, 802-3-ethernet (ethernet), 802-1x, ipv4,
ipv6, dcb
nmcli> set ipv4.routes 192.168.122.0/24 10.10.10.1
nmcli>
nmcli> save persistent
Saving the connection with 'autoconnect=yes'. That might result in an immediate activation of
the connection.
Do you still want to save? [yes] yes
Connection 'enp3s0' (1464ddb4-102a-4e79-874a-0a42e15cc3c0) successfully saved.
nmcli> quit
```

nmcli con edit type ethernet con-name enp3s0 命令使用 nmcli 工具打开一个交互式编辑模式,允许编辑或配置一个名为 enp3s0 的以太网连接。set ipv4.routes 192.168.122.0/24 10.10.10.1 添加一个新的 IPv4 路由,将目标网络 192.168.122.0/24 的流量通过网关 10.10.10.1 进行路由。save persistent 对网络连接的更改保存为永久性配置。这意味着所做的更改将会在系统重启后仍然有效。quit 退出交互式编辑模式。

2. 使用 ip 命令

使用 ip 命令配置的网络配置可以立即生效但系统重启后配置会丢失。

1) 配置 IP 地址

使用 ip 命令为接口配置地址,命令格式如下,其中,interface-name 为网卡名称。

```
ip addr [ add | del ] address dev interface - name
```

(1) 配置静态地址。

在 root 权限下,配置设置 IP 地址,使用示例如下。

```
# ip address add 192.168.0.10/24 dev enp3s0
```

查看配置结果,在 root 权限下使用如下命令。

```
# ip addr show dev enp3s0
2: enp3s0: <BROADCAST,MULTICAST,UP,LOWER_UP> mtu 1500 qdisc fq_codel state UP group default
qlen 1000
    link/ether 52:54:00:aa:ad:4a brd ff:ff:ff:ff:ff:ff
    inet 192.168.202.248/16 brd 192.168.255.255 scope global dynamic noprefixroute enp3s0
       valid_lft 9547sec preferred_lft 9547sec inet 192.168.0.10/24 scope global enp3s0
       valid_lft forever preferred_lft forever
    inet6 fe80::32e8:cc22:9db2:f4d4/64 scope link noprefixroute
       valid_lft forever preferred_lft forever
```

(2) 配置多个地址。

ip 命令支持为同一接口分配多个地址,可在 root 权限下重复多次使用 ip 命令实现分配多个地址。使用示例如下。

```
# ip address add 192.168.2.223/24 dev enp4s0
# ip address add 192.168.4.223/24 dev enp4s0
# ip addr

3: enp4s0: <BROADCAST,MULTICAST,UP,LOWER_UP> mtu 1500 qdisc fq_codel state UP group default
qlen 1000
    link/ether 52:54:00:aa:da:e2 brd ff:ff:ff:ff:ff:ff
    inet 192.168.203.12/16 brd 192.168.255.255 scope global dynamic noprefixroute enp4s0
       valid_lft 8389sec preferred_lft 8389sec
    inet 192.168.2.223/24 scope global enp4s0
       valid_lft forever preferred_lft forever inet 192.168.4.223/24 scope global enp4s0
       valid_lft forever preferred_lft forever
    inet6 fe80::1eef:5e24:4b67:f07f/64 scope link noprefixroute
       valid_lft forever preferred_lft forever
```

2) 配置静态路由

如果需要静态路由,可使用 ip route add 命令在路由表中添加,使用 ip route del 命令删除。最常使用的 ip route 命令格式如下。

```
ip route [ add | del | change | append | replace ] destination - address
```

在 root 权限下使用 ip route 命令显示当前的 IP 路由表。示例如下。

```
# ip route

default via 192.168.0.1 dev enp3s0 proto dhcp metric 100
default via 192.168.0.1 dev enp4s0 proto dhcp metric 101
192.168.0.0/16 dev enp3s0 proto kernel scope link src 192.168.202.248 metric 100
192.168.0.0/16 dev enp4s0 proto kernel scope link src 192.168.203.12 metric 101
192.168.122.0/24 dev virbr0 proto kernel scope link src 192.168.122.1 linkdown
```

在主机地址中添加一个静态路由,在 root 权限下,使用以下命令。

```
ip route add 192.168.2.1 via 10.0.0.1 [dev interface - name]
```

其中,192.168.2.1 是用点分隔的十进制符号中的 IP 地址,10.0.0.1 是下一个跃点,interface-name 是进入下一个跃点的退出接口。要在网络中添加一个静态路由,即代表 IP 地址范围的 IP 地址,请在 root 权限下运行以下命令。

```
ip route add 192.168.2.0/24 via 10.0.0.1 [dev interface - name]
```

其中,192.168.2.1 是目标网络的 IP 地址,10.0.0.1 是网络前缀,interface-name 为网卡名称。

3. 通过 ifcfg 文件配置网络

通过 ifcfg 文件配置的网络配置不会立即生效,需要在 root 权限下执行 systemctl reload NetworkManager 命令以重启网络服务后才生效。

1) 配置静态网络

以 enp4s0 网络接口进行静态网络设置为例,通过在 root 权限下修改 ifcfg 文件实现,在/etc/sysconfig/network-scripts/目录中生成名为 ifcfg-enp4s0 的文件中,修改参数配置,示例如下。

```
TYPE = Ethernet
PROXY_METHOD = none
BROWSER_ONLY = no
BOOTPROTO = none
IPADDR = 192.168.0.10
PREFIX = 24
DEFROUTE = yes
IPV4_FAILURE_FATAL = no
IPV6
INIT = yes
IPV6
_AUTOCONF = yes
IPV6
_DEFROUTE = yes
IPV6
_FAILURE_FATAL = no
IPV6_ADDR_GEN_MODE = stable - privacy
NAME = enp4s0static
UUID = 08c3a30e - c5e2 - 4d7b - 831f - 26c3cdc29293
DEVICE = enp4s0
ONBOOT = yes
```

其中,TYPE=Ethernet 表明这是一个以太网连接类型的配置。PROXY_METHOD=none 指定不使用代理方法。BROWSER_ONLY=no 表示不仅限于浏览器使用。BOOTPROTO=none 表示不使用自动分配 IP 地址的协议,IP 地址将手动配置。IPADDR=192.168.0.10 是手动指定的 IPv4 地址。PREFIX=24 是 IPv4 地址的子网掩码。DEFROUTE=yes 表示这个连接将作为默认路由。IPV4_FAILURE_FATAL=no 表示 IPv4 连接失败不会导致致命错误。IPV6 INIT=yes 表示启用 IPv6。IPV6 _AUTOCONF=yes 表示允许使用自动配置来获得 IPv6 地址。IPV6_DEFROUTE=yes 表示这个连接将作为 IPv6 默认路由。IPV6_FAILURE_FATAL=no 表示 IPv6 连接失败不会导致致命错误。IPV6_ADDR_GEN_MODE=stable-privacy 指定 IPv6 地址生成模式为稳定隐私地址。NAME=enp4s0static 表示连接的名称。UUID=08c3a30e-c5e2-4d7b-831f-26c3cdc29293 表示连接的唯一标识符。DEVICE=enp4s0 表示连接关联的物理设备的名称。ONBOOT=yes 表示在启动时激活这个连接。

2）配置动态网络

要通过 ifcfg 文件为 em1 接口配置动态网络，请按照如下操作在/etc/sysconfig/network-scripts/目录中生成名为 ifcfg-em1 的文件，示例如下。

```
DEVICE = em1
BOOTPROTO = dhcp
ONBOOT = yes
```

要配置一个向 DHCP 服务器发送不同的主机名的接口，请在 ifcfg 文件中新增一行内容，如下。

```
DHCP_HOSTNAME = hostname
```

要配置忽略由 DHCP 服务器发送的路由，防止网络服务使用从 DHCP 服务器接收的 DNS 服务器更新/etc/resolv.conf。请在 ifcfg 文件中新增一行内容，如下。

```
PEERDNS = no
```

要配置一个接口使用具体 DNS 服务器，请设置参数 PEERDNS=no，并在 ifcfg 文件中添加以下行。

```
DNS1 = ip - address
DNS2 = ip - address
```

其中，ip-address 是 DNS 服务器的地址。这样就会让网络服务使用指定的 DNS 服务器更新/etc/resolv.conf。

3）配置默认网关

在确定默认网关时，首先解析/etc/sysconfig/network 文件，然后解析 ifcfg 文件，将最后读取的 GATEWAY 的取值作为路由表中的默认路由。在动态网络环境中，使用 NetworkManager 管理主机时，建议设置路由 DHCP 来分配。

3.2.2 配置主机名

1. 简介

配置主机名是为了在网络中标识和识别计算机设备。主机名 hostname 有三种类型：static、transient 和 pretty。

（1）static：静态主机名，可由用户自行设置，并保存在/etc/hostname 文件中。

（2）transient：动态主机名，由内核维护，初始是 static 主机名，默认值为“localhost”。可由 DHCP 或 mDNS 在运行时更改。

（3）pretty：灵活主机名，允许使用自由形式（包括特殊/空白字符）进行设置。静态/动态主机名遵从域名的通用限制。

static 和 transient 主机名只能包含 a～z、A～Z、0～9、“-”、“_”和“.”，不能在开头或结尾处使用句点，不允许使用两个相连的句点，大小限制为 64 个字符。

2. 使用 hostnamectl 配置主机名

1）查看所有主机名

查看当前的主机名，使用如下命令。

```
$ hostnamectl status
```

如果命令未指定任何选项，则默认使用 status 选项。

2）设定所有主机名

在 root 权限下，设定系统中的所有主机名，使用如下命令。

```
# hostnamectl set - hostname name
```

3）设定特定主机名

在 root 权限下，通过不同的参数设定特定主机名，使用如下命令。

```
# hostnamectl set - hostname name [option… ]
```

其中，option 可以是--pretty、--static、--transient 中的一个或多个选项。如果--static 或--transient 与--pretty 选项一同使用，则会将 static 和 transient 主机名简化为 pretty 主机名格式，使用"-"替换空格，并删除特殊字符。

当设定 pretty 主机名时，如果主机名中包含空格或单引号，需要使用引号。命令示例如下。

```
# hostnamectl set - hostname "Stephen's notebook" -- pretty
```

4）清除特定主机名

要清除特定主机名，并将其还原为默认形式，在 root 权限下，使用如下命令。

```
# hostnamectl set - hostname "" [option… ]
```

其中，""是空白字符串，option 是--pretty、--static 和--transient 中的一个或多个选项。

5）远程更改主机名

在远程系统中运行 hostnamectl 命令时，要使用-H、--host 选项，在 root 权限下使用如下命令。

```
# hostnamectl set - hostname  - H [username]@hostname new_hostname
```

其中，hostname 是要配置的远程主机，username 为自选项，new_hostname 为新主机名。hostnamectl 会通过 SSH 连接到远程系统。

3. 使用 nmcli 配置主机名

查询 static 主机名，使用如下命令。

```
$ nmcli general hostname
```

在 root 权限下，将 static 主机名设定为 host-server，使用如下命令。

```
# nmcli general hostname host - server
```

要让系统 hostnamectl 感知到 static 主机名的更改，在 root 权限下，重启 hostnamed 服务，使用如下命令。

```
# systemctl restart systemd - hostnamed
```

3.2.3 配置网络绑定

网络绑定（Network Bonding）是一种网络技术，它允许将多个网络接口（如以太网网卡)绑定在一起,形成一个虚拟的网络接口,从而提供更高的带宽、冗余和可用性。网络绑定可以用于增加网络吞吐量、提高网络连接的可靠性以及实现负载均衡。

1. 使用 nmcli

(1) 创建名为 mybond0 的绑定,使用示例如下。

```
$ nmcli con add type bond con - name mybond0 ifname mybond0 mode active - backup
```

(2) 添加从属接口,使用示例如下。

```
$ nmcli con add type bond - slave ifname enp3s0 master mybond0
```

(3) 要添加其他从属接口,重复上一个命令,并在命令中使用新的接口,使用示例如下。

```
$ nmcli con add type bond - slave ifname enp4s0 master mybond0
Connection 'bond - slave - enp4s0' (05e56afc - b953 - 41a9 - b3f9 - 0791eb49f7d3) successfully
added.
```

(4) 要启动绑定,则必须首先启动从属接口,使用示例如下。

```
$ nmcli con up bond - slave - enp3s0
Connection successfully activated (D - Bus active path: /org/freedesktop/NetworkManager/
ActiveConnection/14)
$ nmcli con up bond - slave - enp4s0
Connection successfully activated (D - Bus active path: /org/freedesktop/NetworkManager/
ActiveConnection/15)
```

(5) 现在可以启动绑定,使用示例如下。

```
$ nmcli con up mybond0
Connection successfully activated (D - Bus active path: /org/freedesktop/NetworkManager/
ActiveConnection/16)
```

2. 使用命令行

1) 检查是否已安装 Bonding 内核模块

在系统中默认已加载相应模块。要载入绑定模块,可在 root 权限下使用如下命令。

```
# modprobe -- first - time bonding
```

显示该模块的信息,可在 root 权限下使用如下命令。

```
# modinfo bonding
```

更多命令请在 root 权限下使用 modprobe --help 查看。

2) 创建频道绑定接口

要创建绑定接口,可在 root 权限下通过在/etc/sysconfig/network-scripts/目录中创建名为 ifcfg-bondN 的文件(使用接口号码替换 N,如 0)。根据要绑定接口类型的配置文件来编写相应的内容,如网络接口。接口配置文件示例如下。

```
DEVICE = bond0
NAME = bond0
TYPE = Bond
BONDING_MASTER = yes
IPADDR = 192.168.1.1
PREFIX = 24
ONBOOT = yes
```

```
BOOTPROTO = none
BONDING_OPTS = "bonding parameters separated by spaces"
```

3）创建从属接口

创建频道绑定接口后，必须在从属接口的配置文件中添加 MASTER 和 SLAVE 指令。例如，将两个网络接口 enp3s0 和 enp4s0 以频道方式绑定，其配置文件示例分别如下。

```
TYPE = Ethernet
NAME = bond - slave - enp3s0
UUID = 3b7601d1 - b373 - 4fdf - a996 - 9d267d1cac40
DEVICE = enp3s0
ONBOOT = yes
MASTER = bond0
SLAVE = yes
TYPE = Ethernet
NAME = bond - slave - enp4s0
UUID = 00f0482c - 824f - 478f - 9479 - abf947f01c4a
DEVICE = enp4s0
ONBOOT = yes
MASTER = bond0
SLAVE = yes
```

4）激活频道绑定

要激活绑定，则需要启动所有从属接口。请在 root 权限下运行以下命令。

```
# ifup enp3s0
Connection successfully activated (D - Bus active path: /org/freedesktop/NetworkManager/
ActiveConnection/7)
# ifup enp4s0
Connection successfully activated (D - Bus active path: /org/freedesktop/NetworkManager/
ActiveConnection/8)
```

对于已经处于 up 状态的接口，请首先使用“ifdown enp3s0”命令修改状态为 down，其中，enp3s0 为实际网卡名称。

完成后，启动所有从属接口以便启动绑定（不将其设定为“down”）。要让 NetworkManager 感知到系统所做的修改，在每次修改后，请在 root 权限下，运行以下命令。

```
# nmcli con load /etc/sysconfig/network - scripts/ifcfg - device
```

查看绑定接口的状态，请在 root 权限下运行以下命令。

```
# ip link show

1: lo: <LOOPBACK,UP,LOWER_UP> mtu 65536 qdisc noqueue state UNKNOWN mode DEFAULT group default
qlen 1000
    link/loopback 00:00:00:00:00:00 brd 00:00:00:00:00:00
2: enp3s0: <BROADCAST,MULTICAST,UP,LOWER_UP> mtu 1500 qdisc fq_codel state UP mode DEFAULT
group default qlen 1000
    link/ether 52:54:00:aa:ad:4a brd ff:ff:ff:ff:ff:ff
3: enp4s0: <BROADCAST,MULTICAST,UP,LOWER_UP> mtu 1500 qdisc fq_codel state UP mode DEFAULT
group default qlen 1000
    link/ether 52:54:00:aa:da:e2 brd ff:ff:ff:ff:ff:ff
4: virbr0: < NO - CARRIER, BROADCAST, MULTICAST, UP > mtu 1500 qdisc noqueue state DOWN mode
DEFAULT group default qlen 1000
    link/ether 86:a1:10:fb:ef:07 brd ff:ff:ff:ff:ff:ff
```

```
5: virbr0-nic: <BROADCAST,MULTICAST> mtu 1500 qdisc fq_codel master virbr0 state DOWN mode
DEFAULT group default qlen 1000
    link/ether 52:54:00:29:35:4c brd ff:ff:ff:ff:ff:ff
```

5) 创建多个绑定

系统会为每个绑定创建一个频道绑定接口,包括 BONDING_OPTS 指令。使用这个配置方法可让多个绑定设备使用不同的配置。请按照以下操作创建多个频道绑定接口。

(1) 创建多个 ifcfg-bond*N* 文件,文件中包含 BONDING_OPTS 指令,让网络脚本根据需要创建绑定接口。

(2) 创建或编辑要绑定的现有接口配置文件,添加 SLAVE 指令。

(3) 使用 MASTER 指令工具在频道绑定接口中分配要绑定的接口,即从属接口。

以下是频道绑定接口配置文件示例。

```
DEVICE = bondN
NAME = bondN
TYPE = Bond
BONDING_MASTER = yes
IPADDR = 192.168.1.1
PREFIX = 24
ONBOOT = yes
BOOTPROTO = none
BONDING_OPTS = "bonding parameters separated by spaces"
```

在这个示例中,使用绑定接口的号码替换 *N*。例如,要创建两个接口,则需要使用正确的 IP 地址创建两个配置文件 ifcfg-bond0 和 ifcfg-bond1。

3.2.4　IPv6 使用差异说明

1. 约束限制

(1) chrony 支持全局地址(global address),不支持链路本地地址(link-local address)。

(2) Firefox 支持通过 http/https 访问全局地址(global address),不支持链路本地地址(link-local address)。

2. 配置说明

1) 设置接口设备 MTU 值

(1) 概要。

IPv6 场景中会发现整个路由路径中的最小 mtu 的值作为当前链接的 PMTU 的值,源端根据 PMTU 的值确定是否进行分片发送,而在整个路径中的其他设备将不再需要进行分片处理,从而可以降低中间路由设备的负载大小。其中,IPv6 PMTU 设置的最小值为 1280。

(2) 设置接口设备的 mtu。

如果在配置了 IPv6 地址的接口上设置 mtu 的值小于 1280(IPv6 PMTU 设置的最小值),则会导致该接口的 IPv6 地址被删除,并且无法再次添加 IPv6 地址。所以在 IPv6 场景中,对接口设备的 mtu 的配置一定要大于或等于 1280。请在 root 权限下运行如下命令查看具体现象。

```
# ip addr show enp3s0
3: enp3s0: <BROADCAST,MULTICAST,UP,LOWER_UP> mtu 1500 qdisc pfifo_fast state UP group default
qlen 1000
    link/ether 52:54:00:62:xx:xx brd ff:ff:ff:ff:xx:xx inet 10.41.125.236/16 brd 10.41.255.
255 scope global noprefixroute dynamic enp3s0
       valid_lft 38663sec preferred_lft 38663sec
    inet6 2001:222::2/64 scope global
       valid_lft forever preferred_lft forever
# ip link set dev enp3s0 mtu 1200
# ip addr show enp3s0
3: enp3s0: <BROADCAST,MULTICAST,UP,LOWER_UP> mtu 1200 qdisc pfifo_fast state UP group default
qlen 1000
    link/ether 52:54:00:62:xx:xx brd ff:ff:ff:ff:xx:xx
    inet 10.41.125.236/16 brd 10.41.255.255 scope global noprefixroute dynamic enp3s0
       valid_lft 38642sec preferred_lft 38642sec
# ip addr add 2001:222::2/64 dev enp3s0
RTNETLINK answers: No buffer space available
# ip link set dev enp3s0 mtu 1500
# ip addr show enp3s0
3: enp3s0: <BROADCAST,MULTICAST,UP,LOWER_UP> mtu 1500 qdisc pfifo_fast state UP group default
qlen 1000
    link/ether 52:54:00:62:xx:xx brd ff:ff:ff:ff:xx:xx
    inet 10.41.125.236/16 brd 10.41.255.255 scope global noprefixroute dynamic enp3s0
       valid_lft 38538sec preferred_lft 38538sec
# ip addr add 2001:222::2/64 dev enp3s0
# ip addr show enp3s0
3: enp3s0: <BROADCAST,MULTICAST,UP,LOWER_UP> mtu 1500 qdisc pfifo_fast state UP group default
qlen 1000
    link/ether 52:54:00:62:xx:xx brd ff:ff:ff:ff:xx:xx inet 10.41.125.236/16 brd 10.41.255.
255 scope global noprefixroute dynamic enp3s0
       valid_lft 38531sec preferred_lft 38531sec
    inet6 2001:222::2/64 scope global
       valid_lft forever preferred_lft forever
```

上述操作首先执行 ip addr show enp3s0 命令，显示网络接口 enp3s0 的详细信息，我们看到 mtu 的值为 1500。再执行 ip link set dev enp3s0 mtu 1200 命令，将网络接口 enp3s0 的最大传输单元(MTU)大小设置为 1200B。接着执行 ip addr show enp3s0 命令，再次显示网络接口 enp3s0 的详细信息，以确认 MTU 大小是否已更改为 1200。执行 ip addr add 2001:222::2/64 dev enp3s0 命令，尝试为网络接口 enp3s0 添加一个 IPv6 地址，但出现了"No buffer space available"错误。然后通过 ip link set dev enp3s0 mtu 1500 命令，将网络接口 enp3s0 的 MTU 大小恢复为默认值 1500。通过 ip addr show enp3s0 命令，再次显示网络接口 enp3s0 的详细信息，包括恢复到默认 MTU 大小后的情况。最后重新执行 ip addr add 2001:222::2/64 dev enp3s0 命令，成功为网络接口 enp3s0 添加一个 IPv6 地址，并通过 ip addr show enp3s0 命令进行验证。

在上述交互中，尝试更改网络接口的 MTU 大小和添加 IPv6 地址，但在将 MTU 大小设定为 1200B 并为网络接口添加一个 IPv6 地址时遇到了一个错误。后来恢复了默认的 MTU 大小并成功地添加了 IPv6 地址。

2）有状态自动配置 IPv6 地址

（1）概述。

IPv6 与 IPv4 都可以在 root 权限下通过 DHCP 的方式获得 IP 地址。IPv6 地址有两种配置方式：无状态自动配置和有状态自动配置。

① 无状态自动配置。不需要 DHCP 服务进行管理，设备根据网络 RA（路由公告）获得网络前缀，或者 link-local 地址为固定 fe80::。而接口 ID 则根据 ifcfg 配置 IPV6_ADDR_GEN_MODE 的具体设置来进行自动获得。

- IPv6_ADDR_GEN_MODE＝"stable-privacy"，则根据设备及网络环境来确定一个随机接口 ID。
- IPv6_ADDR_GEN_MODE＝"EUI64"，则根据设备 MAC 地址来确定接口 ID。

② 有状态自动配置。需要 DHCP 服务器进行管理分配，服从 DHCPv6 协议来从 DHCPv6 服务器端租赁 IPv6 地址。

在有状态自动配置 IPv6 地址时，DHCPv6 服务端可以通过客户端设置的 vendor class 将客户端进行分类，不同类别分配不同地址段的 IPv6 地址。在 IPv4 场景中，客户端可以直接用 dhclient 的-V 选项来设置 vendor-class-identifier，DHCP 服务端在配置文件中根据 vendor-class-identifier 来对客户端进行分类处理。而在 IPv6 场景中，如果使用同样的方法对客户端分类，则分类并不会生效。

```
dhclient -6 <interface> -V <vendor-class-identifier string> <interface>
```

这是由于 DHCPv6 和 DHCP 存在较大差异，DHCPv6 的可选项中使用 vendor-class-option 替代了 DHCP 中的 vendor-class-identifier。而 dhclient 的-V 选项并不能设置 vendor-class-option。

(2) 有状态自动配置 IPv6 地址时 dhclient 设置 vendor class 方法。

① 客户端使用配置文件方式添加对 vendor class 的设置，使用方法如下。

客户端配置文件(/etc/dhcp/dhclient6.conf)，文件位置可以自定义，在使用时需要通过 dhclient -cf 选项来指定配置文件。

```
option dhcp6.vendor-class code 16 = {integer 32, integer 16, string};
interface "enp3s0" {
        send dhcp6.vendor-class <Enterprise-ID number> <vendor class string length>
<vendor class string>;
}
```

其中，<Enterprise-ID number>为 32 位整型数字，表示企业标识号，企业通过 IANA 注册；<vendor class string length>为 16 位整型数字，表示 vendor class 字符串长度；<vendor class string>为要设置的 vendor class 字符串，如"HWHW"。

客户端使用方法：

```
dhclient -6 <interface> -cf /etc/dhcp/dhclient6.conf
```

② DHCPv6 服务端配置文件(/etc/dhcp/dhcpd6.conf)，需要 dhcpd -cf 选项来指定该配置文件。

```
option dhcp6.vendor-class code 16 = {integer 32, integer 16, string};
subnet6 fc00:4:12:ffff::
/64 {
        class "hw" {

                match if substring ( option dhcp6.vendor-class, 6, 13 ) = "HWHW";
```

```
        }

        pool6 {

                allow members of "hw";

                range6 fc00:4:12:ffff::
ff10 fc00:4:12:ffff::
ff20;
        }

        pool6 {

                allow unknown clients;
                range6 fc00:4:12:ffff::
100 fc00:4:12:ffff::
120;
        }
}
```

其中，substring(option dhcp6.vendor-class,6,10)中子字符串的开始位置为6，因为前面包含4字节的<Enterprise-ID number>和2字节的<string length>。而子字符串的结束位置为6+<vendor class string length>。这里vendor class string为“HWHW”，字符串的长度为4，所以子字符串的结束位置为6+4=10。用户可以根据实际需要来确定<vendor class string>及相应的<vendor class string length>。

服务端使用方法：

```
dhcpd -6 -cf /etc/dhcp/dhcpd6.conf <interface>
```

3）内核支持socket相关系统调用

（1）概述。

IPv6地址长度扩展到128b，所以有足够的IPv6地址可供分配使用。同时，IPv6头相比IPv4头进行了简化，并增强了IPv6的自动配置功能。IPv6地址分为单播地址、组播地址和任意播地址。常用的单播地址又包含链路本地地址(link-local address)、唯一本地地址(unique local address)和全局地址(global address)。由于IPv6的全局地址十分充足，唯一本地地址一般不被使用(其前身为站点本地地址(site-local address)，已于2004年被废弃)。当前主要使用的单播地址为链路本地地址和全局地址。当前内核支持socket系统调用，在使用单播地址的链路本地地址和全局地址时存在差异。

（2）link-local地址和global地址在socket调用时的差异。

RFC 2553：Basic Socket Interface Extensions for IPv6定义sockaddr_in6的数据结构如下。

```
struct sockaddr_in6 {
    uint8_t         sin6_len;       /* length of this struct */
    sa_family_t     sin6_family;    /* AF_INET6 */
    in_port_t       sin6_port;      /* transport layer port # */
    uint32_t        sin6_flowinfo;  /* IPv6 flow information */
    struct in6_addr sin6_addr;      /* IPv6 address */
    uint32_t        sin6_scope_id;  /* set of interfaces for a scope */
};
```

其中，sin6_scope_id 为 32 位整型，对于链路本地地址，如果是链路范围的 sin6_addr，它可以用来标识指定的接口索引号；如果是站点范围的 sin6_addr，则用来作为站点的标识符（站点本地地址已被抛弃）。

在使用链路本地地址进行 socket 通信时，在构造目的地址时，需要指定该地址所对应的接口索引号。一般可以通过 if_nametoindex 函数将接口名转换为接口索引号。具体方式如下。

```
int port = 1234;
int sk_fd;
int iff_index = 0;
char iff_name[100] = "enp3s0";

char * ll_addr[100] = "fe80::
123:456:789";

struct sockaddr_in6 server_addr;

memset(&server_addr,0,sizeof(
structsockaddr_in6)
);
iff_index = if_nametoindex(iff_name);

server_addr.sin6_family = AF_INET6;
server_addr.sin6_port = htons(port);
server_addr.sin6_scope_id = iff_index;
inet_pton(AF_INET6, ll_addr, &(
server_addr.sin6_addr)
);

sk_fd = socket(AF_INET6, SOCK_STREAM, IPPROTO_TCP);
connect(sk_fd, (
struct sockaddr * )
&server_addr, sizeof(
struct sockaddr_in6));
```

4）IPv4 的 dhclient 守护进程持久化配置

（1）概述。

通过 NetworkManager 服务来管理网络服务时，如果接口 ifcfg-< interface-name >配置文件中配置了 DHCP 方式获得 IP 地址，则相应的 NetworkManager 服务会拉起 dhclient 守护进程来通过 DHCP 方式从 DHCP 服务器获取 IP 地址。

dhclient 提供了“－1”选项来决定 dhclient 进程在未获得 DHCP 服务响应时，是会不断持久化尝试请求地址还是会尝试时间超时后退出。针对 IPv4 的 dhclient 守护进程，可以在 ifcfg-< interface-name >配置文件中设置 PERSISTENT_DHCLIENT 来决定是否设置 IPv4 的 dhclient 进程的持久化。

（2）约束限制。

① 当 dhclient 进程在运行中被终止，network 服务无法自动将其拉起，可靠性需要用户自己保障。

② 配置了持久化选项 PERSISTENT_DHCLIENT，需要确保有相应的 DHCP 服务器。如果在拉起 network 时无可用 DHCP 服务器，dhclient 进程不断尝试发送请求包但无回应，则会导致 network 服务卡死直到 network 服务超时失败。由于 network 服务在拉起多个网

卡的 IPv4 dhclient 进程时，是通过串行的方式来拉起的。如果有网卡配置了持久化而 DHCP 服务器没有准备好，则会导致 network 服务在给该网卡获取 IPv4 地址时超时卡死，进而导致后续网卡无法获得 IPv4/IPv6 地址。

以上两种约束限制是特殊的应用场景，需要用户自己进行可靠性保障。

(3) IPv4 DHCP 和 IPv6 DHCPv6 方式获取地址的配置差异。

可以通过配置接口 ifcfg-<interface-name>参数来分别实现 IPv4 和 IPv6 通过 DHCP/DHCPv6 协议来动态获取 IP 地址，具体配置说明如下。

```
BOOTPROTO = none|bootp|dhcp
DHCPV6C = yes|no
PERSISTENT_DHCLIENT = yes|no|1|0
```

- BOOTPROTO：none 表示静态配置 IPv4 地址，bootp | dhcp 则会拉起 DHCP dhclient 来动态获取 IPv4 地址。
- DHCPV6C：no 表示静态配置 IPv6 地址，yes 则会拉起 DHCPv6 dhclient 来动态获取 IPv6 地址。
- PERSISTENT_DHCLIENT：no|0 表示 IPv4 的 dhclient 进程配置为"非持久化"，当 dhclient 向 DHCP 服务器发送一次请求报文而无响应，则会间隔一段时间后退出，退出值为 2。yes|1 则表示 IPv4 的 dhclient 进程配置为"持久化"，dhclient 会向 DHCP 服务器反复发送请求报文。**如果没有配置 PERSISTENT_DHCLIENT 项，则 IPv4 的 dhclient 会默认设置为"持久化"**。PERSISTENT_DHCLIENT 配置只针对 IPv4 生效，对 IPv6 相关 dhclient -6 进程不生效，IPv6 默认不进行持久化配置。

5) iproute 相关命令配置 IPv4 与 IPv6 时的差异说明

(1) 概述。

由于 IPv4 和 IPv6 是两个不同的协议标准，iproute 相关命令在使用方法上存在一定的差异。本节主要梳理 iproute 包中用户经常使用到的命令在 IPv4 和 IPv6 使用方面的差异，从而可以更好地指导用户使用 iproute 包中的相关命令。

iproute 相关命令均需要在 root 权限下运行。

(2) IPv6 地址的生命周期如表 3-4 所示。

表 3-4 IPv6 地址生命周期

IPv6 状态	解　释
tentative	临时状态：刚添加地址还处于地址重复检测 DAD 过程
preferred	首选状态：完成 DAD 过程，没有收到相应的 NA 报文，表示该地址没有冲突
deprecated	弃用状态：地址有一定的使用时限(valid_lft 和 preferred_lft)，preferred_lft 到期后地址会变为 deprecated 状态。 该状态下的地址不能用于创建新的连接，但是原有的连接可以继续使用。 **说明** • preferred_lft：preferred lifetime，地址为首选状态的寿命，preferred_lft 没有到期的地址可以用于正常通信使用，若有多个 preferred 地址则按照内核具体机制选择地址。 • valid_lft：valid lifetime，地址有效的寿命，在[preferred_lft，valid_lft]时间段内该地址不能被用于新建连接，已经创建的连接继续有效

续表

IPv6 状态	解　释
invalid	无效状态：使用时限超过 preferred_lft 一段时间后仍然没有成功进行租约续约，则 valid_lft 时间到后地址状态会被设置为 invalid，表示该地址不可以再被使用

（3）命令差异说明如表 3-5 所示。

表 3-5　IPv6 命令差异说明

命令分类	命令格式	差异说明
ip link 命令	ip link set IFNAME mtu MTU	IPv6 中 PMTU 的最小值为 1280，如果 mtu 值设置小于 1280 则会导致 IPv6 地址丢失。其他设备无法 ping 通该 IPv6 地址
ip addr 命令	ip [-6] addr add IFADDR dev IFNAME	• 添加 IPv6 地址可以选择添加“-6”选项也可以选择不添加，ip addr 命令会根据具体地址类型来判断是 IPv4 地址还是 IPv6 地址。 • 如果指定“-6”选项，但是 IFADDR 是 IPv4 地址则会有错误返回
	ip [-6] addr add IFADDR dev IFNAME [home | nodad]	[home|nodad]选项只针对 IPv6 地址有效。 • home：将该地址指定为 RFC 6275 中定义的家庭地址。（这是移动节点从家庭链路获取的地址，是移动节点的永久地址，如果移动节点保持在相同的归属链路中，则各种实体之间的通信照常进行。） • nodad：配置该项（仅限 IPv6）添加此地址时不执行重复地址检测 DAD（RFC 4862）。如果一台设备上多个接口通过 nodad 配置了多个相同的 IPv6 地址，则会按照接口顺序使用该 IPv6 地址。同一个接口上不能添加一个 nodad 一个非 nodad 的相同 IPv6 地址。因为两个地址是一样的，所以会报“RTNETLINK answers：File exists”
	ip [-6] addr del IFADDR dev IFNAME	删除 IPv6 地址可以选择添加“-6”选项也可以选择不添加，ip addr del 命令会根据具体地址类型来判断是 IPv4 地址还是 IPv6 地址
	ip [-6] addr show dev IFNAME [tentative |-tentative | deprecated |-deprecated | dadfailed |-dadfailed|temporary]	• 不指定“-6”选项，则会同时打印 IPv4 和 IPv6 地址。指定“-6”选项则只打印 IPv6 地址 • [tentative |-tentative | deprecated |-deprecated | dadfailed |-dadfailed| temporary]，这些选项只针对 IPv6，可以根据 IPv6 地址状态对地址进行筛选查看。 tentative：（仅限 IPv6）仅列出尚未通过重复地址检测的地址。 -tentative：（仅限 IPv6）仅列出当前未处于重复地址检测过程中的地址。 deprecated：（仅限 IPv6）仅列出已弃用的地址。 -deprecated：（仅限 IPv6）仅列出未弃用的地址。 dadfailed：（仅限 IPv6）仅列出重复地址检测失败的地址。 -dadfailed：（仅限 IPv6）仅列出未重复地址检测失败的地址。 temporary：（仅限 IPv6）仅列出临时地址

续表

<table>
<tr><th>命令分类</th><th>命令格式</th><th>差异说明</th></tr>
<tr><td rowspan="2">ip route 命令</td><td>ip [-6] route add ROUTE [mtu lock MTU]</td><td>• -6 选项：添加 IPv6 路由可以选择添加“-6”选项也可以不添加，ip route 命令会根据具体地址类型来判断是 IPv4 地址还是 IPv6 地址。
• mtu lock MTU：锁定路由的 MTU 值。如果不锁定 MTU，则 MTU 的值可能在 PMTUD 过程中被内核改变。如果锁定 MTU，则不会尝试 PMTUD，所有 IPv4 包都将不设置 DF 位发出，IPv6 包则会按照 MTU 进行分段处理</td></tr>
<tr><td>ip [-6] route del ROUTE</td><td>删除 IPv6 路由可以选择添加“-6”选项也可以选择不添加，ip route 命令会根据具体地址类型来判断是 IPv4 地址还是 IPv6 地址</td></tr>
<tr><td rowspan="2">ip rule 命令</td><td>ip [-6] rule list</td><td>-6 选项：设置“-6”选项打印 IPv6 的策略路由，不设置“-6”选项打印 IPv4 的策略路由。所以需要根据具体协议类型来配置-6 选项</td></tr>
<tr><td>ip [-6] rule [add | del] [from | to] ADDR table TABLE pref PREF</td><td>-6 选项：IPv6 相关的策略路由表项需要设置“-6”选项，否则会报错“Error：Invalid source address.”。相应地，IPv4 相关的策略路由表项不可以设置“-6”选项，否则会报错“Error：Invalid source address.”</td></tr>
</table>

6）NetworkManager 服务配置差异说明

（1）概述。

NetworkManager 服务使用 ifup/ifdown 的逻辑接口定义进行高级网络设置。其参数大多数都是在/etc/sysconfig/network 和/etc/sysconfig/network-scripts/ifcfg-< interface-name >两个配置文件中设置。前者为全局设置，后者为指定网卡的设置，当两者有冲突时，后者生效。

（2）配置差异说明。

其中，在/etc/sysconfig/network 下的配置差异如表 3-6 所示。

表 3-6 network 配置差异说明

<table>
<tr><th>IPv4</th><th>IPv6</th><th>含义说明</th></tr>
<tr><td>NA</td><td>IPV6FORWARDING=yes|no</td><td>IPv6 转发，默认不转发</td></tr>
<tr><td>NA</td><td>IPV6_AUTOCONF=yes|no</td><td>IPv6 转发打开是 no，否则是 yes</td></tr>
<tr><td>NA</td><td>IPV6_ROUTER=yes|no</td><td>IPv6 转发打开是 yes，否则是 no</td></tr>
<tr><td>NA</td><td>IPV6_AUTOTUNNEL=yes|no</td><td>指定 Tunnel 为自动隧道模式，默认是 no</td></tr>
<tr><td>GATEWAY</td><td>IPV6_DEFAULTGW=< IPv6 address[%interface]>（optional）</td><td>在 IPv6 中设置默认网关</td></tr>
<tr><td>NA</td><td>IPV6_DEFAULTDEV=< interface >（optional）</td><td>指定默认转发的网卡</td></tr>
<tr><td>NA</td><td>IPV6_RADVD_PIDFILE=< pid-file >（optional）</td><td>默认 ipv6_radvd_pid 路径：/var/run/radvd/radvd.pid</td></tr>
<tr><td>NA</td><td>IPV6_RADVD_TRIGGER_ACTION=startstop | reload | restart | SIGHUP（optional）</td><td>radvd 默认触发动作</td></tr>
</table>

而在/etc/sysconfig/network-scripts/ifcfg-< interface-name >下的差异如表 3-7 所示。

表 3-7　ifcfg 配置差异说明

<table>
<tr><th>IPv4</th><th>IPv6</th><th>含义说明</th></tr>
<tr><td>IPADDRn</td><td>IPV6ADDR=< IPv6 address >[/< prefix length >]</td><td>IP 地址</td></tr>
<tr><td>PREFIXn</td><td>NA</td><td>网络前缀,网络别名和 ppp 无效,优先级高于 NETMASK</td></tr>
<tr><td>NETMASKn</td><td>NA</td><td>子网掩码,仅用于别名和 ppp</td></tr>
<tr><td>GATEWAY</td><td>IPV6_DEFAULTGW=< IPv6 address[%interface]> (optional)</td><td>默认网关</td></tr>
<tr><td>MTU</td><td>IPV6_MTU=< MTU of link > (optional)</td><td>默认 MTU</td></tr>
<tr><td>IPV4_FAILURE_FATAL=yes|no</td><td>IPV6_FAILURE_FATAL</td><td>默认值是 no。若设置为 yes,dhclient 失败 ifup-eth 会直接退出</td></tr>
<tr><td>NA</td><td>IPV6_PRIVACY=rfc3041</td><td>默认禁用</td></tr>
<tr><td>NA</td><td>IPV6INIT=yes|no</td><td>默认开启 IPv6</td></tr>
<tr><td>NA</td><td>IPV6FORWARDING=yes|no</td><td>默认关闭,已废弃</td></tr>
</table>

3.3　图形桌面

在 FusionOS 操作系统环境配置和网络配置中,均采用命令行与用户进行交互。命令行虽然为用户提供了更灵活、高效的系统配置能力,但用户需要记忆大量命令,对初级用户并不友好。除了命令行外,FusionOS 也支持图形用户界面,并提供简单的系统配置能力,本节将从安装桌面和使用桌面两个方面对其进行介绍。

FusionOS 22 提供了默认图形桌面 GNOME3,简洁高效的设计风格方便用户快速上手,使用快捷键和一些高级特性能提升桌面使用效率。

GNOME3 屏幕顶部的横向栏提供了访问 GNOME 标准的一些基本功能,如活动概览、时钟和日历、状态图标和系统菜单;通过活动概览可直观地访问和启动应用,或者通过系统菜单管理用户,控制计算机等;此外,GNOME3 还提供了常用的桌面应用,包括终端、文件、磁盘、软件包、图像查看器、截图、文本编辑器和远程桌面查看器等。FusionOS 当前暂不支持播放本地视频,在线视频可通过 Firefox 浏览器播放。

3.3.1　安装桌面

安装桌面有"升级安装"和"镜像安装"两种方式,请根据实际需求来安装桌面。

升级安装:安装了非桌面环境的系统需要升级才能使用 GNOME3 桌面,详细步骤请参考 3.3.2 节。

镜像安装:通过获取 FusionOS 22 22.0.4 镜像包,直接安装桌面环境,详细步骤请参考 3.3.3 节。

1. 升级方案

升级系统前请确认当前系统源版本,并查找对应升级路径及其所需文件,具体如表 3-8

所示。以源版本 FusionOS 22 22.0.1 升级到目标版本 FusionOS-22_22.0.1.SPC2(GNOME3 桌面)为例,升级所需文件为

```
ISO 发布包:FusionOS-22_22.0.1_everything_x86-64.iso
rpm 集合升级包:FusionOS-22_22.0.1.SPC2_everything_x86-64.tar.gz
```

表 3-8 升级安装所需文件

产品	源版本	源架构	升级目标版本	目标架构	所需文件
FusionOS 22	FusionOS 22 22.0.1	x86-64	FusionOS 22 22.0.1.SPC2(GNOME3 桌面)	x86-64	FusionOS-22_22.0.1_everything_x86-64.iso FusionOS-22_22.0.1.SPC2_everything_x86-64.tar.gz
			FusionOS 22 22.0.4(GNOME3 桌面)	x86-64	FusionOS-22_22.0.4_x86-64.iso
	FusionOS 22 22.0.1.SPC1	x86-64	FusionOS 22 22.0.1.SPC2(GNOME3 桌面)	x86-64	FusionOS-22_22.0.1_everything_aarch64.iso FusionOS-22_22.0.1.SPC2_everything_aarch64.tar.gz
			FusionOS 22 22.0.4(GNOME3 桌面)	x86-64	FusionOS-22_22.0.4_x86-64.iso
	FusionOS 22 22.0.2	aarch64	FusionOS 22 22.0.4(GNOME3 桌面)	aarch64	FusionOS-22_22.0.4_aarch64.iso
	FusionOS 22 22.0.4(无桌面系统)	x86-64	FusionOS 22 22.0.4(GNOME3 桌面)	x86-64	FusionOS-22_22.0.4_x86-64.iso
	FusionOS 22 22.0.4(无桌面系统)	aarch64	FusionOS 22 22.0.4(GNOME3 桌面)	aarch64	FusionOS-22_22.0.4_aarch64.iso

2. 升级安装

步骤 1 部署和使用 repo 源。

桌面升级安装使用的 repo 源可分为 FusionOS 官方 repo 源和本地 repo 源,需要根据实际情况部署。

(1) 可以访问互联网,建议使用 FusionOS 官方 repo 源。

(2) 不能访问互联网,或者要使用 ISO 发布包构建 repo 源,则需要执行以下三个步骤。

① 确认升级路径及升级所需文件。

② 创建本地 repo 源,请参考 2.4.2 节。

如果创建本地 repo 源过程中需要使用 tar.gz 文件,则创建之后须更新本地基线 repo 源,请执行

```
# createrepo -g /home/FusionOS/srv/update/FusionOS-22_22.0.1.SPC2_everything_x86-64/
normal.xml /home/FusionOS/srv/repo
```

/home/FusionOS/srv/update/FusionOS-22_22.0.1.SPC2_everything_x86-64 是本地 update repo 源所在路径。

/home/FusionOS/srv/repo 是本地基线 repo 源所在路径。

③ 将本地 repo 源配置为 yum 源，请参考 2.4.2 节。

步骤 2　安装方法。

(1) 执行如下命令，确认已经存在“Server with GUI”，如图 3-1 所示。

```
# dnf clean all
# dnf makecache
# LANG = en_US.UTF - 8 dnf group list
```

```
[root@localhost etc]# LANG=en_US.UTF-8 dnf group list
Last metadata expiration check: 0:01:27 ago on Thu 01 Sep 2022 06:35:25 PM CST.
Available Environment Groups:
   Server
   Server with GUI
   Virtualization Host
Installed Environment Groups:
   Minimal Install
Available Groups:
   Container Management
   Development Tools
   Headless Management
   Legacy UNIX Compatibility
   Network Servers
   Scientific Support
   Security Tools
   System Tools
   Smart Card Support
```

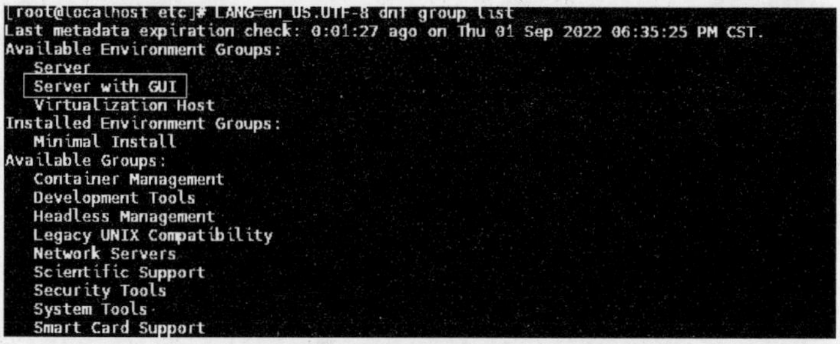

图 3-1　确认 Server with GUI 示意图

(2) 执行如下命令安装 GNOME 桌面，执行过程中碰到“[y/N]:”时请输入“y”，然后按 Enter 键。

```
# dnf groupinstall 'Server with GUI'
```

若执行过程中报包冲突错误，可根据错误信息删除冲突的包后再次安装。例如，该报错需删除 NetworkManager 包，如图 3-2 所示。

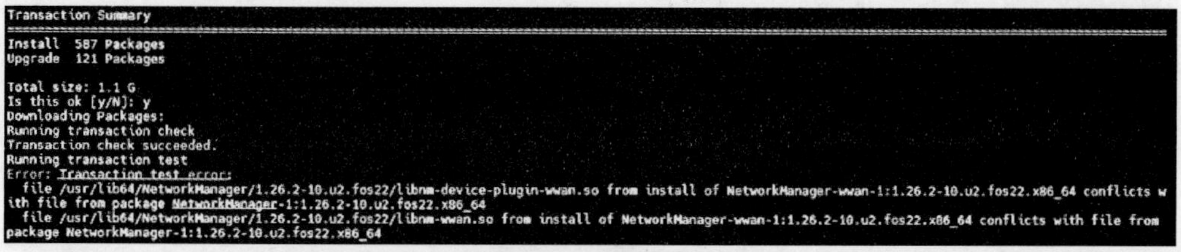

```
Transaction Summary
================================================================================
Install  587 Packages
Upgrade  121 Packages

Total size: 1.1 G
Is this ok [y/N]: y
Downloading Packages:
Running transaction check
Transaction check succeeded.
Running transaction test
Error: Transaction test error:
  file /usr/lib64/NetworkManager/1.26.2-10.u2.fos22/libnm-device-plugin-wwan.so from install of NetworkManager-wwan-1:1.26.2-10.u2.fos22.x86_64 conflicts w
ith file from package NetworkManager-1:1.26.2-10.u2.fos22.x86_64
  file /usr/lib64/NetworkManager/1.26.2-10.u2.fos22/libnm-wwan.so from install of NetworkManager-wwan-1:1.26.2-10.u2.fos22.x86_64 conflicts with file from
package NetworkManager-1:1.26.2-10.u2.fos22.x86_64
```

图 3-2　报错举例

① 执行＃ **rpm -e --nodeps NetworkManager** 命令。

② 卸载掉冲突的包后，执行＃ **dnf groupinstall 'Server with GUI'** 再次尝试安装。

步骤 3　执行如下命令，设置图形桌面启动。

```
# systemctl set - default graphical.target
```

在首次使用图形桌面前，请保证系统存在一个非 root 用户，可执行 useradd 命令创建。

```
# useradd 用户名
```

步骤 4　执行如下命令重启。

```
# reboot
```

3. 镜像安装

步骤 1　如表 3-9 所示获取软件包，详细请参见 2.1.2 节。

表 3-9 升级安装所需 ISO 镜像

产品	源版本	架构	所需文件
FusionOS 22	使用 ISO 镜像进行装机	x86-64	FusionOS-22_22.0.4_x86-64.iso
	使用 ISO 镜像进行装机	aarch64	FusionOS-22_22.0.4_aarch64.iso

步骤 2 在“安装信息摘要”页面中选择“软件选择”，指定需要安装的软件包，如图 3-3 所示。

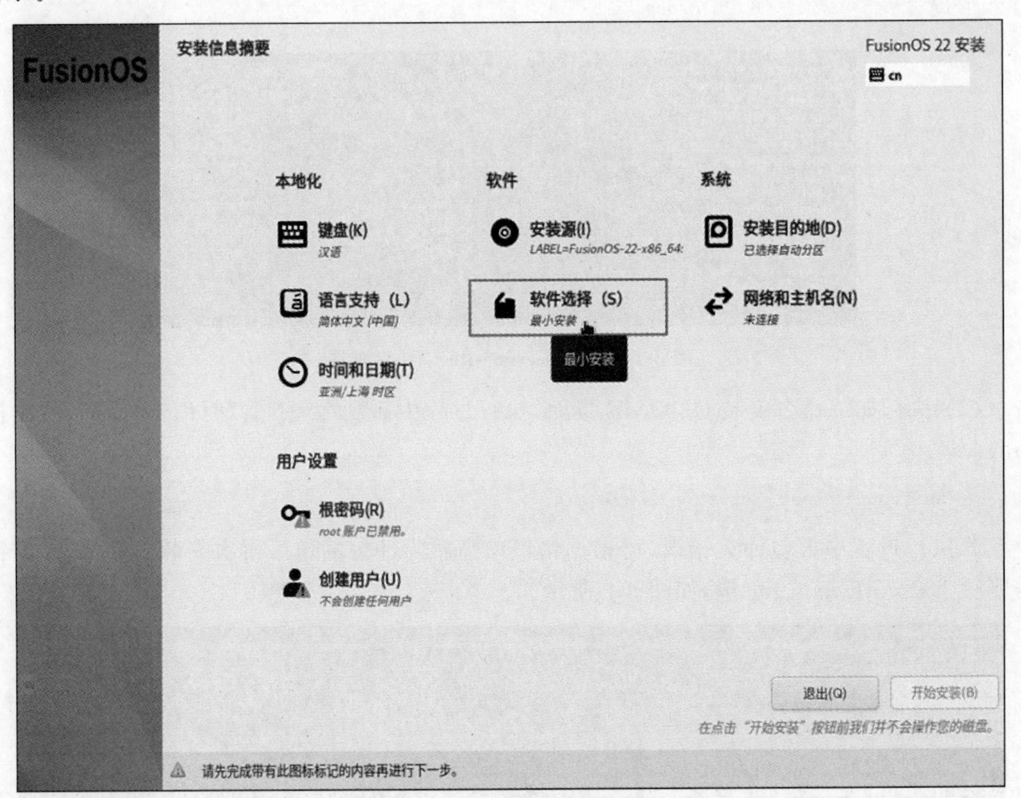

图 3-3 “安装信息摘要”界面

步骤 3 在“基本环境”中选择“带 GUI 的服务器”选项，并根据实际业务需求选择附加软件。系统默认左侧选择“最小安装”，右侧附加软件不勾选，如图 3-4 所示。

步骤 4 设置完成后，单击左上角“完成”按钮返回“安装信息摘要”界面。

步骤 5 首次安装 ISO 时需要设置非 root 的用户，如图 3-5 所示。

步骤 6 进入如图 3-6 所示的界面。设置完成后，单击左上角“完成”按钮返回“安装信息摘要”界面，单击“开始安装”按钮安装桌面操作系统。

3.3.2 使用桌面

1. 活动概览

“活动概览”是一种全屏模式，提供各种用于从一个活动切换到另一个活动的途径。它显示所有已打开的窗口的预览，以及收藏的应用程序和正在运行的应用程序的图标。另外，它还集成了搜索与浏览功能。

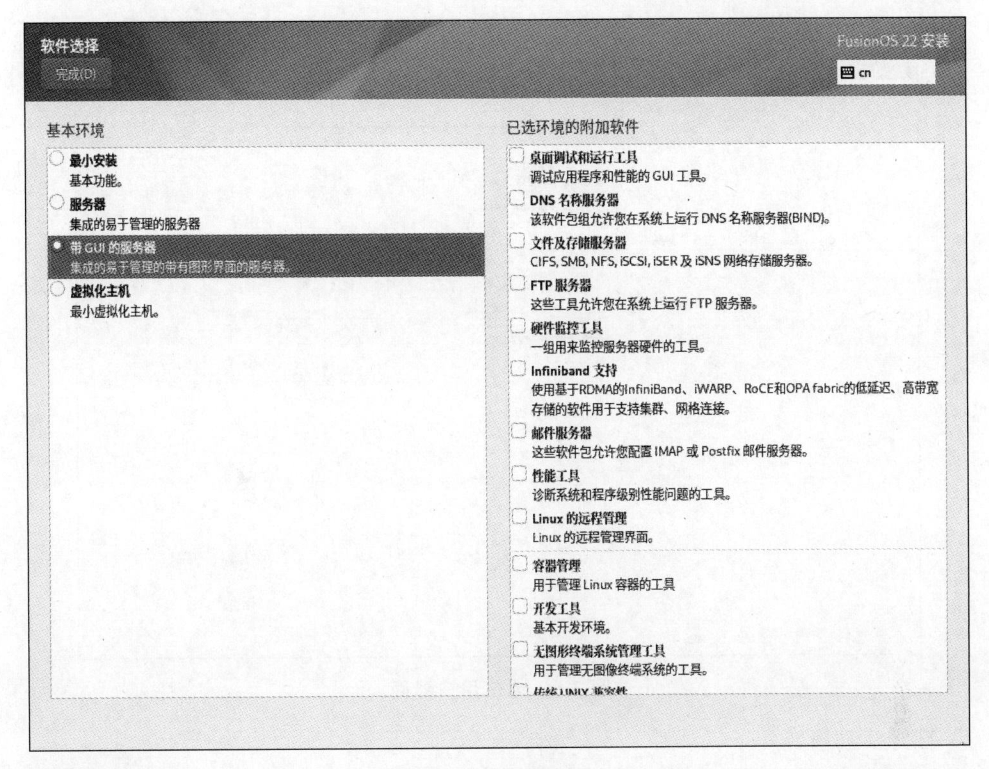

图 3-4　软件选择

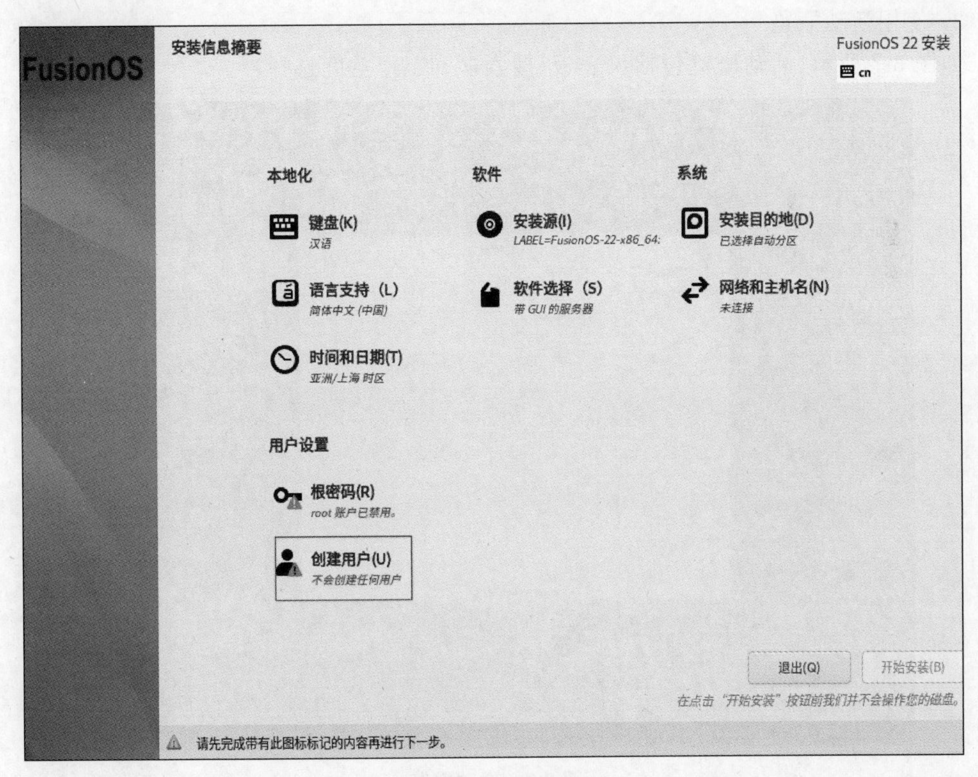

图 3-5　创建用户

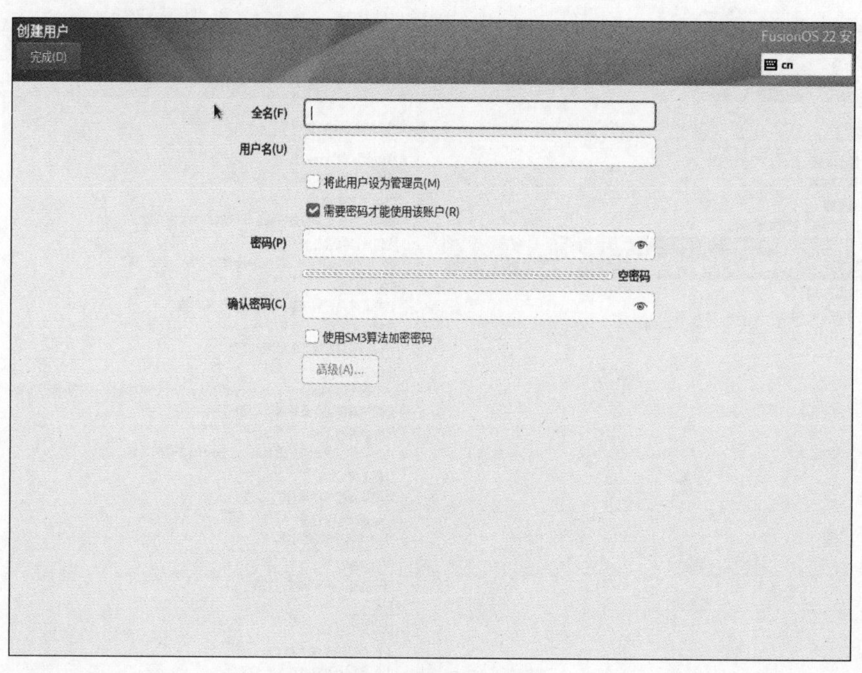

图 3-6　创建用户界面

1）打开活动概览

单击桌面左上角的“活动”，即可打开“活动概览”。

2）使用活动概览

如图 3-7 所示，活动概览包括仪表板、搜索框和工作空间选择器。

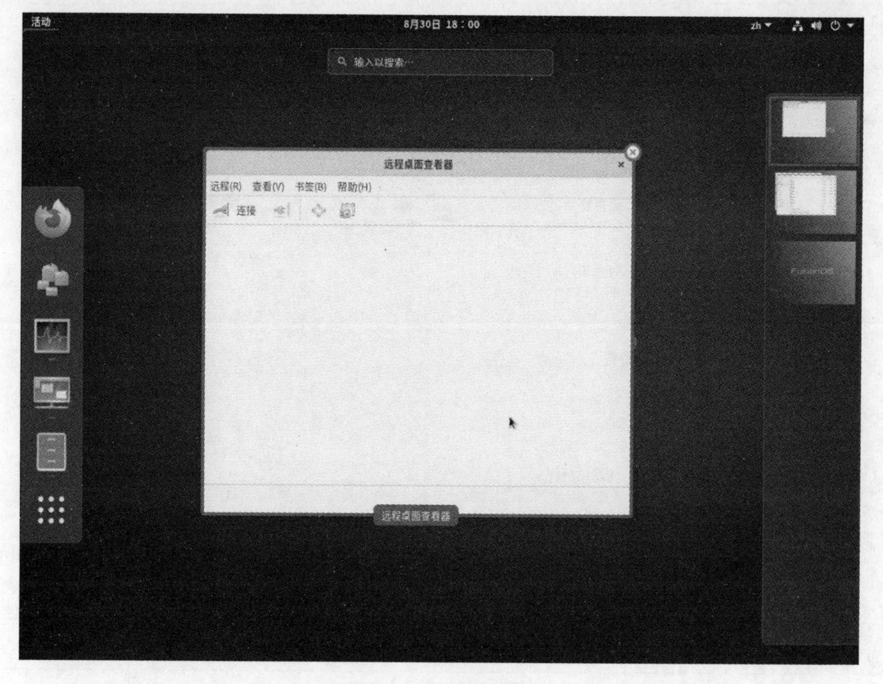

图 3-7　活动概览

（1）仪表板。

仪表板位于左侧栏。其中包含收藏的应用程序，以及所有打开了窗口的应用程序。将鼠标指针移到其中的一个图标上，会在图标附近显示应用程序的名称。当应用程序的图标下方有横线时，表示该应用程序正在运行并且至少打开了一个窗口。

（2）搜索框。

顶部有一个搜索框，可用于查找主目录中的应用程序。需要搜索时，不需要单击搜索框，在"活动概览"中直接开始输入字符即可。不需要按 Enter 键，搜索就会立即开始。

（3）工作空间选择器。

如图 3-7 所示，右侧提供了可用工作空间的预览。单击想要切换的工作空间，可切换到选定的桌面。要将窗口从一个工作空间移至另一个工作空间，请将窗口预览从一个工作空间预览拖到另一个工作空间预览。

3）启动器

如图 3-8 所示，启动器位于仪表板下方，鼠标悬停在上方会出现"显示应用程序"，单击该图标可查看应用列表。

图 3-8　启动器

（1）常用应用程序：显示最近使用频率较高的应用程序。

（2）全部应用程序：显示系统所有已经安装的应用程序。

右击应用程序图标，在出现的菜单中可进行以下操作。

（1）单击"添加到收藏夹"，将应用程序图标加入仪表板。

（2）单击"从收藏夹中去除"，从仪表板中去除某个收藏的应用程序图标。

（3）可用鼠标拖动图标，对收藏夹内图标进行重新排列。

2. 获得帮助

在“启动器”界面中单击▣，打开“桌面帮助”界面，如图 3-9 所示，可单击帮助项进行查看。

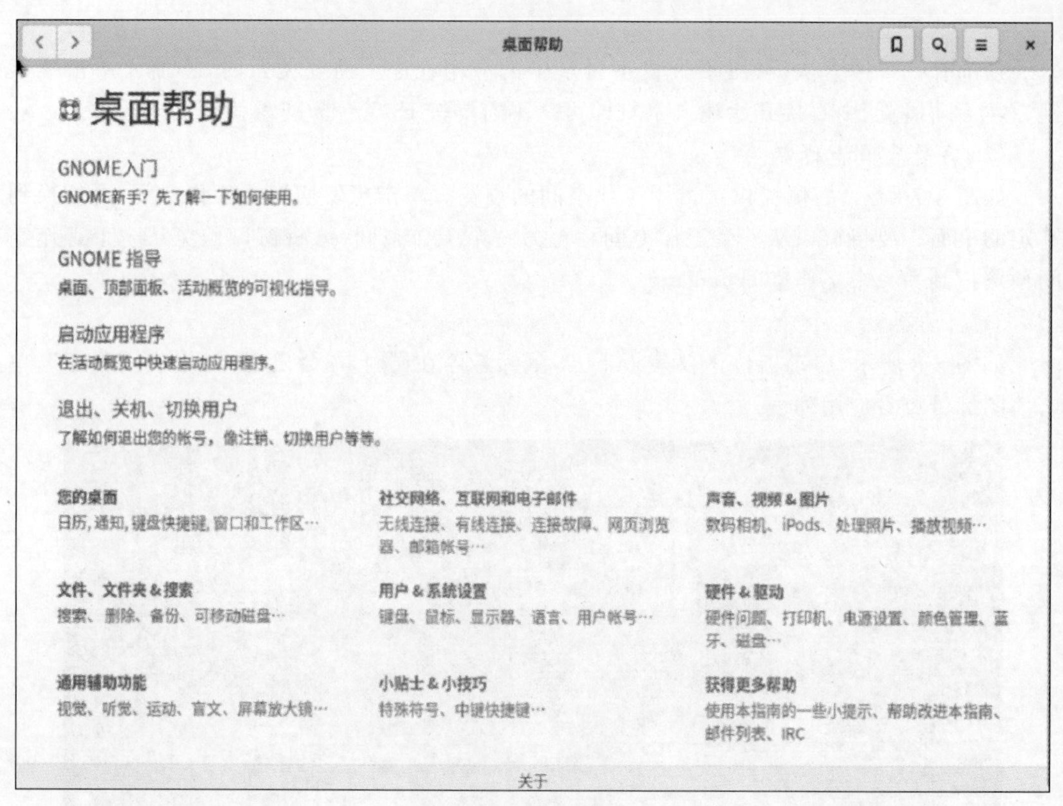

图 3-9　桌面帮助界面

3. 系统管理

1）状态图标

在面板的右上角的图标显示了当前网络连接状态、音量和电源状态，如图 3-10 所示。单击这些图标会打开一个菜单，可以进行调整音量、网络连接和用户设置。菜单下部有三个图标，从左到右分别是“设置”按钮▣、“锁定”按钮▣、“关机或重启”按钮▣。

2）锁屏、关机、重启

锁定屏幕：单击顶栏右侧的状态图标，然后单击▣图标。

关机/重启计算机：单击状态图标，单击▣图标，此时会进入关机/重启选择弹窗，无操作 60s 后即会自动关机，提示每 10s 更新一次，如图 3-11 所示。

3）账号注销

步骤 1　单击首页右上角的三角状态图标以打开菜单。

步骤 2　单击▣用户名，可以进行账号设置或注销当前会话，如图 3-12 所示。

步骤 3　单击“注销”，注销当前会话并返回“登录”界面，使其他用户能登录并使用计算机。

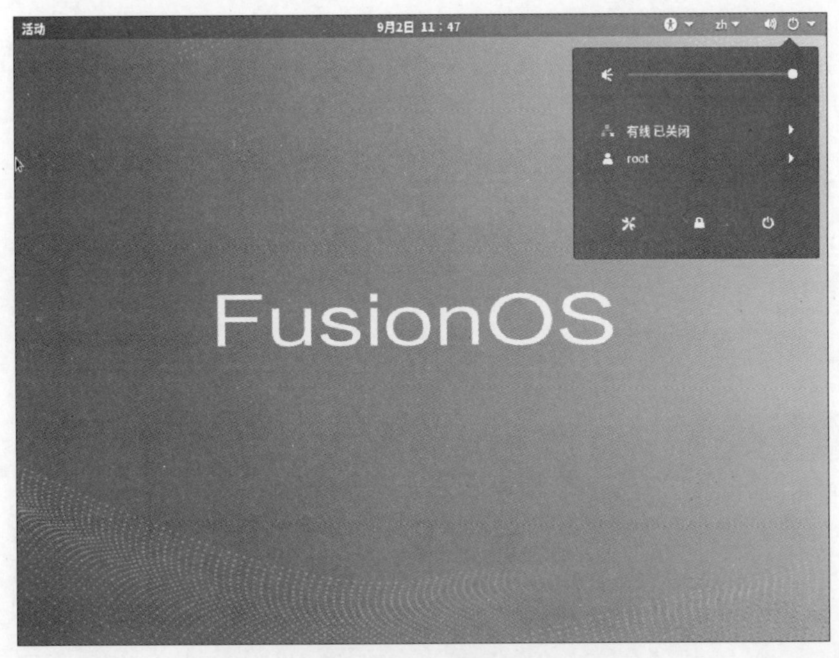

图 3-10　状态图标

图 3-11　关机弹窗

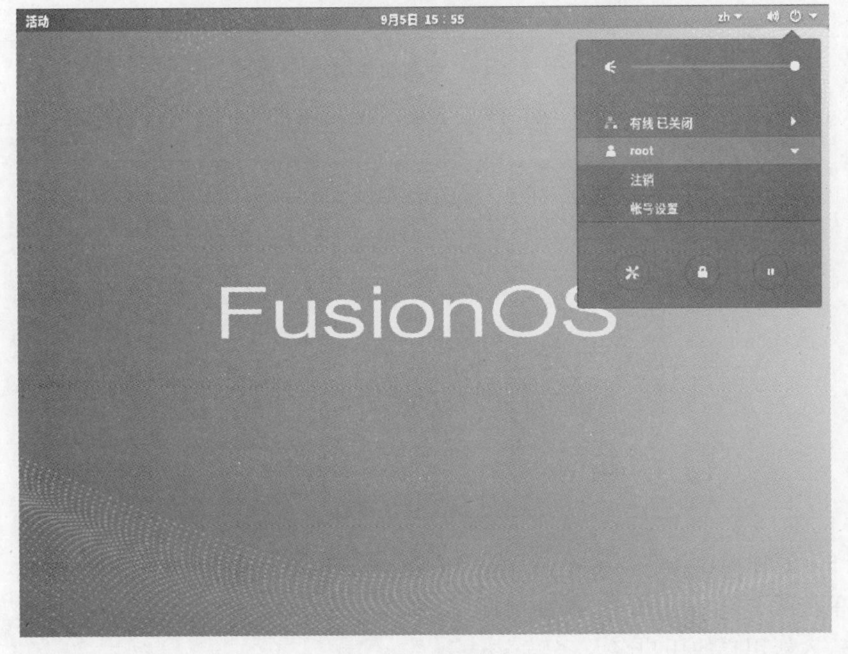

图 3-12　账号操作

4）添加用户/移除用户

FusionOS 中包含两类用户，分别是：①管理员，可直接更改用户名称、密码，添加用户或者移除用户；②标准用户，需要先单击“解锁”，验证管理员密码后再进行操作。

步骤 1　单击首页右上角的三角状态图标以打开菜单。

步骤 2　单击用户名。

步骤 3　单击“账号设置”进入账号设置界面，如图 3-13 所示。

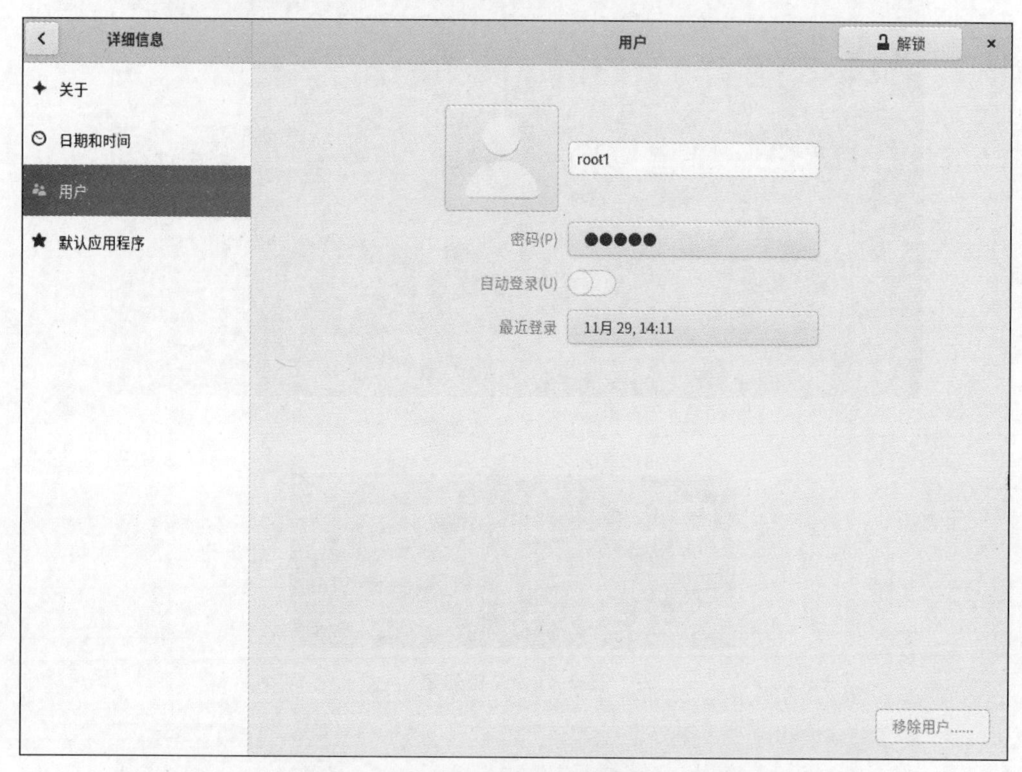

图 3-13　账号设置界面

步骤 4　单击右上方的“解锁”按钮，输入密码进行验证，如图 3-14 所示。

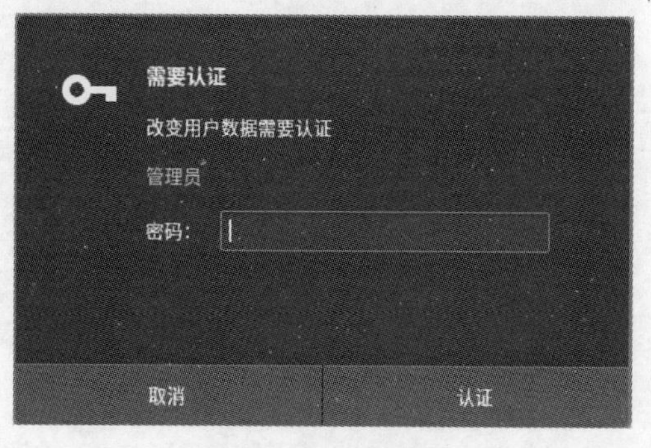

图 3-14　认证界面

步骤 5　添加用户。

(1) 单击图 3-15 右上角的“添加用户”按钮。

(2) 输入新用户的用户名及密码。

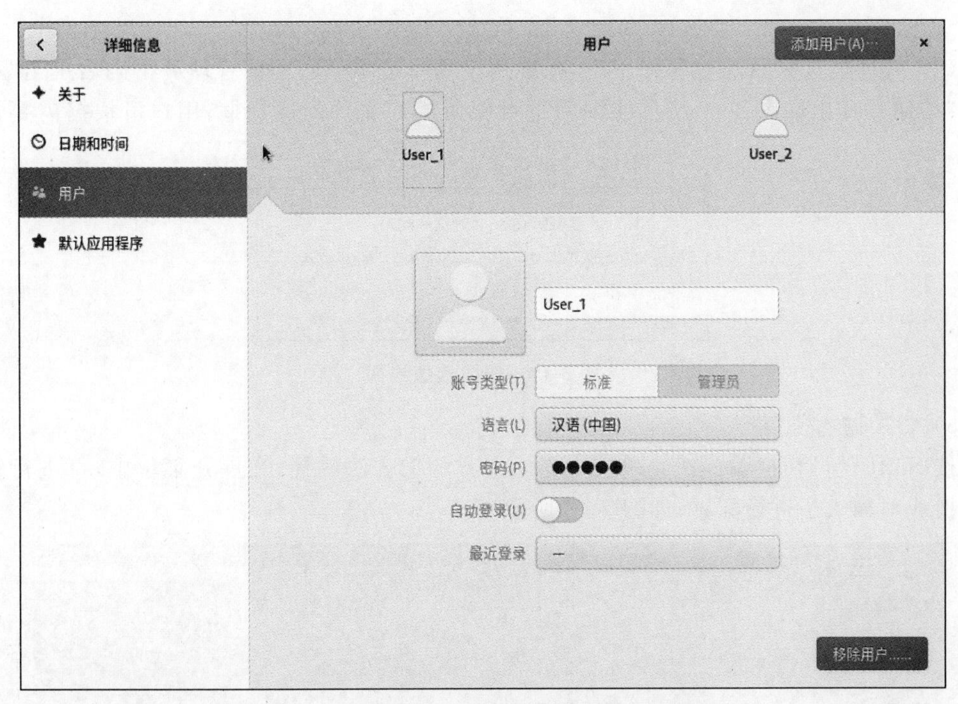

图 3-15　管理员及标准用户认证通过后界面

管理员设置完成后单击“添加”按钮即可完成操作，标准用户请单击“解锁”验证管理员密码后单击“添加”按钮，进入如图 3-16 所示的“添加用户”界面。

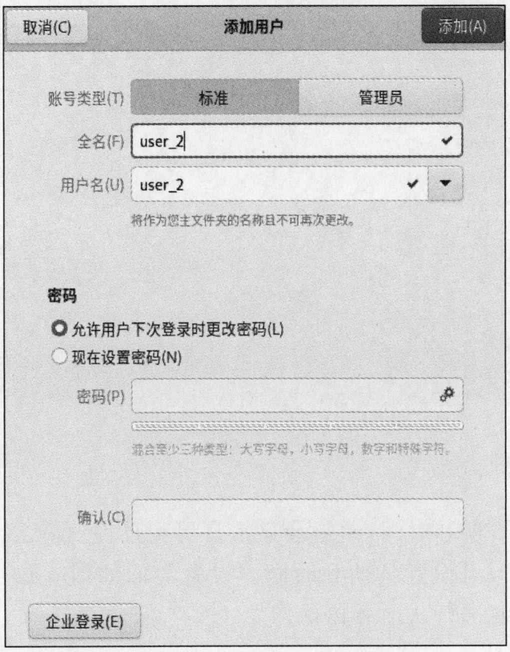

取消(C)　添加用户　添加(A)

账号类型(T)　标准　管理员

全名(F)　user_2

用户名(U)　user_2

将作为您主文件夹的名称且不可再次更改。

密码

允许用户下次登录时更改密码(L)

现在设置密码(N)

密码(P)

混合至少三种类型：大写字母，小写字母，数字和特殊字符。

确认(C)

企业登录(E)

图 3-16　“添加用户”界面

步骤 6　移除用户。

（1）如图 3-15 所示，选中需要移除的用户头像，单击右下角“移除用户”按钮，即可移除用户。

(2) 管理员选择后即可移除用户，标准用户请单击“解锁”验证管理员密码后单击“移除用户”按钮。弹出如图3-17所示的询问是否保留用户文件的选择框，用户可根据需要进行选择。

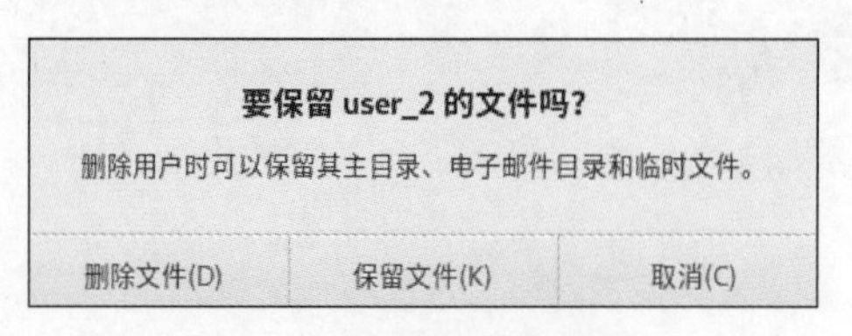

图 3-17 删除选项界面

5) 切换输入法

按 Shift 键可切换输入法。单击主界面上方的输入法图标，在展开菜单中，可进行输入法切换或对输入法进行配置，如图3-18所示。

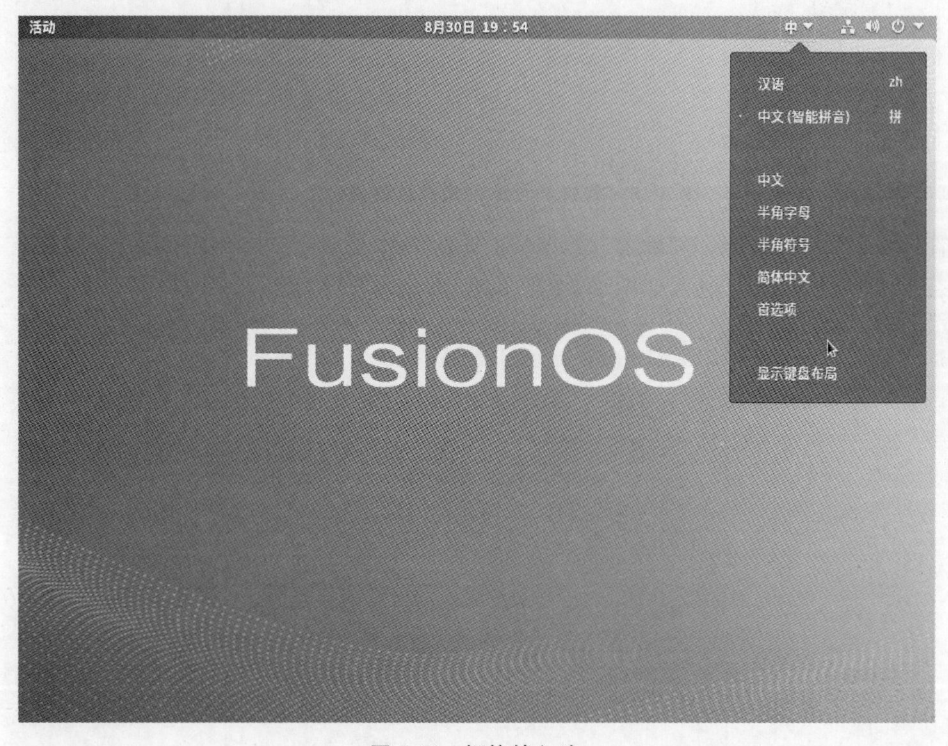

图 3-18 切换输入法

6) 日期和时间

主面板上方会显示日期和时间，单击会显示日历和日程。单击“设置”图标，单击“详细信息”→“日期和时间”，可设置日期和时间。设置界面如图3-19所示。非管理员账号需要单击界面上方解锁按钮进行认证后再操作。

7) 区域和语言

打开“设置”菜单，单击“区域和语言”，即可设置当前系统语言，如图3-20所示。

8) 分辨率

方法一：在主面板中右击调出菜单栏，单击“显示设置”。

图 3-19　日期和时间

图 3-20　设置区域和语言

方法二：打开"设置"菜单，单击"设备"→"显示"，进入"显示"界面以调整桌面分辨率，如图 3-21 所示。

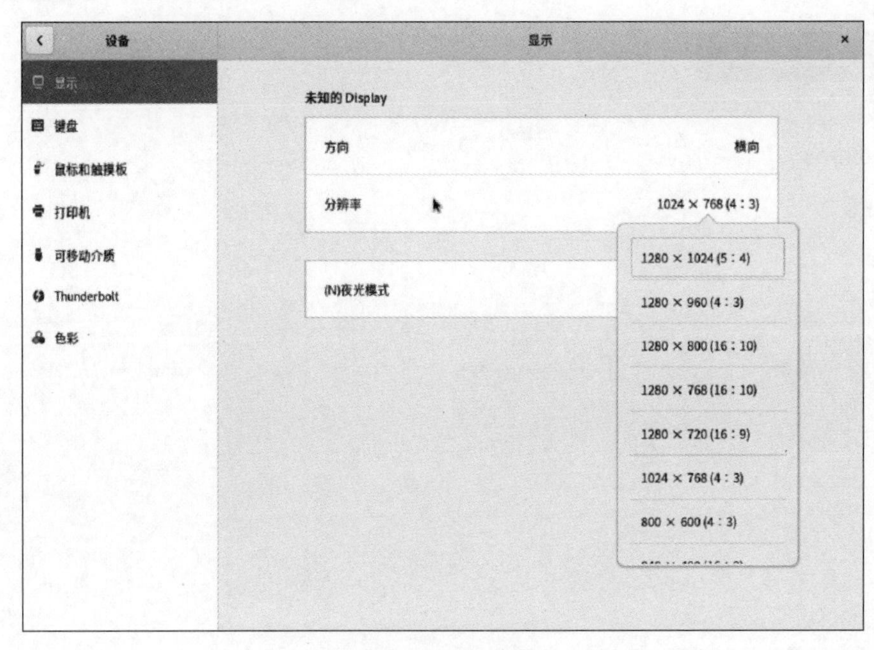

图 3-21　显示界面

9）背景

方法一：在主面板中右击调出菜单栏，单击"更换壁纸"。

方法二：打开"设置"菜单，单击"背景"，即可设置桌面背景和锁屏背景，如图 3-22 所示。

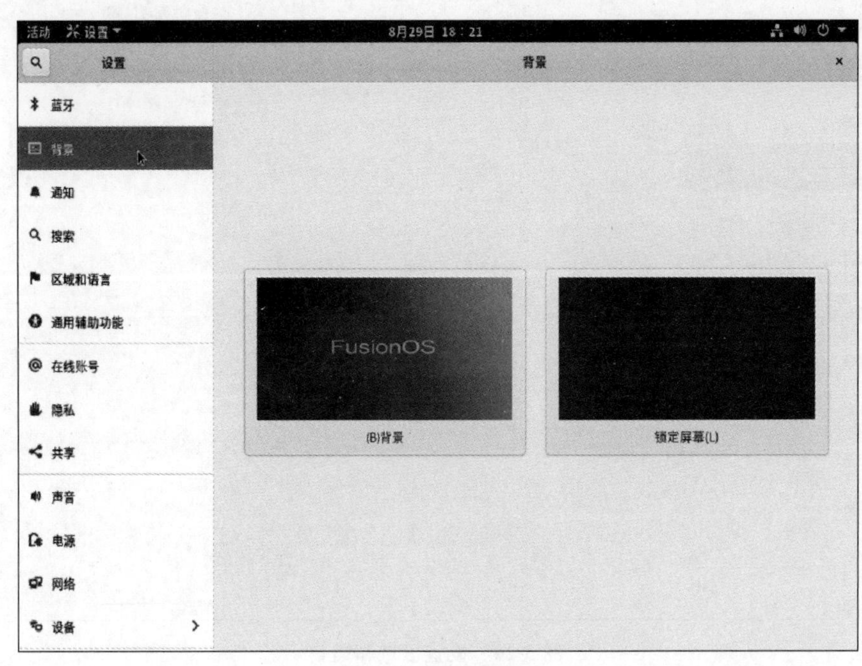

图 3-22　更换壁纸

10）网络

打开“设置”菜单，单击“网络”，可设置有线网络或者 VPN。单击“+”，可添加网卡设置，单击 图标可对当前配置进行设置，如图 3-23 所示。

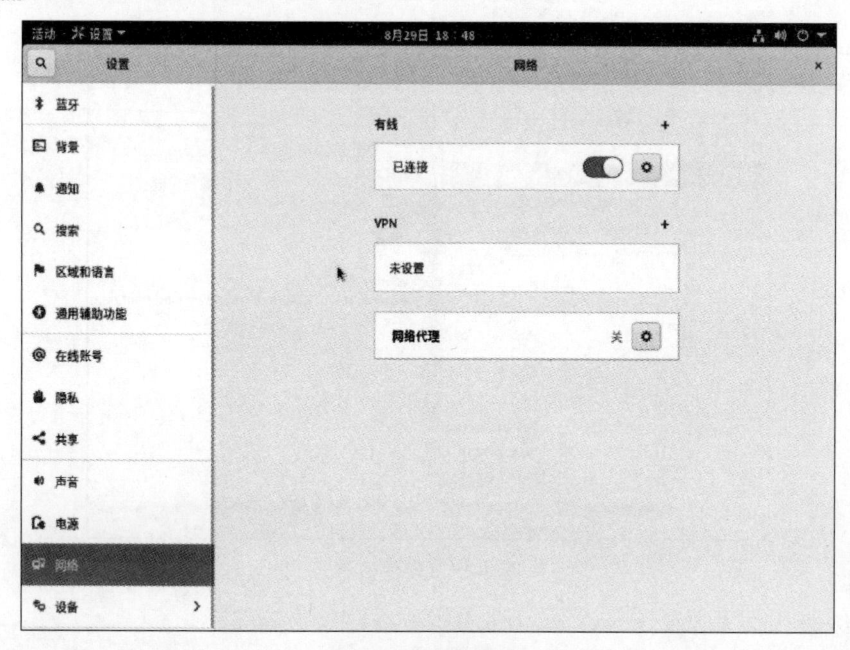

图 3-23　网络设置

11）通用辅助功能

打开“设置”菜单，单击“通用辅助功能”，可对视觉、听觉、打字、指向和点击进行设置，如图 3-24 所示。

图 3-24　通用辅助功能设置

12）硬件信息

在启动器中打开 LSHW（标准用户需要先单击“解锁”验证管理员密码后再打开 LSHW），可查看和保存硬件信息，如图 3-25 所示。

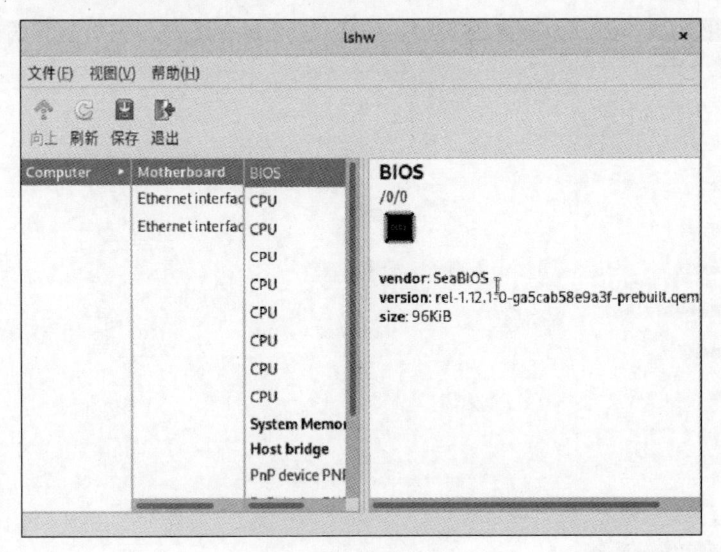

图 3-25　硬件信息

13）终端

在启动器中打开“终端”，或者在应用程序“文件”的某一目录下空白处右击，在弹出的菜单中选择“在终端中打开”，如图 3-26 所示。

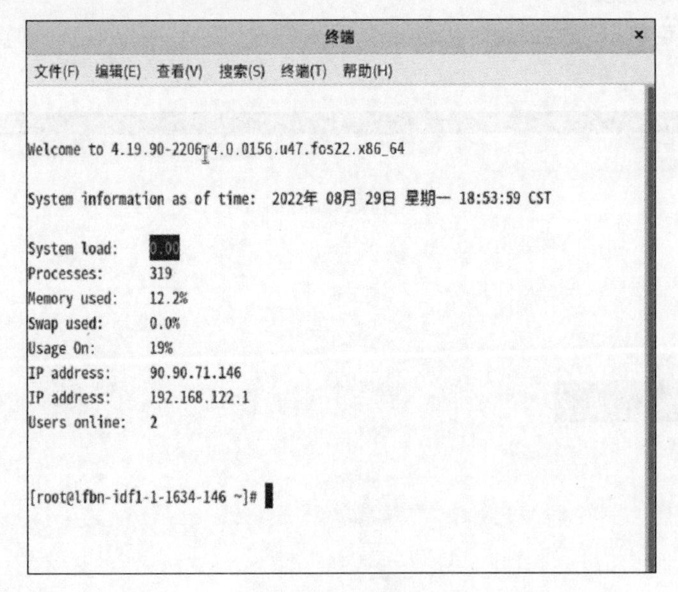

图 3-26　终端

14）进程管理

在启动器中打开“系统监视器”，选中进程右击，可对进程进行继续进程、停止、结束、杀死或者改变进程优先级。单击右上角菜单栏 ≡ 可刷新进程列表，或者筛选进程，以及查看进程之间的依赖关系，如图 3-27 所示。

进程　资源　文件系统

进程名	用户	% CPU	ID	内存	磁盘读取总计	磁盘写入
accounts-daemon	root	0	817	3.0 MiB	4.5 MiB	124.
acpi_thermal_pm	root	0	128	不适用	不适用	不
ata_sff	root	0	375	不适用	不适用	不
atd			1316	208.0 KiB	56.0 KiB	不
at-spi2-registryd			94173	660.0 KiB	不适用	不
at-spi-bus-launcher			94051	768.0 KiB	不适用	不
auditd			797	784.0 KiB	24.0 KiB	2.8
cpuhp/0			13	不适用	不适用	不
cpuhp/1			14	不适用	不适用	不
cpuhp/2			19	不适用	不适用	不
cpuhp/3			24	不适用	不适用	不
cpuhp/4			29	不适用	不适用	不
cpuhp/5	root	0	34	不适用	不适用	不
cpuhp/6	root	0	39	不适用	不适用	不
cpuhp/7	root	0	44	不适用	不适用	不

属性(P)　Alt+回车
内存映射(M)　Ctrl+M
打开的文件(F)　Ctrl+O
改变优先级(C)
停止(S)　Ctrl+S
继续进程(C)　Ctrl+C
结束(E)　Ctrl+E
杀死(K)　Ctrl+K

结束进程(P)

图 3-27　系统监视器

15）资源监控

在启动器中打开“系统监视器”。

（1）资源：进行 CPU、内存、网络使用情况的查看，如图 3-28 所示。

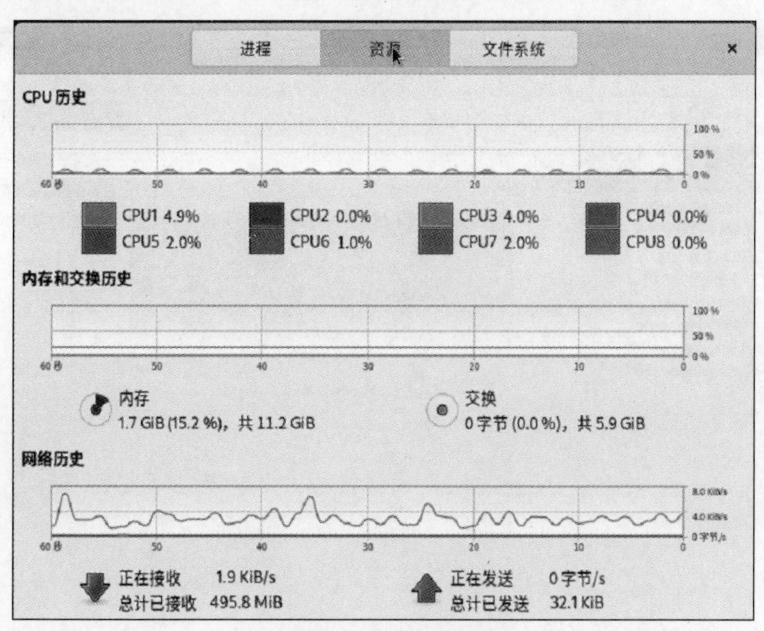

图 3-28　查看资源

（2）文件系统：进行挂载目录、内存大小、剩余空间的查看，如图 3-29 所示。

4. 磁盘管理

格式化会清除磁盘或者分区的所有数据，请谨慎操作。

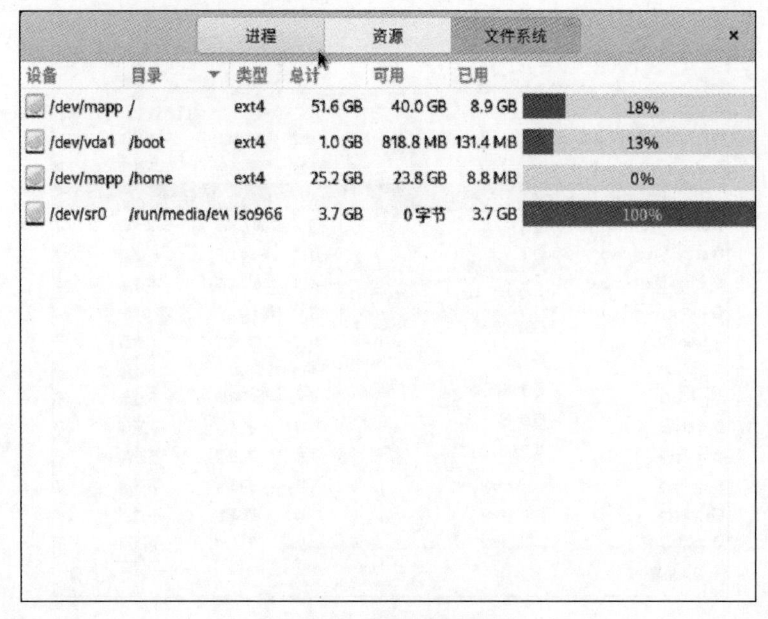

图 3-29　资源使用情况

1）格式化磁盘

打开应用程序“磁盘”，选中一块磁盘后单击右上菜单栏，选择“格式化磁盘”。磁盘格式化会删除所有分区和分区中的数据，如图 3-30 所示。

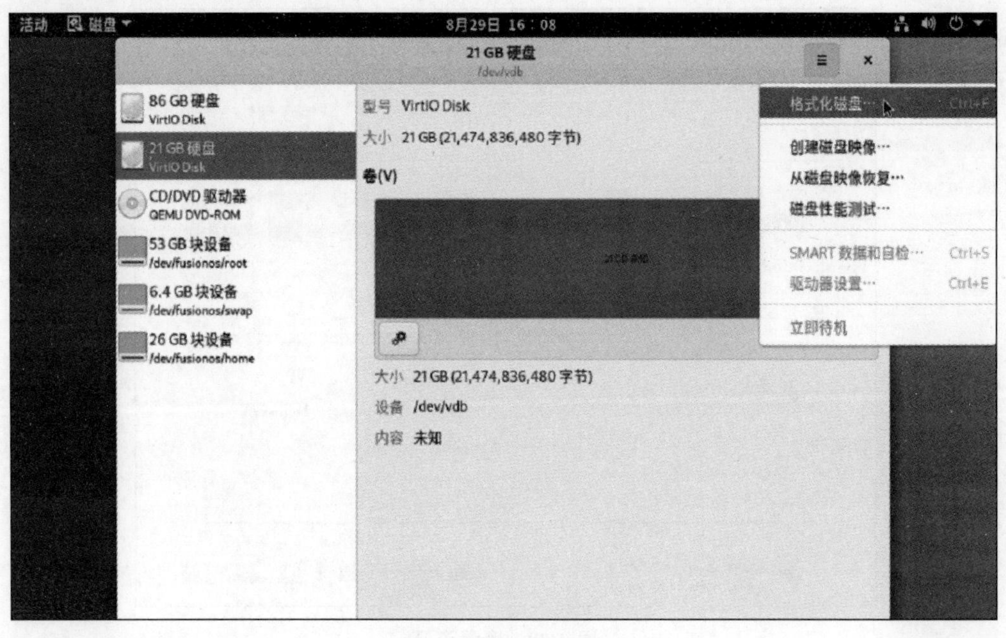

图 3-30　格式化磁盘

2）格式化分区

选中一块分区，单击 ⚙ 图标，在展开菜单中选择“格式化分区”即可。格式化分区会删除分区数据，并需要重置盘符，如图 3-31 所示。

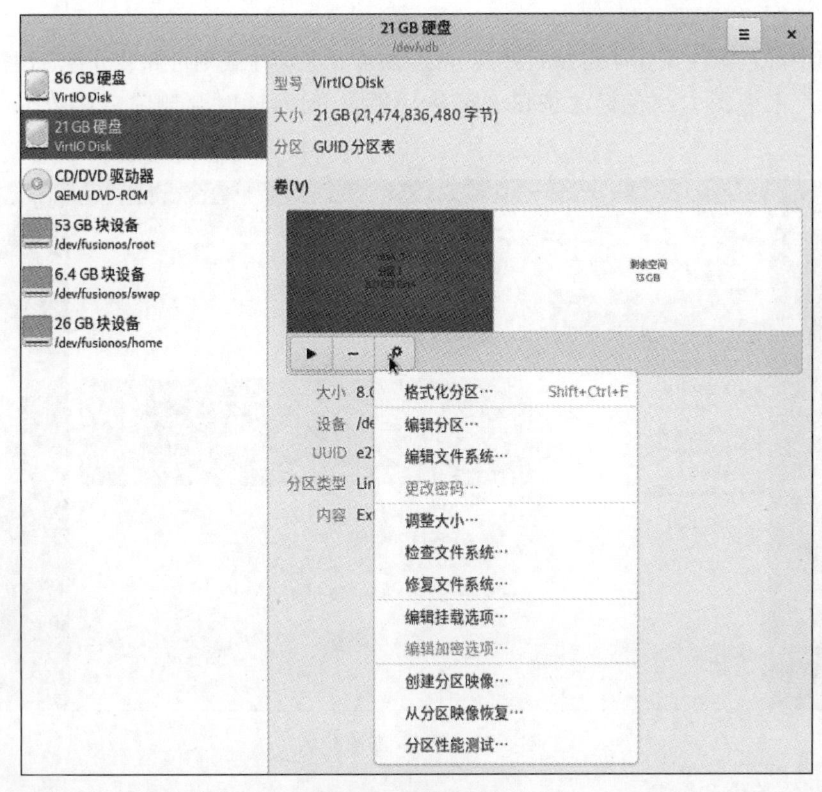

图 3-31　格式化分区

3）创建分区

格式化磁盘完成后，单击“＋”可创建分区。分区大小和盘符可以设定，通过拖动滚动条或者输入数字指定分区大小。分区创建后，单击齿轮图标，单击“调整大小”可重新设定分区大小，如图 3-32 所示。

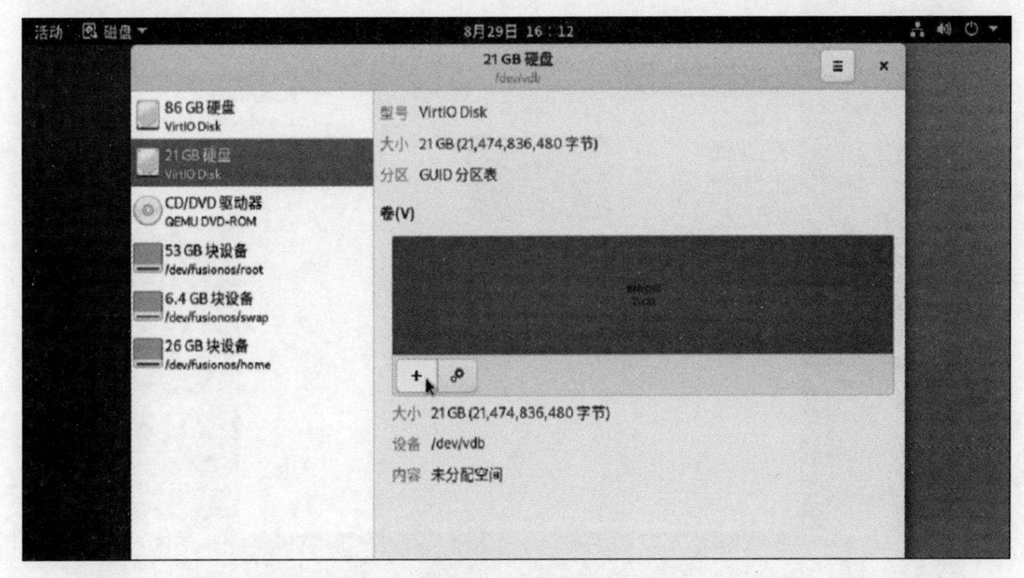

图 3-32　创建分区

4）挂载/卸载、删除分区

单击图中红色标注按钮 1 可执行挂载分区，如果分区已挂载则可卸载分区，此操作不会造成数据丢失。单击图中红色标注按钮 2 可执行删除分区，同时会删除分区数据，如图 3-33 所示。

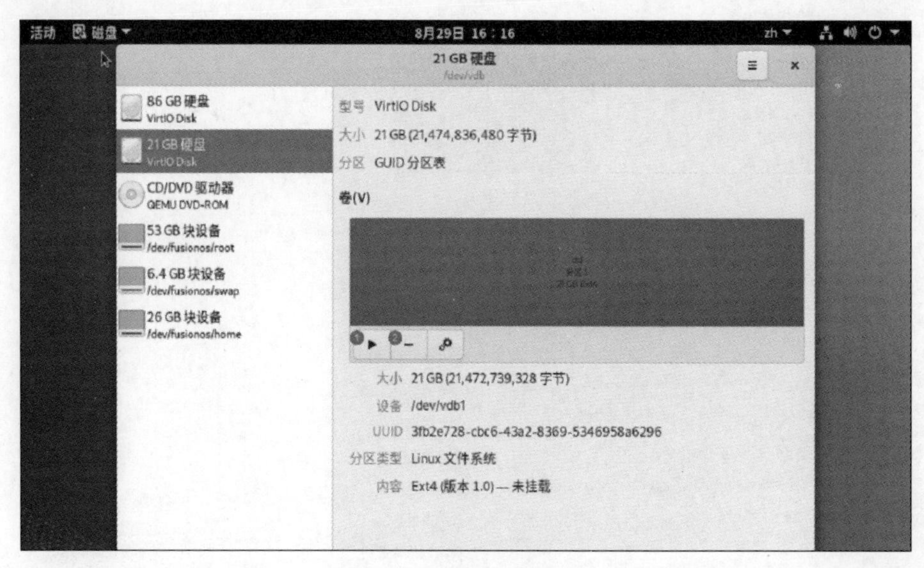

图 3-33 卸载、删除分区

5）磁盘的备份和恢复

展开右上角菜单，单击“创建磁盘映像”备份整块磁盘，单击“从磁盘映像恢复”将其他镜像数据恢复到该磁盘，如图 3-34 所示。

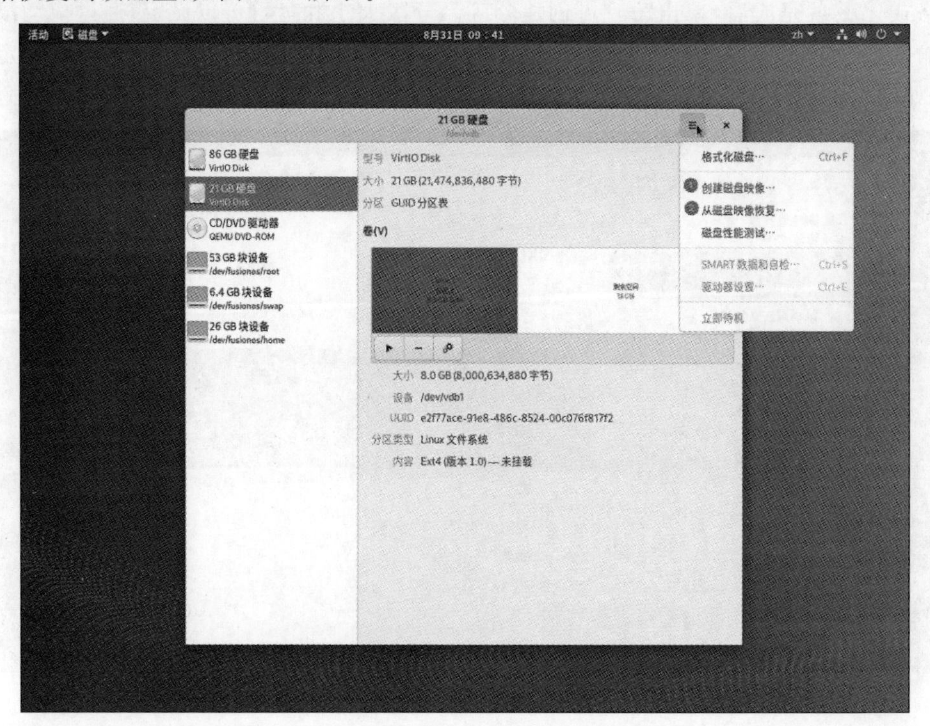

图 3-34 磁盘的备份和恢复

6）分区的备份和恢复

选中分区，右击 ⚙ 图标，可进行分区的备份和恢复，如图 3-35 所示。

图 3-35 分区的备份和恢复

（1）创建分区映像：备份该分区。

（2）从分区映像恢复：将其他镜像数据恢复到当前分区。

5. 文件管理

1）文件窗口

文件窗口的元素包括工具栏、菜单、侧栏、内容区域、上下文菜单、浮动状态栏。区域位置如图 3-36 所示。

（1）工具栏。

工具栏包含“后退”和“前进”按钮、路径栏、搜索功能、切换视图和视图选项、菜单。

（2）菜单。

菜单是工具栏上的最后一个图标。它可让用户执行许多任务，例如，打开自选设置对话框、创建新目录、打开新文件窗口或内容区域分屏。

（3）侧栏。

侧栏可让用户在常用的目录与外部或网络存储设备之间导航。要显示或隐藏侧栏，请按 F9 键。

（4）内容区域。

显示文件和目录。使用工具栏的“切换视图”可以在列表视图与网格图标视图之间切

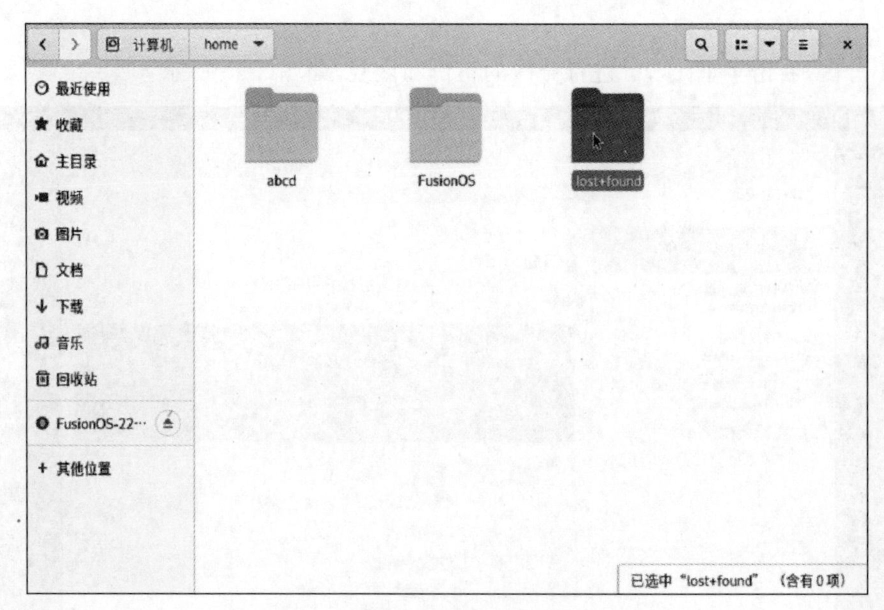

图 3-36　文件窗口

换。使用工具栏中的"视图选项",可以显示隐藏文件,或者重新排列文件。

(5) 上下文菜单。

通过在内容区域中右击打开上下文菜单。菜单中的选项取决于右击的位置。例如,如果右击文件或目录,则可以选择与此文件或目录相关的项。如果右击内容区域的背景,则可以选择与此内容区域中的项目显示相关的项。

(6) 浮动状态栏。

选中文件时会显示浮动状态栏,其中显示文件名和大小。

2) 组合键

如表 3-10 所示,给出了系统常用的组合键及其功能说明。

表 3-10　组合键

组　合　键	说　　明
Alt+←/Alt+→	后退/前进
Alt+↑	打开父目录
←、→、↑、↓	选择一个项目
Alt+↓ 或 Enter	打开一个项目
Alt+Enter	打开项目的属性对话框
Ctrl+L	将路径栏从按钮视图转换为文本框。 按 Enter 键(转到位置)或 Esc 键(保留在当前目录中)可退出此模式
/	将路径栏从按钮视图转换为文本框,并将当前路径替换为/
Alt+Home	打开主目录
任意数字或字母键	开始在当前目录及其子目录中搜索。按下的字符将用作搜索词的第一个字符。 搜索将在用户输入时进行,不需要按 Enter 键
Ctrl+T	新建当前标签页
Delete	将选定的文件或目录移到回收站,而在回收站中可单击撤销恢复文件或目录

6. 软件管理

1）配置 yum 源

软件包管理依赖 yum 源，只有配置好 yum 源才能正常管理软件，包括软件包安装、卸载、更新。

查看系统是否存在默认的 yum 源文件：

（1）在“终端”中输入 **cat /etc/yum. repo. d/FusionOS. repo**，默认 yum 信息如图 3-37 所示。

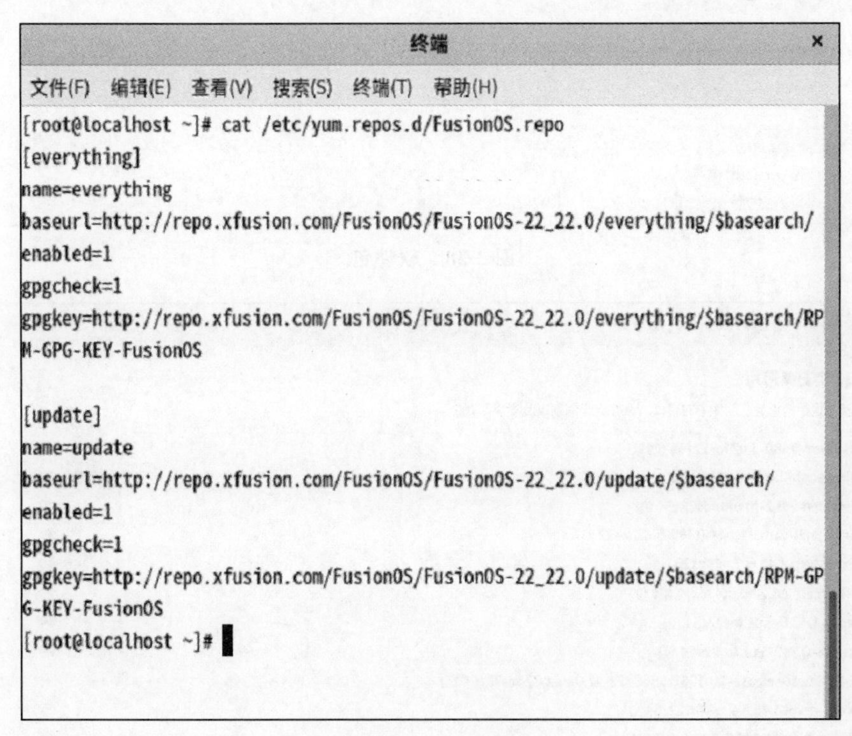

终端
文件(F) 编辑(E) 查看(V) 搜索(S) 终端(T) 帮助(H)
[root@localhost ~]# cat /etc/yum.repos.d/FusionOS.repo
[everything]
name=everything
baseurl=http://repo.xfusion.com/FusionOS/FusionOS-22_22.0/everything/$basearch/
enabled=1
gpgcheck=1
gpgkey=http://repo.xfusion.com/FusionOS/FusionOS-22_22.0/everything/$basearch/RP
M-GPG-KEY-FusionOS
[update]
name=update
baseurl=http://repo.xfusion.com/FusionOS/FusionOS-22_22.0/update/$basearch/
enabled=1
gpgcheck=1
gpgkey=http://repo.xfusion.com/FusionOS/FusionOS-22_22.0/update/$basearch/RPM-GP
G-KEY-FusionOS
[root@localhost ~]#

图 3-37　yum 信息

（2）在活动概览中打开应用程序“文件”，左侧栏选择“其他位置”，单击“计算机”，搜索 FusionOS. repo，双击打开该文件。

如果不想使用默认的 yum 源，则可以更换其他厂商发布的 repo 源，只需要把它配置到/etc/yum. repo. d/FusionOS. repo 中即可。

2）软件包安装卸载

在启动器中打开“软件包”，搜索软件包，对已安装的软件包进行卸载，或者对未安装的软件包进行安装。安装和卸载完后都需要执行右上角的应用更改才能生效，如图 3-38 所示。

3）软件包更新

配置好 yum 源后，在启动器中打开“软件包更新程序”，在右上角单击“安装更新”按钮即可进行软件包更新，如图 3-39 所示。

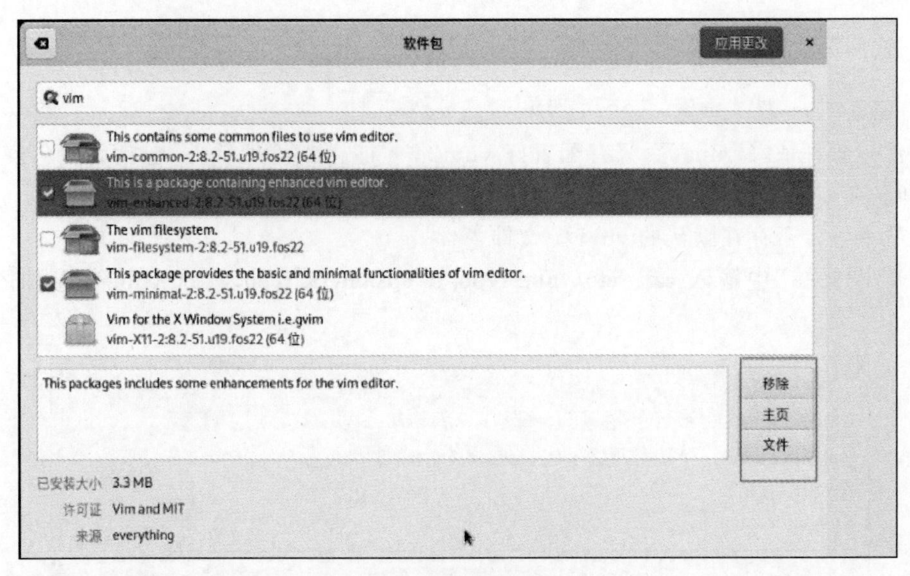

图 3-38　软件包

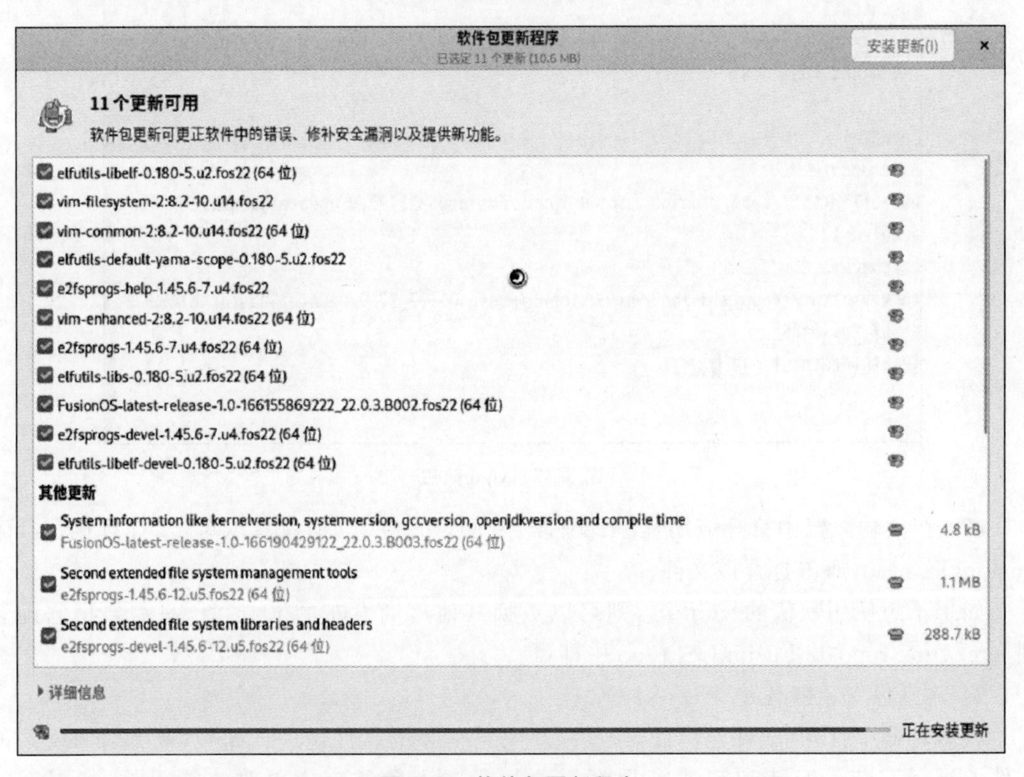

图 3-39　软件包更新程序

7. 使用浏览器

在启动器中打开 Firefox，打开后在搜索框中输入网址即可访问网络资源，如图 3-40 所示。

图 3-40　访问网络资源

8. 切换字符和图形界面

在桌面环境下，使用 Ctrl+Alt+F4 组合键切换到字符界面。在字符环境下，使用 Ctrl+Alt+F1 组合键切换到图形桌面。

9. 远程桌面

远程桌面查看器可帮助用户远程建立可信的安全连接，保证数据的安全传输。在启动器中打开应用程序“远程桌面查看器”，选择“连接”，输入主机 IP 和用户名以连接远程桌面，如图 3-41 所示。

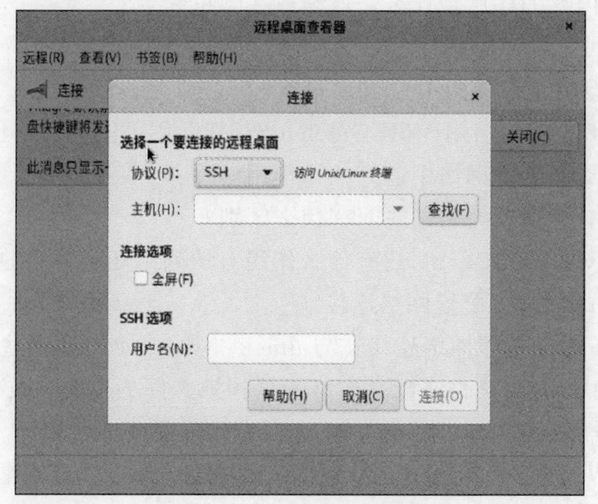

图 3-41　远程桌面查看器

小结

本章首先介绍了如何进行一系列设置来提高系统的易用性、用户体验和数据准确性。这些设置包括语言环境、键盘、时间、kdump、磁盘调度算法、NMI watchdog、日志打印级别和查看系统信息。这些设置对于确保系统正常运行、提高用户体验和工作效率都非常重要。根据实际需求和环境，适当地进行设置和调整可以优化系统的性能和可靠性。然后介绍了网络的基本配置，包括配置 IP 地址、主机名、网络绑定技术以及 IPv6 配置的差异。网络绑定允许将多个网络接口绑定在一起，提供更高的带宽、冗余和可用性。IPv6 与 IPv4 的差异包括地址配置、DHCP 守护进程持久化配置以及 iproute 相关命令配置。最后介绍了 FusionOS 桌面的安装。有两种方式可供选择：升级安装和镜像安装。升级安装需要根据升级路径和所需文件进行操作，可以使用 FusionOS 官方 repo 源或本地 repo 源。镜像安装则直接使用 FusionOS 22 的镜像包进行安装，用户可以选择升级现有系统或全新安装。本章介绍了在 FusionOS 22 中使用桌面的各种功能和操作，包括终端、文件、磁盘、软件包、图像查看器、截图、文本编辑器和远程桌面查看器等。

习题

1. 为什么正确设置语言环境对系统的易用性和用户体验至关重要？

2. 如何列出系统中可用的中文语言环境？如何通过 localectl 命令显示当前的语言环境状态？如何使用 localectl 命令设置语言环境为简体中文？

3. 如何通过 localectl 命令显示当前的键盘设置？如何列出系统中可用的中文键盘布局？如何使用 localectl 命令将键盘布局设置为中文布局？

4. 为什么正确设置日期和时间对于系统的时间同步、日志记录和应用程序的准确性非常重要？如何使用 timedatectl 命令显示当前的日期和时间？

5. kdump 预留内存的作用是什么？该参数在哪里配置？

6. 至少列举三种不同的磁盘调度算法，它们如何影响磁盘性能？

7. 如何临时修改特定设备的 I/O 调度策略？

8. 为什么需要慎重考虑启用 NMI watchdog？其误用可能会导致什么问题？

9. IP 地址是什么？它在网络中起到什么作用？

10. 什么是 IPv4 和 IPv6？它们之间有什么区别？

11. 什么是 NetworkManager？它有什么作用？请列举几个常用的 nmcli 命令示例。

12. 如何使用 nmcli 命令配置网络连接？

13. 如何使用 ip 命令配置网络连接？与 nmcli 相比，ip 命令有哪些特点？

14. 如何通过编辑 ifcfg 文件来配置网络连接？该文件的主要参数有哪些？

15. 如何配置静态路由？使用 nmcli 和 ip 命令各需要哪些步骤？

16. 如何配置 Wi-Fi 连接？使用 nmcli 命令和配置文件方式分别是什么？

17. 如何为网络接口添加多个 IP 地址？请提供一个示例。

18. 如何配置静态和动态网络连接？请分别说明配置步骤。

19. FusionOS 22 默认提供哪种图形桌面环境？

20. GNOME3 屏幕顶部的横向栏提供了哪些基本功能？

21. 如何在 FusionOS 中安装桌面环境？有哪两种安装方式？

22. 什么是“活动概览”？如何打开“活动概览”？“活动概览”包括哪些主要元素？如何在“活动概览”中切换工作空间？

23. 怎样通过启动器访问应用程序？如何添加和移除启动器中的应用程序？

24. 如何进行系统管理操作，如关机、锁屏、添加用户等？

25. 如何执行磁盘和分区管理操作，如格式化、挂载、卸载、备份等？

26. 如何进行软件管理，包括安装、卸载和更新软件包？

第4章

用户和组群管理

CHAPTER 4

用户和组群是现代操作系统中非常重要的概念，是用户使用操作系统的基石。本章首先介绍用户和组群的概念；然后以FusionOS为例，介绍操作系统中与用户和组群密切相关的配置文件；最后介绍操作系统中对用户组群进行管理的方法。

4.1　用户和组群的概念

在计算机操作系统中，用户和组（或群组）是用于管理和组织系统资源访问权限的重要概念。

用户（User）：用户是系统中的一个个体，可以是人员或者其他程序。每个用户都有一个唯一的用户标识符（User ID，UID），用于在系统中标识和区分不同的用户。用户可以拥有自己的登录账户，并且可以使用这些账户来访问系统资源、运行程序等。用户通常拥有一定的权限，允许他们对系统资源进行操作。

组群（Group）：组是将多个用户组织在一起的集合。每个组都有一个唯一的组标识符（Group ID，GID），用于在系统中标识和区分不同的组。组的存在主要是为了更方便地管理和分配系统资源的访问权限。用户可以分配给一个或多个组，组内的所有用户将共享相同的访问权限。通过组，系统管理员可以更有效地管理和控制用户对系统资源的访问。

基于用户和组的权限管理方式，系统管理员可以更灵活地控制不同用户对系统资源的访问权限。例如，可以通过分配用户到不同的组，并为每个组设置不同的访问权限，来实现对系统资源的细粒度控制。它是操作系统中实现多用户环境下的有效管理和保护系统资源的重要机制，实现更好的安全性、权限管理和资源共享。以下是一些原因和好处。

安全性：通过引入用户和用户组，操作系统可以实现用户隔离和权限控制。每个用户都有自己的用户账号和密码，通过验证身份可以限制对系统资源的访问。这样可以防止未经授权的用户访问敏感数据或执行危险操作。

权限管理：用户和用户组允许细粒度的权限管理。每个文件和目录都与一个所有者用户和一个所有者用户组相关联，通过设置文件权限和用户组权限，可以控制哪些用户可以读取、写入或执行特定文件。这样可以确保只有授权用户能够访问和修改特定的数据和系统资源。

资源共享：用户组允许实现资源共享和协作。多个用户可以被分配到同一个用户组，从而共享特定的文件、目录或设备。这样可以方便多个用户共同工作、访问和修改相同的文件，而不需要每个用户都拥有完全相同的权限。

系统管理：引入用户和用户组的概念可以更好地组织和管理系统。管理员可以通过分配不同的用户和用户组来分配不同的权限和责任。这样可以实现权限分离和责任分工，提高系统管理的效率和安全性。

在FusionOS中，每个普通用户都有一个账户，包括用户名、密码和主目录等信息。除此之外，还有一些系统本身创建的特殊用户，它们具有特殊的意义，其中最重要的是管理员账户，默认用户名是root。同时Linux也提供了用户组，使每一个用户至少属于一个组，从而便于权限管理。用户和用户组管理是系统安全管理的重要组成部分，本章主要介绍FusionOS提供的用户管理和组管理命令，以及为普通用户分配特权的方法。

4.2　用户和组群文件

在UNIX和类UNIX操作系统中，用户和组群信息通常存储在一些特定的文件中，以便系统可以有效地管理和识别用户和组群。以下是一些常见的用户和组群文件。

/etc/passwd：这是一个包含系统用户信息的文件，每行代表一个用户。每行包含用户的用户名、加密后的密码（通常为“x”，实际密码存储在/etc/shadow 文件中）、用户 ID（UID）、组 ID（GID）、用户全名、主目录和默认 Shell 等信息。这个文件对所有用户可读，但只有 root 用户才有权限修改。

/etc/shadow：这个文件包含用户的加密密码以及密码策略信息。与/etc/passwd 文件中的密码字段不同，/etc/shadow 文件中的密码字段存储了加密后的密码。该文件只有 root 用户有权限访问。

/etc/group：这是一个包含系统组信息的文件，每行代表一个组。每行包含组的组名、组密码（通常为空）、组 ID（GID）和该组中的用户列表。该文件对所有用户可读，但只有 root 用户才有权限修改。

/etc/gshadow：这个文件包含组的加密密码和组管理员信息。与/etc/group 文件中的组密码字段不同，/etc/gshadow 文件中的组密码字段存储了加密后的密码。该文件只有 root 用户有权限访问。

这些文件存储了关于用户和组群的重要信息，操作系统使用这些信息来管理用户和组群的访问权限、身份验证以及其他相关操作。注意，直接编辑这些文件可能会导致系统安全性问题，因此建议使用系统提供的命令（如 useradd、groupadd、passwd 等）来管理用户和组群信息。

FusionOS 默认情况下会创建一些常见的用户和用户组。如 root 用户是系统管理员，拥有完全的系统权限，可以执行系统范围的操作和配置。root 用户组，即 root 用户的主用户组。系统管理员可以自定义默认用户和用户组的名称和属性。在安装 FusionOS 的过程中请选择“最小安装”→“标准”，安装完成后的默认用户及用户组如表 4-1 所示。

表 4-1 默认用户及用户组

账户	属组	账户描述	用户状态
root	root	系统管理员账户	启用
bin	bin	bin 账户	禁用
daemon	daemon	daemon 账户	禁用
adm	adm	adm 账户	禁用
lp	lp	打印服务账户	禁用
sync	root	同步服务账户	禁用
shutdown	root	关机服务账户	禁用
halt	root	关机服务账户	禁用
mail	mail	邮件服务账户	禁用
operator	root	操作账户	禁用
games	users	games 账户	禁用
ftp	ftp	FTP 账户	禁用
nobody	nobody	nobody 账户	禁用
systemd-coredump	systemd-coredump	systemd-coredump 相关账户	禁用
systemd-network	systemd-network	systemd Network Management 账户。systemd-networkd 是管理网络的系统服务。它检测和配置出现的网络设备，以及创建虚拟网络设备	禁用

续表

账　户	属　组	账 户 描 述	用户状态
systemd-resolve	systemd-resolve	网络名字解析服务使用的账户	禁用
systemd-timesync	systemd-timesync	systemd-timesync 服务账户	禁用
unbound	unbound	域名解析服务使用的账户	禁用
dbus	dbus	dbus 服务账户	禁用
tss	tss	tcsd 服务账户	禁用
rpc	rpc	rpcbind 服务账户	禁用
polkitd	polkitd	polkitd 服务账户	禁用
dhcpd	dhcpd	dhcpd 守护进程	禁用
rpcuser	rpcuser	libvirt 虚拟化组件依赖	禁用
sshd	sshd	SSH 服务账户	禁用
chrony	chrony	chronyd 服务账户	禁用

4.3　用户管理

用户管理是指在操作系统中管理用户账号和权限的过程。FusionOS 中提供的对用户进行管理的功能包括添加用户、修改账户信息、删除用户和管理员账户授权等。

4.3.1　增加用户

1. useradd 命令

在 root 权限下，通过 useradd 命令可以为系统添加新用户信息，其中，options 为相关参数，username 为用户名称。

```
useradd [options] username
```

2. 用户信息文件

与用户账号信息有关的文件如下。

(1) /etc/passwd：用户账号信息文件。

(2) /etc/shadow：用户账号信息加密文件。

(3) /etc/group：组信息文件。

(4) /etc/default/useradd：定义默认设置文件。

(5) /etc/login.defs：系统广义设置文件。

(6) /etc/skel：默认的初始配置文件目录。

3. 创建用户实例

例如，新建一个用户名为 userexample 的用户，在 root 权限下执行如下命令。

```
# useradd userexample
```

没有任何提示，表明用户建立成功。这时并没有设置用户的密码，请使用 passwd 命令设置用户的密码，没有设置密码的新账号不能登录系统。

当前 FusionOS 不支持第三方认证机制。如果用户安装了第三方认证工具，注意多种认证机制之间的协作，避免引入安全风险。

使用 id 命令查看新建的用户信息，命令如下。

```
# id userexample
uid = 502(userexample)   gid = 502(userexample)   groups = 502(userexample)
```

其中，uid＝502(userexample)表示用户的用户 ID 是 502，这是一个系统分配的唯一标识符。gid＝502(userexample)表示用户的主要组的组 ID，用于唯一标识用户所属的主要组。groups＝502(userexample)表示用户所属的其他附加组的组 ID 列表，以逗号分隔。在这个例子中，用户只属于一个组，即 GID 为 502 的用户组。

修改用户 userexample 的密码：

```
# passwd userexample
```

修改用户密码时需要满足密码复杂度要求，密码的复杂度的要求如下。

(1) 密码长度至少 8 个字符。

(2) 密码至少包含大写字母、小写字母、数字和特殊字符中的任意三种。

(3) 密码不能和账号一样。

(4) 密码不能使用字典词汇。

在已安装好的 FusionOS 环境中，可以通过如下命令导出字典库文件 dictionary. txt，用户可以查询密码是否在该字典中。

```
cracklib - unpacker /usr/share/cracklib/pw_dict > dictionary.txt
```

修改导出的字典文件，执行如下命令更新系统字典库。

```
# create - cracklib - dict dictionary.txt
```

在原字典库基础上新增其他字典内容 custom. txt。

```
# create - cracklib - dict dictionary.txt custom.txt
```

根据提示两次输入新用户的密码，完成密码更改。过程如下。

```
# passwd userexample
Changing password for user userexample.
New password:
Retype new password:
passwd: all authentication tokens updated successfully.
```

若打印信息中出现“BAD PASSWORD: The password fails the dictionary check-it is too simplistic/systematic”，表示设置的密码过于简单，建议设置复杂度较高的密码。

4.3.2 修改账户信息

1. 修改密码

普通用户可以用 passwd 修改自己的密码，只有管理员才能用 passwd username 为其他用户修改密码。但不推荐管理员通过 passwd 命令清空某个账户的密码，因为这会给系统带来极大的安全风险。对于新加的账户或软件包引入的账户，在首次登录时建议修改密码，并建议周期性地修改账户密码。

如果忘记密码或账户锁定：对于普通用户，请管理员更改密码或者解锁账户，管理员修改密码后再次登录时建议修改密码；对于管理员账户，如果有管理员角色的其他账户（见 /etc/sudoers 文件），可通过该账户使用 sudo 命令修改管理员的密码。

否则，光驱插入可启动镜像，重启系统，选择光驱启动，在光盘引导界面选择 Troubleshooting 项，进入 Troubleshooting 菜单后选择 Rescue a FusionOS system 项进入救援模式，然后系统会有如图 4-1 所示的提示。

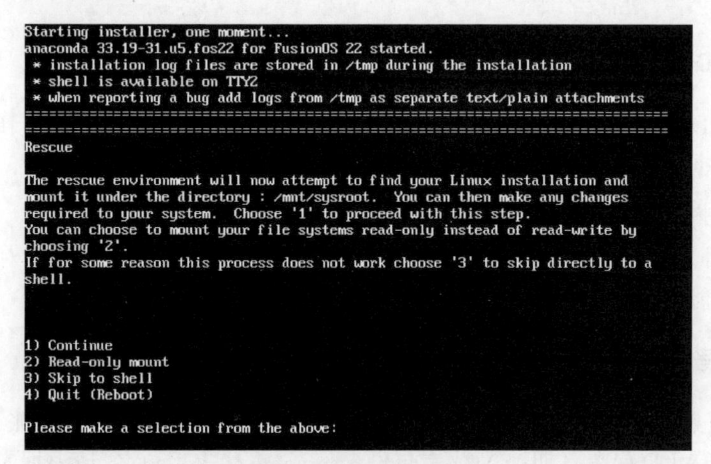

图 4-1　救援模式提示

选择“1) Continue”，输入“1”后按 Enter 键，进入 Shell，输入“chroot /mnt/sysroot”切换到硬盘上的根文件系统，此时可使用 passwd 命令重置管理员密码。重置管理员密码后输入两次“exit”即可重新启动系统。

2. 修改用户 Shell 设置

Shell 是一种用于与操作系统进行交互的命令行界面，它是用户与操作系统内核之间的一个重要接口。通过 Shell，用户可以向操作系统发送命令、运行程序、管理文件和目录等，从而控制和管理计算机系统的各种功能。

使用 chsh 命令可以修改自己的 Shell，只有管理员才能用 chsh username 为其他用户修改 Shell 设置。

用户也可以使用 usermod 命令修改 Shell 信息，在 root 权限下执行如下命令，其中，new_shell_path 为目标 Shell 路径，username 为要修改用户的用户名，请根据实际情况修改。

```
usermod -s new_shell_path username
```

例如，将用户 userexample 的 Shell 改为 csh，命令如下。

```
# usermod -s /bin/csh userexample
```

3. 修改主目录

主目录（Home Directory）是在多用户操作系统中，每个用户所拥有的用于存储其个人文件、配置和数据的专用目录。在大多数操作系统中，每个用户都有自己独立的主目录，用于存储其个人文件、设置、文档、下载的文件等。主目录在用户登录系统时会自动映射到用户的工作目录,这样用户可以方便地访问和管理他们的个人数据。

修改主目录,可以在 root 权限下执行如下命令,其中,new_home_directory 为已创建的目标主目录的路径,username 为要修改用户的用户名,请根据实际情况修改。

```
usermod -d new_home_directory username
```

如果想将现有主目录的内容转移到新的目录,应该使用-m 选项,命令如下。

```
usermod - d new_home_directory - m username
```

4. 修改 UID

修改用户 ID,在 root 权限下执行如下命令,其中,UID 代表目标用户 ID,username 代表用户名,请根据实际情况修改。

```
usermod - u UID username
```

该用户主目录中所拥有的文件和目录都将自动修改 UID 设置。但是,对于主目录外所拥有的文件,只能使用 chown 命令手动修改所有权。

5. 修改账号的有效期

如果使用了影子口令,则可以在 root 权限下执行如下命令来修改一个账号的有效期,其中,MM 代表月份,DD 代表日期,YY 代表年份,username 代表用户名,请根据实际情况修改。

```
usermod - e MM/DD/YY username
```

4.3.3 删除用户

在 root 权限下,使用 userdel 命令可删除现有用户。例如,删除用户 Test,命令如下。

```
# userdel Test
```

如果想同时删除该用户的主目录以及其中所有内容,要使用-r 参数递归删除。但不建议直接删除已经进入系统的用户,如果需要强制删除,请使用 userdel -f Test 命令。

4.3.4 管理员账户授权

使用 sudo 命令可以允许普通用户执行管理员账户才能执行的命令。sudo 命令允许已经在/etc/sudoers 文件中指定的用户运行管理员账户命令。例如,一个已经获得许可的普通用户可以运行如下命令。

```
sudo /usr/sbin/useradd newuser1
```

实际上,sudo 的配置完全可以指定某个已经列入/etc/sudoers 文件的普通用户可以做什么,不可以做什么。/etc/sudoers 的配置行如下所示。

```
#sudoers files
#User alias specification
User_Alias ADMIN = ted1:POWERUSER = globus,ted2
#user privilege specification
ADMIN ALL = ALL
POWERUSER ALL = ALL,!/bin/su
```

其中：User_Alias ADMIN = ted1：POWERUSER = globus，ted2，定义了两个别名 ADMIN 和 POWERUSER。ADMIN ALL=ALL，说明在所有主机上，ADMIN 用户都可以以 root 身份执行所有命令。POWERUSER ALL=ALL，！/bin/su，给 POWERUSER 用户除了运行 su 命令外等同 ADMIN 的权限。

sudoers 文件的一些其他参数的说明如下。

（1）空行或注释行（以#字符开头）：无具体功能的行。

（2）可选的主机别名行：用来创建主机列表的简称。必须以 Host_Alias 关键词开头，列表中的主机必须用逗号“，”隔开，例如：

```
Host_Alias linux = ted1,ted2
```

其中，ted1 和 ted2 是两个主机名，可使用 linux(别名)称呼它们。

（3）可选的用户别名行：用来创建用户列表的简称。用户别名行必须以 User_Alias 关键词开头，列表中的用户名必须以逗号“，”隔开。其格式同主机别名行。

（4）可选的命令别名行：用来创建命令列表的简称。必须以 Cmnd_Alias 开头，列表中的命令必须用逗号“，”隔开。

（5）可选的运行方式别名行：用来创建用户列表的简称。不同的是，使用这样的别名可以告诉 sudo 程序以列表中某一用户的身份来运行程序。

（6）必要的用户访问说明行。

用户访问的说明语法如下。

```
user host = [ run as user ] command list
```

在 user 处指定一个真正的用户名或定义过的别名，host 也可以是一个真正的主机名或者定义过的主机别名。默认情况下，sudo 执行的所有命令都是以 root 身份执行。如果想使用其他身份可以指定。command list 可以是以逗号“，”分隔的命令列表，也可以是一个已经定义过的别名，例如：

```
ted1   ted2 = /sbin/shutdown
```

这一句说明 ted1 可以在 ted2 主机上运行关机命令。

```
newuser1 ted1 = (root) /usr/sbin/useradd,/usr/sbin/userdel
```

这一句说明 ted1 主机上的 newuser1 具有以 root 用户权限执行 useradd、userdel 命令的功能。

可以在一行中定义多个别名，中间用冒号“:”隔开。可在命令或命令别名之前加上感叹号“!”，使该命令或命令别名无效。有两个关键词 ALL 和 NOPASSWD。ALL 意味着“所有”（所有文件、所有主机或所有命令），NOPASSWD 意味着不用密码。通过修改用户访问，将普通用户的访问权限修改为同 root 一样，则可以给普通用户分配特权。

4.4　组群管理

用户组管理和用户管理类似，用户组管理也用于管理用户的权限和访问控制。用户组管理可以帮助系统管理员更好地组织用户并管理他们的权限。通过合理设置用户组，可以实现更细粒度的访问控制和文件权限管理。FusionOS 中提供的对用户组进行管理的功能包括增加用户组、修改用户组、删除用户组、将用户加入用户组或从用户组中移除和切换用户组等。

4.4.1 增加用户组

1. groupadd 命令

在 root 权限下，通过 groupadd 命令可以为系统添加新用户组信息，其中，options 为相关参数，groupname 为用户组名称。

```
groupadd [options] groupname
```

2. 用户组信息文件

与用户组信息有关的文件如下。

第一，/etc/gshadow：用户组信息加密文件。

第二，/etc/group：组信息文件。

第三，/etc/login.defs：系统广义设置文件。

3. 创建用户组实例

例如，新建一个用户组名为 groupexample 的用户，在 root 权限下执行如下命令。

```
# groupadd groupexample
```

4.4.2 修改用户组

1. 修改 GID

修改用户组 ID，在 root 权限下执行如下命令，其中，GID 代表目标用户组 ID，groupname 代表用户组，请根据实际情况修改。

```
groupmod -g GID groupname
```

2. 修改用户组名

修改用户组名，在 root 权限下执行如下命令，其中，newgroupname 代表新用户组名，oldgroupname 代表已经存在的待修改的用户组名，请根据实际情况修改。

```
groupmod -n newgroupname oldgroupname
```

4.4.3 删除用户组

在 root 权限下，使用 groupdel 命令可删除用户组。例如，删除用户组 Test，命令如下。

```
# groupdel Test
```

groupdel 不能直接删除用户的主组，如果需要强制删除用户主组，请使用 groupdel -f

Test 命令。

4.4.4 用户加入移除用户组

在 root 权限下，使用 gpasswd 命令将用户加入用户组或从用户组中移除。例如，将用户 userexample 加入用户组 Test，命令如下。

```
# gpasswd -a userexample Test
```

例如，将用户 userexample 从 Test 用户组中移除，命令如下。

```
# gpasswd -d userexample Test
```

4.4.5 切换用户组

一个用户同时属于多个用户组时，则在用户登录后，使用 newgrp 命令可以切换到其他用户组，以便具有其他用户组的权限。例如，将用户 userexample 切换到 Test 用户组，命令如下。

```
$ newgrp Test
```

小结

本章首先介绍了操作系统引入用户和组群的原因，以及用户和组群的基本概念。然后结合 FusionOS 操作系统，介绍了管理用户和用户组的概念和操作方法。现代操作系统引入用户和用户组的概念来实现更好的安全性、权限管理和资源共享。

习题

1. 请解释引入用户和用户组概念的目的和好处是什么。
2. 如何通过引入用户和用户组实现系统安全性和权限管理？
3. 请解释主目录是什么，并描述如何修改用户的主目录。
4. 在 FusionOS 中，如何创建新用户并设置其密码？
5. 请解释 sudoers 文件中的用户访问说明语法，并提供一个 sudoers 文件的示例。

第5章

进程和作业管理

CHAPTER 5

进程是现代操作系统中最重要的概念，它是指计算机中正在运行的程序的实例。它是操作系统进行任务调度和资源管理的基本单位。每个进程都有自己的内存空间、代码、数据和执行状态。本章首先介绍进程的理论知识，包括操作系统引入进程的原因、进程的概念、进程与程序的区别、进程的构成、状态以及进程创建、终止、调度、进程间通信等内容。然后结合 FusionOS 介绍与进程相关的各种命令，包括进程管理命令、进程调度命令、作业的管理和调度以及后台任务的管理方法。最后介绍操作系统对软件包的管理方法。

5.1 程序和进程的概念

5.1.1 引入进程的原因

在介绍进程的概念之前,有必要先介绍一下引入进程的原因。多用户操作系统是一种可以同时为多个用户提供服务的操作系统,在多用户环境下,多个用户可以同时访问计算机系统,执行各自的任务。引入进程的主要动机之一是更好地支持多用户操作系统,使得计算机系统能够同时为多个用户提供服务,并有效地管理和调度多个任务的执行,主要体现在以下几个方面。

并发执行:多用户系统需要支持多个用户同时执行任务。必须通过某种数据结构对这些任务进行管理,进程就是操作系统用于管理多个任务可以在同一时间段内并发执行的数据结构,进程提供了一种方便的方式来管理多个任务。每个用户的任务都可以被看作一个独立的进程,相互之间互不干扰的同时,方便系统进行任务调度、监控和管理。这样的管理方式有助于提高系统的灵活性、并发性和效率。

资源分配和共享:此外,进程可以记录任务在运行过程中使用到的各种系统资源,允许系统同时管理多个任务的资源需求。在多用户系统中,多个用户可能需要同时访问共享资源,如内存、文件、设备等。通过引入进程,系统能够为每个任务分配独立的资源空间,同时支持资源的共享和协同工作。

独立性和稳定性:进程之间是相互独立的,一个用户的任务出现问题或崩溃不会影响其他用户的任务,提高了系统的稳定性。每个用户的任务都在独立的进程中执行,互相隔离,一个用户的错误通常不会波及其他用户。

5.1.2 进程的定义及与程序的区别

下面给出进程的概念。

再比较一下程序和进程的概念。程序(Program)是一组指令的集合,它被设计为在计算机上执行特定任务。程序是静态的,通常存储在磁盘上。进程(Process)是程序的一次执行实例。它是计算机系统中的一个活动单元,具有自己的内存空间、寄存器集合、状态等资源。

为了更好地理解程序与进程的区别,首先以烹饪一顿晚餐为例来说明程序和进程的关系。

程序就好像菜谱,菜谱是一组指令,其中包含一系列步骤,所需的原料和烹饪方法。这相当于程序,是一个静态的指南,描述了如何制作一道菜。而进程就是烹饪过程。当你开始按照菜谱的指示动手烹饪时,就启动了一个进程。在这个过程中,你会逐步执行菜谱中的每个步骤,操作烹饪工具,处理食材,直到最终完成一道菜。这个烹饪过程就相当于一个动态执行的进程。因此程序与进程的关系就类似于菜谱(程序)提供了制作菜品的指导,但它本身并没有生命,不会产生实际的变化。只有当你根据菜谱开始烹饪时,才产生了一个实际的烹饪过程(进程)。多个人可以根据同一份菜谱制作相同的菜品,每个人的烹饪过程都是独立的进程。在这个比喻中,菜谱类比于程序,它是一个静态的指南。而烹饪过程类比于进程，是动态执行的实例。程序为进程提供了指令和流程，而进程是根据这些指令和流程执行的实际活动。这个例子可以帮助理解程序和进程之间的关系，以及程序如何通过执行变成实际的活动。

因此，程序和进程二者的最本质的区别是：程序是静态的，它只是存储在磁盘上的一组指令，不涉及实际的执行。而进程是动态的，它是程序在执行过程中的实例，具有运行状态、资源占用等。我们知道，在硬盘上的程序是无法被 CPU 直接运行的，因此必须将硬盘上的程序装入内存后才能被 CPU 执行。程序被装入内存后，就要接受操作系统的管理，因此操作系统必须为管理装入内存中的程序建立复杂的数据结构对程序进行管理。同时在程序运行后，会访问计算机系统的很多资源。因此在内存中的程序和数据、管理程序运行的数据结构以及程序运行过程中访问的各种资源就构成了进程。由此可见，进程是一个动态概念。

5.1.3 进程的构成

1. 进程控制块

进程是计算机系统中的执行实体，它由程序、数据和进程控制块三部分构成。程序和数据来自于硬盘上的文件。进程控制块(Process Control Block，PCB)存储进程的相关信息。进程控制块是操作系统中用于管理和维护进程信息的数据结构。PCB 中的信息可以分为多个类别，涵盖了进程的状态、标识、调度信息以及与其他进程的通信等方面。一般而言，以下是 PCB 中的主要信息类别。

1）进程标识信息

进程标识符(Process ID，PID)：唯一标识系统中的每个进程。

父进程标识符(Parent Process ID，PPID)：标识创建当前进程的父进程。

2）进程状态信息

进程状态(Process State)：描述进程当前的状态，如运行、就绪、阻塞等。

程序计数器(Program Counter，PC)：存储下一条要执行的指令地址。

寄存器集合：包含进程的寄存器值，包括通用寄存器、程序计数器等。

3）进程调度和优先级信息

调度状态：描述进程的调度状态，例如，是否可抢占、调度优先级等。

调度器所需的信息：与进程调度相关的信息，如进程的优先级、时间片大小等。

4）进程控制信息

进程控制状态：包括挂起、终止等标志，表示进程的当前控制状态。

信号处理信息：进程对各种信号的处理方式，如忽略、捕获、默认处理等。

5）资源管理信息

打开文件表：进程打开的文件列表。

内存管理信息：包括进程的内存分配情况、页面表等。

文件描述符表：记录文件的使用情况，包括文件位置、权限等。

6）进程通信信息

进程间通信(Inter-Process Communication，IPC)：进程与其他进程通信的相关信息，如消息队列、共享内存等。

7）计时和统计信息

运行时间：记录进程已经运行的时间。

CPU 时间统计：统计进程使用 CPU 的时间。

8）异常和中断处理信息

异常处理表：记录进程在发生异常时应该执行的处理程序。

中断处理表：记录进程在接收到中断时应该执行的处理程序。

这些信息类别构成了 PCB 的主要组成部分，它们共同维护了操作系统对进程的管理和控制。不同的操作系统可能在 PCB 中包含不同的具体信息，但上述类别是常见的。PCB 的目的是保持和管理进程的各种状态和属性，以支持多任务处理。

2. 进程的特征

进程是操作系统中的一个重要概念，具有多个特征，其中一些主要特征如下。

独立性（Independence）：进程是系统中的独立执行单元，它们相互之间是隔离的，各自拥有自己的地址空间、资源和执行环境。进程的运行不受其他进程的影响，保证了系统的稳定性和安全性。

动态性（Dynamicity）：进程是动态创建和销毁的，系统可以根据需要创建新的进程或终止已有的进程。进程的创建和销毁是根据用户的操作或应用程序的需求动态进行的，具有灵活性和可变性。

并发性（Concurrency）：系统中可以同时存在多个进程，并且它们可以并发执行，即在同一时间段内，多个进程可以同时运行。并发性使得系统能够更有效地利用计算资源，提高系统的吞吐量和响应速度。

独立调度（Individual Scheduling）：操作系统对每个进程进行独立调度和管理，根据进程的状态和优先级进行调度决策。不同进程的调度是相互独立的，系统根据需要为每个进程分配 CPU 时间，实现公平和高效的资源分配。

有状态性（Stateful）：进程具有多种状态，包括新建、就绪、运行、阻塞和终止等状态。进程在其生命周期中会经历不同的状态转换，这些状态反映了进程在不同阶段的行为和状态。

共享性（Sharing）：进程之间可以共享资源，如内存、文件、设备等。通过进程间的通信机制，不同进程可以共享数据和信息，实现协作和协同工作。

持久性（Persistence）：进程的执行是持久的，即使在系统重启或断电后，系统也会尽力恢复之前正在执行的进程。进程的持久性确保了系统能够长时间地运行应用程序，保证了应用程序的可靠性和连续性。

这些特征共同构成了进程的基本属性，进程作为操作系统中的核心概念，为系统提供了管理和调度计算任务的基础。理解这些特征有助于深入理解操作系统的工作原理和行为。

5.1.4 进程的状态

在操作系统中，进程可以处于不同的状态，这些状态反映了进程在其生命周期中的不同情况和行为。常见的进程状态包括以下几种。

新建（New）：进程刚刚被创建，但尚未分配到 CPU 时间，处于等待系统分配资源的状态。

就绪(**Ready**):进程已经准备好运行,等待系统调度器分配 CPU 时间给它。处于就绪状态的进程已经具备了运行所需的全部资源,只需等待 CPU 时间片的分配。

运行(**Running**):进程正在 CPU 上执行指令,处于运行状态。在任意时刻,只有一个进程可以处于运行状态,其他进程可能处于就绪、阻塞或挂起等状态。

阻塞(**Blocked**):进程暂时无法继续执行,因为它正在等待某个事件的发生(如 I/O 操作完成、资源可用等)。处于阻塞状态的进程暂时从可运行队列中移除,直到等待的事件发生才能转为就绪状态。

终止(**Terminated**):进程执行完成或被终止,不再执行任何指令。进程完成其任务或被操作系统强制终止后,进程将处于终止状态。在此状态下,进程所占用的资源会被释放,PCB(进程控制块)等进程管理数据结构会被销毁。

有些系统还可能存在其他特殊的进程状态,如挂起(Suspended)状态。挂起状态是指进程暂时被挂起,并且不占用系统资源,直到满足某些条件后再恢复执行。

进程**挂起状态**(**Suspended State**)是指进程暂时被挂起,不再占用 CPU 时间,也不参与系统调度。在挂起状态下,进程的执行被暂停,并且其占用的系统资源(如内存)被保留,但不会消耗 CPU 时间。进程通常会进入挂起状态的原因如下。

等待事件:进程可能因为等待某个事件的发生而被挂起,如等待用户输入、等待 I/O 操作完成等。在事件发生之前,进程无法继续执行,因此被暂时挂起。

内存不足:在内存不足的情况下,操作系统可能会将部分进程挂起,以释放内存资源给其他进程使用。在这种情况下,挂起的进程可能会被放置在磁盘上的交换空间中,以腾出物理内存空间。

被其他进程挂起:某些操作系统允许一个进程主动挂起其他进程,将其置于挂起状态。在这种情况下,挂起的进程可能是因为调度策略、资源争用或其他原因而暂时停止执行。

进程挂起状态可以分为以下两种类型。

内存挂起(**Memory Suspended**):进程的执行状态被暂时挂起,但其占用的内存资源仍然保留在内存中。这种挂起状态通常是由于等待事件或其他进程挂起而导致的。

磁盘挂起(**Disk Suspended**):进程的执行状态被暂时挂起,并且其占用的内存资源被移动到磁盘的交换空间中。这种挂起状态通常是由于内存不足而导致的,操作系统将进程的内存映像写入磁盘,以释放物理内存空间。

在进程进入挂起状态后,一旦满足了挂起的条件或事件,操作系统可以将进程恢复到就绪状态,允许其继续执行。挂起状态的使用有助于操作系统更有效地管理系统资源,提高系统的整体性能和响应能力。

在不同的操作系统中,进程状态的表示和命名可能有所不同,但通常都会包含上述基本状态。了解和理解进程的状态有助于操作系统更有效地管理进程资源,优化系统的性能和响应能力。

5.1.5　进程的创建与终止

1. 进程创建

进程的创建是指在操作系统中启动一个新的进程。进程创建通常由其他进程(父进程)

或操作系统本身发起。以下是进程创建的一般步骤和过程。

分配进程标识符：操作系统为新进程分配一个唯一的标识符，用于在系统中唯一标识该进程。

分配进程控制块：操作系统为新进程创建一个进程控制块，用于存储和管理进程的信息，包括进程状态、程序计数器、寄存器值、文件描述符、优先级等。

分配资源：操作系统为新进程分配所需的资源，包括内存空间、文件描述符、设备等。这些资源可能是从父进程继承的，也可能是操作系统根据进程的需求分配的。

加载执行程序：新进程通常需要加载执行一个程序或代码，这可以是一个可执行文件、一个脚本或一个已编译的程序。操作系统负责将程序加载到进程的地址空间中，并设置执行环境。

初始化进程状态：新进程被创建后，它的状态通常被设置为就绪状态，表示进程已经准备好运行。然后操作系统将新进程放入就绪队列，等待系统调度器分配 CPU 时间给它。

执行进程：一旦新进程被调度到 CPU 上执行，它开始执行其加载的程序或代码。进程可以执行各种操作，包括计算、I/O 操作、进程间通信等。

进程的创建可以由如下多种方式触发。

系统调用：某些系统调用(如 fork()、exec())可以创建新进程。

用户请求：用户可以启动新的进程，如通过命令行启动一个程序。

系统初始化：操作系统启动时可能会创建一些初始化进程，用于系统初始化和服务启动。

无论是哪种方式，进程创建是操作系统中的一个重要操作，它为系统提供了多任务处理的基础，使得多个程序可以同时运行并协同工作。

2. 进程终止

1）正常终止

进程正常终止是指进程完成了其任务或工作，并主动退出执行。进程正常终止的过程通常包括以下步骤。

执行完成任务：进程在执行期间完成了其分配的任务或工作。这可能涉及计算、数据处理、文件操作、网络通信等各种操作。

释放资源：进程在终止前需要释放其使用的资源，包括内存、文件描述符、设备等。这确保了系统能够将资源分配给其他进程使用。

发送退出信号：进程在准备退出时通常会发送一个退出信号给其父进程或操作系统。这个信号可以告知父进程或操作系统进程已经完成了其任务，并准备退出执行。

清理工作：在发送退出信号后，进程可能会执行一些清理工作，如关闭打开的文件、释放动态分配的内存、发送其他信号等。

终止进程：进程在完成清理工作后，调用系统调用 exit()或 return 来终止自己的执行。这导致进程的代码段和数据段被操作系统回收，并释放进程控制块等资源。

回收资源：操作系统在收到进程终止信号后，会回收进程的资源，包括释放进程占用的内存、关闭文件描述符、更新进程状态等。

进程正常终止是进程生命周期的一部分，它确保了系统能够及时释放资源，提高系统的效率和稳定性。在进程终止时，系统可以进行必要的清理和回收工作，以便为新的进程提供资源。

2）异常终止

进程异常终止是指进程在执行过程中遇到了无法处理的异常情况，导致进程被强制终止执行的情况。进程异常终止通常是由于以下一些情况引起的。

内存访问错误（Memory Access Violation）：当进程尝试访问未分配的内存区域、越界访问数组，或者访问受保护的内存区域时，操作系统会发出内存访问错误信号（如段错误，Segmentation Fault），导致进程异常终止。

除零错误（Division by Zero）：当进程尝试对一个数除以零时，会引发除零错误，导致进程异常终止。

非法指令（Illegal Instruction）：当进程尝试执行操作系统不支持的指令或者访问特权指令时，会导致非法指令异常，进程被异常终止。

系统资源耗尽（Resource Exhaustion）：当进程申请的系统资源（如内存、文件描述符、网络连接等）耗尽时，无法继续执行，操作系统会将进程异常终止。

系统调用失败（System Call Failure）：当进程调用系统提供的服务失败，如文件打开失败、网络连接失败等，可能会导致进程异常终止。

硬件故障（Hardware Failure）：当进程所在的计算机硬件发生故障时，可能导致进程异常终止。例如，CPU 故障、内存故障、磁盘故障等。

信号处理失败（Signal Handling Failure）：当进程无法处理收到的信号，或者信号处理器本身发生错误时，可能会导致进程异常终止。

进程异常终止是一种不可预测的情况，会导致进程突然停止执行，可能会丢失数据或造成系统不稳定。为了提高系统的可靠性和稳定性，程序员需要编写健壮的代码，处理可能发生的异常情况，以及监控系统状态并及时处理异常事件。

5.2 进程调度策略与进程间通信机制

5.2.1 基本原理

进程调度是操作系统中的一个重要组成部分，它负责决定哪些进程可以在 CPU 上执行以及何时执行。进程调度的原理通常由调度算法决定，这些算法旨在实现公平性、高效性和响应性。进程调度的原理涉及调度队列、调度算法、上下文切换和调度策略等多个方面。通过合理设计和选择调度算法，可以实现系统的公平性、高效性和响应性，提高系统的性能和用户体验。

调度队列：系统维护了多个调度队列，通常包括就绪队列（Ready Queue）、等待队列（Waiting Queue）等。就绪队列中存放着可以立即执行的进程，而等待队列中存放着等待某些事件发生或资源释放的进程。

调度算法：调度算法是决定哪个进程被选中执行的核心。常见的调度算法包括先来先服务（First-Come，First-Served，FCFS）、最短作业优先（Shortest Job First，SJF）、优先级调度(Priority Scheduling)、轮转调度(Round Robin Scheduling)等。每种调度算法都有其优缺点,可以根据不同的应用场景选择合适的算法。

上下文切换:当操作系统决定要执行一个新的进程时,会进行上下文切换(Context Switching)。这包括保存当前进程的状态(如寄存器、程序计数器等),并加载下一个进程的状态。上下文切换会引入一定的开销,因此调度算法的效率也与上下文切换的频率有关。

调度策略:操作系统可能会采用不同的调度策略来满足不同的需求,例如,时间片轮转、多级反馈队列调度等。调度策略可以根据系统负载、进程优先级等动态调整,以提高系统的性能和响应性。

调度器(Scheduler):调度器是负责执行调度算法的组件,它会周期性地检查就绪队列中的进程,并根据选定的调度算法选择下一个要执行的进程。调度器通常作为操作系统内核的一部分,并与其他内核组件紧密交互。

1. 优化目标

进程调度策略的设计需要考虑多个因素,以满足不同的系统需求和优化目标。以下是常见的需要考虑的因素。

公平性(Fairness):调度策略应该确保所有进程都能够公平地分享 CPU 时间,避免出现某些进程长时间占用 CPU 而其他进程无法执行的情况。

响应时间(Response Time):调度策略应该尽可能地减少进程的响应时间,使得用户能够快速地得到反馈。尤其是对交互式应用和实时系统而言,响应时间是一个重要的指标。

吞吐量(Throughput):调度策略应该能够最大化系统的吞吐量,即在单位时间内完成的进程数量。高吞吐量意味着系统能够有效地利用资源,提高系统的性能。

等待时间(Waiting Time):调度策略应该尽量减少进程的等待时间,避免进程长时间处于就绪状态而无法执行。减少等待时间可以提高系统的效率和用户体验。

周转时间(Turnaround Time):周转时间是指从进程提交到执行完成所经历的时间。调度策略应该尽可能地减少进程的周转时间,以提高系统的效率和性能。

优先级(Priority):调度策略可以根据进程的优先级来确定执行顺序,确保重要的进程优先执行。优先级通常根据进程的类型、资源需求和用户指定进行调整。

资源利用率(Resource Utilization):调度策略应该尽可能地提高系统资源的利用率,避免资源空闲或浪费。合理的调度策略可以确保系统中的各项资源得到充分利用。

上下文切换开销(Context Switching Overhead):调度策略的设计应该考虑减少上下文切换的开销,以提高系统的效率。频繁的上下文切换会增加系统的负担,降低系统的性能。

综上所述,进程调度策略的设计需要综合考虑公平性、响应时间、吞吐量、等待时间、周转时间、优先级、资源利用率和上下文切换开销等多个因素,以实现系统的高效性、公平性和响应性。

2. 基本算法

进程调度策略是操作系统中用于决定哪些进程应该被选中执行的规则和算法。不同的调度策略旨在实现不同的目标,如提高系统吞吐量、减少平均等待时间、优化资源利用等。

以下是常见的进程调度策略。

先来先服务调度(FCFS)：这是最简单的调度策略之一，按照进程到达的顺序来进行调度。当一个进程到达就绪队列时，它被放置在队列的末尾。调度器选择队列中最早到达的进程执行。FCFS 策略简单直观，但可能导致长作业(长时间运行的进程)等待时间过长，影响系统的响应性。

最短作业优先调度(SJF)：SJF 策略选择具有最短执行时间的进程先执行。它需要事先知道每个进程的执行时间，因此通常用于批处理系统或可预测性较强的场景。SJF 策略可以最小化平均等待时间，但可能导致长作业长时间等待，而且需要准确预测每个作业的执行时间。

优先级调度：每个进程被分配一个优先级，调度器选择优先级最高的进程执行。优先级可以是静态的(由用户或系统设置)或动态的(根据进程状态和需求动态调整)。优先级调度可以根据系统需求分配资源，但可能导致低优先级进程长时间等待高优先级进程，产生饥饿问题。

轮转调度：轮转调度将 CPU 时间分割成固定长度的时间片，每个进程在一个时间片内执行一定的时间，然后被放回就绪队列等待。如果一个进程在时间片结束时没有完成，则它被放回队列的末尾。轮转调度保证了公平性和响应性，但可能导致上下文切换开销增加。

多级反馈队列调度(Multilevel Feedback Queue Scheduling)：这是一种结合了优先级和轮转调度的策略。系统维护多个优先级队列，每个队列有不同的时间片大小。新进程首先进入最高优先级队列，如果没有完成，则降低优先级，并进入下一个队列。这种调度策略可以在不同的场景下实现公平性和响应性。

以上是常见的进程调度策略，每种策略都有其优缺点和适用场景。操作系统通常会根据系统特点和需求选择合适的调度策略，以达到最佳的性能和用户体验。

5.2.2 进程通信

1. 引入的动机

引入进程间通信(Inter-Process Communication，IPC)机制的动机主要包括以下几个方面。

模块化和分布式处理：在复杂的软件系统中，不同的功能通常由不同的模块或进程来实现，引入 IPC 可以让这些模块之间相互通信，实现功能的模块化和分布式处理。

并发和并行处理：当系统需要同时处理多个任务或并发执行多个操作时，引入 IPC 可以实现进程之间的同步和协作，充分利用系统资源，提高系统的并发性和并行性。

资源共享和数据交换：在多进程或多线程的系统中，引入 IPC 可以实现进程之间的数据共享和交换，避免数据冗余和不一致，提高系统的效率和性能。

解耦合和灵活性：使用 IPC 可以将系统中的不同模块解耦合，降低模块之间的依赖性，提高系统的灵活性和可维护性。这样可以使系统更易于扩展和修改，降低系统的维护成本。

分布式系统和网络通信：在分布式系统和网络应用中，不同计算节点之间需要进行数据交换和通信，引入 IPC 可以实现进程间的远程通信和数据传输，支持分布式系统的构建和应用。

实时系统和通信控制：在实时系统中，进程之间的通信需要满足严格的时序要求和实时性要求,引入 IPC 可以实现进程间的实时数据交换和通信控制,保证系统的可靠性和稳定性。

综上所述,引入进程间通信机制可以实现模块化和分布式处理、并发和并行处理、资源共享和数据交换、解耦合和灵活性、分布式系统和网络通信以及实时系统和通信控制等目标,是构建复杂软件系统和实现高性能分布式应用的重要手段。

2. 基本概念

进程间通信是指两个或多个进程之间进行数据交换和信息传递的机制。实现 IPC 的目的是使不同进程之间能够相互协作、共享数据和完成任务。以下是常见的几种进程间通信机制的原理。

管道(Pipe):管道是一种单向通信机制,通常用于具有亲缘关系的父子进程间通信。它是由操作系统内核创建的一段内存,其中的数据流向只能是单向的。一个进程通过写入管道,另一个进程通过读取管道来进行通信。管道通常是半双工的,但也可以通过创建两个管道实现全双工通信。

命名管道(Named Pipe):命名管道是一种特殊的管道,允许无关进程间进行通信。它是一个文件系统路径名,通过文件系统提供的文件访问接口来进行读写操作。命名管道通常用于跨越无关进程之间的通信,可以提供双向通信功能。

信号量(Semaphore):信号量是一种计数器,用于控制多个进程对共享资源的访问。它允许多个进程在临界区域之间进行同步,并提供了互斥和同步机制。通过对信号量的操作(如增加、减少、等待等),进程可以协调对共享资源的访问。

消息队列(Message Queue):消息队列是一种通过操作系统提供的消息缓冲区进行通信的机制。进程可以将消息发送到队列中,另一个进程则可以从队列中接收消息。消息队列通常用于实现异步通信和解耦合。

共享内存(Shared Memory):共享内存是一种通过在进程间共享内存区域来实现通信的机制。多个进程可以将同一块内存映射到它们的地址空间中,并在其中进行读写操作。共享内存是最快的 IPC 机制之一,但需要额外的同步机制来确保数据一致性和完整性。

套接字(Socket):套接字是一种用于网络通信的抽象,但也可以在同一台计算机上的进程间进行通信。它提供了一种面向连接的、可靠的双向通信机制,可以实现进程间的数据交换和通信。

这些 IPC 机制各有优缺点,可以根据不同的需求和场景选择合适的机制来实现进程间的通信。通常情况下,多种 IPC 机制可以结合使用,以满足复杂的通信需求。

3. 适用场景

不同的进程间通信机制适用于不同的场景和需求。以下是常见的几种进程间通信机制以及它们适用的场景。

1) 管道(Pipe)

场景:适用于具有父子进程关系的进程间通信,如管道通常用于 Shell 程序中的命令行管道(如 1s|grep),或者用于父子进程之间的通信。

优点：简单易用，轻量级，适用于一对一的进程通信。

缺点：只能实现单向通信，且只能在有亲缘关系的进程间使用。

2）命名管道（Named Pipe）

场景：适用于无亲缘关系的进程间通信，可以实现双向通信。常用于需要跨越不同进程的通信，如客户端/服务器模型。

优点：支持无亲缘关系的进程间通信，可以实现双向通信。

缺点：有一定的复杂度，需要注意阻塞和非阻塞的处理。

3）信号量（Semaphore）

场景：适用于控制对共享资源的访问，实现多进程之间的同步和互斥。常用于进程池、资源池等场景。

优点：提供了灵活的同步机制，可以实现多进程之间的协作和资源共享。

缺点：需要谨慎设计信号量的计数和使用，避免死锁和资源竞争。

4）消息队列（Message Queue）

场景：适用于需要异步通信和解耦合的场景，常用于不同进程间的消息传递和事件通知。

优点：支持异步通信，可以实现进程之间的解耦合，提高系统的可维护性和扩展性。

缺点：相对于其他通信机制，消息队列通常具有较高的开销，可能会影响系统的性能。

5）共享内存（Shared Memory）

场景：适用于需要高效数据共享和通信的场景，如数据共享、大规模数据交换等。

优点：提供了最快的进程间通信方式，无须数据复制，适用于高性能的数据处理场景。

缺点：需要额外的同步机制来确保数据一致性和完整性，可能会引入复杂性和风险。

6）套接字（Socket）

场景：适用于网络通信和跨网络的进程间通信，如客户端/服务器模型、分布式系统等。

优点：提供了通用的网络通信机制，支持跨网络的进程通信，可以实现分布式系统的构建。

缺点：相对于其他通信机制，套接字通常具有较高的开销和复杂性，可能会增加系统的负担。

根据实际需求和场景的不同，可以选择合适的进程间通信机制来实现进程之间的数据交换和协作。通常情况下，多种通信机制可以结合使用，以满足复杂的通信需求。

5.3 管理进程与调度命令

Linux 是一个多任务系统，经常需要对这些进程进行一些调配和管理。要进行管理，首先就要知道现在的进程情况：有哪些进程、进程的状态如何等。Linux 提供了多种命令来了解进程的状况。

本节主要介绍 Linux 中提供的用于查看进程 PCB 信息的命令，包括查看用户信息的 who 命令，查看状态、优先级、内存管理、资源使用情况等信息的 ps 和 top 命令，以及向进程发送信号，即与进程进行通信的 kill 命令。

5.3.1　进程管理命令

1. who 命令

who 命令主要用于查看当前系统中的用户情况。如果用户想和其他用户建立即时通信，如使用 talk 命令，那么首先要确定的就是该用户确实在线上，否则 talk 进程就无法建立起来。又如，系统管理员希望监视每个登录的用户此时此刻的所作所为，也要使用 who 命令。who 命令应用起来非常简单，可以比较准确地掌握用户的情况，所以使用非常广泛。例如，查看系统中的用户及其状态：

```
$ who
admin       tty1        Jul 28 15:55
admin       pts/0       Aug 5 15:46 (192.168.0.110)
admin       pts/2       Jul 29 19:52 (192.168.0.110)
root        pts/3       Jul 30 12:07 (192.168.0.110)
root        pts/4       Jul 31 10:29 (192.168.0.144)
root        pts/5       Jul 31 14:52 (192.168.0.11)
root        pts/6       Aug 6 10:12 (192.168.0.234)
root        pts/8       Aug 6 11:34 (192.168.0.234)
```

2. ps 命令

ps 命令是最基本又非常强大的进程查看命令。使用该命令可以确定有哪些进程正在运行和运行的状态、进程是否结束、进程有没有僵尸、哪些进程占用了过多的资源等，大部分进程信息都可以通过执行该命令得到。

ps 命令最常用的还是用来监控后台进程的工作情况，因为后台进程是不与屏幕、键盘这些标准输入/输出设备进行通信的，所以如果需要检测其状况，就可使用 ps 命令。ps 命令的常见选项如表 5-1 所示。

表 5-1　选项说明

选　项	描　述
-e	显示所有进程
-f	全格式
-h	不显示标题
-l	使用长格式
-w	宽行输出
-a	显示终端上的所有进程，包括其他用户的进程
-r	只显示正在运行的进程
-x	显示没有控制终端的进程

例如，显示系统中终端上的所有运行进程，命令如下。

```
$ ps -a
  PID TTY          TIME CMD
12175 pts/6    00:00:00
bash
24526 pts/0    00:00:00
vsftpd
```

```
29478 pts/5     00:00:00 ps
32461 pts/0     1-01:58:33 sh
```

其中,PID 列显示了每个进程在操作系统中的唯一标识符,用于区分不同的进程。TTY 列显示了与进程关联的终端设备或伪终端。TIME 列显示了自进程启动以来已经消耗的 CPU 时间。它通常以分钟:秒钟的格式表示,显示了用户态和内核态的 CPU 时间。用户态时间是进程执行自身代码所消耗的 CPU 时间,而内核态时间是进程执行系统调用和内核操作所消耗的 CPU 时间。CMD 列显示了启动进程的完整命令行。这是用于启动进程的命令,包括执行的程序和任何参数。通过查看 CMD 列可以了解进程是如何被启动的以及正在做什么。

3. top 命令

top 命令和 ps 命令的基本作用是相同的,显示系统当前的进程和其他状况,但是 top 是一个动态显示过程,即可以通过用户按键来不断刷新进程的当前状态,如果在前台执行该命令,它将独占前台,直到用户终止该程序为止。其实 top 命令提供了实时的对系统处理器的状态监视。它将显示系统中 CPU 的任务列表。该命令可以按 CPU 使用、内存使用和执行时间对任务进行排序,而且该命令的很多特性都可以通过交互式命令或者在定制文件中进行设定。top 命令输出的实例如图 5-1 所示。对命令执行结果显示的各列的解释如下。

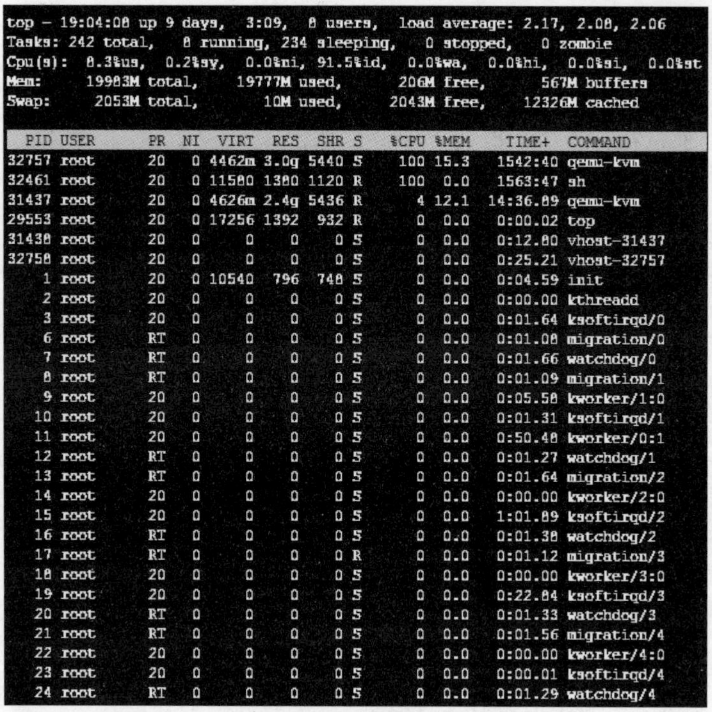

```
top - 19:04:08 up 9 days,  3:09,  8 users,  load average: 2.17, 2.08, 2.06
Tasks: 242 total,   8 running, 234 sleeping,   0 stopped,   0 zombie
Cpu(s):  8.3%us,  0.2%sy,  0.0%ni, 91.5%id,  0.0%wa,  0.0%hi,  0.0%si,  0.0%st
Mem:    19983M total,   19777M used,     206M free,     567M buffers
Swap:    2053M total,      10M used,    2043M free,   12326M cached

  PID USER      PR  NI  VIRT  RES  SHR S  %CPU %MEM    TIME+  COMMAND
32757 root      20   0 4462m 3.0g 5440 S   100 15.3   1542:40 qemu-kvm
32461 root      20   0 11580 1380 1120 R   100  0.0   1563:47 sh
31437 root      20   0 4626m 2.4g 5436 R     4 12.1  14:36.89 qemu-kvm
29553 root      20   0 17256 1392  932 R     0  0.0   0:00.02 top
31438 root      20   0     0    0    0 S     0  0.0   0:12.80 vhost-31437
32758 root      20   0     0    0    0 S     0  0.0   0:25.21 vhost-32757
    1 root      20   0 10540  796  748 S     0  0.0   0:04.59 init
    2 root      20   0     0    0    0 S     0  0.0   0:00.00 kthreadd
    3 root      20   0     0    0    0 S     0  0.0   0:01.64 ksoftirqd/0
    6 root      RT   0     0    0    0 S     0  0.0   0:01.08 migration/0
    7 root      RT   0     0    0    0 S     0  0.0   0:01.66 watchdog/0
    8 root      RT   0     0    0    0 S     0  0.0   0:01.09 migration/1
    9 root      20   0     0    0    0 S     0  0.0   0:05.58 kworker/1:0
   10 root      20   0     0    0    0 S     0  0.0   0:01.31 ksoftirqd/1
   11 root      20   0     0    0    0 S     0  0.0   0:50.48 kworker/0:1
   12 root      RT   0     0    0    0 S     0  0.0   0:01.27 watchdog/1
   13 root      RT   0     0    0    0 S     0  0.0   0:01.64 migration/2
   14 root      20   0     0    0    0 S     0  0.0   0:00.00 kworker/2:0
   15 root      20   0     0    0    0 S     0  0.0   1:01.89 ksoftirqd/2
   16 root      RT   0     0    0    0 S     0  0.0   0:01.38 watchdog/2
   17 root      RT   0     0    0    0 R     0  0.0   0:01.12 migration/3
   18 root      20   0     0    0    0 S     0  0.0   0:00.00 kworker/3:0
   19 root      20   0     0    0    0 S     0  0.0   0:22.84 ksoftirqd/3
   20 root      RT   0     0    0    0 S     0  0.0   0:01.33 watchdog/3
   21 root      RT   0     0    0    0 S     0  0.0   0:01.56 migration/4
   22 root      20   0     0    0    0 S     0  0.0   0:00.00 kworker/4:0
   23 root      20   0     0    0    0 S     0  0.0   0:00.01 ksoftirqd/4
   24 root      RT   0     0    0    0 S     0  0.0   0:01.29 watchdog/4
```

图 5-1　top 显示

(1) PID 列显示进程的唯一标识符,用于区分不同的进程。

(2) USER 列显示进程的所有者(用户名)。

(3) PR(Priority)列显示进程的优先级。较小的值表示较高的优先级。

(4) NI(Nice value)列显示进程的 nice 值,用于指定进程的优先级。较大的值表示较低的优先级。

(5) VIRT(Virtual Memory)列显示进程使用的虚拟内存大小,包括进程映像、库、堆栈等。

(6) RES(Resident Memory)列显示进程实际使用的物理内存大小,即进程在物理内存中的部分。

(7) SHR(Shared Memory)列显示进程使用的共享内存大小。

(8) S 列显示进程的状态。常见状态包括 R(运行)、S(睡眠)、Z(僵尸)等。

(9) %CPU(CPU Usage)列显示进程使用的 CPU 时间占总 CPU 时间的百分比。

(10) %MEM(Memory Usage)列显示进程使用的物理内存占系统总内存的百分比。

(11) TIME+列显示进程已经使用的 CPU 时间。

(12) COMMAND(Command)列显示启动进程的完整命令行。

4. kill 命令

当需要中断一个前台进程的时候,通常使用 Ctrl+C 组合键,而对于后台进程不能用组合键来终止,这时就可以使用 kill 命令。该命令可以终止前台和后台进程。终止后台进程的原因包括: 该进程占用 CPU 的时间过多、该进程已经死锁等。

kill 命令是通过向进程发送指定的信号来结束进程的。如果没有指定发送的信号,那么默认值为 TERM 信号。TERM 信号将终止所有不能捕获该信号的进程。至于那些可以捕获该信号的进程可能就需要使用 kill 信号(它的编号为 9),而该信号不能被捕捉。kill 命令的语法格式有以下两种。

```
kill [ -s 信号 | -p] [ -a] 进程号…
kill -l [信号]
```

进程号可以通过 ps 命令的输出得到。-s 选项是给程序发送指定的信号,详细的信号可以用“kill -1”命令查看; -p 选项只显示指定进程的 ID。杀死 pid 为 1409 的进程,在 root 权限下执行如下命令。

```
# kill -9 1409
```

显示所有的信号及其编号对应关系,示例如下。

```
$ kill -l
 1) SIGHUP       2) SIGINT       3) SIGQUIT      4) SIGILL       5) SIGTRAP
 6) SIGABRT      7) SIGBUS       8) SIGFPE       9) SIGKILL     10) SIGUSR1
11) SIGSEGV     12) SIGUSR2     13) SIGPIPE     14) SIGALRM     15) SIGTERM
16) SIGSTKFLT   17) SIGCHLD     18) SIGCONT     19) SIGSTOP     20) SIGTSTP
21) SIGTTIN     22) SIGTTOU     23) SIGURG      24) SIGXCPU     25) SIGXFSZ
26) SIGVTALRM   27) SIGPROF     28) SIGWINCH    29) SIGIO       30) SIGPWR
31) SIGSYS      34) SIGRTMIN    35) SIGRTMIN+1  36) SIGRTMIN+2  37) SIGRTMIN+3
38) SIGRTMIN+4  39) SIGRTMIN+5  40) SIGRTMIN+6  41) SIGRTMIN+7  42) SIGRTMIN+8
43) SIGRTMIN+9  44) SIGRTMIN+10 45) SIGRTMIN+11 46) SIGRTMIN+12 47) SIGRTMIN+13
48) SIGRTMIN+14 49) SIGRTMIN+15 50) SIGRTMAX-14 51) SIGRTMAX-13 52) SIGRTMAX-12
53) SIGRTMAX-11 54) SIGRTMAX-10 55) SIGRTMAX-9  56) SIGRTMAX-8  57) SIGRTMAX-7
58) SIGRTMAX-6  59) SIGRTMAX-5  60) SIGRTMAX-4  61) SIGRTMAX-3  62) SIGRTMAX-2
63) SIGRTMAX-1  64) SIGRTMAX
```

5.3.2 调度启动进程

除了对普通进程管理外，系统管理员还承担着一个非常重要的任务，就是定期或不定期地启动某些对系统进行维护的任务。这些定期或不定期启动的任务是建立在操作系统提供的计时器组件的基础之上的。在 Linux 中，计时器是一种用于测量时间间隔、触发定时事件或延迟执行的机制。Linux 提供了多种类型的计时器，以下是其中几种常见的计时器。

实时时钟(RTC)：实时时钟是计算机硬件上的一个独立计时器，通常由电池供电，即使系统关闭也能保持时间的持久性。它用于存储系统的实时时间，并在系统启动时与系统时钟进行同步。

内核定时器(Kernel Timer)：内核定时器是 Linux 内核中的一个组件，用于在内核级别实现定时功能。它提供了一种在特定时间间隔内触发回调函数的机制，用于执行各种内核任务和操作。内核定时器通常由内核线程或内核模块使用，可以用于处理定时事件、任务调度、时间敏感的操作等。

POSIX 定时器(POSIX Timer)：POSIX 定时器是 Linux 中实现 POSIX 标准定义的定时器接口的机制。它允许应用程序以精确的方式进行时间跟踪和计时。通过使用 POSIX 定时器 API，应用程序可以创建定时器，设置定时器的触发时间、间隔和回调函数，并处理定时器事件。

定时器轮(Timer Wheel)：定时器轮是一种数据结构，用于管理和触发一组定时器。它将一系列定时器按照触发时间划分到不同的槽位中，并周期性地遍历这些槽位，触发到期的定时器。定时器轮常用于高效地管理大量的定时器，并提供快速的定时器触发和处理能力。

本节介绍的 at 和 crontab 命令是用户级别的定时任务工具，它们依赖于操作系统提供的时间管理和任务调度机制。操作系统中的计时器是提供时间参考和基准的底层组件，为 at、cron 和其他时间相关的功能提供支持。at 和 cron 可以利用操作系统的计时器来确定任务的触发时间，以便调度和执行任务。

1. 定时运行一批程序(at)

at 命令是一种定时任务的调度工具，在执行时依赖于操作系统提供的 atd 守护进程来启动和执行任务。atd 守护进程(at daemon)是一个后台进程，负责管理和执行通过 at 命令提交的定时任务。它会在系统启动时自动启动，并一直在后台运行，等待执行计划任务。当用户使用 at 命令提交一个任务时，at 命令会将任务信息传递给 atd 守护进程。atd 守护进程会将任务信息存储在一个队列中，并在指定的时间触发执行。atd 守护进程利用系统的任务调度和执行机制，根据指定的时间来调度和执行任务。atd 守护进程依赖于操作系统提供的时间管理功能和任务调度机制来确保任务在指定的时间执行。它通常使用系统的时钟、计时器和定时中断等功能来确定当前时间，并与任务的执行时间进行比较，以触发任务的执行。

1) at 命令

用户使用 at 命令在指定时刻执行指定的命令序列。该命令至少需要指定一个命令和一个执行时间。at 命令可以只指定时间，也可以时间和日期一起指定。at 命令的语法格式如下。

```
at [ - V] [ - q 队列] [ - f 文件名] [ - mldbv] 时间
at - c 作业 [作业 … ]
```

2）设置时间

at 允许使用一套相当复杂的时间指定方法，例如：

(1) 接受在当天的 hh:mm(小时：分钟)式的时间指定。如果该时间已经过去，那么就放存第二天执行。

(2) 使用 midnight(深夜)、noon(中午)、teatime(饮茶时间，一般是下午 4 时)等比较模糊的词语来指定时间。

(3) 采用 12 小时计时制，即在时间后面加上 AM(上午)或者 PM(下午)来说明是上午还是下午。

(4) 指定命令执行的具体日期，指定格式为 month day(月日)或者 mm/dd/yy(月/日/年)或者 dd. mm. yy(日.月.年)。指定的日期必须跟在指定时间的后面。

上面介绍的都是绝对计时法，其实还可以使用相对计时法，这对于安排不久就要执行的命令是很有好处的。指定格式为 now＋count time-units，now 就是当前时间，time-units 是时间单位，这里可以是 minutes(分钟)、hours(小时)、days(天)、weeks(星期)。count 是时间的数量，究竟是几天，还是几小时等。还有一种计时方法就是直接使用 today(今天)、tomorrow(明天)来指定完成命令的时间。

下面通过一些例子来说明具体用法。例如，指定在今天下午 4:30 执行某个命令。假设现在时间是中午 12:30，2022 年 3 月 5 日，可用命令格式如下。

```
at 4:30pm
at 16:30
at 16:30 today
at now + 4 hours
at now +  240 minutes
at 16:30 5.3.22
at 16:30 3/5/22
at 16:30 Mar 5
```

以上这些命令表达的意义是完全一样的，所以在安排时间的时候完全可以根据个人喜好和具体情况自由选择。一般采用绝对时间的 24 小时计时法可以避免由于用户自己的疏忽造成计时错误，例如，上例可以写成 at 16:30 3/5/22。

3）执行权限

对于 at 命令来说，需要定时执行的命令是从标准输入或者使用-f 选项指定的文件中读取并执行的。如果 at 命令是从一个使用 su 命令切换到用户 Shell 中执行的，那么当前用户被认为是执行用户，所有的错误和输出结果都会送给这个用户。但是如果有邮件送出的话，收到邮件的将是原来的用户，也就是登录时 Shell 的所有者。例如，在 3 月 5 日上午 10 点执行 slocate -u 命令。在 root 权限下执行命令如下。

```
# at 10:00 3/5/22
at > slocate - u
at >
[1] +  Stopped at 10:00 3/5/22
```

上面的结果中，输入 at 命令之后，会出现提示符 at>，提示用户输入命令，在此输入了

slocate -u,然后按 Enter 键。还可以输入多条命令,当所有要执行的命令输入结束后,按 Ctrl+D 组合键结束 at 命令。

在任何情况下,管理员账户都可以使用这个命令。对于其他用户来说,是否可以使用就取决于/etc/at. allow 和/etc/at. deny 文件。

2. 周期性运行一批程序(cron)

前面介绍 at 命令都会在一定时间内完成一定任务,但是它只能执行一次。也就是说,当指定了运行命令后,系统在指定时间完成任务,以后就不再执行了。但是在很多情况下需要周期性重复执行一些命令,这时候就需要使用 cron 命令来完成任务。

crontab 命令是一个用于管理周期性定时任务的命令行工具,在执行时依赖于操作系统提供的 cron 守护进程。系统启动时,cron 守护进程会自动启动,并开始周期性地运行。cron 守护进程会检查每个用户的 crontab 文件,读取其中的定时任务和时间表。cron 守护进程会根据当前系统时钟和任务的时间表,判断哪些任务需要执行。如果有任务需要执行,cron 守护进程会调用相应的执行程序来执行任务。执行程序会按照任务定义的命令或脚本进行操作。执行完任务后,cron 守护进程会将任务的执行情况记录到系统日志中。cron 守护进程会等待一段时间后再次检查定时任务,继续执行下一轮的任务调度和执行。需要注意的是,cron 守护进程并不会直接修改 crontab 文件。要编辑 crontab 文件,需要使用 crontab 命令来进行操作。当用户使用 crontab 命令修改 crontab 文件后,cron 守护进程会重新加载相应的定时任务和时间表。

1) 运行机制

首先 cron 命令会搜索/var/spool/cron 目录,寻找以/etc/passwd 文件中的用户名命名的 crontab 文件,被找到的这种文件将装入内存。例如,一个用户名为 userexample 的用户,对应的 crontab 文件应该是/var/spool/cron/userexample,即以该用户命名的 crontab 文件存放在/var/spool/cron 目录下面。

cron 命令还将搜索/etc/crontab 文件,这个文件是用不同的格式写成的。cron 启动以后,它将首先检查是否有用户设置了 crontab 文件,如果没有就转入睡眠状态,释放系统资源。所以该后台进程占用资源极少,它每分钟被唤醒一次,查看当前是否有需要运行的命令。

命令执行结束后,任何输出都将作为邮件发送给 crontab 的所有者,或者是/etc/crontab 文件中 MAILTO 环境变量中指定的用户。这是 cron 的工作原理,但是 cron 命令的执行不需要用户干涉,用户只需要修改 crontab 中要执行的命令。

2) crontab 命令

crontab 命令用于安装、删除或者显示用于驱动 cron 后台进程的任务配置。用户把需要执行的命令序列放到 crontab 文件中以获得执行,而且每个用户都可以有自己的 crontab 文件。crontab 命令的常用方法如下。

(1) crontab-u:设置某个用户的 cron 服务,root 用户在执行 crontab 时需要此参数。

(2) crontab-l:列出某个用户 cron 服务的详细内容。

(3) crontab-r:删除某个用户的 cron 服务。

(4) crontab-e:编辑某个用户的 cron 服务。

例如,root 查看自己的 cron 设置,命令如下。

```
# crontab -u root -l
```

3) crontab 文件

在 crontab 文件中输入需要执行的命令和时间。该文件中每行都包括 6 个域,其中前 5 个域是指定命令被执行的时间,最后一个域是要被执行的命令。每个域之间使用空格或者制表符分隔。格式如下。

```
minute hour day-of-month month-of-year day-of-week commands
```

对于每一项的说明如表 5-2 所示。

表 5-2 参数说明

参数	描述	参数	描述
minute	分钟(0~59)	month	一年的第几个月(1~12)
hour	小时(0~23)	day-of-week	一周的星期几(0~6),0 代表星期日
day-of-month	一个月的第几天(1~31)	commands	需要执行的命令

这些项都不能为空,必须指定值。除了数字还有几个特殊的符号"*""/"和"-"","。其中,*代表所有的取值范围内的数字,/代表每的意思,"*/5"表示每 5 个单位,"-"代表从某个数字到某个数字,","代表分开几个离散的数字。对于要执行的命令,调用的时候需要写出命令的完整路径。例如,晚上 6 点到 10 点之间每两个小时,在/tmp/test.txt 文件中加入 sleepy 文本。在 crontab 文件中对应的行如下。

```
* 18-22/2 * * * echo "sleepy" >> /tmp/test.txt
```

每次编辑完某个用户的 cron 设置后,cron 自动在/var/spool/cron 下生成一个与此用户同名的文件。此用户的 cron 信息都记录在这个文件中,这个文件是不可以直接编辑的,只可以用 crontab -e 来编辑。用户也可以另外建立一个文件,使用"cron 文件名"命令导入 cron 设置。

假设有个用户名为 userexample,它需要为自己创建一个 crontab 文件。步骤如下。

步骤 1 可以使用任何文本编辑器建立一个新文件,并将向该文件加入需要运行的命令和要定期执行的时间,假设该文件为 ~/userexample.cron。

步骤 2 在 root 权限下使用 crontab 命令安装这个文件,使用 crontab 命令使之成为该用户的 crontab 文件。命令如下。

```
# crontab -u userexample ~/userexample.cron
```

这样 crontab 文件就建立好了,可以转到/var/spool/cron 目录下面查看,发现多了一个 userexample 文件。这个文件就是所需的 crontab 文件。cron 启动后,每过一分钟读一次 crontab 文件,检查是否要执行里面的命令。因此该文件被修改后不需要重新启动 cron 服务。

4) 编辑配置文件

cron 服务每分钟不仅要读一次/var/spool/cron 内的所有文件,还需要读一次/etc/crontab,因此通过配置这个文件也能得到 cron 的服务。用 crontab 配置是针对某个用户的,而编辑/etc/crontab 是针对系统的任务。此文件的文件格式如下。

```
SHELL = /bin/bash
PATH = /sbin:/bin:/usr/sbin:/usr/bin
MAILTO = root //如果出现错误,或者有数据输出,数据作为邮件发给这个账号

# For details see man 4 crontabs # Example of job definition:
# .---------------- minute (0 - 59)
# | .------------- hour (0 - 23)
# | | .---------- day of month (1 - 31)
# | | | .------- month (1 - 12) OR jan,feb,mar,apr …
# | | | | .---- day of week (0 - 6) (Sunday = 0 or 7) OR sun,mon,tue,wed,thu,fri,sat
# | | | | |
# * * * * * user - name command to be executed
```

5.3.3 挂起/恢复进程

在某些情况下,如对进程进行调试和追踪、用户要求、资源竞争、信号处理等,进程可能会被挂起。在 Linux 中,挂起进程(Suspend Process)指的是将正在运行的进程暂停执行,使其进入停止状态。当进程被挂起时,它会停止在 CPU 上的执行,不再消耗 CPU 资源。进程的状态被标记为"停止"(Stopped),进程的所有资源和上下文信息都被保存,但进程暂时无法执行任何操作。挂起进程可以用于暂时中止进程的执行,以便进行其他操作,如调试、暂停任务执行、重新分配系统资源等。挂起/恢复进程一节将介绍 FusionOS 中与之相关联的命令。

作业控制允许进程挂起并可以在需要时恢复进程的运行,被挂起的作业恢复后将从中止处开始继续运行。只要在键盘上按 Ctrl+Z 组合键,即可挂起当前的前台作业。在键盘上按 Ctrl+Z 组合键后,将挂起当前执行的命令 cat。使用 jobs 命令可以显示 Shell 的作业清单,包括具体的作业、作业号以及作业当前所处的状态。

恢复进程执行时,有两种选择:用 fg 命令将挂起的作业放回到前台执行;用 bg 命令将挂起的作业放到后台执行。灵活使用上述命令,将给自己带来很大的方便。

5.4 作业和任务调度

在类 UNIX 系统中,作业管理是指对当前 Shell 会话中正在运行或等待执行的作业进行管理和控制的过程。以下是一些常见的类 UNIX 系统中的作业管理概念和命令。

作业(Job)是由当前 Shell 会话创建的一个或多个进程组成的任务单元。一个作业可以包含一个或多个进程,并且可以在前台或后台执行。

前台作业(Foreground Job)是指在当前的 Shell 会话中直接执行的作业。当用户在命令行输入一个命令并按下 Enter 键时,该命令会被作为前台作业执行,直接占用当前 Shell 会话的控制权,用户不能执行其他命令,直到该作业执行完成或被暂停。

前台作业通常表现为命令行中正在执行的进程或任务,它们可以输出信息到控制台,并且可以接收来自用户的输入。在前台作业执行期间,用户可以通过键盘输入特定的组合键来控制作业的行为,例如,暂停作业、终止作业等。

在前台作业执行期间,用户可以看到作业的执行过程,并且可以实时地与作业进行交

互。由于前台作业占用了当前 Shell 会话的控制权，因此用户不能同时执行其他命令，直到前台作业执行完成或被暂停。

通常情况下，一旦前台作业执行完成或被暂停，控制权会返回给用户，用户可以继续输入其他命令或执行其他任务。

后台作业(Background Job)是指在当前的 Shell 会话中以非阻塞方式执行的作业。当用户在命令行输入一个命令并在命令末尾加上 & 符号后，该命令会被作为后台作业执行，不会占用当前 Shell 会话的控制权，用户可以继续输入其他命令或执行其他任务。

后台作业通常以守护进程的形式运行，不会将执行过程输出到控制台，因此用户不会直接看到其执行过程。后台作业执行完成后，通常会在控制台输出一个消息提示，表明作业执行完成。

作业控制(Job Control)是指在 UNIX 或类 UNIX 操作系统中，对正在运行或等待执行的作业进行管理和控制的一系列操作。这些操作包括将作业置于前台或后台、暂停或恢复作业的执行、终止作业等。作业控制使用户能够更灵活地管理多个任务的执行，并且可以在需要时对作业进行操作。

通过作业控制，用户可以方便地管理和控制当前 Shell 会话中的作业，包括将作业置于前台或后台、暂停或恢复作业的执行，以及终止作业等操作。这些操作使用户能够更有效地管理多个任务的执行，提高工作效率。

每个作业都有一个唯一的作业编号(Job ID)，用于标识和操作作业。以下是一些常用的类 UNIX 系统中的作业管理命令。

1. jobs 命令

jobs 命令用于列出当前 Shell 会话中正在运行或等待执行的作业列表。在 UNIX 或类 UNIX 系统中，用户可以使用 jobs 命令查看当前 Shell 会话中的作业，并且可以使用不同的选项来过滤和控制输出。

```
jobs [options]
```

其中：

-l：显示作业号以及相关的进程号和作业状态的详细信息。

-p：仅显示作业的进程组 ID，不显示作业号。

-n：显示作业编号，而不是作业的全部信息。

-r：仅显示运行中的作业。

-s：仅显示已停止的作业。

示例：显示作业的详细信息，包括进程号。

```
jobs -l
```

列出所有作业：使用 jobs 命令不带任何参数，将列出当前 Shell 会话中的所有作业，包括正在运行的作业和已暂停的作业。

2. fg 命令

fg：将一个或多个作业置于前台执行，并将控制权交给该作业。

```
fg [作业号]
```

其中，作业号是要切换到前台的作业的作业号。如果未提供作业号，则默认将最近运行的作业切换到前台。

示例 1：将最近的后台作业切换到前台运行。

```
fg
```

示例 2：将作业号为 1 的后台作业切换到前台运行。作业号是运行 jobs 命令时所显示的作业号。

```
fg 1
```

3. bg 命令

bg：将一个或多个暂停的作业置于后台继续执行。

```
bg [作业号]
```

其中，作业号是要在后台继续运行的作业的作业号。如果未提供作业号，则默认将最近停止的作业在后台继续运行。

示例：将作业号为 1 的停止作业在后台继续运行。作业号是运行 jobs 命令时所显示的作业号。

```
bg 1
```

4. Ctrl+Z

Ctrl+Z：暂停当前正在前台执行的作业，并将其置于后台。

这些命令使用户能够方便地管理和控制当前 Shell 会话中的作业，包括查看作业列表、切换作业的前台和后台执行状态，以及终止作业的执行。通过作业管理，用户可以更有效地管理和控制多个任务的执行。

5.5 管理服务

5.4 节介绍了对操作系统进程进行管理的一些命令，在操作系统中，还存在着一类特殊的进程，称为后台服务。在 Linux 中，后台服务以守护进程的形式在后台运行。后台服务是在后台运行的长期运行进程，提供各种功能和服务，而无须用户交互。这些后台服务通常在系统启动时启动，并在整个系统运行期间保持活动状态。

systemd 是在 Linux 下，与 SysV 和 LSB 初始化脚本兼容的系统和服务管理器。systemd 使用 socket 和 D-Bus 来开启服务，提供基于守护进程的按需启动策略，支持快照和系统状态恢复，维护挂载和自挂载点，实现了各服务间基于从属关系的一个更为精细的逻辑控制，拥有更高的并行性能。

5.5.1 概念介绍

systemd 开启和监督整个系统是基于 unit 的概念。unit 是由一个与配置文件对应的名字和类型组成的(例如,avahi. service unit 有一个具有相同名字的配置文件,是守护进程 Avahi 的一个封装单元)。unit 有多重类型,如表 5-3 所示。

表 5-3　unit 说明

unit 名称	扩展名	描述
Service unit	. service	系统服务
Target unit	. target	一组 systemd units
Automount unit	. automount	文件系统挂载点
Device unit	. device	内核识别的设备文件
Mount unit	. mount	文件系统挂载点
Path unit	. path	在一个文件系统中的文件或目录
Scope unit	. scope	外部创建的进程
Slice unit	. slice	一组用于管理系统进程分层组织的 units
Socket unit	. socket	一个进程间通信的 Socket
Swap unit	. swap	swap 设备或者 swap 文件
Timer unit	. timer	systemd 计时器

所有的可用 systemd unit 类型,可在如表 5-4 所示的路径下查看。

表 5-4　可用 systemd unit 类型

路径	描述
/usr/lib/systemd/system/	随安装的 RPM 产生的 systemd units
/run/systemd/system/	在运行时创建 systemd units
/etc/systemd/system/	由系统管理员创建和管理的 systemd units

5.5.2　特性说明

1. 更快的启动速度

systemd 提供了比 UpStart 更激进的并行启动能力,采用了 socket/D-Bus activation 等技术启动服务,带来了更快的启动速度。

为了减少系统启动时间,systemd 的目标是:

(1) 尽可能启动更少的进程。

(2) 尽可能将更多进程并行启动。

2. 提供按需启动能力

当 sysvinit 系统初始化的时候,它会将所有可能用到的后台服务进程全部启动运行。并且系统必须等待所有的服务都启动就绪之后,才允许用户登录。这种做法有两个缺点:首先是启动时间过长;其次是系统资源浪费。

某些服务很可能在很长一段时间内,甚至整个服务器运行期间都没有被使用过。如 CUPS,打印服务在多数服务器上很少被真正使用到。读者可能没有想到,在很多服务器上 SSHD 也是很少被真正访问到的。花费在启动这些服务上的时间是不必要的;同样,花费在这些服务上的系统资源也是一种浪费。

systemd 可以提供按需启动的能力,只有在某个服务被真正请求的时候才启动它。当该服务结束时，systemd 可以关闭它，等待下次需要时再次启动它。

3. 采用 cgroup 特性跟踪和管理进程的生命周期

init 系统的一个重要职责就是负责跟踪和管理服务进程的生命周期。它不仅可以启动一个服务，也能够停止服务。这看上去没有什么特别的，然而在真正用代码实现的时候，或许会发现停止服务比一开始想得要困难。

服务进程一般都会作为守护进程(daemon)在后台运行，为此服务程序有时候会派生(fork)两次。在 UpStart 中，需要在配置文件中正确地配置 expect 小节。这样 UpStart 通过对 fork 系统调用进行计数，从而获知真正的精灵进程的 PID。

cgroup 已经出现了很久，它主要用来实现系统资源配额管理。cgroup 提供了类似文件系统的接口，使用方便。当进程创建子进程时，子进程会继承父进程的 cgroup。因此无论服务如何启动新的子进程，所有的这些相关进程都会属于同一个 cgroup，systemd 只需要简单地遍历指定的 cgroup 即可正确地找到所有的相关进程，将它们逐一停止即可。

4. 启动挂载点和自动挂载的管理

传统的 Linux 系统中，用户可以用/etc/fstab 文件来维护固定的文件系统挂载点。这些挂载点在系统启动过程中被自动挂载，一旦启动过程结束，这些挂载点就会确保存在。这些挂载点都是对系统运行至关重要的文件系统，如 HOME 目录。和 sysvinit 一样，systemd 管理这些挂载点，以便能够在系统启动时自动挂载它们。systemd 还兼容/etc/fstab 文件，可以继续使用该文件管理挂载点。

有时候用户还需要动态挂载点，如打算访问 DVD 内容时，才临时执行挂载以便访问其中的内容，而不访问光盘时该挂载点被取消(umount)，以便节约资源。传统地，人们依赖 autofs 服务来实现这种功能。

systemd 内建了自动挂载服务，无须另外安装 autofs 服务，可以直接使用 systemd 提供的自动挂载管理能力来实现 autofs 的功能。

5. 实现事务性依赖关系管理

系统启动过程是由很多的独立工作共同组成的，这些工作之间可能存在依赖关系，如挂载一个 NFS 文件系统必须依赖网络能够正常工作。systemd 虽然能够最大限度地并发执行很多有依赖关系的工作，但是类似"挂载 NFS"和"启动网络"这样的工作还是存在天生的先后依赖关系，无法并发执行。对于这些任务，systemd 维护一个"事务一致性"的概念，保证所有相关的服务都可以正常启动而不会出现互相依赖，以至于死锁的情况。

6. 与 SysV 初始化脚本兼容

和 UpStart 一样，systemd 引入了新的配置方式，对应用程序的开发也有一些新的要求。如果 systemd 想替代目前正在运行的初始化系统，就必须和现有程序兼容。任何一个 Linux 发行版都很难为了采用 systemd 而在短时间内将所有的服务代码都修改一遍。

systemd 提供了和 sysvinit 以及 LSB initscripts 兼容的特性。系统中已经存在的服务和进程无须修改。这降低了系统向 systemd 迁移的成本，使得 systemd 替换现有初始化系统成为可能。

7. 能够对系统进行快照和恢复

systemd 支持按需启动,因此系统的运行状态是动态变化的,人们无法准确地知道系统当前运行了哪些服务。systemd 快照提供了一种将当前系统运行状态保存并恢复的能力。

例如,系统当前正运行服务 A 和 B,可以用 systemd 命令行对当前系统运行状况创建快照。然后将进程 A 停止,或者做其他的任意的对系统的改变,如启动新的进程 C。在这些改变之后,运行 systemd 的快照恢复命令,就可立即将系统恢复到快照时刻的状态,即只有服务 A 和 B 在运行。一个可能的应用场景是调试:如服务器出现一些异常,为了调试用户将当前状态保存为快照,然后可以进行任意的操作,如停止服务等。等调试结束,恢复快照即可。

5.5.3 管理系统服务

systemd 提供 systemctl 命令来运行、关闭、重启、显示、启用/禁用系统服务。

1. sysvinit 命令和 systemd 命令

systemd 提供 systemctl 命令与 sysvinit 命令的功能类似。当前版本中依然兼容 service 和 chkconfig 命令,相关说明见表 5-5,但建议用 systemctl 进行系统服务管理。

表 5-5　sysvinit 命令和 systemd 命令对照表

sysvinit 命令	systemd 命令	备　注
service network start	systemctl start network. service	用来启动一个服务(并不会重启现有的服务)
service network stop	systemctl stop network. service	用来停止一个服务(并不会重启现有的服务)
service network restart	systemctl restart network. service	用来停止并启动一个服务
service network reload	systemctl reload network. service	当支持时,重新装载配置文件而不中断等待操作
service network condrestart	systemctl condrestart network. service	如果服务正在运行那么重启它
service network status	systemctl status network. service	检查服务的运行状态
chkconfig network on	systemctl enable network. service	在下次启动时或满足其他触发条件时设置服务为启用
chkconfig network off	systemctl disable network. service	在下次启动时或满足其他触发条件时设置服务为禁用
chkconfig network	systemctl is-enabled network. service	用来检查一个服务在当前环境下被配置为启用还是禁用
chkconfig \-\-list	systemctl list-unit-files \-\-type=service	输出在各个运行级别下服务的启用和禁用情况
chkconfig network \-\-list	ls /etc/systemd/system/*. wants/network. service	用来列出该服务在哪些运行级别下启用和禁用
chkconfig network \-\-add	systemctl daemon-reload	创建新服务文件或者变更设置时使用

2. 显示所有当前服务

如果需要显示当前正在运行的服务，使用如下命令。

```
systemctl list-units -type service
```

如果需要显示所有的服务（包括未运行的服务），需要添加-all 参数，使用如下命令。

```
systemctl list-units - type service - all
```

例如，显示当前正在运行的服务，命令如下。

```
$ systemctl list-units - type service
UNIT                      LOAD   ACTIVE     SUB      JOB   DESCRIPTION
atd.service               loaded active     running        Deferred execution scheduler
auditd.service            loaded active     running        Security Auditing Service
avahi-daemon.service      loaded active     running        Avahi mDNS/DNS-SD Stack
chronyd.service           loaded active     running        NTP client/server
crond.service             loaded active     running        Command Scheduler
dbus.service              loaded active     running        D-Bus System Message Bus
dracut-shutdown.service   loaded active     exited         Restore /run/initramfs on shutdown
firewalld.service         loaded active     running        firewalld - dynamic firewall daemon
getty@tty1.service        loaded active     running        Getty on tty1
gssproxy.service          loaded active     running        GSSAPI Proxy Daemon
irqbalance.service        loaded active     running        irqbalance daemon
iscsid.service            loaded activating start    start Open-iSCSI
```

3. 显示服务状态

如果需要显示某个服务的状态，可执行如下命令。

```
systemctl status name.service
```

相关状态显示参数说明如表 5-6 所示。

表 5-6 状态参数说明

参数	描述
Loaded	说明服务是否被加载，并显示服务对应的绝对路径以及是否启用
Active	说明服务是否正在运行，并显示时间节点
Main PID	相应的系统服务的 PID 值
CGroup	相关控制组（CGroup）的其他信息

如果需要鉴别某项服务是否运行，可执行如下命令。

```
systemctl is-enabled name.service
```

is-active 命令返回结果的解释如表 5-7 所示。

表 5-7 is-active 命令的返回结果解释

状态	含义
active	这个服务正在运行
inactive	这个服务没有运行

同样，如果需要判断某个服务是否被启用，可执行如下命令。

```
systemctl is - enabled name. service
```

is-enabled 命令返回结果的解释如表 5-8 所示。

表 5-8　is-enabled 命令的返回结果解释

状　态	含　义
"enabled"	已经通过/etc/systemd/system/目录下的 Alias＝别名、.wants/或 .requires/软连接被永久启用
"enabled-runtime"	已经通过/run/systemd/system/目录下的 Alias＝别名、.wants/或 .requires/软连接被临时启用
"linked"	虽然单元文件本身不在标准单元目录中，但是指向此单元文件的一个或多个软连接已经存在于/etc/systemd/system/永久目录中
"linked-runtime"	虽然单元文件本身不在标准单元目录中，但是指向此单元文件的一个或多个软连接已经存在于/run/systemd/system/临时目录中
"masked"	已经被/etc/systemd/system/目录永久屏蔽（软连接指向/dev/null 文件），因此 start 操作会失败
"masked-runtime"	已经被/run/systemd/systemd/目录临时屏蔽（软连接指向/dev/null 文件），因此 start 操作会失败
"static"	尚未被启用，并且单元文件中的 "[Install]" 小节中没有可用于 enable 命令的选项
"indirect"	尚未被启用，但是单元文件的 "[Install]" 小节中 Also＝选项的值列表非空（也就是列表中的某些单元可能已被启用），或者它拥有一个不在 Also＝列表中的其他名称的别名软连接。对于模板单元来说，表示已经启用了一个不同于 DefaultInstance＝的实例
"disabled"	尚未被启用，但是单元文件的 "[Install]" 小节中存在可用于 enable 命令的选项
"generated"	单元文件是被单元生成器动态生成的。被生成的单元文件可能并未被直接启用，而是被单元生成器隐含地启用了
"transient"	单元文件是被运行时 API 动态临时生成的。该临时单元可能并未被启用
"bad"	单元文件不正确或者出现其他错误。is-enabled 不会返回此状态，而是会显示一条出错信息。list-unit-files 命令有可能会显示此单元

例如，查看 gdm.service 服务状态，命令如下。

```
# systemctl status gdm. service
gdm. service - GNOME Display Manager Loaded: loaded (/usr/lib/systemd/system/gdm. service;
enabled) Active: active (running) since Thu 2013 - 10 - 17 17:31:23 CEST; 5min ago
Main PID: 1029 (gdm)
   CGroup: /system. slice/gdm. service
           ├─1029 /usr/sbin/gdm
           ├─1037 /usr/libexec/gdm - simple - slave -- display - id /org/gno
…

 └─1047 /usr/bin/Xorg :0 - background none - verbose - auth /r … Oct 17 17:31:23 localhost
systemd[1]: Started GNOME Display Manager.
```

4. 运行服务

如果需要运行某项服务，请在 root 权限下执行如下命令。

```
systemctl start name. service
```

例如,运行 httpd 服务,命令如下。

```
# systemctl start httpd.service
```

5. 关闭服务

如果需要关闭某个服务,请在 root 权限下执行如下命令。

```
systemctl stop name.service
```

例如,关闭蓝牙服务,命令如下。

```
# systemctl stop bluetooth.service
```

6. 重启服务

如果需要重启某项服务,请在 root 权限下执行如下命令。

```
systemctl restart name.service
```

执行命令后,当前服务会被关闭,但马上重新启动。如果指定的服务当前处于关闭状态,执行命令后,服务也会被启动。例如,重启蓝牙服务,命令如下。

```
# systemctl restart bluetooth.service
```

7. 启用服务

如果需要在开机时启用某个服务,请在 root 权限下执行如下命令。

```
systemctl enable name.service
```

例如,设置 httpd 服务开机时启动,命令如下。

```
# systemctl enable httpd.service
ln -s '/usr/lib/systemd/system/httpd.service' '/etc/systemd/system/multi-user.target.
wants/httpd.service'
```

8. 禁用服务

如果需要在开机时禁用某个服务,请在 root 权限下执行如下命令。

```
systemctl disable name.service
```

例如,在开机时禁用蓝牙服务启动,命令如下。

```
# systemctl disable bluetooth.service
Removed /etc/systemd/system/bluetooth.target.wants/bluetooth.service.
Removed /etc/systemd/system/dbus-org.bluez.service.
```

5.5.4 改变运行级别

systemd 用目标(target)替代了运行级别的概念,提供了更大的灵活性,如可以继承一个已有的目标,并添加其他服务,来创建自己的目标。表 5-9 列举了 systemd 下的目标和常见 runlevel 的对应关系。

表 5-9　运行级别和 systemd 目标

运行级别	systemd 目标	描　述
0	runlevel0. target,poweroff. target	关闭系统
1,s,single	runlevel1. target,rescue. target	单用户模式
2，4	runlevel2. target,runlevel4. target,multi-user. target	用户定义/域特定运行级别。默认等同于 3
3	runlevel3. target,multi-user. target	多用户,非图形化。用户可以通过多个控制台或网络登录
5	runlevel5. target,graphical. target	多用户,图形化。通常为所有运行级别 3 的服务外加图形化登录
6	runlevel6. target,reboot. target	重启系统
emergency	emergency. target	紧急 Shell

查看当前系统默认的启动目标,命令如下。

```
systemctl get - default
```

查看当前系统所有的启动目标,命令如下。

```
systemctl list - units  -- type = target
```

改变系统默认的目标,在 root 权限下执行如下命令。

```
systemctl set - default name. target
```

改变当前系统的目标,在 root 权限下执行如下命令。

```
systemctl isolate name. target
```

改变当前系统为救援模式,在 root 权限下执行如下命令。

```
systemctl rescue
```

改变当前系统为紧急模式,在 root 权限下执行如下命令。

```
systemctl emergency
```

这条命令和“systemctl isolate emergency. target”类似。命令执行后会在串口有如下打印信息。

```
You are in emergency mode. After logging in, type " journalctl  - xb" to viewsystem logs,
"systemctl reboot" to reboot, "systemctl default" or "exit" to boot into default mode.
Give root password for maintenance
(or press Control - D to continue):
```

5.5.5　关闭、暂停和休眠系统

1. systemctl 命令

systemd 通过 systemctl 命令可以对系统进行关机、重启、休眠等一系列操作。当前仍兼容部分 Linux 常用管理命令,对应关系见表 5-10。建议用户使用 systemctl 命令进行操作。

表 5-10 命令对应关系

Linux 常用管理命令	systemctl 命令	描述
halt	systemctl halt	关闭系统
poweroff	systemctl poweroff	关闭电源
reboot	systemctl reboot	重启

2. 关闭系统

关闭系统并下电，在 root 权限下执行如下命令。

```
systemctl poweroff
```

关闭系统但不下电机器，在 root 权限下执行如下命令。

```
systemctl halt
```

执行上述命令会给当前所有的登录用户发送一条提示消息。如果不想让 systemd 发送该消息，可以添加“--no-wall”参数。具体命令如下。

```
systemctl -- no - wall reboot
```

3. 重启系统

重启系统，在 root 权限下执行如下命令。

```
systemctl reboot
```

执行上述命令会给当前所有的登录用户发送一条提示消息。如果不想让 systemd 发送该消息，可以添加“--no-wall”参数。具体命令如下。

```
systemctl -- no - wall reboot
```

4. 使系统待机

使系统待机，在 root 权限下执行如下命令。

```
systemctl suspend
```

5. 使系统休眠

使系统休眠，在 root 权限下执行如下命令。

```
systemctl hibernate
```

使系统待机且处于休眠状态，在 root 权限下执行如下命令。

```
systemctl hybrid - sleep
```

5.6 管理软件包

5.3 节和 5.5 节分别介绍了一般进程和守护进程的管理命令。本节介绍操作系统中与进程密切相关的“程序”的管理。程序是一组指令的集合，它们以特定的顺序和方式编写，用于执行特定的任务。程序通常存储在硬盘或其他存储介质上，并且需要加载到内存中才能执行。程序是静态的代码集合，而进程是程序在计算机上运行的实例，具有自己的执行环境和状态。程序是进程的来源，而进程是程序的执行状态。

FusionOS 采用 DNF(Dandified YUM)作为软件包管理工具。DNF 用于在基于 RPM 的 Linux 发行版中进行软件包的安装、升级和卸载。它是作为 YUM(Yellowdog Updater Modified)的后继者而开发的。DNF 软件包管理的原理如下。

仓库配置：DNF 通过配置仓库来获取软件包信息。仓库可以是本地的软件包文件夹或远程的软件包源。DNF 会根据配置文件中的仓库信息获取软件包列表、版本信息和依赖关系等。

依赖解析：在安装或升级软件包时，DNF 会解析软件包的依赖关系。它会检查软件包所需的其他软件包，以确保这些依赖关系已经满足或可以解决。如果存在未满足的依赖关系，DNF 将尝试自动解决它们，或者报告错误。

解析事务：DNF 会将用户的操作(如安装、升级或卸载软件包)转换为一个事务。事务包含一系列要执行的操作步骤。DNF 会考虑依赖关系、版本冲突等因素，确保事务执行的正确性。

事务执行：DNF 会执行生成的事务。它会按照顺序执行每个操作步骤，包括下载软件包、安装或卸载软件包、更新软件包数据库等。DNF 还会记录事务执行的结果，以便用户可以查看操作的状态和详细信息。

事务验证：在事务执行完成后，DNF 会进行验证以确保操作的正确性。它会检查软件包的完整性、依赖关系和文件冲突等。如果验证失败，DNF 会回滚事务并报告错误。

DNF 的优势在于它对软件包依赖关系的处理能力更强大，具有更好的解析算法和依赖解决方案。它还支持模块化软件包管理和扁平命名空间等高级功能。通过 DNF，用户可以方便地管理和维护系统上的软件包，并轻松解决依赖关系问题。

需要说明的是，DNF 与 yum 完全兼容，提供了 yum 兼容的命令行以及为扩展和插件提供的 API。使用 DNF 需要管理员权限，本节所有命令需要在管理员权限下执行。

5.6.1 配置 DNF

1. DNF 配置文件

DNF 的主要配置文件是/etc/dnf/dnf.conf，该文件包含以下两部分。

(1) main 部分保存着 DNF 的全局设置。

(2) repository 部分保存着软件源的设置，可以有一个或多个“repository”。

此外，在/etc/yum.repos.d 目录中还保存着一个或多个 repo 源相关文件，它们也可以定义不同的 repository。所以 FusionOS 软件源的配置一般有两种方式，一种是直接配置/etc/dnf/dnf.conf 文件中的 repository 部分，另外一种是在/etc/yum.repos.d 目录下增加.repo 文件。

1) 配置 main 部分

/etc/dnf/dnf.conf 文件包含的 main 部分，配置示例如下。

```
[main]
gpgcheck = 1
installonly_limit = 3
clean_requirements_on_remove = True
best = True
skip_if_unavailable = False
```

配置参数说明如表 5-11 所示。

表 5-11 main 配置参数说明

参　数	说　明
clean_requirements_on_remove	删除在 dnf remove 期间不再使用的依赖项，如果软件包是通过 DNF 安装的，而不是通过显式用户请求安装的，则只能通过 clean_requirements_on_remove 删除软件包，即它是作为依赖项引入的。默认值为 True
best	升级包时，总是尝试安装其最高版本，如果最高版本无法安装，则提示无法安装的原因并停止安装。默认值为 True
gpgcheck	可选值 1 和 0，设置是否进行 gpg 校验。默认值为 1，表示需要进行校验
installonly_limit	设置可以同时安装 installonlypkgs"指令列出包的数量。默认值为 3，不建议降低此值
skip_if_unavailable	可选值 True 和 False，用来控制元数据仓库不可用时的行为。默认值为 False，当元数据仓库不可用时会停止存储并报错

2）配置 repository 部分

repository 部分允许用户定义定制化的 FusionOS 软件源仓库，各个仓库的名称不能相同，否则会引起冲突。配置 repository 部分有两种方式，一种是直接配置/etc/dnf/dnf.conf 文件中的 repository 部分，另一种是配置/etc/yum.repos.d 目录下的.repo 文件。

(1) 直接配置/etc/dnf/dnf.conf 文件中的 repository 部分。

下面是[repository]部分的一个最小配置示例。

```
[repository]
name = repository_name
baseurl = repository_url
```

参数说明如表 5-12 所示。

表 5-12 repository 参数说明

参　数	说　明
name＝repository_name	软件仓库(repository)描述的字符串
baseurl＝repository_url	软件仓库(repository)的地址。 • 使用 HTTP 的网络位置，如 http://path/to/repo。 • 使用 FTP 的网络位置，如 ftp://path/to/repo。 • 本地位置，如 file://path/to/local/repo

(2) 配置/etc/yum.repos.d 目录下的.repo 文件。

使用管理员权限添加 FusionOS repo 源，示例如下，请按实际修改参数。

```
# vi /etc/yum.repos.d/FusionOS.repo
[OS]
name = repository_name
baseurl = repository_url
```

```
enabled = 1
gpgcheck = 1
gpgkey = gpgkey_url
```

其中,enabled为是否启用该软件源仓库,可选值为1和0。默认值为1,表示启用该软件源仓库。gpgkey为验证签名用的公钥。

3) 显示当前配置

(1) 要显示当前的配置信息。

```
dnf config-manager --dump
```

(2) 要显示相应软件源的配置,首先查询repo id。

```
dnf repolist
```

然后执行如下命令,显示对应id的软件源配置,其中,repository为查询得到的repo id。

```
dnf config-manager --dump repository
```

(3) 也可以使用一个全局正则表达式,来显示所有匹配部分的配置。

```
dnf config-manager --dump glob_expression
```

2. 创建本地软件源仓库

要建立一个本地软件源仓库,请按照下列步骤操作。

步骤1 安装createrepo软件包。在root权限下执行如下命令。

```
dnf install createrepo
```

步骤2 将需要的软件包复制到一个目录下,如/mnt/local_repo/。

步骤3 创建软件源,执行以下命令。

```
createrepo --database /mnt/local_repo
```

3. 添加、启用和禁用软件源

本节将介绍如何通过dnf config-manager命令添加、启用和禁用软件源仓库。

1) 添加软件源

要定义一个新的软件源仓库,可以在/etc/dnf/dnf.conf文件中添加repository部分,或者在/etc/yum.repos.d/目录下添加.repo文件进行说明。建议通过添加.repo的方式,每个软件源都有自己对应的.repo文件,下面介绍该方式的操作方法。

要在系统中添加一个这样的源,请在root权限下执行如下命令,执行完成之后会在/etc/yum.repos.d/目录下生成对应的repo文件。其中,repository_url为repo源地址。

```
dnf config-manager --add-repo repository_url
```

2) 启用软件源

要启用软件源,请在root权限下执行如下命令,其中,repository为新增.repo文件中的repo id(可通过dnf repolist查询)。

```
dnf config-manager --set-enable repository
```

也可以使用一个全局正则表达式，来启用所有匹配的软件源。其中，glob_expression为对应的正则表达式，用于同时匹配多个 repo id。

```
dnf config-manager --set-enable glob_expression
```

3）禁用软件源

要禁用软件源，请在 root 权限下执行如下命令。

```
dnf config-manager --set-disable repository
```

同样地，也可以使用一个全局正则表达式来禁用所有匹配的软件源。

```
dnf config-manager --set-disable glob_expression
```

5.6.2 管理软件包

使用 DNF 能够让用户方便地进行查询、安装、删除软件包等操作。

1. 搜索软件包

可以使用 rpm 包名称、缩写或者描述搜索需要的 rpm 包，使用命令如下。

```
dnf search term
```

示例如下。

```
$ dnf search httpd
Last metadata expiration check: 0:35:14 ago on Wed 06 Apr 2022 09:08:27 PM CST.
====================== Name Exactly Matched: httpd ============================
httpd.aarch64 : Apache HTTP Server
=================== Name & Summary Matched: httpd ======================== ====
libmicrohttpd-help.noarch : This help package for libmicrohttpd
====================== Name Matched: httpd ===================================
httpd-filesystem.noarch : The basic directory for HTTP Server
httpd-help.noarch : Documents and man pages for HTTP Server
httpd-tools.aarch64 : Related tools for use HTTP Server
libmicrohttpd.aarch64 : Lightweight library for embedding a webserver in applications
```

2. 列出软件包清单

要列出系统中所有已安装的以及可用的 rpm 包信息，使用命令如下。

```
dnf list all
```

要列出系统中特定的 rpm 包信息，使用命令如下。

```
dnf list glob_expression…
```

示例如下。

```
$ dnf list httpd
Last metadata expiration check: 0:36:00 ago on Wed 06 Apr 2022 09:08:27 PM CST.
Available Packages
httpd.aarch64                2.4.43-12.u5.fos22              base
```

3. 显示 rpm 包信息

要显示一个或者多个 rpm 包信息，使用命令如下。

```
dnf info package_name…
```

例如搜索,命令如下。

```
$ dnf info httpd
Last metadata expiration check: 0:36:46 ago on Wed 06 Apr 2022 09:08:27 PM CST.
Available Packages
Name         : httpd
Version      : 2.4.43
Release      : 12.u5.fos22
Architecture : aarch64
Size         : 1.2 M
Source       : httpd-2.4.43-12.u5.fos22.src.rpm
Repository   : base
Summary      : Apache HTTP Server
URL          : https://httpd.apache.org/
License      : ASL 2.0
Description  : Apache HTTP Server is a powerful and flexible HTTP/1.1 compliant web server.
```

4. 安装 rpm 包

要安装一个软件包及其所有未安装的依赖,请在 root 权限下执行如下命令。

```
dnf install package_name
```

也可以通过添加软件包名字同时安装多个软件包。配置文件/etc/dnf/dnf.conf 添加参数 strict=False,运行 dnf 命令参数添加--setopt=strict=0。请在 root 权限下执行如下命令。

```
dnf install package_name package_name… --setopt=strict=0
```

示例如下。

```
# dnf install httpd
```

安装 rpm 包的过程中,若出现安装失败,请参见本书公众号中关于"安装时出现软件包冲突、文件冲突或缺少软件包导致安装失败"的相关内容。

5. 下载软件包

使用 DNF 下载软件包,请在 root 权限下输入如下命令。

```
dnf download package_name
```

如果需要同时下载未安装的依赖,则加上--resolve,使用命令如下。

```
dnf download --resolve package_name
```

示例如下。

```
# dnf download --resolve httpd
```

6. 删除软件包

要卸载软件包以及相关的依赖软件包,请在 root 权限下执行如下命令。

```
dnf remove package_name…
```

示例如下。

```
# dnf remove totem
```

5.6.3 管理软件包组

软件包集合是服务于一个共同目的的一组软件包，如系统工具集等。使用 DNF 可以对软件包组进行安装/删除等操作，使相关操作更高效。

1. 列出软件包组清单

使用 summary 参数，可以列出系统中所有已安装软件包组、可用的组，可用的环境组的数量，命令如下。

```
dnf groups summary
```

使用示例如下。

```
# dnf groups summary
Last metadata expiration check: 0:11:56 ago on Wed 06 Apr 2022 07:45:14 PM CST.
Available Groups: 8
```

要列出所有软件包组和它们的组 ID，命令如下。

```
dnf group list
```

使用示例如下。

```
# dnf group list
Last metadata expiration check: 0:37:26 ago on Wed 06 Apr 2022 09:08:27 PM CST.
Available Environment Groups:
   Server
   Virtualization Host
Installed Environment Groups:
   Minimal Install
Available Groups:
   Container Management
   Development Tools
   Headless Management
   Legacy UNIX Compatibility
   Network Servers
   Scientific Support
   Security Tools
   System Tools
   Smart Card Support
```

2. 显示软件包组信息

要列出包含在一个软件包组中必须安装的包和可选包，使用命令如下。

```
dnf group info glob_expression…
```

例如，显示 Development Tools 信息，示例如下。

```
# dnf group info "Development Tools"
Last metadata expiration check: 0:38:07 ago on Wed 06 Apr 2022 09:08:27 PM CST.
Group: Development Tools
Description: A basic development environment.
Mandatory Packages:
  FusionOS-rpm-config
  autoconf
  automake
  binutils
  bison
  flex
  gcc
  gcc-c++
  gdb
  gettext
  glibc-devel
  libtool
  make
  patch
  pkgconf
  rpm
  rpm-build
Default Packages:
  asciidoc
  byacc
  ctags
  diffstat
  elfutils
  gcc-gfortran
  git
  intltool
  ltrace
  patchutils
  perl-Fedora-VSP
  perl-generators
  pesign
  source-highlight
  subversion
  systemtap
  valgrind
  valgrind-devel
Optional Packages:
  babel
  chrpath
  cmake
  expect
  gcc-objc
  gcc-objc++
  mercurial
  rpmdevtools
  rpmlint
  systemtap-sdt-devel
  systemtap-server
```

3. 安装软件包组

每一个软件包组都有自己的名称以及相应的 ID(groupid),可以使用软件包组名称或它的 ID 进行安装。要安装一个软件包组,请在 root 权限下执行如下命令。

```
dnf group install group_name
dnf group install groupid
```

例如,安装 Development Tools 相应的软件包组,命令如下。

```
# dnf group install "Development Tools"
# dnf group install development
```

4. 删除软件包组

要卸载软件包组,可以使用软件包组名称或它的 ID,在 root 权限下执行如下命令。

```
dnf group remove group_name
dnf group remove groupid
```

例如,删除 Development Tools 相应的软件包组,命令如下。

```
# dnf group remove "Development Tools"
# dnf group remove development
```

5.6.4 检查并更新

dnf 可以检查系统中是否有软件包需要更新。可以通过 dnf 列出需要更新的软件包,并可以选择一次性全部更新或者只对指定包进行更新。

1. 检查更新

如果需要显示当前系统可用的更新,使用命令如下。

```
dnf check - update
```

使用示例如下。

```
# dnf check - update
Last metadata expiration check: 0:02:10 ago on Wed 06 Apr 2022 11:28:07 PM CST.
packagename1        version1              updates
packagename2        version2              updates
packagename3        version3              updates
…
```

2. 升级

如果需要升级单个软件包,在 root 权限下执行如下命令。

```
dnf update package_name
```

例如,升级 rpm 包,示例如下。

```
# dnf update packagename
Last metadata expiration check: 0:02:10 ago on Wed 06 Apr 2022 11:30:27 PM CST.
```

```
Dependencies Resolved
================================================================================
Package                  Arch        Version        Repository        Size
================================================================================
Updating:
packagename1            aarch64      version1        updates          Size1
packagename2            aarch64      version2        updates          Size2
packagename3            aarch64      version3        updates          Size3
Transaction Summary
================================================================================
Upgrade 3 Package

Total download size: Total Size
Is this ok [y/N]:
```

类似地，如果需要升级软件包组，在 root 权限下执行如下命令。

```
dnf group update group_name
```

3. 更新所有的包和它们的依赖

要更新所有的包和它们的依赖，在 root 权限下执行如下命令。

```
dnf update
```

小结

本章介绍了进程管理的知识，包括进程的基本概念、查看进程信息的命令、定时任务调度，以及进程的挂起和恢复操作。然后介绍了在 Linux 操作系统中，管理服务和后台进程的重要概念和工具，以及 systemd 的特性和使用方法。最后介绍了 FusionOS 中的软件包管理和操作系统中与进程相关的程序管理，包括仓库配置、依赖解析、事务处理等；本地软件源仓库的创建、软件源的添加、启用和禁用；软件包的搜索、列出清单、显示信息、安装、下载和删除操作。

习题

1. 请解释进程的概念。它的主要作用是什么？

2. 什么是进程控制块？它包含哪些信息？

3. Linux 中的进程查看命令有哪些？请分别介绍 who、ps 和 top 命令的作用和常用选项。top 命令相对于 ps 命令有什么优势？

4. 在 Linux 中，如何使用 kill 命令终止一个进程？

5. 什么是 Linux 中的计时器？它们的作用是什么？什么是实时时钟？它在系统中的作用是什么？什么是内核定时器？它用于哪些任务？什么是 POSIX 定时器？它的作用是什么？什么是定时器轮？它在哪些情况下使用？

6. 什么是 at 和 crontab 命令？它们分别用于什么样的定时任务？atd 守护进程是什

么？它的作用是什么？

7. 如何使用 at 命令来定时运行一批程序？它的语法是怎样的？

8. crontab 命令用于什么目的？它的常用方法有哪些？如何编辑 crontab 文件以配置周期性运行的任务？它的文件格式是怎样的？

9. 什么是后台服务？什么是 systemd？什么是 systemd unit？

10. systemd 提供了哪些特性？

11. 如何使用 systemctl 命令运行、关闭、重启、显示、启用/禁用系统服务？

12. 如何查看系统中的运行服务和状态？如何改变系统的默认目标？

13. 什么是程序和进程之间的关系？

14. FusionOS 使用什么作为软件包管理工具？它的管理原理是什么？

15. DNF 主要配置文件是什么？它包含哪两部分内容？

16. 如何在 DNF 中配置主要部分的参数？举例说明几个参数的含义。

17. 如何配置 DNF 的软件源仓库？有哪两种方式？

18. 如何显示当前的 DNF 配置信息？如何显示特定软件源的配置？

19. 如何创建本地软件源仓库？请列出步骤。

20. 如何添加、启用和禁用软件源仓库？

21. 如何搜索软件包、列出软件包清单、显示软件包信息、安装软件包、下载软件包和删除软件包？

第6章

文件系统和磁盘管理

CHAPTER 6

文件管理是操作系统重要的组成部分，文件管理具体是由文件系统和磁盘管理两部分合作完成的。文件系统负责组织和管理存储在磁盘上的文件和目录结构，提供对这些文件的访问、读写、修改等功能。文件系统定义了文件的存储格式、访问权限、文件名命名规则等，并提供了一组系统调用接口，供应用程序通过操作系统访问文件。磁盘管理负责管理物理存储设备（如硬盘驱动器）的部分。它包括磁盘分区、磁盘格式化、磁盘调度、坏道管理等功能。磁盘管理负责将物理磁盘分成逻辑分区，并为文件系统提供适当的存储空间。文件系统需要依赖磁盘管理提供的服务来实现对存储设备的访问和管理。例如，文件系统可能依赖磁盘管理来创建新的文件、分配存储空间、进行文件的读写等操作。磁盘管理提供了文件系统所需的基础设施和底层服务，而文件系统则建立在这个基础之上，为用户和应用程序提供了方便的文件管理功能。两者密切合作，共同实现了对存储设备和文件数据的有效管理。

6.1 文件系统的基本概念

文件系统是计算机系统中用来组织和存储数据的一种机制，它定义了数据的组织方式、访问规则和存储结构。文件系统提供了一种统一的接口，使得用户和程序可以方便地对数据进行读取、写入、修改和删除操作。文件系统是操作系统中的一个重要组成部分，它为用户和程序提供了方便的数据存储和管理机制，是计算机系统中数据管理的核心技术之一。下面将从以下几个文件系统的核心概念入手，向读者介绍文件系统。

文件(File)：文件是数据的集合，它可以是文本文件、图像文件、音频文件、视频文件等。文件系统通过文件来组织和存储数据，每个文件都有一个唯一的标识符(文件名)，用于区分不同的文件。

目录(Directory)：目录是文件系统中用来组织和管理文件的容器，它可以包含文件和其他目录。目录可以形成层次结构，使得文件系统中的文件可以以树状结构进行组织。

路径(Path)：路径是用来描述文件或目录在文件系统中位置的字符串，它由目录和文件名组成，通过目录之间的层级关系来表示文件的存储位置。

权限(Permission)：权限是文件系统中用来控制对文件和目录访问的规则，包括读取、写入和执行等权限。每个文件和目录都有一组权限，用来限制不同用户对文件的访问。

文件是操作系统用于存储和管理数据的基本单位，也就是说，要将数据交由操作系统管理，就必须将这些数据以文件的形式保存到文件系统中。文件有很多我们可以很容易想到的属性，如文件名、文件的创建日期、文件的最近修改和访问日期、文件的大小、文件的所有者、用户对文件的访问权限等。下面借用图书馆对图书进行管理的例子来说明上述4个重要概念之间的关系。

图书馆管理图书的过程涉及文件(图书)、目录(书架)、路径(图书位置)和权限(访问控制)等多个方面。文件系统的基本概念和机制与图书馆管理图书的方式类似，通过组织、定位和控制文件，使得用户和管理员能够有效地管理和利用图书馆的资源。

在图书馆中，每本书都是一个文件。每本书都有一个唯一的标识符(如ISBN)，并包含书籍的内容。图书馆中的书架可以视为目录，用于组织和存放图书。每个书架代表一个目录，包含一组相关的图书。例如，一本关于科学的书可能存放在科学书架上，一本关于历史的书可能存放在历史书架上。路径描述了图书在图书馆中的位置。它由目录名和文件名组成，用于精确地定位图书的位置。例如，一本名为《计算机科学导论》的书可能存放在“计算机科学”书架上，它的路径可以表示为“/计算机科学/计算机科学导论”。图书馆可能对某些图书设置访问权限，以控制谁可以借阅或访问这些图书。例如，某些图书可能只允许学术研究人员访问，而其他图书则对所有人开放。这种权限控制可以通过图书馆管理员来管理和设置。

文件系统类型(File System Type)：文件系统类型定义了文件系统的组织方式和实现方式，常见的文件系统类型包括FAT32、NTFS、EXT4等。不同的文件系统类型具有不同的特性和优缺点，适用于不同的应用场景。

文件系统就像图书馆的管理系统一样，负责管理和组织文件，提供对文件的访问和操作接口。它可以实现文件的存储、检索、备份、权限管理等功能，确保文件的安全和有效管理。

不同的文件系统类似于不同能力的图书馆。FAT32 文件系统类似于一个小型的图书馆，没有复杂的分类和管理功能，适用于存储少量的文件和数据。NTFS 文件系统具有高级的权限控制、数据保护和安全管理功能，适用于大型组织或需要高级管理功能的环境。EXT4 文件系统是一种高级的文件系统，具有优秀的性能和可靠性，适用于各种复杂的应用场景，如企业级存储系统或大型服务器。

磁盘空间管理(Disk Space Management)：文件系统负责管理磁盘空间的分配和释放，确保文件可以正确存储在磁盘上，并能够高效地使用可用的存储空间。

下面仍然用图书馆的例子进行解释。图书馆可以比作整个磁盘空间，它是存放书籍的总体空间。书架类似于磁盘上的分区。每个分区都有一定的容量，用来存放图书。书籍就像磁盘上的文件一样，它们是存储在磁盘上的数据单元。书架空间管理类似于磁盘的分区管理。图书管理员会根据书架的大小和需要存放的书籍数量来进行分区，确保每个分区都有足够的空间来存放书籍。书籍管理类似于磁盘空间的管理。图书管理员会负责记录每本书的位置、状态和借阅情况，确保图书馆的书籍能够被正确地找到和管理。这类似于磁盘空间管理中的位图和索引节点等数据结构，用来记录文件的存储位置和状态。读者借阅书籍时，会占用书架上的空间；归还书籍时，会释放书架上的空间。这类似于文件系统中的文件创建和删除操作，会占用和释放磁盘空间。图书管理员会根据不同的分类和规则来安排书籍的存放位置，以方便读者查找。这类似于文件系统中的文件组织和目录结构，通过合理的排列和分类来管理文件。

文件系统操作(File System Operations)：文件系统提供了一组操作接口，用于对文件和目录进行管理和操作，如创建文件、删除文件、读取文件内容、写入文件内容等。

图书馆的最终目标是为读者提供服务，文件系统操作就是图书馆对读者提供的服务。例如，图书馆采购图书相当于创建文件，销毁图书相当于删除文件，读者从图书馆借阅图书相当于用户对文件进行读写，读者在图书馆检索图书相当于用户在文件系统中查找文件。

6.2　文件系统相关的基本命令

在 Linux 和类 UNIX 系统中，有一些最常用的文件系统相关命令。这些命令涵盖了文件和目录的创建、删除、复制、移动、重命名、权限管理、所有者和组管理、查看文件内容等常见操作。使用这些命令可以有效地管理文件系统中的文件和目录。由于这些命令众多，本节只介绍使用频率最高的命令。

6.2.1　ls 命令

ls 命令用于列出指定目录下的文件和子目录。

```
ls [options] [file or directory]
```

其中：

(1) options：命令参数选项。常用的参数选项如下。

- -l：以长格式显示文件列表，包括文件的权限、所有者、所属组、文件大小、修改日期等详细信息。

- -a：显示所有文件，包括隐藏文件(以“.”开头的文件)。
- -h：与 -l 结合使用，以人类可读的格式显示文件大小(如 KB、MB、GB)。
- -R：递归显示指定目录及其子目录下的所有文件和目录。
- -t：按照修改时间顺序(最近修改的在前)排序显示文件列表。
- -r：反向排序，与 -t 结合使用时，最近修改的文件在下方。
- -d：显示指定目录本身的信息，而不显示其下的子目录和文件。

(2) file 或 directory 表示要列出其内容的文件或目录的名称。这个参数可以是文件名、目录名或者文件和目录名的组合。

示例 1：显示当前目录下的文件和目录，并以长格式显示。

```
ls -l
```

示例 2：显示当前目录下的所有文件和目录(包括隐藏文件)。

```
ls -a
```

示例 3：递归显示当前目录及其所有子目录下的文件和目录。

```
ls -R
```

6.2.2 cd 命令

cd 命令用于改变当前工作目录。

```
cd [directory]
```

其中：directory 表示要改变的工作目录。

示例：切换当前工作目录。

```
cd /path/to/directory
```

6.2.3 pwd 命令

pwd 命令显示当前工作目录的路径，该命令不需要参数。

```
pwd
```

6.2.4 mkdir 命令

mkdir 命令用于创建目录。

```
mkdir [options] directory_name
```

其中，options 为命令参数选项，常用的参数选项如下。

- -p：递归创建目录，如果上级目录不存在，则自动创建。
- -m：设置新创建目录的权限模式(权限掩码)。

示例 1：在当前工作目录下创建一个名为 new_directory 的新目录。

```
mkdir new_directory
```

示例 2：递归地创建路径 path/to/new_directory 中的所有目录，如果上级目录不存在，则自动创建。

```
mkdir -p path/to/new_directory
```

示例 3：创建一个名为 new_directory 的新目录，并将其权限设置为 755。

```
mkdir -m 755 new_directory
```

6.2.5　rm 命令

rm 命令用于删除文件或目录。

```
rm [options] file_or_directory
```

其中，options 为命令参数选项，常用的参数选项如下。

- -f：强制删除文件或目录，无须确认。
- -r 或 -R：递归删除目录及其内容。
- -i：交互式删除，删除前会询问用户是否确认删除。
- -v：详细模式，显示每个文件或目录的删除信息。

示例 1：强制删除名为 filename 的文件，无须确认。

```
rm -f filename
```

示例 2：递归删除名为 directory 的目录及其所有内容。

```
rm -r directory
```

6.2.6　cp 命令

cp 命令用于复制文件或目录。

```
cp [options] source_file(s) destination
```

其中，options 为命令参数选项，常用的参数选项如下。

- -r 或 -R：递归复制，用于复制目录及其内容。
- -i：交互式复制，如果目标文件已存在，则会提示用户是否覆盖。
- -v：详细模式，显示每个复制操作的信息。
- -a：归档模式，保持源文件或目录的属性（权限、所有者、时间戳等）。

示例 1：复制名为 source_file 的文件到指定的 destination。

```
cp source_file destination
```

示例 2：递归地复制名为 source_directory 的目录及其所有内容到指定的 destination_directory。

```
cp -r source_directory destination_directory
```

6.2.7　mv 命令

mv 命令用于移动文件或目录，也可用于重命名文件或目录。

```
mv [options] source destination
```

其中,options 为命令参数选项,常用的参数选项如下。

- -i：交互式移动,如果目标文件已存在,则会提示用户是否覆盖。
- -v：详细模式,显示每个移动操作的信息。

示例 1：移动名为 source_file 的文件到指定的 destination。

```
mv source_file destination
```

示例 2：将名为 old_filename 的文件重命名为 new_filename。

```
mv old_filename new_filename
```

6.2.8 touch 命令

touch 命令用于创建空文件或更新已有文件的访问和修改时间戳。

```
touch [options] file(s)
```

其中,options 为命令参数选项,常用的参数选项如下。

- -a：仅更新访问时间。
- -m：仅更新修改时间。
- -c：仅在文件不存在时创建文件。
- -t：使用指定的时间戳设置文件的时间。

示例 1：创建一个名为 new_file.txt 的新文件。

```
touch new_file.txt
```

示例 2：仅更新名为 file.txt 的文件的访问时间,而不会影响修改时间。

```
touch -a file.txt
```

示例 3：只在文件 new_file.txt 不存在时创建文件,如果文件已存在,则不会做任何操作。

```
touch -c new_file.txt
```

6.2.9 cat 命令

cat 命令用于连接文件并打印它们的内容,或者从标准输入(键盘)读取数据并打印到标准输出(屏幕)。

```
cat [options] [file(s)]
```

其中,options 为命令参数选项,常用的参数选项如下。

- -n：显示行号,将每一行的行号与内容一起显示。
- -b：显示非空行的行号,将非空行的行号与内容一起显示。
- -E：在每行的结尾显示一个美元符号 $。

示例 1：打印名为 file.txt 的文件的内容到标准输出(屏幕)上。

```
cat file.txt
```

示例2：打印名为 file.txt 的文件的内容到标准输出上，并显示每一行的行号。

```
cat -n file.txt
```

示例3：打印名为 file.txt 的文件的内容到标准输出上，并显示非空行的行号。

```
cat -b file.txt
```

6.2.10 less 命令

less 命令用于在终端中逐页显示文本文件内容，提供了方便的浏览和搜索功能。

```
less [options] [filename(s)]
```

其中，options 为命令参数选项，常用的参数选项如下。

- -N：显示每行的行号。
- -F：当显示的内容不足一屏时，不显示空白屏，而是直接退出。
- -i：忽略搜索时的大小写。
- -S：抑制长行的滚动，而是用折叠显示。
- -q：禁用启动时显示的提示信息。

示例1：在终端中以一页一页的方式显示名为 file.txt 的文件内容。

```
less file.txt
```

示例2：在终端中以一页一页的方式显示名为 file.txt 的文件内容，并显示每行的行号。

```
less -N file.txt
```

示例3：在终端中以一页一页的方式显示名为 file.txt 的文件内容，并在搜索时忽略大小写。

```
less -i file.txt
```

6.2.11 head 命令

head 命令用于显示文件的开头部分，默认显示文件的前10行。

```
head [options] [filename(s)]
```

其中，options 为命令参数选项，常用的参数选项如下。

- -n NUM：显示文件的前 NUM 行。
- -c NUM：显示文件的前 NUM 字节。

示例1：显示名为 file.txt 的文件的前10行内容。

```
head file.txt
```

示例2：显示名为 file.txt 的文件的前5行内容。

```
head -n 5 file.txt
```

示例3：显示名为 file.txt 的文件的前100字节的内容。

```
head -c 100 file.txt
```

6.2.12 tail 命令

tail 命令用于显示文件的末尾部分，默认显示文件的最后 10 行。

```
tail [options] [filename(s)]
```

其中，options 为命令参数选项，常用的参数选项如下。

- -n NUM：显示文件的最后 NUM 行。
- -c NUM：显示文件的最后 NUM 字节。
- -f：监视文件的末尾，随着文件内容增加不断显示新增内容。

示例 1：显示名为 file.txt 的文件的最后 10 行内容。

```
tail file.txt
```

示例 2：显示名为 file.txt 的文件的最后 5 行内容。

```
tail -n 5 file.txt
```

示例 3：显示名为 file.txt 的文件的末尾内容，并随着文件内容的增加持续显示新增内容，适用于实时监视日志文件等场景。

```
tail -f file.txt
```

6.2.13 chmod 命令

chmod 命令用于修改文件或目录的权限。

```
chmod [options] mode file(s)
```

其中：

(1) mode：权限模式，用数字表示或符号表示。

(2) options：命令参数选项，常用的参数选项如下。

- -R：递归地修改目录及其子目录中的文件权限。
- -v：显示每个文件的权限修改信息。
- -c：仅在发生更改时显示文件权限修改信息。

示例 1：把名为 file.txt 的文件的权限设置为 -rw-r--r--，即所有者具有读写权限，而组用户和其他用户只有读权限。

```
chmod 644 file.txt
```

示例 2：给名为 file.txt 的文件的所有者添加执行权限。

```
chmod u+x file.txt
```

示例 3：递归地将名为 directory 的目录及其所有子目录中的文件权限设置为 -rwxr-xr-x，即所有者具有读、写、执行权限，而组用户和其他用户只有读、执行权限。

```
chmod -R 755 directory
```

6.2.14 chown 命令

chown 命令用于更改文件或目录的所有者和/或所属组。

```
chown [options] new_owner[:new_group] file(s)
```

其中：

(1) new_owner：新的所有者。

(2) new_group：新的所属组。

(3) options：命令参数选项，常用的参数选项如下。

- -R：递归地更改目录及其子目录中的所有者和/或所属组。
- -v：显示每个文件所有者和/或所属组的更改信息。
- -c：仅在发生更改时显示文件所有者和/或所属组的更改信息。

示例 1：把名为 file.txt 的文件的所有者更改为 newuser，而所属组保持不变。

```
chown newuser file.txt
```

示例 2：把名为 file.txt 的文件的所有者更改为 newuser，所属组更改为 newgroup。

```
chown newuser:newgroup file.txt
```

示例 3：递归地将名为 directory 的目录及其所有子目录中的所有文件和目录的所有者更改为 newuser，所属组更改为 newgroup。

```
chown -R newuser:newgroup directory
```

6.2.15　chgrp 命令

chgrp 命令用于修改文件或目录的所属组。

```
chgrp [options] new_group file(s)
```

其中：

(1) options：命令参数选项，常用的参数选项如下。

- -R，--recursive：递归地更改文件或目录的所属组，包括子目录和其中的文件。
- --reference=<参考文件或目录>：根据参考文件或目录所属组更改目标文件或目录所属组。

(2) new_group：要将文件或目录更改为新组。

示例 1：将 file.txt 的所属组更改为 group1。

```
chgrp group1 file.txt
```

示例 2：将 directory/及其所有内容的所属组更改为 group2。

```
chgrp -R group2 directory/
```

示例 3：将 target_file 的所属组更改为 reference_file 的所属组。

```
chgrp --reference=reference_file target_file
```

6.3　磁盘管理的基本概念

我们已经习惯了借助文件、目录等对用户友好的方式实现对保存在磁盘中的数据进行各种处理。文件、目录等概念是操作系统在文件系统和磁盘物理空间管理的基础上呈现在用户面前的高级抽象概念。本节将介绍 FusionOS 中与磁盘空间管理以及文件系统挂载相关的操作。

LVM 是逻辑卷管理(Logical Volume Manager)的简称,它是 Linux 环境下对磁盘分区进行管理的一种机制。LVM 通过在硬盘和文件系统之间添加一个逻辑层,来为文件系统屏蔽下层硬盘分区布局,提高硬盘分区管理的灵活性,使用 LVM 管理硬盘的基本过程如下。

(1) 将硬盘创建为物理卷。

(2) 将多个物理卷组合成卷组。

(3) 在卷组中创建逻辑卷。

(4) 在逻辑卷上创建文件系统。

LVM 的优点在于提供了更大的灵活性和可扩展性。通过 LVM,可以将多个物理磁盘分区合并为一个逻辑卷组,然后根据需要创建和调整逻辑卷的大小。这使得存储管理更加方便,可以动态地调整存储空间的分配,而无须重新分区或重新格式化硬盘。通过 LVM 管理硬盘之后,文件系统不再受限于硬盘的大小,可以分布在多个硬盘上,也可以动态扩容。

在完成逻辑卷的创建后,还需要在逻辑卷上建立文件系统。在逻辑卷上创建文件系统数据结构和元数据,以便存储和管理文件和目录。文件系统建立后,文件系统挂载则将一个文件系统连接到操作系统的目录树上,使得该文件系统中的文件和目录可以通过挂载点在操作系统中进行访问。

本章首先介绍 LVM 的基本概念和安装方法,然后介绍逻辑卷的建立和管理方法,最后介绍在逻辑卷上建立文件系统和挂载文件系统的方法。

(1) 物理存储介质(Physical Media):指系统的物理存储设备,如硬盘,系统中为/dev/hda、/dev/sda 等,是存储系统最低层的存储单元。

(2) 物理卷(Physical Volume,PV):指硬盘分区或从逻辑上与磁盘分区具有同样功能的设备(如 RAID),是 LVM 的基本存储逻辑块。物理卷包括一个特殊的标签,该标签默认存放在第二个 512B 扇区,但也可以将标签放在最开始的 4 个扇区之一。该标签包含物理卷的随机唯一识别符(UUID),记录块设备的大小和 LVM 元数据在设备中的存储位置。

(3) 卷组(Volume Group,VG):由物理卷组成,屏蔽了底层物理卷细节。可在卷组上创建一个或多个逻辑卷且不用考虑具体的物理卷信息。

(4) 逻辑卷(Logical Volume,LV):卷组不能直接用,需要划分成逻辑卷才能使用。逻辑卷可以格式化成不同的文件系统,挂载后直接使用。

(5) 物理块(Physical Extent,PE):物理卷以大小相等的"块"为单位存储,块的大小与卷组中逻辑卷块的大小相同。

(6) 逻辑块(Logical Extent,LE):逻辑卷以"块"为单位存储,在一卷组中的所有逻辑卷的块大小是相同的。

6.4 磁盘管理基本命令

6.4.1 安装

FusionOS 操作系统默认已安装 LVM。可通过 rpm -qa | grep lvm2 命令查询,若打印

信息中包含“lvm2”信息，则表示已安装LVM，可跳过本节；若无任何打印信息，则表示未安装，可参考本节内容进行安装。

步骤1 配置本地yum源，详细信息请参考2.4.2节。

步骤2 清除缓存。

```
$ dnf clean all
```

步骤3 创建缓存。

```
$ dnf makecache
```

步骤4 在root权限下安装LVM。

```
# dnf install lvm2
```

步骤5 查看安装后的rpm包。

```
$ rpm -qa | grep lvm2
```

6.4.2 管理物理卷

1. 创建物理卷

可在root权限下通过pvcreate命令创建物理卷。

```
pvcreate [option] devname …
```

其中：

(1) option：命令参数选项。常用的参数选项如下。

- -f：强制创建物理卷，不需要用户确认。
- -u：指定设备的UUID。
- -y：所有的问题都回答“yes”。

(2) devname：指定要创建的物理卷对应的设备名称，如果需要批量创建，可以填写多个设备名称，中间以空格间隔。

示例1：将/dev/sdb、/dev/sdc创建为物理卷。

```
# pvcreate /dev/sdb /dev/sdc
```

示例2：将/dev/sdb1、/dev/sdb2创建为物理卷。

```
# pvcreate /dev/sdb1 /dev/sdb2
```

2. 查看物理卷

可在root权限通过pvdisplay命令查看物理卷的信息，包括物理卷名称、所属的卷组、物理卷大小、PE大小、总PE数、可用PE数、已分配的PE数和UUID。

```
pvdisplay [option] devname
```

其中：

(1) option：命令参数选项。常用的参数选项如下。

- -s：以短格式输出。

- -m：显示 PE 到 LE 的映射。

(2) devname：指定要查看的物理卷对应的设备名称。如果不指定物理卷名称，则显示所有物理卷的信息。

示例：显示物理卷/dev/sdb 的基本信息。

```
# pvdisplay /dev/sdb
```

3. 修改物理卷属性

可在 root 权限下通过 pvchange 命令修改物理卷的属性。

```
pvchange [option] pvname …
```

其中：

(1) option：命令参数选项。常用的参数选项如下。

- -u：生成新的 UUID。
- -x：是否允许分配 PE。

(2) pvname：指定需要修改属性的物理卷对应的设备名称，如果需要批量修改，可以填写多个设备名称，中间以空格间隔。

示例：禁止分配/dev/sdb 物理卷上的 PE。

```
# pvchange -x n /dev/sdb
```

4. 删除物理卷

可在 root 权限下通过 pvremove 命令删除物理卷。

```
pvremove [option] pvname …
```

其中：

(1) option：命令参数选项。常用的参数选项如下。

- -f：强制删除物理卷，不需要用户确认。
- -y：所有的问题都回答"yes"。

(2) pvname：指定要删除的物理卷对应的设备名称，如果需要批量删除，可以填写多个设备名称，中间以空格间隔。

示例：删除物理卷/dev/sdb。

```
# pvremove /dev/sdb
```

6.4.3 管理卷组

1. 创建卷组

可在 root 权限下通过 vgcreate 命令创建卷组。

```
vgcreate [option] vgname pvname …
```

其中：

(1) option：命令参数选项。常用的参数选项如下。

• -l：卷组上允许创建的最大逻辑卷数。
• -p：卷组中允许添加的最大物理卷数。
• -s：卷组上的物理卷的 PE 大小。

(2) vgname：要创建的卷组名称。

(3) pvname：要加入卷组中的物理卷名称。

示例：创建卷组 vg1,并且将物理卷/dev/sdb 和/dev/sdc 添加到卷组中。

```
# vgcreate vg1 /dev/sdb /dev/sdc
```

2. 查看卷组

可在 root 权限下通过 vgdisplay 命令查看卷组的信息。

```
vgdisplay [option] [vgname]
```

其中：

(1) option：命令参数选项。常用的参数选项如下。

• -s：以短格式输出。
• -A：仅显示活动卷组的属性。

(2) vgname：指定要查看的卷组名称。如果不指定卷组名称,则显示所有卷组的信息。

示例：显示卷组 vg1 的基本信息。

```
# vgdisplay vg1
```

3. 修改卷组属性

可在 root 权限下通过 vgchange 命令修改卷组的属性。

```
vgchange [option] vgname
```

其中：

(1) option：命令参数选项。常用的参数选项如下。

• -a：设置卷组的活动状态。

(2) vgname：指定要修改属性的卷组名称。

示例：将卷组 vg1 状态修改为活动。

```
# vgchange - ay vg1
```

4. 扩展卷组

可在 root 权限下通过 vgextend 命令动态扩展卷组。它通过向卷组中添加物理卷来增加卷组的容量。

```
vgextend [option] vgname pvname …
```

其中：

(1) option：命令参数选项。常用的参数选项如下。

• -d：调试模式。
• -t：仅测试。

(2) vgname：要扩展容量的卷组名称。

(3) pvname：要加入卷组中的物理卷名称。

示例：在卷组 vg1 中添加物理卷/dev/sdb。

```
# vgextend vg1 /dev/sdb
```

5. 收缩卷组

可在 root 权限下通过 vgreduce 命令删除卷组中的物理卷来减少卷组容量。不能删除卷组中剩余的最后一个物理卷。

```
vgreduce [option] vgname pvname …
```

其中：

(1) option：命令参数选项。常用的参数选项如下。

- -a：如果命令行中没有指定要删除的物理卷，则删除所有的空物理卷。
- --removemissing：删除卷组中丢失的物理卷，使卷组恢复正常状态。

(2) vgname：要收缩容量的卷组名称。

(3) pvname：要从卷组中删除的物理卷名称。

示例：从卷组 vg1 中移除物理卷/dev/sdb2。

```
# vgreduce vg1 /dev/sdb2
```

6. 删除卷组

可在 root 权限下通过 vgremove 命令删除卷组。

```
vgremove [option] vgname
```

其中：

(1) option：命令参数选项。常用的参数选项如下。

-f：强制删除卷组，不需要用户确认。

(2) vgname：指定要删除的卷组名称。

示例：删除卷组 vg1。

```
# vgremove vg1
```

6.4.4 管理逻辑卷

1. 创建逻辑卷

可在 root 权限下通过 lvcreate 命令创建逻辑卷。

```
lvcreate [option] vgname
```

其中：

(1) option：命令参数选项。常用的参数选项如下。

- -L：指定逻辑卷的大小，单位为“kKmMgGtT”字节。
- -l：指定逻辑卷的大小(LE 数)。

• -n：指定要创建的逻辑卷名称。
• -s：创建快照。

(2) vgname：要创建逻辑卷的卷组名称。

示例 1：在卷组 vg1 中创建 10GB 大小的逻辑卷。

```
# lvcreate -L 10G vg1
```

示例 2：在卷组 vg1 中创建 200MB 大小的逻辑卷,并命名为 lv1。

```
# lvcreate -L 200M -n lv1 vg1
```

2. 查看逻辑卷

可在 root 权限下通过 lvdisplay 命令查看逻辑卷的信息,包括逻辑卷空间大小、读写状态和快照信息等属性。

```
lvdisplay [option] [lvname]
```

其中：

(1) option：命令参数选项。常用的参数选项如下。

-v：显示 LE 到 PE 的映射。

(2) lvname：指定要显示属性的逻辑卷对应的设备文件。如果省略,则显示所有的逻辑卷属性。

逻辑卷对应的设备文件保存在卷组目录下,例如,在卷组 vg1 上创建一个逻辑卷 lv1,则此逻辑卷对应的设备文件为/dev/vg1/lv1。

示例：显示逻辑卷 lv1 的基本信息。

```
# lvdisplay /dev/vg1/lv1
```

3. 调整逻辑卷大小

可在 root 权限下通过 lvresize 命令调整 LVM 逻辑卷的空间大小,可以增大空间和缩小空间。使用 lvresize 命令调整逻辑卷空间大小和缩小空间时需要谨慎,因为有可能导致数据丢失。

```
lvresize [option] vgname
```

其中：

(1) option：命令参数选项。常用的参数选项如下。

• -L：指定逻辑卷的大小,单位为“kKmMgGtT”字节。
• -l：指定逻辑卷的大小(LE 数)。
• -f：强制调整逻辑卷大小,不需要用户确认。

(2) lvname：指定要调整的逻辑卷名称。

示例 1：为逻辑卷/dev/vg1/lv1 增加 200MB 空间。

```
# lvresize -L +200 /dev/vg1/lv1
```

示例 2：为逻辑卷/dev/vg1/lv1 减少 200MB 空间。

```
# lvresize -L -200 /dev/vg1/lv1
```

4. 扩展逻辑卷

可在 root 权限下通过 lvextend 命令动态在线扩展逻辑卷的空间大小，而不中断应用程序对逻辑卷的访问。

```
lvextend [option] lvname
```

其中：

(1) option：命令参数选项。常用的参数选项如下。

- -L：指定逻辑卷的大小，单位为“kKmMgGtT”字节。
- -l：指定逻辑卷的大小(LE 数)。
- -f：强制调整逻辑卷大小，不需要用户确认。

(2) lvname：指定要扩展空间的逻辑卷的设备文件。

示例：为逻辑卷/dev/vg1/lv1 增加 100MB 空间。

```
# lvextend -L +100M /dev/vg1/lv1
```

5. 收缩逻辑卷

可在 root 权限下通过 lvreduce 命令减少逻辑卷占用的空间大小。使用 lvreduce 命令收缩逻辑卷的空间大小有可能会删除逻辑卷上已有的数据，所以在操作前必须进行确认。

```
lvreduce [option] lvname
```

其中：

(1) option：命令参数选项。常用的参数选项如下。

- -L：指定逻辑卷的大小，单位为“kKmMgGtT”字节。
- -l：指定逻辑卷的大小(LE 数)。
- -f：强制调整逻辑卷大小，不需要用户确认。

(2) lvname：指定要扩展空间的逻辑卷的设备文件。

示例：将逻辑卷/dev/vg1/lv1 的空间减少 100MB。

```
# lvreduce -L -100M /dev/vg1/lv1
```

6. 删除逻辑卷

可在 root 权限下通过 lvremove 命令删除逻辑卷。如果逻辑卷已经使用 mount 命令加载，则不能使用 lvremove 命令删除。必须使用 umount 命令卸载后，逻辑卷方可被删除。

```
lvremove [option] vgname
```

其中：

(1) option：命令参数选项。常用的参数选项如下。

-f：强制删除逻辑卷，不需要用户确认。

(2) vgname：指定要删除的逻辑卷。

示例：删除逻辑卷/dev/vg1/lv1。

```
# lvremove /dev/vg1/lv1
```

6.4.5 创建并挂载文件系统

在创建完逻辑卷之后，需要在逻辑卷之上创建文件系统并挂载文件系统到相应目录下。创建文件系统并挂载是在计算机系统中管理存储设备的重要操作，允许操作系统以文件的方式访问和管理存储在存储介质(如硬盘、分区、磁盘等)上的数据。

1. 创建文件系统

创建文件系统是指在存储设备上建立一个数据结构，用于组织文件和目录，并记录文件的元数据和数据块的分布。常见的文件系统类型包括EXT4、NTFS、FAT32、XFS等。

以EXT4文件系统为例，创建文件系统的步骤如下。第一，创建超级块和元数据。在分区上创建文件系统的超级块(superblock)和元数据结构，用于记录文件系统的基本信息、布局和参数。第二，分配inode表。在文件系统上分配inode表，inode用于存储文件和目录的元数据信息，如权限、所有者、时间戳等。第三，分配数据块。为文件分配数据块，以存储文件的实际内容。第四，建立根目录。创建根目录(/)作为文件系统的起始点，建立目录结构。可在root权限下通过mkfs命令创建文件系统。

```
mkfs [option] lvname
```

其中：

(1) option：命令参数选项。常用的参数选项如下。

-t：指定创建的Linux系统类型，如EXT2、EXT3、EXT4等，默认类型为EXT2。

(2) lvname：指定要创建的文件系统对应的逻辑卷设备文件名。

示例：在逻辑卷/dev/vg1/lv1上创建EXT4文件系统。

```
# mkfs -t ext4 /dev/vg1/lv1
```

2. 手动挂载文件系统

挂载是将创建好的文件系统链接到操作系统的目录结构中，使操作系统可以通过指定的挂载点访问存储设备上的数据。挂载的步骤包括：第一，选择挂载点，选择操作系统中的一个目录作为挂载点，用于访问存储设备上的文件系统；第二，挂载命令，使用挂载命令(如mount命令)将文件系统挂载到选择的挂载点上；第三，建立连接，操作系统通过建立目录树中的连接，将挂载的文件系统与挂载点连接起来。

一旦文件系统被挂载，用户和应用程序可以通过挂载点访问存储设备上的文件和目录。挂载可分为手动和自动两种方式。手动挂载的文件系统仅在当时有效，一旦操作系统重启则会不存在。可在root权限下通过mount命令挂载文件系统。

```
mount lvname mntpath
```

其中：

(1) lvname：指定要挂载文件系统的逻辑卷设备文件名。

(2) mntpath：挂载路径。

示例：将逻辑卷/dev/vg1/lv1挂载到/mnt/data目录。

```
# mount /dev/vg1/lv1 /mnt/data
```

3. 自动挂载文件系统

手动挂载的文件系统在操作系统重启之后会不存在，需要重新手动挂载文件系统。但若在手动挂载文件系统后在 root 权限下进行如下设置，可以实现操作系统重启后文件系统自动挂载文件系统。

(1) 执行 blkid 命令查询逻辑卷的 UUID，逻辑卷以/dev/vg1/lv1 为例。

```
# blkid /dev/vg1/lv1
```

查看打印信息，打印信息中包含如下内容，其中，uuidnumber 是一串数字，为 UUID，fstype 为文件系统。

```
/dev/vg1/lv1: UUID = "uuidnumber" TYPE = "fstype"
```

(2) 执行 vi/etc/fstab 命令编辑 fstab 文件，并在最后加上如下内容。

```
UUID = uuidnumber mntpath                    fstype    defaults          0 0
```

内容说明如下。

第一列：UUID，此处填写查询的 uuidnumber。

第二列：文件系统的挂载目录 mntpath。

第三列：文件系统的文件格式，此处填写查询的 fstype。

第四列：挂载选项，此处以"defaults"为例。

第五列：备份选项，设置为"1"时，系统自动对该文件系统进行备份；设置为"0"时，不进行备份。此处以"0"为例。

第六列：扫描选项，设置为"1"时，系统在启动时自动对该文件系统进行扫描；设置为"0"时，不进行扫描。此处以"0"为例。

(3) 验证自动挂载功能。

- 执行 umount 命令卸载文件系统，逻辑卷以/dev/vg1/lv1 为例。

```
# umount /dev/vg1/lv1
```

- 执行如下命令，将/etc/fstab 文件所有内容重新加载。

```
# mount -a
```

- 执行如下命令，查询文件系统挂载信息，挂载目录以/mnt/data 为例。

```
# mount | grep /mnt/data
```

查看打印信息，若信息中包含如下信息表示自动挂载功能生效。

```
/dev/vg1/lv1 on /mnt/data
```

小结

本章首先介绍了文件系统的基本概念和工作原理，然后介绍了常用的文件系统命令，最后介绍了逻辑卷管理(LVM)在 Linux 环境中的基本概念、用途以及操作步骤。LVM 允许管理员在硬盘管理方面更加灵活和高效，通过将物理层、逻辑层和文件系统分离，简化了存储管理和维护工作。

习题

1. 什么是 LVM？它在 Linux 环境中的作用是什么？
2. LVM 管理硬盘的基本过程是什么？
3. LVM 的优点是什么？它如何提供更大的灵活性和可扩展性？
4. LVM 中的卷组和逻辑卷分别是什么？它们的作用是什么？
5. 在 LVM 中，什么是物理块(PE)和逻辑块(LE)？
6. 如何创建物理卷？请提供一个示例。
7. 如何查看物理卷的信息？请提供一个示例。
8. 如何创建卷组？请提供一个示例。
9. 如何创建并挂载文件系统？请提供一个示例。
10. 如何设置文件系统在系统启动时自动挂载？请给出相应的步骤。

第7章

搭建FTP服务器

CHAPTER 7

FTP服务器可以被认为是最古老的网络应用之一。FTP是一个用于在计算机之间传输文件的标准网络协议,最早由美国国防高级研究计划署(ARPA)在20世纪70年代早期开发。FTP的发展推动了网络上文件的交换和共享,为互联网的形成和发展打下了基础。在早期的互联网中,FTP是主要的文件传输协议之一,用于在计算机之间传输数据,这使得用户可以轻松地共享软件、文档和其他类型的文件。本章将对FTP服务器的安装、配置和使用进行介绍。

7.1　FTP 服务概述

7.1.1　FTP 简介

文件传输协议(File Transfer Protocol,FTP)是互联网最早的传输协议之一,其最主要的功能是服务器和客户端之间的文件传输。FTP 使用户可以通过一套标准的命令访问远程系统上的文件,而不需要直接登录远程系统。另外,FTP 服务器还提供了如下主要功能。

1. 用户分类

默认情况下,FTP 服务器依据登录情况,将用户分为实体用户、访客、匿名用户三类。三类用户对系统的访问权限差异较大,实体用户具有较完整的访问权限,匿名用户仅有下载资源的权限。

2. 命令记录和日志文件记录

FTP 可以利用系统的 syslogd 记录数据,这些数据包括用户历史使用命令与用户传输数据(传输时间、文件大小等),用户可以在/var/log/中获得各项日志信息。

3. 限制用户的访问范围

FTP 可以将用户的工作范围限定在用户主目录。用户通过 FTP 登录后系统显示的根目录就是用户主目录,这种环境被称为 change root,简称 chroot。这种方式可以限制用户只能访问主目录,而不允许访问/etc、/home、/usr/local 等系统的重要目录,从而保护系统,使系统更安全。

7.1.2　FTP 使用到的端口

FTP 的正常工作需要使用到多个网络端口,服务器端会使用到的端口主要有:

(1) 命令通道,默认端口为 21。

(2) 数据通道,默认端口为 20。

两者的连接发起端不同,端口 21 主要接收来自客户端的连接,端口 20 则是 FTP 服务器主动连接至客户端。

7.2　vsftpd 服务器的安装与配置

7.2.1　vsftpd 简介

由于 FTP 历史悠久,它采用未加密的传输方式,所以被认为是一种不安全的协议。为了更安全地使用 FTP，这里介绍 FTP 较为安全的守护进程 vsftpd（Very Secure FTP Daemon）。之所以说 vsftpd 安全，是因为它最初的发展理念就是构建一个以安全为中心的 FTP 服务器。它具有如下特点。

(1) vsftpd 服务的启动身份为一般用户，具有较低的系统权限。此外，vsftpd 使用 chroot 改变根目录，不会误用系统工具。

(2) 任何需要较高执行权限的 vsftpd 命令均由一个特殊的上层程序控制，该上层程序的权限较低，以不影响系统本身为准。

(3) vsftpd 整合了大部分 FTP 会使用到的额外命令（如 dir、ls、cd 等），一般不需要系统提供额外命令，对系统来说比较安全。

7.2.2 安装 vsftpd

使用 vsftpd 需要安装 vsftpd 软件，在已经配置 yum 源的情况下，通过 root 权限执行如下命令，即可完成 vsftpd 的安装。

```
# dnf install vsftpd
```

7.2.3 管理 vsftpd 服务

启动、停止和重启 vsftpd 服务，请在 root 权限下执行对应命令。

(1) 启动 vsftpd 服务。

```
# systemctl start vsftpd
```

可以通过 netstat 命令查看通信端口 21 是否开启，如下显示说明 vsftpd 已经启动。

```
# netstat -tulnp | grep 21
tcp6        0       0 :::
21                    :::*                            LISTEN       19716/vsftpd
```

如果没有 netstat 命令，可以执行 dnf install net-tools 命令安装后再使用 netstat 命令。

(2) 停止 vsftpd 服务。

```
# systemctl stop vsftpd
```

(3) 重启 vsftpd 服务。

```
# systemctl restart vsftpd
```

7.2.4 配置 vsftpd

1. vsftpd 配置文件介绍

用户可以通过修改 vsftpd 的配置文件，控制用户权限等。vsftpd 的主要配置文件和含义如表 7-1 所示，用户可以根据需求修改配置文件的内容。更多的配置参数含义可以通过 man 查看。

表 7-1　vsftpd 配置文件

配置文件	含义
/etc/vsftpd/vsftpd. conf	vsftpd 进程的主配置文件，配置内容格式为"参数＝参数值"，且参数和参数值不能为空。 vsftpd. conf 的详细介绍可以使用如下命令查看： man 5 vsftpd. conf
/etc/pam. d/vsftpd	PAM(Pluggable Authentication Modules)认证文件，主要用于身份认证和限制一些用户的操作
/etc/vsftpd/ftpusers	禁用使用 vsftpd 的用户列表文件。默认情况下，系统账号也在该文件中，因此系统账号默认无法使用 vsftpd
/etc/vsftpd/user_list	禁止或允许登录 vsftpd 服务器的用户列表文件。该文件是否生效，取决于主配置文件 vsftpd. conf 中的如下参数： userlist_enable：是否启用 userlist 机制，YES 为启用，此时 userlist_deny 配置有效，NO 为禁用。 userlist_deny：是否禁止 user_list 中的用户登录，YES 为禁止名单中的用户登录，NO 为允许命令中的用户登录。 例如 userlist_enable＝YES，userlist_deny＝YES，则 user_list 中的用户都无法登录
/etc/vsftpd/chroot_list	是否限制在主目录下的用户列表。该文件默认不存在，需要手动建立。它是主配置文件 vsftpd. conf 中参数 chroot_list_file 的参数值。 其作用是限制还是允许，取决于主配置文件 vsftpd. conf 中的如下参数。 • chroot_local_user：是否将所有用户限制在主目录，YES 为启用，NO 禁用。 • chroot_list_enable：是否启用限制用户的名单，YES 为启用，NO 禁用。 例如 chroot_local_user＝YES，chroot_list_enable＝YES，且指定 chroot_list_file＝/etc/vsftpd/chroot_list 时，表示所有用户被限制在其主目录下，而 chroot_list 中的用户不受限制
/usr/sbin/vsftpd	vsftpd 的唯一执行文件
/var/ftp/	匿名用户登录的默认根目录，与 FTP 账户的用户主目录有关

2. 默认配置说明

FusionOS 系统中，vsftpd 默认不开放匿名用户，使用 vim 命令查看主配置文件，其内容如下。

```
$ vim /etc/vsftpd/vsftpd.conf
anonymous_enable = NO
local_enable = YES
write_enable = YES
local_umask = 022
dirmessage_enable = YES
xferlog_enable = YES
connect_from_port_20 = YES
xferlog_std_format = YES
listen = NO
listen_ipv6 = YES
pam_service_name = vsftpd
userlist_enable = YES
```

该配置内容仅供参考，请用户根据实际情况(如安全加固需要)进行修改。该配置文件中的各参数含义如表 7-2 所示。

表 7-2 vsftpd.conf 参数说明

参 数	含 义
anonymous_enable	是否允许匿名用户登录,YES 为允许匿名登录,NO 为不允许
local_enable	是否允许本地用户登录,YES 为允许本地用户登录,NO 为不允许
write_enable	是否允许登录用户有写权限,YES 为启用上传写入功能,NO 为禁用
local_umask	本地用户新增档案时的 umask 值
dirmessage_enable	当用户进入某个目录时,是否显示该目录需要注意的内容,YES 为显示注意内容,NO 为不显示
xferlog_enable	是否记录使用者上传与下载文件的操作,YES 为记录操作,NO 为不记录
connect_from_port_20	Port 模式进行数据传输是否使用端口 20,YES 为使用端口 20,NO 为不使用端口 20
xferlog_std_format	传输日志文件是否以标准 xferlog 格式书写,YES 为使用该格式书写,NO 为不使用
listen	设置 vsftpd 是否以 stand alone 的方式启动,YES 为使用 stand alone 方式启动,NO 为不使用该方式
pam_service_name	支持 PAM 模块的管理,配置值为服务名称,例如 vsftpd
userlist_enable	是否支持/etc/vsftpd/user_list 文件内的账号登录控制,YES 为支持,NO 为不支持
tcp_wrappers	是否支持 TCP Wrappers 的防火墙机制,YES 为支持,NO 为不支持
listen_ipv6	是否侦听 IPv6 的 FTP 请求,YES 为侦听,NO 为不侦听。listen 和 listen_ipv6 不能同时开启

3. 配置本地时间

(1) FusionOS 系统中,vsftpd 默认使用 GMT 时间(格林尼治时间),可能和本地时间不一致,例如,GMT 时间比北京时间晚 8 小时,请用户改为本地时间,否则服务器和客户端时间不一致,在上传下载文件时可能引起错误。

(2) 在 root 权限下设置 vsftpd 时间为本地时间的操作步骤如下。

步骤 1 打开配置文件 vsftpd.conf,将参数 use_localtime 的参数值改为 YES。命令如下。

```
# vim /etc/vsftpd/vsftpd.conf
```

配置内容如下。

```
use_localtime = YES
```

步骤 2 重启 vsftpd 服务。

```
# systemctl restart vsftpd
```

步骤 3 设置 vsftpd 服务开机启动。

```
# systemctl enable vsftpd
```

4. 配置欢迎信息

正常使用 vsftpd 服务,需要存在欢迎信息文件。在 root 权限下设置 vsftp 的欢迎信息

welcome.txt 文件的操作步骤如下。

步骤 1　打开配置文件 vsftpd.conf，加入欢迎信息文件配置内容后保存退出。

```
# vim /etc/vsftpd/vsftpd.conf
```

需要加入的配置行如下。

```
banner_file = /etc/vsftpd/welcome.txt
```

步骤 2　建立欢迎信息。即打开 welcome.txt 文件，写入欢迎信息后保存退出。

```
# vim /etc/vsftpd/welcome.txt
```

欢迎信息举例如下。

```
Welcome to this FTP server!
```

5. 配置系统账号登录权限

一般情况下，用户需要限制部分账号的登录权限。用户可根据需要进行配置。限制系统账号登录的文件有两个，默认如下。

(1) /etc/vsftpd/ftpusers：受/etc/pam.d/vsftpd 文件的设置影响，由 PAM 模块掌管。

(2) /etc/vsftpd/user_list：由 vsftpd.conf 的 userlist_file 设置，由 vsftpd 主动提供。

两个文件必须同时存在且内容相同，请参考/etc/passwd 文件，将 UID 小于 500 的账号写入这两个文件，每一行代表一个账号。如果用户需要限制系统账号登录，需要在 root 权限下将对应账号添加到/etc/vsftpd/ftpusers 和/etc/vsftpd/user_list。打开 user_list 可以查看当前文件中包含的账号信息，命令和回显如下。

```
$ vim /etc/vsftpd/user_list
root
bin
daemon
adm
lp
sync
shutdown
halt
mail
news
uucp
operator
games
nobody
```

7.2.5 验证 FTP 服务是否搭建成功

可以使用 FusionOS 提供的 FTP 客户端进行验证。命令和回显如下，根据提示输入用户名(用户为系统中存在的用户)和密码。如果显示 Login successful，即说明 FTP 服务器搭建成功。

```
$ ftp localhost
Trying 127.0.0.1…
```

```
Connected to localhost (127.0.0.1).
220 - Welcome to this FTP server!
220
Name (localhost:root): USERNAME
331 Please specify the password.
Password:
230 Login successful.
Remote system type is UNIX.
Using binary mode to transfer files.
ftp> bye
221 Goodbye.
```

如果没有 ftp 命令,可以在 root 权限下执行 dnf install ftp 命令安装后再使用 ftp 命令。

7.2.6 配置防火墙

如果要将 FTP 开放给 Internet 使用,需要在 root 权限下对防火墙和 SELinux 进行设置。

```
# firewall-cmd --add-service=ftp --permanent
success
# firewall-cmd --reload
success
# setsebool -P ftpd_full_access on
```

7.3 FTP 服务器的使用

这里给出 vsftpd 服务启动后,如何进行文件传输的指导。

7.3.1 连接服务器

1. 命令格式

```
ftp [hostname | ip-address]
```

其中,hostname 为服务器名称,ip-address 为服务器 IP 地址。

2. 操作说明

在 FusionOS 系统的命令行终端,执行如下命令。

```
$ ftp ip-address
```

根据提示输入用户名和密码,认证通过后显示如下,说明 FTP 连接成功,此时进入了连接到的服务器目录。

```
ftp>
```

在该提示符下,可以输入不同的命令进行相关操作。

-显示服务器当前路径。

```
ftp > pwd
```

-显示本地路径，用户可以将该路径下的文件上传到FTP服务器对应位置。

```
ftp > lcd
```

-退出当前窗口，返回本地Linux终端。

```
ftp >!
```

7.3.2 下载文件

通常使用get或mget命令下载文件。

1. get使用方法

（1）功能说明：将文件从远端主机中传送至本地主机中。

（2）命令格式：

```
get [remote - file] [local - file]
```

其中，remote-file为远程文件，local-file为本地文件。

（3）示例：获取远程服务器上的/home/FusionOS/FusionOS.htm文件到本地/home/myFusionOS/，并改名为myFusionOS.htm，命令如下。

```
ftp > get /home/FusionOS/FusionOS.htm /home/myFusionOS/myFusionOS.htm
```

2. mget使用方法

（1）功能说明：从远端主机接收一批文件至本地文件。

（2）命令格式：

```
mget [remote - file]
```

其中，remote-file为远程文件。

（3）示例：获取服务器上/home/FusionOS/目录下的所有文件，命令如下。

```
ftp > cd /home/FusionOS/
ftp > mget *.*
```

此时每下载一个文件，都会有提示信息。如果要屏蔽提示信息，则在mget *.* 命令前先执行prompt off。文件都被下载到Linux主机的当前目录下。例如，在/home/myFusionOS/下运行的ftp命令，则文件都下载到/home/myFusionOS/下。

7.3.3 上传文件

通常使用put或mput命令上传文件。

1. put使用方法

（1）功能说明：将本地的一个文件传送到远端主机中。

(2) 命令格式：

```
put [local-file] [remote-file]
```

其中，remote-file 为远程文件，local-file 为本地文件。

(3) 示例：将本地的 myFusionOS.htm 传送到远端主机/home/FusionOS/，并改名为 FusionOS.htm，命令如下。

```
ftp> put myFusionOS.htm /home/FusionOS/FusionOS.htm
```

2. mput 使用方法

(1) 功能说明：将本地主机中一批文件传送至远端主机。

(2) 命令格式：

```
mput [local-file]
```

其中，local-file 为本地文件。

(3) 示例：将本地当前目录下所有 htm 文件上传到服务器/home/FusionOS/下，命令如下。

```
ftp> cd /home/FusionOS/
ftp> mput *.htm
```

7.3.4 删除文件

通常使用 delete 或 mdelete 命令删除文件。

1. delete 使用方法

(1) 功能说明：删除远程服务器上的一个或多个文件。

(2) 命令格式：

```
delete [remote-file]
```

其中，remote-file 为远程文件。

(3) 示例：删除远程服务器上/home/FusionOS/下的 FusionOS.htm 文件，命令如下。

```
ftp> cd /home/FusionOS/
ftp> delete FusionOS.htm
```

2. mdelete 使用方法

(1) 功能说明：删除远程服务器上的文件，常用于批量删除。

(2) 命令格式：

```
mdelete [remote-file]
```

其中，remote-file 为远程文件。

(3) 示例：删除远程服务器上/home/FusionOS/下所有以 a 开头的文件，命令如下。

```
ftp> cd /home/FusionOS/
ftp> mdelete a*
```

7.3.5　断开服务器

断开与服务器的连接，使用bye命令，如下。

```
ftp> bye
```

7.4　TFTP与TFTP服务器使用简介

7.4.1　TFTP简介

TFTP(Trivial File Transfer Protocol)是一种简单的文件传输协议，用于在计算机网络中传输文件。与FTP相比，TFTP更加简单，功能也更少，但在某些场景下仍然非常有用，例如，用于嵌入式系统中的固件升级。

TFTP的特点如下。

简单性：TFTP的设计非常简单，仅包含文件传输和文件读取两种基本功能。

无认证：TFTP不需要身份验证或加密，因此安全性较低。

UDP：TFTP基于UDP而非TCP，因此它的数据传输可能不可靠，不保证数据的可靠性和完整性。

端口号：TFTP默认使用UDP端口69。

TFTP的工作流程如下。

客户端向服务器发送读取或写入文件的请求。

服务器根据请求的类型进行响应，如果是读取请求，则服务器发送文件给客户端；如果是写入请求，则客户端向服务器发送文件。

数据通过UDP进行传输，没有建立持久的连接，每个数据包都是独立的。

TFTP服务器是运行TFTP服务的计算机或设备。它负责响应客户端的请求，提供文件的读取和写入功能。

TFTP服务器通常用于以下场景。

固件升级：嵌入式设备通常使用TFTP来进行固件升级，因为TFTP简单轻量，适合资源受限的设备。

配置文件传输：TFTP可用于网络设备之间的配置文件传输，如路由器、交换机等。

引导文件：某些操作系统或设备在启动时可能需要从网络上加载引导文件，TFTP服务器可以用来提供这些引导文件。

在部署TFTP服务器时，需要确保服务器的防火墙允许UDP端口69的流量通过，并且需要配置服务器以响应客户端的请求。

总的来说，TFTP是一个简单而有效的文件传输协议，适用于特定的场景，例如，嵌入式系统中的固件升级或网络设备之间的配置文件传输。

7.4.2　TFTP的基本命令

TFTP用于在计算机网络中传输文件，其常用的命令及其基本用法如下。

1. 下载文件

```
tftp -g -r filename -l localfilename host
```

其中：

- -g 表示使用 TFTP GET 模式。
- -r filename 指定要下载的远程文件名。
- -l localfilename 指定保存到本地的文件名。
- host 表示 TFTP 服务器的主机名或 IP 地址。

示例：这将从 TFTP 服务器 192.168.1.100 下载名为 example.txt 的文件，并将其保存为本地的 example.txt 文件。

```
tftp -g -r example.txt -l example.txt 192.168.1.100
```

2. 上传文件

```
tftp -p -r filename -l localfilename host
```

其中：

- -p 表示使用 TFTP PUT 模式。
- -r filename 指定要上传到远程服务器的文件名。
- -l localfilename 指定要上传的本地文件名。
- host 表示 TFTP 服务器的主机名或 IP 地址。

示例：这将把本地的 example.txt 文件上传到 TFTP 服务器 192.168.1.100，并命名为 example.txt。

```
tftp -p -r example.txt -l example.txt 192.168.1.100
```

小结

本章首先介绍了 FTP 和 TFTP 服务器的基本工作原理，FTP 和 TFTP 都是用于文件传输的协议，但它们的设计目标和特性不同。FTP 适用于大文件和需要较高安全性的传输场景，而 TFTP 则适用于简单的文件传输需求，如配置文件的快速传输。随后介绍了搭建 FTP 服务器的过程，主要涵盖了 vsftpd 服务器的搭建、管理以及使用步骤。最后介绍了 TFTP 服务器的使用方法。

习题

1. 什么是 FTP？FTP 服务器的主要功能有哪些？FTP 使用到哪些网络端口？
2. FTP 服务器根据登录情况将用户分为哪三类？这些用户的访问权限有何差异？
3. 什么是 vsftpd？vsftpd 的安全特点有哪些？
4. 如何安装 vsftpd 软件？如何启动、停止和重启 vsftpd 服务？

5．vsftpd的配置文件主要有哪些？它们各自的作用是什么？

6．介绍一下默认的vsftpd配置内容，包括参数含义。

7．如何将vsftpd的时间设置为本地时间？如何配置vsftpd的欢迎信息？如何配置限制系统账号登录？

8．如何验证FTP服务是否搭建成功？

9．如何配置防火墙以开放FTP服务给Internet使用？

第8章

搭建Web服务器

CHAPTER 8

WWW代表着 World Wide Web，即全球信息网络，是一个由互联网上相互链接的超文本文档组成的系统。WWW 是互联网的一部分，它使用户可以通过互联网浏览器访问和浏览网页，并通过超链接与网页之间的内容进行交互。Web 服务器是支持 WWW 运行的重要组成部分，二者之间有着密切的关系。

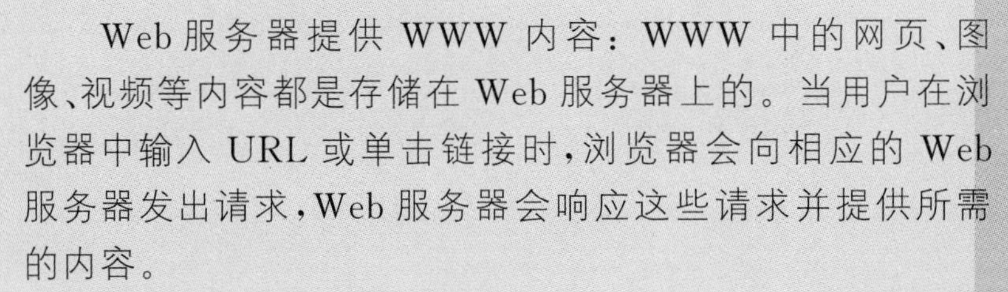

Web 服务器提供 WWW 内容：WWW 中的网页、图像、视频等内容都是存储在 Web 服务器上的。当用户在浏览器中输入 URL 或单击链接时，浏览器会向相应的 Web 服务器发出请求，Web 服务器会响应这些请求并提供所需的内容。

Web 服务器实现 HTTP/HTTPS：WWW 中的通信和数据传输主要依赖 HTTP（或安全的 HTTPS）。Web 服务器负责实现和处理 HTTP/HTTPS，它们接收来自浏览器的 HTTP 请求，并返回相应的 HTTP 响应。

目前有许多不同类型的 Web 服务器可供选择，本章将介绍两种使用最广泛的 Web 服务器——Apache 服务器和 Nginx 服务器的安装、配置和使用的内容。

8.1 Web 服务器工作的基本原理

Web 服务器是一种软件程序，其主要功能是接收来自客户端的 HTTP 请求，并向客户端发送 HTTP 响应。以下是 Web 服务器的基本工作原理。

(1) 接收请求：Web 服务器在网络上监听指定的端口(通常是 80 端口)，等待来自客户端的连接请求。

(2) 解析请求：一旦收到请求，Web 服务器会解析 HTTP 请求，提取请求的目标资源(通常是 URL 中指定的文件或页面)以及其他相关信息(如请求方法、头部信息等)。

(3) 处理请求：接下来，Web 服务器根据请求的内容执行相应的处理。这可能涉及从本地文件系统获取请求的文件，或者将请求转发给其他服务器或应用程序进行处理。常见的处理方式包括静态文件传输、动态内容生成、反向代理等。

(4) 生成响应：当服务器完成对请求的处理后，它会生成 HTTP 响应。这个响应通常包括一个状态码(如 200 表示成功、404 表示未找到资源等)、HTTP 头部信息(如内容类型、内容长度等)以及实际的响应内容(如 HTML 页面、图像文件等)。

(5) 发送响应：最后，Web 服务器将完整的 HTTP 响应发送回客户端，通过网络传输到客户端的浏览器或其他 HTTP 客户端。

(6) 关闭连接：在完成响应发送后，服务器可能会根据 HTTP 的持久连接选项来决定是否保持 TCP 连接以便处理后续请求，或者在短连接的情况下关闭 TCP 连接。

重要的是要理解，Web 服务器并不仅限于提供静态文件。许多现代的 Web 服务器，如 Apache、Nginx 和 Microsoft IIS，也提供了丰富的功能，例如，动态内容生成(通过与应用程序服务器的集成)、SSL 加密、负载均衡和缓存等。

总的来说，Web 服务器的工作原理是接收、解析、处理和发送 HTTP 请求和响应，以便客户端能够访问和浏览互联网上的各种资源。

8.2 Apache 服务器简介

Web(World Wide Web)是目前最常用的 Internet 协议之一。目前在 UNIX-Like 系统中的 Web 服务主要通过 Apache 服务器软件实现。为了实现运营动态网站，产生了 LAMP (Linux+Apache+MySQL+PHP)。Web 服务可以结合文字、图形、影像以及声音等多媒体，并支持超链接(Hyperlink)的方式传输信息。FusionOS 系统中的 Web 服务器版本是 Apache HTTP 服务器 2.4 版本，即 httpd，一个由 Apache 软件基金会发展而来的开源 Web 服务器。

Apache 服务器的一些关键特点如下。

(1) 开源和免费：Apache 是开源软件，完全免费使用和分发。这使得它成为许多个人、企业和组织的首选 Web 服务器。

(2) 跨平台性：Apache 可以运行在多种操作系统上，包括 Linux、UNIX、Windows 等，因此非常灵活。

(3) 模块化设计：Apache的设计非常模块化，可以通过加载或卸载各种模块来扩展其功能。这种灵活性使得它可以满足各种不同需求，如动态内容生成、SSL加密、代理、缓存等。

(4) 可扩展性：Apache通过模块的方式实现了可扩展性，使得用户可以根据需要添加或移除特定功能，而无须重新编译整个软件。

(5) 安全性：Apache提供了多种安全功能和配置选项，包括访问控制、SSL/TLS支持、数字证书管理等，有助于保护Web服务器和托管的网站免受网络攻击。

(6) 性能优化：Apache经过多年的发展和优化，具有良好的性能和稳定性。它支持多线程和多进程模型，能够处理大量的并发请求。

(7) 广泛的社区支持：作为开源项目，Apache拥有一个庞大的用户和开发者社区，提供了丰富的文档、插件、工具和支持资源。

8.3 Apache服务器的基本命令

通过systemctl工具，可以对httpd服务进行管理，包括启动、停止、重启服务，以及查看服务状态等。本节介绍Apache HTTP服务的管理操作，以指导用户使用。

8.3.1 安装

为了能够使用Apache HTTP服务，请确保系统中已经安装httpd服务的rpm包。在root权限下执行如下命令进行安装。

```
# dnf install httpd
```

启动、停止和重启httpd服务，需要使用root权限。

8.3.2 启动服务

(1) 启动并运行httpd服务，命令如下。

```
# systemctl start httpd
```

(2) 假如希望在系统启动时，httpd服务自动启动，则命令和回显如下。

```
# systemctl enable httpd Created symlink /etc/systemd/system/multi - user. target. wants/
httpd. service → /usr/lib/systemd/system/httpd. service.
```

假如正在运行的Apache HTTP服务器作为一个安全服务器，系统开机启动后需要密码，这个密码使用的是加密的私有SSL密钥。

8.3.3 停止服务

(1) 停止运行的httpd服务，命令如下。

```
# systemctl stop httpd
```

(2) 如果希望防止服务在系统开机阶段自动开启，命令和回显如下。

```
# systemctl disable httpd
Removed /etc/systemd/system/multi - user.target.wants/httpd.service.
```

8.3.4　重启服务

重启服务有以下三种方式。

(1) 完全重启服务。

```
# systemctl restart httpd
```

该命令会停止运行的 httpd 服务并且立即重新启动它。一般在服务安装以后或者去除一个动态加载的模块(如 PHP)时使用这个命令。

(2) 重新加载配置。

```
# systemctl reload httpd
```

该命令会使运行的 httpd 服务重新加载它的配置文件。任何当前正在处理的请求将会被中断,从而造成客户端浏览器显示一个错误消息或者重新渲染部分页面。

(3) 重新加载配置而不影响激活的请求。

```
# apachectl graceful
```

该命令会使运行的 httpd 服务重新加载它的配置文件。任何当前正在处理的请求将会继续使用旧的配置文件。

8.3.5　验证服务状态

验证 httpd 服务是否正在运行:

```
$ systemctl is-active httpd
```

回显为"active"说明服务处于运行状态。

8.4　Apache 服务器的配置

8.4.1　配置文件说明

当 httpd 服务启动后,默认情况下它会读取如表 8-1 所示的配置文件。

表 8-1　httpd 服务读取配置文件说明

文　件	说　明
/etc/httpd/conf/httpd.conf	主要的配置文件
/etc/httpd/conf.d/	配置文件的辅助目录,这些配置文件也被包含在主配置文件当中 一个配置文件的辅助目录被包含在主要的配置文件中
/etc/httpd/conf.modules.d/	配置 httpd 插件加载的目录,httpd 启动时会按文件名顺序加载插件

虽然默认配置可以适用于多数情况,但是用户至少需要熟悉里面的一些重要配置项。配置文件修改完成后,可以在 root 权限下使用如下命令检查配置文件可能出现的语法错误。

```
# apachectl configtest
```

如果回显如下,说明配置文件语法正确。

```
Syntax OK
```

在修改配置文件之前,请先备份原始文件,以便出现问题时能够快速恢复配置文件。

/etc/httpd/conf. modules. d/00-proxy. conf 文件中有对 mod_proxy_wstunnel. so 模块的加载,此模块只适用于 Websocket 的 URL; 对于不需要使用 Wesocket 的 URL,需要在/etc/httpd/conf. modules. d/00-proxy. conf 文件中注释以下行,以避免引起安全风险(见 CVE-2019-17567)。最后需要重启 Web 服务,才能使修改后的配置文件生效。

```
LoadModule proxy_wstunnel_module modules/mod_proxy_wstunnel.s
```

8.4.2 管理模块和 SSL

1. 概述

httpd 服务是一个模块化的应用,它和许多动态共享对象(Dynamic Shared Objects,DSO)一起分发。动态共享对象,在必要情况下,可以在运行时被动态加载或卸载。服务器操作系统中这些模块位于/usr/lib64/httpd/modules/目录下。本节介绍如何加载和写入模块。

2. 加载模块

为了加载一个特殊的 DSO 模块,在配置文件中使用加载模块指示。独立软件包提供的模块一般在/etc/httpd/conf. modules. d 目录下有相应的配置文件。例如,加载 asis DSO 模块的操作步骤如下。

步骤 1 在/etc/httpd/conf. modules. d/00-optional. conf 文件中,使用 root 权限取消注释如下配置行。

```
LoadModule asis_module modules/mod_asis.so
```

步骤 2 加载完成后,请使用 root 权限重启 httpd 服务以便于重新加载配置文件。

```
# systemctl restart httpd
```

步骤 3 加载完成后,在 root 权限下使用 httpd -M 的命令查看是否已经加载了 asis DSO 模块。

```
# httpd -M | grep asis
```

回显如下,说明 asis DSO 模块加载成功。

```
asis_module (shared)
```

3. SSL 介绍

安全套接层(Secure Sockets Layer,SSL)是一个允许服务端和客户端之间进行安全通信的加密协议。其中,传输层安全性协议(Transport Layer Security,TLS)为网络通信提供了安全性和数据完整性保障。FusionOS 支持 Mozilla NSS(Network Security Services)作为安全性协议进行配置。加载 SSL 的操作步骤如下。

步骤 1 在 root 权限下安装 mod_ssl 的 rpm 包。

```
# dnf install mod_ssl
```

步骤 2　安装完成后，请在 root 权限下重启 httpd 服务以便于重新加载配置文件。

```
# systemctl restart httpd
```

步骤 3　加载完成后，在 root 权限下使用 httpd -M 的命令查看是否已经加载了 SSL。

```
# httpd -M | grep ssl
```

回显如下，说明 SSL 已加载成功。

```
ssl_module (shared)
```

8.4.3　验证 Web 服务是否搭建成功

Web 服务器搭建完成后，可以通过如下方式验证是否搭建成功。

步骤 1　在 root 权限下查看服务器的 IP 地址，命令如下。

```
# ifconfig
```

回显信息如下，说明服务器 IP 为 192.168.1.60。

```
enp3s0: flags = 4163 < UP, BROADCAST, RUNNING, MULTICAST > mtu 1500 inet 192.168.1.60 netmask
255.255.255.0 broadcast 192.168.1.255
inet6 fe80::
5054:ff:fe95:499f prefixlen 64 scopeid 0x20 < link >
ether 52:54:00:95:49:9f txqueuelen 1000 (Ethernet) RX packets 150713207 bytes 49333673733
(45.9 GiB)
RX errors 0 dropped 43 overruns 0 frame 0 TX packets 2246438 bytes 203186675 (193.7 MiB)
TX errors 0 dropped 0 overruns 0 carrier 0 collisions 0

enp4s0: flags = 4163 < UP, BROADCAST, RUNNING, MULTICAST > mtu 1500
ether 52:54:00:7d:80:9e txqueuelen 1000 (Ethernet) RX packets 149937274 bytes 44652889185
(41.5 GiB)
RX errors 0 dropped 1102561 overruns 0 frame 0 TX packets 0 bytes 0 (0.0 B)
TX errors 0 dropped 0 overruns 0 carrier 0 collisions 0

lo: flags = 73 < UP, LOOPBACK, RUNNING > mtu 65536 inet 127.0.0.1 netmask 255.0.0.0
inet6 ::1 prefixlen 128 scopeid 0x10 < host >
loop txqueuelen 1000 (Local Loopback) RX packets 37096 bytes 3447369 (3.2 MiB)
RX errors 0 dropped 0 overruns 0 frame 0 TX packets 37096 bytes 3447369 (3.2 MiB)
TX errors 0 dropped 0 overruns 0 carrier 0 collisions 0
```

步骤 2　在 root 权限下配置防火墙。

```
# firewall-cmd --add-service=http --permanent
success
# firewall-cmd --reload
success
```

步骤 3　验证 Web 服务器是否搭建成功，用户可选择 Linux 或 Windows 系统进行验证。

(1) 使用 Linux 系统验证。

执行如下命令，查看是否可以访问网页信息，服务搭建成功时，该网页可以正常访问。

```
$ curl http://192.168.1.60
```

执行如下命令，查看命令返回值是否为 0，返回值为 0，说明 httpd 服务器搭建成功。

```
$ echo $?
```

(2) 使用 Windows 系统验证。

打开浏览器,在地址栏中输入“http://192.168.1.60”,如果能正常访问网页,说明 httpd 服务器搭建成功。如果修改了端口号,输入地址格式如下。

```
http://192.168.1.60:端口号
```

8.5 Nginx 服务器简介

Nginx 是一款轻量级的 Web 服务器/反向代理服务器及电子邮件(IMAP/POP3)代理服务器,其特点是占有内存少,并发能力强,支持 FastCGI、SSL、Virtual Host、URL Rewrite、Gzip 等功能,并且支持很多第三方的模块扩展。

8.6 Nginx 服务器的安装与启停

8.6.1 安装

步骤 1 配置本地 yum 源,详细信息请参考 2.4.2 节。

步骤 2 清除缓存。

```
$ dnf clean all
```

步骤 3 创建缓存。

```
$ dnf makecache
```

步骤 4 在 root 权限下安装 Nginx 服务。

```
# dnf install nginx
```

步骤 5 查看安装后的 rpm 包。

```
$ dnf list all | grep nginx
```

8.6.2 服务的启停

通过 systemctl 工具,可以对 Nginx 服务进行管理,包括启动、停止、重启服务,以及查看服务状态等。本节介绍 Nginx 服务的管理操作,以指导用户使用。为了能够使用 Nginx 服务,请确保系统中已经安装 Nginx 服务。若未安装,可参考 8.6.1 节进行安装。启动、停止和重启 Nginx 服务,需要使用 root 权限。

1. 启动服务

(1) 启动并运行 Nginx 服务,命令如下。

```
# systemctl start nginx
```

(2) 假如希望在系统启动时,Nginx 服务自动启动,则命令和回显如下。

```
# systemctl enable nginx Created symlink /etc/systemd/system/multi-
user.target.wants/nginx.service → /usr/lib/systemd/system/nginx.service.
```

假如正在运行的 Nginx 服务器作为一个安全服务器,系统开机启动后需要密码,这个密码使用的是加密的私有 SSL 密钥。

2. 停止服务

(1) 停止运行的 Nginx 服务,命令如下。

```
# systemctl stop nginx
```

(2) 如果希望防止服务在系统开机阶段自动开启,命令和回显如下。

```
# systemctl disable nginx
Removed /etc/systemd/system/multi-user.target.wants/nginx.service.
```

3. 重启服务

重启服务有以下三种方式。

(1) 完全重启服务。

```
# systemctl restart nginx
```

该命令会停止运行的 Nginx 服务并且立即重新启动它。一般在服务安装以后或者去除一个动态加载的模块(如 PHP)时使用这个命令。

(2) 重新加载配置。

```
# systemctl reload nginx
```

该命令会使运行的 Nginx 服务重新加载它的配置文件。任何当前正在处理的请求将会被中断,从而造成客户端浏览器显示一个错误消息或者重新渲染部分页面。

(3) 平滑重启 Nginx。

```
# kill -HUP 主进程 ID
```

该命令会使运行的 Nginx 服务重新加载它的配置文件。任何当前正在处理的请求将会继续使用旧的配置文件。

4. 验证服务状态

验证 Nginx 服务是否正在运行:

```
$ systemctl is-active nginx
```

回显为"active"说明服务处于运行状态。

8.7 Nginx 服务器的配置

8.7.1 配置文件说明

当 Nginx 服启动后,默认情况下它会读取如表 8-2 所示的配置文件。

表 8-2 Nginx 服务读取配置文件说明

文件	说明
/etc/nginx/nginx.conf	主要的配置文件
/etc/nginx/conf.d	配置文件的辅助目录,这些配置文件也被包含在主配置文件当中 一个配置文件的辅助目录被包含在主要的配置文件中

虽然默认配置可以适用于多数情况,但是用户至少需要熟悉里面的一些重要配置项。配置文件修改完成后,可以在 root 权限下使用如下命令检查配置文件可能出现的语法错误。

```
# nginx -t
```

如果回显信息中有"syntax is ok",说明配置文件语法正确。注意,在修改配置文件之前,请先备份原始文件,以便出现问题时能够快速恢复配置文件。此外,需要重启 web 服务,才能使修改后的配置文件生效。

8.7.2 管理模块

为了加载一个特殊的 DSO 模块,在配置文件中使用加载模块指示。独立软件包提供的模块一般在/usr/share/nginx/modules 目录下有相应的配置文件。

因 FusionOS 操作系统中使用 dnf install nginx 安装 Nginx 时会自动加载 DSO。

8.7.3 验证 Web 服务是否搭建成功

Web 服务器搭建完成后,可以通过如下方式验证是否搭建成功。

(1) 在 root 权限下查看服务器的 IP 地址,命令如下。

```
# ifconfig
```

回显信息如下,说明服务器 IP 为 192.168.1.60。

```
enp3s0: flags=4163<UP,BROADCAST,RUNNING,MULTICAST> mtu 1500 inet 192.168.1.60  netmask
255.255.255.0  broadcast 192.168.1.255
inet6 fe80::
5054:ff:fe95:499f  prefixlen 64  scopeid 0x20<link>
ether 52:54:00:95:49:9f  txqueuelen 1000  (Ethernet) RX packets 150713207  bytes
49333673733 (45.9 GiB)
RX errors 0  dropped 43  overruns 0  frame 0 TX packets 2246438  bytes 203186675 (193.7 MiB)
TX errors 0  dropped 0 overruns 0  carrier 0  collisions 0

enp4s0: flags=4163<UP,BROADCAST,RUNNING,MULTICAST>  mtu 1500
ether 52:54:00:7d:80:9e  txqueuelen 1000  (Ethernet) RX packets 149937274  bytes
44652889185 (41.5 GiB)
RX errors 0  dropped 1102561  overruns 0  frame 0 TX packets 0  bytes 0 (0.0 B)
TX errors 0  dropped 0 overruns 0  carrier 0  collisions 0

lo: flags=73<UP,LOOPBACK,RUNNING>  mtu 65536 inet 127.0.0.1  netmask 255.0.0.0
inet6 ::1  prefixlen 128  scopeid 0x10<host>
loop  txqueuelen 1000  (Local Loopback) RX packets 37096  bytes 3447369 (3.2 MiB)
RX errors 0  dropped 0  overruns 0  frame 0 TX packets 37096  bytes 3447369 (3.2 MiB)
TX errors 0  dropped 0 overruns 0  carrier 0  collisions 0
```

(2) 在 root 权限下配置防火墙。

```
# firewall-cmd --add-service=http --permanent
```

```
success
# firewall-cmd --reload
success
```

(3) 验证 Web 服务器是否搭建成功,用户可选择 Linux 或 Windows 系统进行验证。

① 使用 Linux 系统验证。

执行如下命令,查看是否可以访问网页信息,服务搭建成功时,该网页可以正常访问。

```
$ curl http://192.168.1.60
```

执行如下命令,查看命令返回值是否为 0,返回值为 0,说明 Nginx 服务器搭建成功。

```
$ echo $?
```

② 使用 Windows 系统验证。

打开浏览器,在地址栏中输入如下地址,如果能正常访问网页,说明 Nginx 服务器搭建成功。

```
http://192.168.1.60
```

如果修改了端口号,输入地址格式如下。

```
http://192.168.1.60:端口号
```

小结

本章首先介绍了 Web 服务器的基本工作原理,然后介绍了搭建 Web 服务器的过程,主要涵盖了 Apache 服务器和 Nginx 服务器的搭建、管理以及验证步骤。

习题

1. 什么是 Web 服务器? 什么是 LAMP? 什么是 Apache 服务器? 什么是 Nginx 服务器?
2. 如何通过 systemctl 工具管理 Apache httpd 服务?
3. 如何启动 Apache httpd 服务? 如何停止 Apache httpd 服务? 如何重启 Apache httpd 服务?
4. 如何验证 Apache httpd 服务是否正在运行? 如何加载和写入 Apache httpd 模块?
5. 什么是 SSL 和 TLS? 如何加载 SSL 模块到 Apache httpd?
6. 如何验证是否成功搭建了 Apache httpd 服务器?
7. 如何启动、停止和重启 Nginx 服务器?
8. 如何验证 Nginx 服务器是否正在运行?
9. 如何加载和写入 Nginx 模块?
10. 如何验证是否成功搭建了 Nginx 服务器?
11. Nginx 的配置文件主要有哪些? 如何检查 Nginx 配置文件的语法是否正确?

第9章

搭建邮件服务器

CHAPTER 9

电子邮件是人们经常用到的网络服务，本章首先简要介绍邮件服务器的工作过程，然后以 Mailx 为例，介绍邮件服务器的搭建过程，包括安装与配置方法，以及收发电子邮件的基本命令。

9.1 邮件服务器的工作原理

邮件服务器是一种用于接收、存储、发送和传递电子邮件的软件系统。其工作原理通常涉及以下几个关键步骤。

接收邮件：当发件人通过邮件客户端发送电子邮件时，邮件首先通过 SMTP(Simple Mail Transfer Protocol)发送到接收方的邮件服务器。接收方邮件服务器监听 SMTP 端口(通常是 25 号端口)，接收到发件人的电子邮件。

邮件队列和验证：接收到的邮件被放置在邮件队列中等待处理。在进一步处理之前，邮件服务器可能会对发送者的域名进行验证，以确保该域名的电子邮件服务器是合法的。

邮件投递：一旦验证通过，邮件服务器会尝试将邮件投递到收件人的邮箱。如果收件人在同一个邮件服务器上，则直接将邮件存储在收件人的邮箱中。如果收件人在其他邮件服务器上，则邮件服务器通过 DNS 查找收件人的 MX(Mail Exchange)记录，确定邮件的目标邮件服务器，并将邮件通过 SMTP 发送到目标邮件服务器。

存储邮件：收件人的邮件会被存储在邮件服务器上，等待被收件人通过邮件客户端(如 Outlook、Gmail 等)检索。

邮件检索：收件人通过邮件客户端发送请求，邮件服务器响应并将存储的邮件发送给收件人的邮件客户端。常用的邮件检索协议包括 POP3(Post Office Protocol Version 3)、IMAP(Internet Message Access Protocol)等。

发送邮件：当收件人通过邮件客户端发送新邮件时，邮件客户端通过 SMTP 将邮件发送到邮件服务器，邮件服务器处理邮件并将其发送到目标收件人的邮箱。

邮件排队和重试：如果在邮件传递过程中发生了错误，例如，目标邮件服务器不可达或者收件人邮箱已满，邮件服务器会将邮件放置在邮件队列中并定期尝试重新发送邮件，直到成功或达到最大重试次数。

综上所述，邮件服务器通过 SMTP 接收、发送和传递电子邮件，并通过 POP3、IMAP 等协议提供邮件检索服务。

9.2 Mailx 服务器简介

Mailx 是一个简单、快速、功能强大的邮件系统，用于在 UNIX 和 Linux 系统上发送、接收和管理电子邮件。它通常是作为命令行工具存在的，也可以作为一个邮件客户端应用程序。Mailx 提供了许多邮件功能，包括发送、接收、阅读、回复、转发邮件，以及管理邮件文件夹等。

以下是 Mailx 的一些主要特点和功能。

命令行界面(CLI)：Mailx 主要以命令行界面的形式存在，使用户可以通过简单的命令来执行邮件操作。

多种邮件协议支持：Mailx 支持多种邮件协议，包括 SMTP、POP3、IMAP 等，因此可以与不同类型的邮件服务器进行通信。

邮件发送和接收：用户可以使用 Mailx 发送和接收电子邮件，通过 SMTP 发送邮件到其他邮件服务器，并通过 POP3 或 IMAP 从邮件服务器接收邮件到本地邮箱。

邮件编辑：Mailx 允许用户在发送邮件之前对邮件进行编辑，包括编辑邮件正文、添加附件、设置邮件主题等。

邮件阅读和管理：用户可以使用 Mailx 阅读、管理收件箱中的邮件，包括查看邮件内容、标记邮件、删除邮件、移动邮件到其他文件夹等操作。

支持邮件编码和格式：Mailx 支持多种邮件编码和格式，包括纯文本邮件、HTML 邮件、附件邮件等。

灵活性和可定制性：Mailx 具有很高的灵活性和可定制性，用户可以根据自己的需求和偏好配置和定制 Mailx 的行为。

总的来说，Mailx 是一个功能强大、灵活性高、易于使用的邮件系统，适用于需要在 UNIX 和 Linux 系统上进行邮件通信和管理的用户。

9.3 Mailx 服务器的安装与配置

9.3.1 安装

在 FusionOS 上安装 Mailx 命令：

```
yum install mailx
```

Mailx 的配置文件位于/etc/mail.rc。安装 Mailx 完成后该文件会自动生成。以下是一个示例配置，用于设置 SMTP 服务器、端口、用户名和密码。请将其替换为自己的实际值：

```
set smtp = smtp.example.com
set smtp - auth = login
set smtp - auth - user = username@example.com
set smtp - auth - password = your_password
set ssl - verify = ignore
set nss - config - dir = /etc/pki/nssdb
```

9.3.2 配置

/etc/mail.rc 文件包含 Mailx 的全局配置。下面给出一个 mail.rc 的示例，用于设置电子邮件的配置。将 SMTP 服务器设置为 smtps://smtp.qq.com:465，或者也可以使用 smtp.qq.com:465。将 smtp-use-starttls 设置为 yes，以启用 STARTTLS 的使用。将 smtp-auth 设置为 login，以启用身份验证。将 smtp-auth-user 设置为将要进行身份验证的用户的电子邮件地址（例如，mailto:somebody@qq.com）。将 smtp-auth-password 设置为将要进行身份验证的用户的授权码，授权码是 QQ 邮箱推出的，用于登录第三方客户端的专用密码。适用于登录以下服务：POP3/IMAP/SMTP/Exchange/CardDAV/CalDAV 服务（例如，qebabcrdnujsbehh）。将 ssl-verify 设置为 ignore，以忽略 SSL 验证错误。将 from 设置为将用作发件人的电子邮件地址（例如，mailto：somebody@qq.com）。将 nss-config-dir

设置为/etc/pki/nssdb,以指定 NSS 数据库所在的目录。

```
# This is the configuration file for Heirloom mailx (formerly
# known under the name "nail".
# See mailx(1) for further options.
# This file is not overwritten when 'make install' is run in
# the mailx build process again.

# Sccsid @(#)nail.rc 2.11 (gritter) 8/2/08

# Do not forward to mbox by default since this is likely to be
# irritating for most users today.
set hold

# Append rather than prepend when writing to mbox automatically.
# This has no effect unless 'hold' is unset again.
set append

# Ask for a message subject.
set ask

# Assume a CRT-like terminal and invoke a pager.
set crt

# Messages may be terminated by a dot.
set dot

# Do not remove empty mail folders in the spool directory.
# This may be relevant for privacy since other users could
# otherwise create them with different permissions.
set keep

# Do not remove empty private mail folders.
set emptybox

# Quote the original message in replies by "> " as usual on the Internet.
set indentprefix="> "

# Automatically quote the text of the message that is responded to.
set quote

# Outgoing messages are sent in ISO-8859-1 if all their characters are
# representable in it, otherwise in UTF-8.
set sendcharsets=iso-8859-1,utf-8

# Display sender's real names in header summaries.
set showname

# Display the recipients of messages sent by the user himself in
# header summaries.
set showto

# Automatically check for new messages at each prompt, but avoid polling
# of IMAP servers or maildir folders.
set newmail=nopoll
```

```
# If threaded mode is activated, automatically collapse thread.
set autocollapse

# Mark messages that have been answered.
set markanswered

# Hide some header fields which are uninteresting for most human readers.
ignore received in-reply-to message-id references
ignore mime-version content-transfer-encoding

# Only include selected header fields when forwarding messages.
fwdretain subject date from to

# For Linux and BSD, this should be set.
set bsdcompat
set -S DEAD=""

# 邮箱设置说明
set smtp=smtps://smtp.qq.com:465
#set smtp=smtp.qq.com:465
#set smtp-use-starttls=yes
set smtp-auth=login
set smtp-auth-user=somebody@qq.com
set smtp-auth-password=qebabcrdnujsbehh
set ssl-verify=ignore
set from=somebody@qq.com
set nss-config-dir=/etc/pki/nssdb
```

以下是一些 mail.rc 文件中常见的配置选项及其解释。

(1) set from=your_email@example.com：设置默认的发件人电子邮件地址。

(2) set smtp=smtp.example.com：设置用于发送电子邮件的 SMTP 服务器地址。

(3) set smtp-auth-user=username：设置用于 SMTP 服务器身份验证的用户名。

(4) set smtp-auth-password=password：设置用于 SMTP 服务器身份验证的密码。

(5) set smtp-auth=login：设置 SMTP 身份验证类型。通常有三种类型，即 login、plain 和 cram-md5。请根据自己的 SMTP 服务器要求选择合适的类型。

(6) set smtp-use-starttls：启用 STARTTLS 加密。如果用户的 SMTP 服务器支持 STARTTLS 加密，请启用此选项以增强安全性。

(7) set ssl-verify=ignore：禁用 SSL 证书验证。在某些情况下，可能需要禁用 SSL 证书验证，例如，当 SMTP 服务器使用自签名证书时。然而，这会降低安全性，因此仅在确实需要时使用此选项。

(8) set nss-config-dir=/path/to/cert/dir：指定包含 SSL 证书的目录。如果 SSL 证书不在默认位置，需要指定正确的路径。

(9) set smtp-port=587：设置 SMTP 服务器端口。默认端口为 25，但许多服务器使用其他端口(如 587 或 465)。请根据 SMTP 服务器要求设置正确的端口。

(10) set folder=/path/to/mail/folder：设置存储邮件的目录。这将影响 Mailx 存储和读取邮件的位置。

(11) set record=/path/to/sent/mail/folder：设置已发送邮件的存储目录。这将影响

Mailx 存储已发送邮件的位置。

9.4 Mailx 服务器的基本命令

使用以下命令发送一封简单的电子邮件：

```
echo "This is the email body" | mailx - s "Subject" recipient@example.com
```

还可以使用以下选项发送带有附件的电子邮件：

```
echo "This is the email body" | mailx - s "Subject" - a /path/to/attachment.txt recipient@
example.com
```

以下是 Mailx 发送邮件时的各个参数的详细解释。

(1) -a attachment 用于附加一个文件到电子邮件。可以使用此选项多次来附加多个文件，例如：

```
mailx - a file1.txt - a file2.jpg …
```

(2) -b bcc-addr 用于将电子邮件密送(BCC)给指定的地址。可以使用逗号分隔的列表指定多个地址。

```
mailx - b bcc1@example.com,bcc2@example.com …
```

(3) -c cc-addr 用于将电子邮件抄送(CC)给指定的地址。可以使用逗号分隔的列表指定多个地址，例如：

```
mailx - c cc1@example.com,cc2@example.com …
```

(4) -r from-addr 用于指定发件人地址。这将覆盖默认的发件人地址，例如：

```
mailx - r sender@example.com …
```

(5) -s subject 用于指定电子邮件的主题，例如：

```
mailx - s "This is the email subject" …
```

(6) -v 用于使用详细模式发送电子邮件。这将显示发送过程中的额外信息，有助于诊断问题。例如：

```
mailx - v …
```

(7) -A account 用于指定一个预先配置的账户名称，以使用其设置发送电子邮件。这在/etc/mail.rc 或/etc/nail.rc 文件中定义。

(8) -R reply-addr 用于指定回复地址。收件人回复电子邮件时，将使用此地址。例如：

```
mailx - R reply@example.com …
```

(9) -S option 用于设置 mailx 选项。可以使用此选项多次来设置多个选项。这些选项通常在配置文件中设置，但可以在命令行上覆盖它们。例如：

```
mailx - S smtp = smtp.example.com - S smtp - auth - user = username - S smtp - auth - password =
password …
```

(10) to-addr 用于指定收件人地址。可以使用逗号分隔的列表指定多个收件人地址。例如：

```
mailx to1@example.com,to2@example.com …
```

(11) 在命令行上组合这些选项。例如,要发送一封带有附件和抄送的电子邮件,可以使用以下命令。

```
echo "This is the email body" | mailx -s "Email Subject" -a attachment.txt -c cc@example.com to@example.com
```

小结

本章首先介绍了邮件服务器的工作原理。在此基础上以 Mailx 邮件服务器为例,介绍了邮件服务器的安装、配置和使用方法。

习题

1. 如何在 FusionOS 上安装 mailx 命令?
2. 如何配置 Mailx 发送电子邮件?如何使用 Mailx 发送带有附件的电子邮件?

第10章

搭建数据库服务器

CHAPTER 10

10.1 MySQL 数据库服务器

10.1.1 MySQL 数据库服务器介绍

MySQL 是一个关系型数据库管理系统，由瑞典 MySQL AB 公司开发，目前属于 Oracle 旗下产品。MySQL 是业界最流行的关系数据库管理系统（Relational Database Management System，RDBMS）之一，尤其在 Web 应用方面。

关系数据库将数据保存在不同的表中，而不是将所有数据放在一个大仓库内，这样就加快了速度并提高了灵活性。MySQL 所使用的 SQL 是用于访问数据库的最常用标准化语言。MySQL 软件采用了双授权模式，分为社区版和商业版，由于其体积小、速度快、总体拥有成本低，尤其是开放源码这一特点，一般中小型网站的开发都选择 MySQL 作为网站数据库。

10.1.2 MySQL 服务器的安装

1. 配置环境

1）关闭防火墙并取消开机自启动

（1）在 root 权限下停止防火墙。

```
# systemctl stop firewalld
```

（2）在 root 权限下关闭防火墙。

```
# systemctl disable firewalld
```

执行 disable 命令关闭防火墙的同时，也取消了开机自启动。

2）修改 SELINUX 为 disabled

在 root 权限下修改配置文件。

```
# sed -i 's/SELINUX = enforcing/SELINUX = disabled/g' /etc/sysconfig/selinux
```

3）创建组和用户

服务器环境下，为了系统安全，通常会为进程分配单独的用户，以实现权限隔离。本节创建的组和用户都是操作系统层面的，不是数据库层面的。

（1）在 root 权限下创建 MySQL 用户（组）。

```
# groupadd mysql
# useradd -g mysql mysql
```

（2）在 root 权限下设置 MySQL 用户密码。

```
# passwd mysql
```

重复输入密码（根据实际需求设置密码）。

4）搭建数据盘

进行性能测试时，数据目录使用单独硬盘，需要对硬盘进行格式化并挂载，参考方法一

或者方法二。非性能测试时，在 root 权限下执行以下命令，创建数据目录即可。然后跳过
＃ mkdir /data。

方法一：在 root 权限下使用 fdisk 进行磁盘管理。

(1) 创建分区(以/dev/sdb 为例，根据实际情况创建)。

```
# fdisk /dev/sdb
```

(2) 输入 n，按 Enter 键确认。

(3) 输入 p，按 Enter 键确认。

(4) 输入 1，按 Enter 键确认。

(5) 采用默认配置，按 Enter 键确认。

(6) 输入 w，按 Enter 保存。

(7) 创建文件系统(以. xfs 为例，根据实际需求创建文件系统)。

```
# mkfs.xfs /dev/sdb1
```

(8) 挂载分区到“/data”以供操作系统使用。

```
# mkdir /data
# mount /dev/sdb1 /data
```

(9) 执行命令“vi /etc/fstab”，编辑“/etc/fstab”使重启后自动挂载数据盘。添加最后一行/dev/nvme0n1p1，具体名称以实际情况为准。

方法二：在 root 权限下使用 LVM 进行磁盘管理。此步骤需要安装镜像中的 lvm2 相关包，步骤如下。配置本地 yum 源，详细信息请参考 2.4.2 节。如果已经执行，则可跳过此步。执行 **dnf install lvm2** 命令安装 lvm2，具体方法如下。

(1) 创建物理卷(sdb 为硬盘名称，具体名称以实际为准)。

```
#pvcreate /dev/sdb
```

(2) 创建物理卷组(其中，datavg 为创建的卷组名称，具体名称以实际规划为准)。

```
#vgcreate  datavg  /dev/sdb
```

(3) 创建逻辑卷(其中，600G 为规划的逻辑卷大小，具体大小以实际情况为准；datalv 为创建的逻辑卷的名字，具体名称以实际规划为准)。

```
#lvcreate -L 600G -n datalv datavg
```

(4) 创建文件系统。

```
#mkfs.xfs /dev/datavg/datalv
```

(5) 创建数据目录并挂载。

```
#mkdir /data
#mount /dev/datavg/datalv /data
```

(6) 执行命令 vi /etc/fstab，编辑“/etc/fstab”使重启后自动挂载数据盘。添加最后一行内容/dev/datavg/datalv，具体名称以实际情况为准。

5) 创建数据库目录并且授权

在已创建的数据目录/data 基础上，使用 root 权限继续创建进程所需的相关目录并授权 MySQL 用户(组)。

```
# mkdir -p /data/mysql
# cd /data/mysql
# mkdir data tmp run log
# chown -R mysql:mysql /data
```

2. 安装、运行和卸载

1) 安装

(1) 配置本地 yum 源，详细信息请参考 2.4.2 节。

(2) 清除缓存。

```
$ dnf clean all
```

(3) 创建缓存。

```
$ dnf makecache
```

(4) 在 root 权限下安装 MySQL 服务器。

```
# dnf install mysql-server
```

(5) 查看安装后的 rpm 包。

```
$ rpm -qa | grep mysql
```

2) 运行

(1) 在 root 权限下开启 MySQL 服务器。

```
# systemctl start mysqld
```

(2) 登录数据库。

```
$ mysql -u root -p
```

按 Enter 键进入数据库。

(3) 退出数据库。

执行**\q** 或者 **exit** 退出数据库。

```
mysql> exit
Bye
```

3) 卸载

(1) 在 root 权限下关闭数据库进程。

```
# systemctl stop mysqld
```

(2) 在 root 权限下执行 **dnf remove mysql-server** 命令卸载 MySQL。

```
# dnf remove mysql-server
```

10.1.3 MySQL 数据库服务器用户管理

1. 创建用户

可以使用 CREATE USER 语句来创建一个或多个用户，并设置相应的口令。

```
CREATE USER 'username'@'hostname' IDENTIFIED BY 'password';
```

其中：

(1) username：用户名。

(2) hostname：主机名，即用户连接数据库时所在的主机的名字。若是本地用户可用localhost，若在创建的过程中未指定主机名，则主机名默认为“%”，表示一组主机。

(3) password：用户的登录密码，密码可以为空，如果为空则该用户可以不需要密码登录服务器，但从安全的角度而言，不推荐这种做法。

使用 CREATE USER 语句必须拥有数据库的 INSERT 权限或全局 CREATE USER 权限。使用 CREATE USER 语句创建一个用户账号后，会在系统自身的数据库的 user 表中添加一条新记录。若创建的账户已经存在，则语句执行时会出现错误。新创建的用户拥有的权限很少，只允许进行不需要权限的操作，如使用 SHOW 语句查询所有存储引擎和字符集的列表等。

示例：

(1) 创建密码为 123456，用户名为 userexample1 的本地用户。

```
> CREATE USER 'userexample1'@'localhost' IDENTIFIED BY '123456';
```

(2) 创建密码为 123456，用户名为 userexample2，主机名为 192.168.1.100 的用户。

```
> CREATE USER 'userexample2'@'192.168.1.100' IDENTIFIED BY '123456';
```

2. 查看用户

可以使用 SHOW GRANTS 语句或 SELECT 语句查看一个或多个用户。

(1) 查看特定用户。

```
SHOW GRANTS [FOR 'username'@'hostname'];
SELECT USER,HOST,PASSWORD FROM mysql.user WHERE USER = 'username';
```

(2) 查看所有用户。

```
SELECT USER,HOST FROM mysql.user;
```

示例：

(1) 查看 userexample1 用户。

```
> SHOW GRANTS FOR 'userexample1'@'localhost';
```

(2) 查看 MySQL 数据库中所有用户。

```
> SELECT USER,HOST FROM mysql.user;
```

3. 修改用户名

可以使用 RENAME USER 语句修改一个或多个已经存在的用户名。

```
RENAME USER 'oldusername'@'hostname' TO 'newusername'@'hostname';
```

其中：

(1) oldusername：旧的用户名。

(2) newusername：新的用户名。

(3) hostname：主机名。

RENAME USER语句用于对原有的账号进行重命名。若系统中旧账号不存在或者新账号已存在，则该语句执行时会出现错误。使用RENAME USER语句，必须拥有数据库的UPDATE权限或全局CREATE USER权限。将用户名userexample1修改为userexapme2，主机名为locahost的示例如下。

```
> RENAME USER 'userexample1'@'localhost' TO 'userexample2'@'localhost';
```

4. 修改用户密码

可以使用SET PASSWORD语句修改一个用户的登录密码。

```
SET PASSWORD FOR 'username'@'hostname' = 'newpassword';
```

其中：

(1) FOR 'username'@'hostname'：FOR子句为可选项，指定欲修改密码的用户名及主机名。

(2) 'newpassword'：新密码。

在SET PASSWORD语句中，若不加上FOR子句，表示修改当前用户的密码。FOR字句中必须以'username'@'hostname'的格式给定，username为账户的用户名，hostname为账户的主机名。欲修改密码的账号必须在系统中存在，否则语句执行时会出现错误。将用户名为userexample的密码修改为0123456，主机名为locahost的示例如下。

```
> SET PASSWORD FOR 'userexample'@'localhost' = '0123456';
```

5. 删除用户

可以使用DROP USER语句来删除一个或多个用户账号以及相关的权限。

```
DROP USER 'username1'@'hostname1' [,'username2'@'hostname2'] … ;
```

用户的删除不会影响之前所创建的表、索引或其他数据库对象，因为数据库并不会记录创建了这些对象的账号。

DROP USER语句可用于删除一个或多个数据库账号，并删除其原有权限。使用DROP USER语句必须拥有数据库的DELETE权限或全局CREATE USER权限。在DROP USER语句的使用中，若没有明确地给出账号的主机名，则该主机名默认为“%”。删除用户名为userexample的本地用户的示例如下。

```
> DROP USER 'userexample'@'localhost';
```

6. 用户授权

可以使用GRANT语句来对新建用户授权。

```
GRANT privileges ON databasename.tablename TO 'username'@'hostname';
```

其中：

(1) ON字句：用于指定权限授予的对象和级别。

(2) privileges：用户的操作权限，如SELECT、INSERT、UPDATE等，如果要授予所有的权限则使用ALL。

(3) databasename：数据库名。

(4) tablename：表名。

(5) TO 字句：用来设定用户密码，以及指定被赋予权限的用户。

(6) username：用户名。

(7) hostname：主机名。

如果要授予该用户对所有数据库和表的相应操作权限则可用 * 表示，如 *. *。如果在 TO 子句中给系统中存在的用户指定密码，则新密码会将原密码覆盖。如果权限被授予一个不存在的用户，则会自动执行一条 CREATE USER 语句来创建这个用户，但同时必须为该用户指定密码。对本地用户 userexample 授予 SELECT 和 INSERT 权限的示例如下。

```
> GRANT SELECT,INSERT ON *.* TO 'userexample'@'localhost';
```

7. 删除用户权限

可以使用 REVOKE 语句来删除一个用户的权限，但此用户不会被删除。

```
REVOKE privilege ON databasename.tablename FROM 'username'@'hostname';
```

其中，REVOKE 语句的参数与 GRANT 语句的参数含义相同。要使用 REVOKE 语句，必须拥有数据库的全局 CREATE USER 权限或 UPDATE 权限。删除本地用户 userexample 的 INSERT 权限的示例如下。

```
> REVOKE INSERT ON *.* FROM 'userexample'@'localhost';
```

10.1.4　MySQL 数据库服务器数据库管理

1. 创建数据库

可以使用 CREATE DATABASE 语句来创建数据库。

```
CREATE DATABASE databasename;
```

其中，databasename 为数据库名称，且数据库名称不区分大小写。创建数据库名为 databaseexample 的数据库的示例如下。

```
> CREATE DATABASE databaseexample;
```

2. 查看数据库

可以使用 SHOW DATABASES 语句来查看数据库。

```
SHOW DATABASES;
```

查看所有数据库的示例如下。

```
> SHOW DATABASES;
```

3. 选择数据库

一般创建表、查询表等操作首先需要选择一个目标数据库。可以使用 USE 语句来选择数据库。

```
USE databasename;
```

其中,databasename 为数据库名称。

选择 databaseexample 数据库的示例如下。

```
> USE databaseexample;
```

4. 删除数据库

可以使用 DROP DATABASE 语句来删除数据库。

```
DROP DATABASE databasename;
```

其中,databasename 为数据库名称。

DROP DATABASE 命令用于删除创建过(已存在)的数据库,且会删除数据库中的所有表,但数据库的用户权限不会自动删除。要使用 DROP DATABASE,需要数据库的 DROP 权限。DROP SCHEMA 是 DROP DATABASE 的同义词。删除数据库要谨慎操作,一旦删除,数据库中的所有表和数据都会删除。删除 databaseexample 数据库的示例如下。

```
> DROP DATABASE databaseexample;
```

5. 备份数据库

可以在 root 权限下使用 mysqldump 命令备份数据库。

备份一个或多个表:

```
mysqldump [options] databasename [tablename … ] > outfile
```

备份一个或多个库:

```
mysqldump [options] - databases databasename … > outfile
```

备份所有库:

```
mysqldump [options] - all - databases > outputfile
```

其中:

(1) databasename: 数据库名称。

(2) tablename: 数据表名称。

(3) outfile: 数据库备份的文件。

(4) options: mysqldump 命令参数选项,多个参数之间可以使用空格分隔。常用的 mysqldump 命令参数选项如下。

- -u,--user=username: 指定用户名。
- -p,--password[=password]: 指定密码。
- -P,--port=portnumber: 指定端口。
- -h,--host=hostname: 指定主机名。
- -r,--result-file=filename: 将导出结果保存到指定的文件中,等同于“>”。
- -t: 只备份数据。
- -d: 只备份表结构。

示例：

（1）备份主机为 192.168.202.144，端口为 3306，root 用户下的所有数据库到 alldb.sql 中。

```
# mysqldump -h 192.168.202.144 -P 3306 -uroot -p123456 --all-databases > alldb.sql
```

（2）备份主机为 192.168.202.144，端口为 3306，root 用户下的 db1 数据库到 db1.sql 中。

```
# mysqldump -h 192.168.202.144 -P 3306 -uroot -p123456 --databases db1 > db1.sql
```

（3）备份主机为 192.168.202.144，端口为 3306，root 用户下的 db1 数据库的 tb1 表到 db1tb1.sql 中。

```
# mysqldump -h 192.168.202.144 -P 3306 -uroot -p123456 db1 tb1 > db1tb1.sql
```

（4）只备份主机为 192.168.202.144，端口为 3306，root 用户下的 db1 数据库的表结构到 db1.sql 中。

```
# mysqldump -h 192.168.202.144 -P 3306 -uroot -p123456 -d db1 > db1.sql
```

（5）只备份主机为 192.168.202.144，端口为 3306，root 用户下的 db1 数据库的数据到 db1.sql 中。

```
# mysqldump -h 192.168.202.144 -P 3306 -uroot -p123456 -t db1 > db1.sql
```

6. 恢复数据库

可以在 root 权限下使用 mysql 命令恢复数据库。

恢复一个或多个表：

```
mysql -h hostname -P portnumber -u username -ppassword databasename < infile
```

其中：

（1）hostname：主机名。

（2）portnumber：端口号。

（3）username：用户名。

（4）password：密码。

（5）databasename：数据库名。

（6）infile：mysqldump 命令中的 outfile 参数。

恢复数据库的示例如下。

```
# mysql -h 192.168.202.144 -P 3306 -uroot -p123456 -t db1 < db1.sql
```

10.2 MariaDB 数据库服务器

10.2.1 MariaDB 数据库服务器介绍

MariaDB 数据库管理系统是 MySQL 的一个分支，主要由开源社区在维护，采用 GPL 授权许可。MariaDB 的目的是完全兼容 MySQL，包括 API 和命令行，使之能轻松成为 MySQL 的代替品，MariaDB 还提供了许多更好的新特性。MariaDB 的架构如图 10-1 所示。

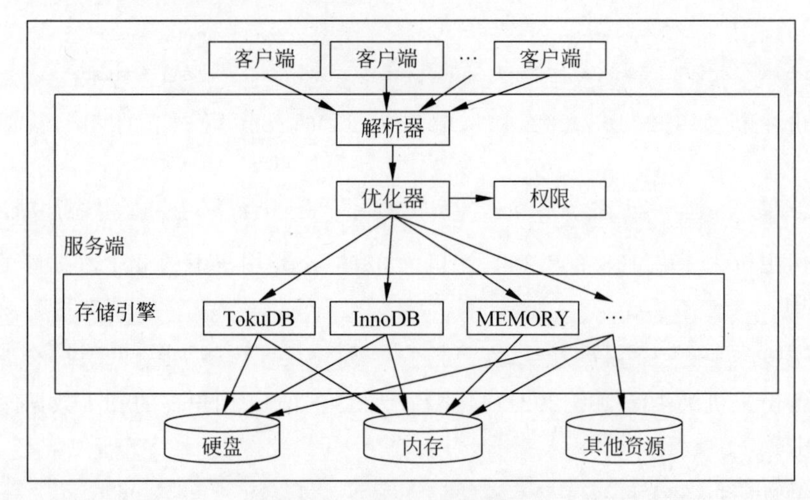

图 10-1 MariaDB 逻辑架构

当 MariaDB 接收到 SQL 语句时，其详细的执行过程如下。

(1) 当客户端连接到 MariaDB 的时候，会认证客户端的主机名、用户、密码，认证功能可以做成插件。

(2) 如果登录成功，客户端发送 SQL 命令到服务端，由解析器解析 SQL 语句。

(3) 服务端检查客户端是否有权限去获取它想要的资源。

(4) 如果查询已经存储在 query cache 当中，那么结果立即返回。

(5) 优化器将会找出最快的执行策略，或者是执行计划，也就是说，优化器可以决定什么表将会被读，以及哪些索引会被访问，哪些临时表会被使用，一个好的策略能够减少大量的磁盘访问和排序操作等。

(6) 存储引擎读写数据和索引文件，cache 用来加速这些操作，其他的诸如事物和外键特性，都是在存储引擎层处理的。

存储引擎在物理层管控数据，它负责数据文件、数据、索引、cache 等的管理，这使得管理和读取数据变得更高效。每一张表都有一个. frm 文件，这些文件包含着表的定义。每一个存储引擎管理、存储数据的方式都是不同的，所支持的特性和性能也不尽相同。例如：

(1) MyISAM 适合读多写少的环境，且不支持事务，支持全文索引等。

(2) noDB 支持事务，支持行锁和外键等。

(3) MEMORY 将数据存储在内存当中。

(4) CSV 将数据存储为 CSV 格式。

10.2.2 MariaDB 数据库服务器的安装

1. 配置环境

1) 关闭防火墙并取消开机自启动

测试环境下通常会关闭防火墙以避免部分网络因素影响，视实际需求做配置。

(1) 在 root 权限下停止防火墙。

```
# systemctl stop firewalld
```

(2) 在 root 权限下关闭防火墙。

```
# systemctl disable firewalld
```

执行 disable 命令关闭防火墙的同时,也取消了开机自启动。

2) 修改 SELINUX 为 disabled

在 root 权限下修改配置文件。

```
# sed - i 's/SELINUX = enforcing/SELINUX = disabled/g' /etc/sysconfig/selinux
```

3) 创建组和用户

在服务器环境下,为了系统安全,通常会为进程分配单独的用户,以实现权限隔离。本节创建的组和用户都是操作系统层面的,不是数据库层面的。

(1) 在 root 权限下创建 MySQL 用户(组)。

```
# groupadd mysql
# useradd - g mysql mysql
```

(2) 在 root 权限下设置 MySQL 用户密码。

```
# passwd mysql
```

重复输入密码(根据实际需求设置密码)。

4) 搭建数据盘

进行性能测试时,数据目录使用单独硬盘,需要对硬盘进行格式化并挂载,参考方法一或者方法二。非性能测试时,在 root 权限下执行 # mkdir /data 命令,创建数据目录即可。然后跳过本小节。

方法一:在 root 权限下使用 fdisk 进行磁盘管理。

(1) 创建分区(以/dev/sdb 为例,根据实际情况创建)。

```
# fdisk /dev/sdb
```

(2) 输入 n,按 Enter 键确认。

(3) 输入 p,按 Enter 键确认。

(4) 输入 1,按 Enter 键确认。

(5) 采用默认配置,按 Enter 键确认。

(6) 输入 w,按 Enter 键保存。

(7) 创建文件系统(以 xfs 为例,根据实际需求创建文件系统)。

```
# mkfs.xfs /dev/sdb1
```

(8) 挂载分区到"/data"以供操作系统使用。

```
# mkdir /data
# mount /dev/sdb1 /data
```

(9) 执行命令 vi /etc/fstab,编辑/etc/fstab 使重启后自动挂载数据盘。如图 10-2 所示,添加最后一行内容。其中,/dev/nvme0n1p1 为示例,具体名称以实际情况为准。

```
#
# /etc/fstab
# Created by anaconda on Tue Nov  5 16:17:11 2019
#
# Accessible filesystems, by reference, are maintained under '/dev/disk'
# See man pages fstab(5), findfs(8), mount(8) and/or blkid(8) for more info
#
/dev/mapper/centos-root /                       xfs     defaults        0 0
UUID=fa02453a-0d4c-4a30-bf6c-c4d01cbd2c86 /boot                   xfs     defaults        0 0
UUID=006C-8EE2          /boot/efi               vfat    umask=0077,shortname=winnt 0 0
/dev/mapper/centos-home /home                   xfs     defaults        0 0
/dev/mapper/centos-swap swap                    swap    defaults        0 0
/dev/nvme0n1p1 /data xfs defaults 1 2
~
```

图 10-2 向/etc/fstab 添加内容结果(方法 1)

方法二：在 root 权限下使用 LVM 进行磁盘管理。此步骤需要安装镜像中的 lvm2 相关包，步骤如下：配置本地 yum 源，详细信息请参考 2.4.2 节。如果已经执行，则可跳过此步。在 root 权限下执行命令 dnf install lvm2 安装 lvm2。

(1) 创建物理卷(sdb 为硬盘名称，具体名称以实际为准)。

```
# pvcreate /dev/sdb
```

(2) 创建物理卷组(其中，datavg 为创建的卷组名称，具体名称以实际规划为准)。

```
# vgcreate datavg  /dev/sdb
```

(3) 创建逻辑卷(其中，600G 为规划的逻辑卷大小，具体大小以实际情况为准；datalv 为创建的逻辑卷名称，具体名称以实际规划为准)。

```
# lvcreate -L 600G -n datalv datavg
```

(4) 创建文件系统。

```
# mkfs.xfs /dev/datavg/datalv
```

(5) 创建数据目录并挂载。

```
# mkdir /data
# mount /dev/datavg/datalv /data
```

(6) 执行命令 vi /etc/fstab，编辑/etc/fstab 使重启后自动挂载数据盘。如图 10-3 所示，添加最后一行内容。其中，/dev/datavg/datalv 为示例，具体名称以实际情况为准。

```
# /etc/fstab
# Created by anaconda on Wed Sep  4 15:55:37 2019
#
# Accessible filesystems, by reference, are maintained under '/dev/disk'
# See man pages fstab(5), findfs(8), mount(8) and/or blkid(8) for more info
#
UUID=cff874ec-7337-4c7f-941d-9110356c268f /                       ext4    defaults        1 1
UUID=e058b556-6001-42df-ba8f-676fb2fabf74 /boot                   ext4    defaults        1 2
UUID=DEC7-ECFC          /boot/efi               vfat    umask=0077,shortname=winnt 0 0
UUID=5dc6fd0a-ba47-4d7c-afe7-2df8d7d084d0 /home                   ext4    defaults        1 2
UUID=0543b4b6-1f64-4c63-8684-c7b7014d9e21 swap                    swap    defaults        0 0

/dev/datavg/datalv  /data  xfs defaults 1 2
```

图 10-3 向/etc/fstab 添加内容结果(方法 2)

5) 创建数据库目录并且授权

在已创建的数据目录/data 基础上，使用 root 权限继续创建进程所需的相关目录并授权 MySQL 用户(组)。

```
# mkdir -p /data/mariadb
# cd /data/mariadb
```

```
# mkdir data tmp run log
# chown -R mysql:mysql /data
```

2. 安装、运行和卸载

1）安装

（1）配置本地 yum 源，详细信息请参考 2.4.2 节。

（2）清除缓存。

```
$ dnf clean all
```

（3）创建缓存。

```
$ dnf makecache
```

（4）在 root 权限下安装 MariaDB 服务器。

```
# dnf install mariadb-server
```

（5）查看安装后的 rpm 包。

```
$ rpm -qa | grep mariadb
```

2）运行

（1）在 root 权限下开启 MariaDB 服务器。

```
# systemctl start mariadb
```

（2）在 root 权限下初始化数据库。

```
# /usr/bin/mysql_secure_installation
```

命令执行过程中需要输入数据库的 root 设置的密码，若没有密码，则直接按 Enter 键。然后根据提示及实际情况进行设置。

（3）登录数据库。

```
$ mysql -u root -p
```

命令执行后提示输入密码。密码为步骤 2 中设置的密码。执行\q 或者 exit 可退出数据库。

3）卸载

（1）在 root 权限下关闭数据库进程。

```
# systemctl stop mariadb
```

（2）在 root 权限下执行 dnf remove mariadb-server 命令卸载 MariaDB。

```
# dnf remove mariadb-server
```

10.2.3　MariaDB 数据库服务器用户管理

1. 创建用户

可以使用 CREATE USER 语句来创建一个或多个用户，并设置相应的口令。

```
CREATE USER 'username'@'hostname' IDENTIFIED BY 'password';
```

其中：

- username：用户名。
- host：主机名，即用户连接数据库时所在的主机的名字。若是本地用户可以用 localhost，若在创建的过程中未指定主机名，则主机名默认为“%”，表示一组主机。
- password：用户的登录密码，密码可以为空，如果为空，则该用户可以不需要密码登录服务器，但从安全的角度而言，不推荐这种做法。

使用 CREATE USER 语句必须拥有数据库的 INSERT 权限或全局 CREATE USER 权限。使用 CREATE USER 语句创建一个用户账号后，会在系统自身的数据库的 user 表中添加一条新记录。若创建的账户已经存在，则语句执行时会出现错误。新创建的用户拥有的权限很少，只允许进行不需要权限的操作，如使用 SHOW 语句查询所有存储引擎和字符集的列表等。

示例：

（1）创建密码为 123456，用户名为 userexample1 的本地用户。

```
> CREATE USER 'userexample1'@'localhost' IDENTIFIED BY '123456';
```

（2）创建密码为 123456，用户名为 userexample2，主机名为 192.168.1.100 的用户。

```
> CREATE USER 'userexample2'@'192.168.1.100' IDENTIFIED BY '123456';
```

2. 查看用户

可以使用 SHOW GRANTS 语句或 SELECT 语句查看一个或多个用户。

（1）查看特定用户。

```
SHOW GRANTS [FOR 'username'@'hostname'];
SELECT USER,HOST,PASSWORD FROM mysql.user WHERE USER = 'username';
```

其中：

- username：用户名。
- hostname：主机名。

（2）查看所有用户。

```
SELECT USER,HOST,PASSWORD FROM mysql.user;
```

示例：

（1）查看 userexample1 用户。

```
> SHOW GRANTS FOR 'userexample1'@'localhost';
```

（2）查看 mysql 数据库中所有用户。

```
> SELECT USER,HOST,PASSWORD FROM mysql.user;
```

3. 修改用户名

可以使用 RENAME USER 语句修改一个或多个已经存在的用户名。

```
RENAME USER 'oldusername'@'hostname' TO 'newusername'@'hostname';
```

其中：

(1) oldusername：旧的用户名。

(2) newusername：新的用户名。

(3) hostname：主机名。

RENAME USER 语句用于对原有的账号进行重命名。若系统中旧账号不存在或者新账号已存在，则该语句执行时会出现错误。使用 RENAME USER 语句，必须拥有数据库的 UPDATE 权限或全局 CREATE USER 权限。将用户名 userexample1 修改为 userexapme2，主机名为 localhost 的示例如下。

```
> RENAME USER 'userexample1'@'localhost' TO 'userexample2'@'localhost';
```

4. 修改用户密码

可以使用 SET PASSWORD 语句修改一个用户的登录密码。

```
SET PASSWORD FOR 'username'@'hostname' = PASSWORD('newpassword');
```

其中：

(1) FOR 'username'@'hostname'：FOR 子句为可选项，指定欲修改密码的用户名及主机名。

(2) PASSWORD('newpassword')：表示使用函数 PASSWORD()设置新口令，即新口令必须传递到函数 PASSWORD()中进行加密。PASSWORD()函数为单向加密函数，一旦加密后不能解密出原明文。

在 SET PASSWORD 语句中，若不加上 FOR 子句，表示修改当前用户的密码。FOR 子句中必须以'username'@'hostname'的格式给定，username 为账户的用户名，hostname 为账户的主机名。欲修改密码的账号必须在系统中存在，否则语句执行时会出现错误。将用户名为 userexample 的密码修改为 0123456，主机名为 localhost 的示例如下。

```
> SET PASSWORD FOR 'userexample'@'localhost' = PASSWORD('0123456') ;
```

5. 删除用户

可以使用 DROP USER 语句来删除一个或多个用户账号以及相关的权限。

```
DROP USER 'username1'@'hostname1' [,'username2'@'hostname2']…;
```

用户的删除不会影响之前所创建的表、索引或其他数据库对象，因为数据库并不会记录创建了这些对象的账号。DROP USER 语句可用于删除一个或多个数据库账号，并删除其原有权限。使用 DROP USER 语句必须拥有数据库的 DELETE 权限或全局 CREATE USER 权限。在 DROP USER 语句的使用中，若没有明确地给出账号的主机名，则该主机名默认为“%”。删除用户名为 userexample 的本地用户的示例如下。

```
> DROP USER 'userexample'@'localhost';
```

6. 用户授权

可以使用 GRANT 语句来对新建用户授权。

GRANT 语句的基本语法如下：

```
GRANT privileges
ON databasename.tablename
TO username@hostname
```

其中：

- ON 子句：用于指定权限授予的对象和级别。
- privileges：用户的操作权限，如 SELECT、INSERT、UPDATE 等，如果要授予所有的权限则使用 ALL。
- databasename：数据库名。
- tablename：表名。
- TO 子句：用来设定用户密码，以及指定被赋予权限的用户。
- username：用户名。
- hostname：主机名。

如果要授予该用户对所有数据库和表的相应操作权限则可用 * 表示，如 *.*。如果在 TO 子句中给系统中存在的用户指定密码，则新密码会将原密码覆盖。如果权限被授予一个不存在的用户，则会自动执行一条 CREATE USER 语句来创建这个用户，但同时必须为该用户指定密码。对本地用户 userexample 授予 SELECT 和 INSERT 权限的示例如下。

```
> GRANT SELECT,INSERT ON *.* TO 'userexample'@'localhost';
```

7. 删除用户权限

可以使用 REVOKE 语句来删除一个用户的权限，但此用户不会被删除。

```
REVOKE privilege ON databasename.tablename FROM 'username'@'hostname';
```

其中，REVOKE 语句的参数与 GRANT 语句的参数含义相同。要使用 REVOKE 语句，必须拥有数据库的全局 CREATE USER 权限或 UPDATE 权限。删除本地用户 userexample 的 INSERT 权限的示例如下。

```
> REVOKE INSERT ON *.* FROM 'userexample'@'localhost';
```

10.2.4 MariaDB 数据库服务器数据库管理

1. 创建数据库

可以使用 CREATE DATABASE 语句来创建数据库。

```
CREATE DATABASE databasename;
```

其中，databasename 为数据库名称，且数据库名称不区分大小写。创建数据库名为 databaseexample 的数据库的示例如下。

```
> CREATE DATABASE databaseexample;
```

2. 查看数据库

可以使用 SHOW DATABASES 语句来查看数据库。

```
SHOW DATABASES;
```

查看所有数据库的示例如下。

```
> SHOW DATABASES;
```

3. 选择数据库

一般创建表、查询表等操作首先需要选择一个目标数据库。可以使用 USE 语句来选择数据库。

```
USE databasename;
```

其中，databasename 为数据库名称。选择 databaseexample 数据库的示例如下。

```
> USE databaseexample;
```

4. 删除数据库

可以使用 DROP DATABASE 语句来删除数据库。删除数据库要谨慎操作，一旦删除，数据库中的所有表和数据都会删除。

```
DROP DATABASE databasename;
```

其中，databasename 为数据库名称。DROP DATABASE 命令用于删除创建过(已存在)的数据库，且会删除数据库中的所有表，但数据库的用户权限不会自动删除。要使用 DROP DATABASE，需要数据库的 DROP 权限。DROP SCHEMA 是 DROP DATABASE 的同义词。删除 databaseexample 数据库的示例如下。

```
> DROP DATABASE databaseexample;
```

5. 备份数据库

可以在 root 权限下使用 mysqldump 命令备份数据库。

备份一个或多个表：

```
mysqldump [options] databasename [tablename … ] > outfile
```

备份一个或多个库：

```
mysqldump [options] - databases databasename … > outfile
```

备份所有库：

```
mysqldump [options] - all - databases > outputfile
```

其中：

- databasename：数据库名称。
- tablename：数据表名称。
- outfile：数据库备份的文件。
- options：mysqldump 命令参数选项，多个参数之间可以使用空格分隔。

常用的 mysqldump 命令参数选项如下。

- -u，--user=username：指定用户名。

- -p，--password[=password]：指定密码。
- -P，--port=portnumber：指定端口。
- -h，--host=hostname：指定主机名。
- -r，--result-file=filename：将导出结果保存到指定的文件中，等同于“>”。
- -t：只备份数据。
- -d：只备份表结构。

示例：

(1) 备份主机为 192.168.202.144，端口为 3306，root 用户下的所有数据库到 alldb.sql 中。

```
# mysqldump -h 192.168.202.144 -P 3306 -uroot -p123456 --all-databases > alldb.sql
```

(2) 备份主机为 192.168.202.144，端口为 3306，root 用户下的 db1 数据库到 db1.sql 中。

```
# mysqldump -h 192.168.202.144 -P 3306 -uroot -p123456 --databases db1 > db1.sql
```

(3) 备份主机为 192.168.202.144，端口为 3306，root 用户下的 db1 数据库的 tb1 表到 db1tb1.sql 中。

```
# mysqldump -h 192.168.202.144 -P 3306 -uroot -p123456 db1 tb1 > db1tb1.sql
```

(4) 只备份主机为 192.168.202.144，端口为 3306，root 用户下的 db1 数据库的表结构到 db1.sql 中。

```
# mysqldump -h 192.168.202.144 -P 3306 -uroot -p123456 -d db1 > db1.sql
```

(5) 只备份主机为 192.168.202.144，端口为 3306，root 用户下的 db1 数据库的数据到 db1.sql 中。

```
# mysqldump -h 192.168.202.144 -P 3306 -uroot -p123456 -t db1 > db1.sql
```

6. 恢复数据库

可以在 root 权限下使用 mysql 命令恢复数据库。

恢复一个或多个表：

```
mysql -h hostname -P portnumber -u username -ppassword databasename < infile
```

其中：

- hostname：主机名。
- portnumber：端口号。
- username：用户名。
- password：密码。
- databasename：数据库名。
- infile：mysqldump 命令中的 outfile 参数。

恢复数据库的示例如下。

```
# mysql -h 192.168.202.144 -P 3306 -uroot -p123456 -t db1 < db1.sql
```

10.3 PostgreSQL 数据库服务器

10.3.1 PostgreSQL 数据库服务器介绍

PostgreSQL 的架构如图 10-4 所示，主要进程说明如表 10-1 所示。

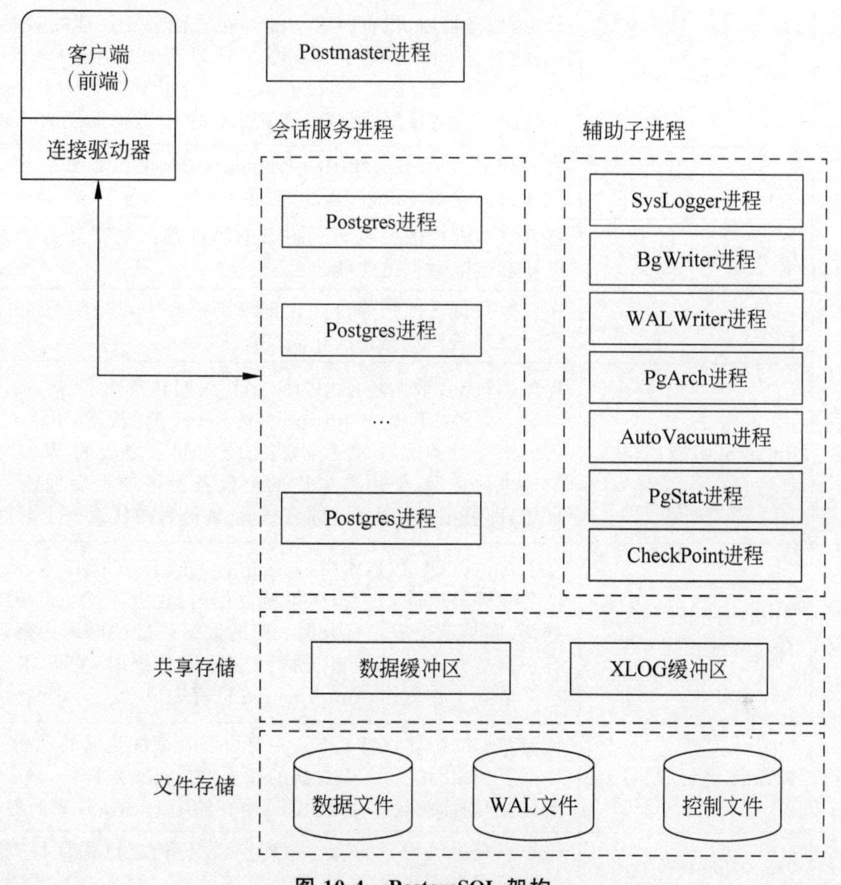

图 10-4　PostgreSQL 架构

表 10-1　PostgreSQL 中的主要进程说明

进程类别	进 程 名 称	说　明
主进程	Postmaster	Postmaster 是整个数据库实例的总控进程，负责启动和关闭该数据库实例
常驻进程	Postgres（常驻进程）	管理后端的常驻进程，也称为“postmaster”。其默认侦听 UNIXDomain Socket 和 TCP/IP（Windows 等，一部分的平台只侦听 TCP/IP）的 5432 端口，等待来自前端的连接处理。侦听的端口号可以在 PostgreSQL 的设置文件 postgresql. conf 中修改

续表

进程类别	进 程 名 称	说　　明
子进程	Postgres(子进程)	子进程根据 pg_hba.conf 定义的安全策略来判断是否允许进行连接,根据策略,会拒绝某些特定的 IP 及网络,或者也可以只允许某些特定的用户或者对某些数据库进行连接。 Postgres 会接收前端过来的查询,然后对数据库进行检索,最后把结果返回,有时也会对数据库进行更新。更新的数据同时还会记录在事务日志里面(PostgreSQL 称为 WAL 日志)。这个主要是当停电、服务器宕机、重新启动的时候进行恢复处理的时候使用。另外,把日志归档保存起来,可在需要进行恢复的时候使用。在 PostgreSQL 9.0 以后,通过把 WAL 日志传送其他的 PostgreSQL,可以实时地进行数据库复制,这就是所谓的"数据库复制"功能
辅助进程	SysLogger(系统日志)	需要在 Postgres.conf 中将 logging_collection 设置为 on,此时主进程才会启动 Syslogger 辅助进程
	BgWriter(后台写)	把共享内存中的脏页写到磁盘上的进程。主要是为了提高插入、更新和删除数据的性能
	WALWriter(预写式日志)	在修改数据之前把修改操作记录到磁盘中,以便后面更新实时数据时就不需要数据持久化到文件中
	PgArch(归档)	WAL 日志会被循环使用,PgArch 在归档前会把 WAL 日志备份出来。通过 PITY(Point In Time Recovery)技术,可以对数据库进行一次全量备份后,该技术将备份时间点之后的 WAL 日志通过归档进行备份,使用数据库的全量备份再加上后面产生的 WAL 日志,即可把数据库向前推到全量备份后的任意一个时间点
	AutoVacuum(系统自动清理)	在 PostgreSQL 数据库中,对表进行 DELETE 操作后,旧的数据并不会立即被删除,并且,在更新数据时,也并不会在旧的数据上做更新,而是新生成一行数据。旧的数据只是被标识为删除状态,只有在没有并发的其他事务读到这些旧数据时,它们才会被清除。这个清除工作就由 AutoVacuum 进程完成
	PgStat(统计收集)	负责数据的统计收集工作。主要用于查询优化时的代价估算,包括一个表和索引进行了多少次的插入、更新、删除操作,磁盘块读写的次数、行的读次数。pg_statistic 中存储了 PgStat 收集的各类信息
	CheckPoint(检查点)	检查点是系统设置的事务序列点,设置检查点保证检查点前的日志信息保存到磁盘中

10.3.2　PostgreSQL 数据库服务器的安装

1. 配置环境

1) 关闭防火墙并取消开机自启动

测试环境下通常会关闭防火墙以避免部分网络因素影响,视实际需求做配置。

(1) 在 root 权限下停止防火墙。

```
# systemctl stop firewalld
```

(2) 在 root 权限下关闭防火墙。

```
# systemctl disable firewalld
```

执行 disable 命令关闭防火墙的同时，也取消了开机自启动。

2）修改 SELINUX 为 disabled

在 root 权限下修改配置文件。

```
# sed -i 's/SELINUX=enforcing/SELINUX=disabled/g' /etc/sysconfig/selinux
```

3）创建组和用户

服务器环境下，为了系统安全，通常会为进程分配单独的用户，以实现权限隔离。本节创建的组和用户都是操作系统层面的，不是数据库层面的。

(1) 在 root 权限下创建 PostgreSQL 用户(组)。

```
# groupadd postgres
# useradd -g postgres postgres
```

(2) 在 root 权限下设置 postgres 用户密码(重复输入密码)。

```
# passwd postgres
```

4）搭建数据盘

测试极限性能时，建议单独挂载 IO 性能更优的 NVME SSD 存储介质创建 PostgreSQL 测试实例，避免磁盘 IO 对性能测试结果的影响，本文以单独挂载 NVME SSD 为例。非性能测试时，在 root 权限下执行以下命令，创建数据目录即可。然后跳过# mkdir /data。

(1) 在 root 权限下创建文件系统(以 xfs 为例，根据实际需求创建文件系统)，若磁盘之前已做过文件系统，执行此命令会出现报错，可使用-f 参数强制创建文件系统。

```
# mkfs.xfs /dev/nvme0n1
```

(2) 在 root 权限下创建数据目录。

```
# mkdir /data
```

(3) 在 root 权限下挂载磁盘。

```
# mount -o noatime /dev/nvme0n1 /data
```

5）数据目录授权

在 root 权限下修改目录权限。

```
# chown -R postgres:postgres /data/
```

2. 安装、运行和卸载

1）安装

(1) 配置本地 yum 源，详细信息请参考 2.4.2 节。

(2) 清除缓存。

```
$ dnf clean all
```

(3) 创建缓存。

```
$ dnf makecache
```

(4) 在 root 权限下安装 PostgreSQL 服务器。

```
# dnf install postgresql-server
```

(5) 查看安装后的 rpm 包。

```
$ rpm -qa | grep postgresql
```

2) 运行

(1) 初始化数据库。此步骤需在 postgres 用户下操作。

① 切换到已创建的 PostgreSQL 用户。

```
# su - postgres
```

② 初始化数据库,其中,命令中的/usr/bin 是命令 initdb 所在的目录。

```
$ /usr/bin/initdb -D /data/
```

(2) 启动数据库。

启动 PostgreSQL 数据库。

```
$ /usr/bin/pg_ctl -D /data/ -l /data/logfile start
```

确认 PostgreSQL 数据库进程是否正常启动。

```
$ ps -ef | grep postgres
```

命令执行后,打印信息如图 10-5 所示,PostgreSQL 相关进程已经正常启动了。

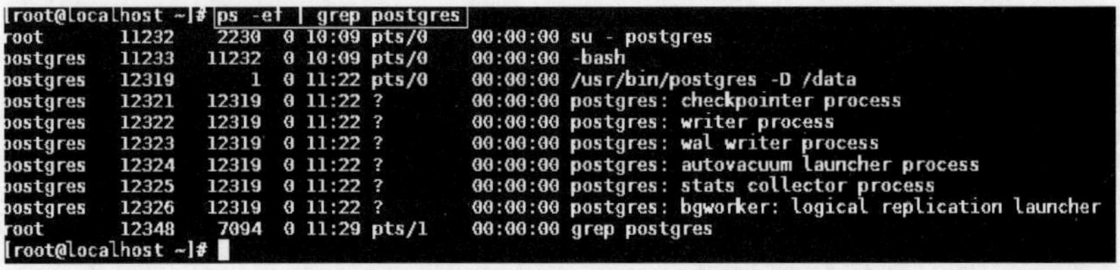

```
[root@localhost ~]# ps -ef | grep postgres
root      11232   2230  0 10:09 pts/0    00:00:00 su - postgres
postgres  11233  11232  0 10:09 pts/0    00:00:00 -bash
postgres  12319      1  0 11:22 pts/0    00:00:00 /usr/bin/postgres -D /data
postgres  12321  12319  0 11:22 ?        00:00:00 postgres: checkpointer process
postgres  12322  12319  0 11:22 ?        00:00:00 postgres: writer process
postgres  12323  12319  0 11:22 ?        00:00:00 postgres: wal writer process
postgres  12324  12319  0 11:22 ?        00:00:00 postgres: autovacuum launcher process
postgres  12325  12319  0 11:22 ?        00:00:00 postgres: stats collector process
postgres  12326  12319  0 11:22 ?        00:00:00 postgres: bgworker: logical replication launcher
root      12348   7094  0 11:29 pts/1    00:00:00 grep postgres
[root@localhost ~]#
```

图 10-5 PostgreSQL 正常启动

(3) 登录数据库。初次登录数据库,无须密码。命令及回显如下。

```
$ /usr/bin/psql -U postgres
psql (10.5)
Type "help" for help.
```

(4) 配置数据库账号密码。以设置密码为 123456 为例,命令及回显如下。

```
postgres=#alter user postgres with password '123456';
ALTER ROLE
```

(5) 退出数据库。执行\q 退出数据库。

```
postgres=#\q
```

(6) 停止数据库。

```
$ /usr/bin/pg_ctl -D /data/ -l /data/logfile stop
```

3) 卸载

(1) 在 postgres 用户下停止数据库。

```
$ /usr/bin/pg_ctl -D /data/ -l /data/logfile stop
```

(2) 在 root 用户下执行 **dnf remove postgresql-server** 卸载 PostgreSQL 数据库。

```
# dnf remove postgresql-server
```

10.3.3　PostgreSQL 服务器数据库角色管理

1. 创建角色

可以使用 CREATE ROLE 语句或 createuser 来创建角色。createuser 是对 CREATE ROLE 命令的封装，需要在 Shell 界面执行，而不是在数据库界面。

```
CREATE ROLE rolename [ [ WITH ] option [ … ] ];
createuser rolename
```

其中：

- rolename：角色名。
- option：参数选项，常用的选项如下。

SUPERUSER | NOSUPERUSER：决定一个新角色是否为“超级用户”，若未指定，则默认为 NOSUPERUSER，即不是超级用户。

CREATEDB | NOCREATEDB：定义一个角色是否能创建数据库，若未指定，则默认为 NOCREATEDB，即不能创建数据库。

CREATEROLE | NOCREATEROLE：决定一个角色是否可以创建新角色，若未指定，则默认为 NOCREATEROLE，即不能创建新角色。

INHERIT | NOINHERIT：决定一个角色是否“继承”它所在组的角色的权限。一个带有 INHERIT 属性的角色可以自动使用已经赋予它直接或间接所在组的任何权限。若未指定，则默认为 INHERIT。

LOGIN | NOLOGIN：决定一个角色是否可以登录，一个拥有 LOGIN 属性的角色可以认为是一个用户，若无此属性的角色可以用于管理数据库权限，但是并不是用户，若未指定，则默认为 NOLOGIN。但若创建角色时使用的是 CREATE USER 而不是 CREATE ROLE，则默认是 LOGIN 属性。

[ENCRYPTED | UNENCRYPTED] PASSWORD 'password'：设置角色的密码，密码只对那些拥有 LOGIN 属性的角色有意义。ENCRYPTED | UNENCRYPTED 表示是否对密码进行加密，若未指定，则默认为 ENCRYPTED，即加密。

VALID UNTIL 'timestamp'：角色的密码失效的时间戳，若未指定，则表示密码永久有效。

IN ROLE rolename1：列出一个或多个现有的角色，新角色 rolename 将立即加入这些角色，成为 rolename1 的成员。

ROLE rolename2：列出一个或多个现有的角色，它们将自动添加为新角色 rolename 的成员，即新角色为“组”。

要使用这条命令，必须拥有 CREATE ROLE 权限或者是数据库超级用户。

示例：

(1) 创建一个可以登录的角色 roleexample1。

```
postgres = # CREATE ROLE roleexample1 LOGIN;
```

(2) 创建一个密码为 123456 的角色 roleexample2。

```
postgres = # CREATE ROLE roleexample2 WITH LOGIN PASSWORD '123456';
```

(3) 创建角色名为 roleexample3 的角色。

```
[postgres@localhost ~]$ createuser roleexample3
```

2. 查看角色

可以使用 SELECT 语句或 psql 的元命令\du 查看角色。

```
SELECT * from pg_roles where rolname = 'rolname';
\du
```

示例:

(1) 查看 roleexample1 角色。

```
SELECT * from pg_roles where rolname = 'roleexample1';
```

(2) 查看现有角色。

```
postgres = # \du
```

3. 修改用户名

使用 ALTER ROLE 语句修改一个已经存在的角色名。

```
ALTER ROLE oldrolername RENAME TO newrolename;
```

其中:

- oldrolername: 旧的角色名。
- newrolename: 新的角色名。

将角色名 roleexample1 修改为 roleexapme2 的示例如下。

```
postgres = # ALTER ROLE roleexample1 RENAME TO roleexample2;
```

4. 修改用户密码

使用 ALTER ROLE 语句修改一个角色的登录密码。

```
ALTER ROLE rolename PASSWORD 'password'
```

其中:

- rolename: 角色名。
- password: 密码。

将 roleexample1 的密码修改为 456789。

```
postgres = # ALTER ROLE roleexample1 WITH PASSWORD '456789';
```

5. 删除用户

可以使用 DROP ROLE 语句或 dropuser 来删除角色。dropuser 是对 DROP ROLE 命令的封装,需要在 Shell 界面执行,而不是在数据库界面。

```
DROP ROLE rolename;
dropuser rolename
```

其中,rolename: 角色名。

示例：

（1）删除 userexample1 角色。

```
postgres = # DROP ROLE userexample1;
```

（2）删除 userexample2 角色：

```
[postgres@localhost ~]$ dropuser userexample2
```

6. 用户授权

可以使用 GRANT 语句来对角色授权。

对角色授予表的操作权限。

```
GRANT { { SELECT | INSERT | UPDATE | DELETE | REFERENCES | TRIGGER } [, … ] | ALL [ PRIVILEGES ] }
ON [ TABLE ] tablename [, … ] TO { rolename | GROUP groupname | PUBLIC } [, … ] [ WITH GRANT
OPTION ]
```

对角色授予序列的操作权限。

```
GRANT { { USAGE | SELECT | UPDATE } [, … ] | ALL [ PRIVILEGES ] } ON SEQUENCE sequencename [, … ]
TO { rolename | GROUP groupname | PUBLIC } [, … ] [ WITH GRANT OPTION ]
```

对角色授予数据库的操作权限。

```
GRANT { { CREATE | CONNECT | TEMPORARY | TEMP } [, … ] | ALL [ PRIVILEGES ] } ON DATABASE
databasename [, … ] TO { rolename | GROUP groupname | PUBLIC } [, … ] [ WITH GRANT OPTION ]
```

对角色授予函数的操作权限。

```
GRANT { EXECUTE | ALL [ PRIVILEGES ] } ON FUNCTION funcname ( [ [ argmode ] [ argname ] argtype [,
… ] ] ) [, … ] TO { rolename | GROUP groupname | PUBLIC } [, … ] [ WITH GRANT OPTION ]
```

对角色授予过程语言的操作权限。

```
GRANT { USAGE | ALL [ PRIVILEGES ] } ON LANGUAGE langname [, … ] TO { rolename | GROUP groupname
| PUBLIC } [, … ] [ WITH GRANT OPTION ]
```

对角色授予模式的操作权限。

```
GRANT { { CREATE | USAGE } [, … ] | ALL [ PRIVILEGES ] } ON SCHEMA schemaname [, … ] TO { rolename
| GROUP groupname | PUBLIC } [, … ] [ WITH GRANT OPTION ]
```

对角色授予表空间的操作权限。

```
GRANT { CREATE | ALL [ PRIVILEGES ] } ON TABLESPACE tablespacename [, … ] TO { rolename | GROUP
groupname | PUBLIC } [, … ] [ WITH GRANT OPTION ]
```

将角色 rolename1 的成员关系赋予角色 rolename2。

```
GRANT rolename1 [, … ] TO rolename2 [, … ] [ WITH ADMIN OPTION ]
```

其中：

- SELECT、INSERT、UPDATE、DELETE、REFERENCES、TRIGGER、USAGE、CREATE、CONNECT、TEMPORARY、TEMP、EXECUTE、ALL [PRIVILEGES]：用户的操作权限。ALL [PRIVILEGES]表示所有的权限，PRIVILEGES 关键字在 PostgreSQL 里是可选的，但是严格的 SQL 要求有这个关键字。
- ON 子句：用于指定权限授予的对象。

- tablename：表名。
- TO 子句：用来指定被赋予权限的角色。
- rolename、rolename1、rolename2：角色名。
- groupname：角色组名。
- PUBLIC：表示该权限要赋予所有角色，包括那些以后可能创建的用户。
- WITH GRANT OPTION：表示权限的接收者也可以将此权限赋予他人，否则就不能授权他人。该选项不能赋予 PUBLIC。
- sequencename：序列名。
- databasename：数据库名。
- funcname ([[argmode] [argname] argtype [, …]])：函数名及其参数。
- langname：过程语言名。
- schemaname：模式名。
- tablespacename：表空间名。
- WITH ADMIN OPTION：表示成员随后就可以将角色的成员关系赋予其他角色，以及撤销其他角色的成员关系。

示例：

(1) 对 userexample 授予数据库 database1 的 CREATE 权限。

```
postgres = # GRANT CREATE ON DATABASE database1 TO userexample;
```

(2) 对所有用户授予表 table1 的所有权限。

```
postgres = # GRANT ALL PRIVILEGES ON TABLE table1 TO PUBLIC;
```

7. 删除用户权限

可以使用 REVOKE 语句来撤销一个或多个角色的权限。

撤销角色对表的操作权限。

```
REVOKE [ GRANT OPTION FOR ] { { SELECT | INSERT | UPDATE | DELETE | REFERENCES | TRIGGER } [,… ]
| ALL [ PRIVILEGES ] } ON [ TABLE ] tablename [, … ] FROM { rolename | GROUP groupname | PUBLIC }
[, … ]
```

撤销角色对序列的操作权限。

```
REVOKE [ GRANT OPTION FOR ] { { USAGE | SELECT | UPDATE } [,… ] | ALL [ PRIVILEGES ] } ON SEQUENCE
sequencename [, … ] FROM { rolename | GROUP groupname | PUBLIC } [, … ] [ CASCADE | RESTRICT ]
```

撤销角色对数据库的操作权限。

```
REVOKE [ GRANT OPTION FOR ] { { CREATE | CONNECT | TEMPORARY | TEMP } [,… ] | ALL [ PRIVILEGES ] }
ON DATABASE databasename [, … ] FROM { rolename | GROUP groupname | PUBLIC } [, … ] [ CASCADE |
RESTRICT ]
```

撤销角色对函数的操作权限。

```
REVOKE [ GRANT OPTION FOR ] { EXECUTE | ALL [ PRIVILEGES ] } ON FUNCTION funcname ( [ [ argmode ]
[ argname ] argtype [, … ] ] ) [, … ] FROM { rolename | GROUP groupname | PUBLIC } [, … ]
[ CASCADE | RESTRICT ]
```

撤销角色对过程语言的操作权限。

```
REVOKE [ GRANT OPTION FOR ] { USAGE | ALL [ PRIVILEGES ] } ON LANGUAGE langname [, … ] FROM
{ rolename | GROUP groupname | PUBLIC } [, … ] [ CASCADE | RESTRICT ]
```

撤销角色对模式的操作权限。

```
REVOKE [ GRANT OPTION FOR ] { { CREATE | USAGE } [, … ] | ALL [ PRIVILEGES ] } ON SCHEMA schemaname
[, … ] FROM { rolename | GROUP groupname | PUBLIC } [, … ] [ CASCADE | RESTRICT ]
```

撤销角色对表空间的操作权限。

```
REVOKE [ GRANT OPTION FOR ] { CREATE | ALL [ PRIVILEGES ] } ON TABLESPACE tablespacename [, … ]
FROM { rolename | GROUP groupname | PUBLIC } [, … ] [ CASCADE | RESTRICT ]
```

删除 rolename2 的 rolename1 的成员关系。

```
REVOKE [ ADMIN OPTION FOR ] rolename1 [, … ] FROM rolename2 [, … ] [ CASCADE | RESTRICT ]
```

其中：

- GRANT OPTION FOR：表示只撤销对该权限的授权的权力，而不撤销该权限本身。
- SELECT、INSERT、UPDATE、DELETE、REFERENCES、TRIGGER、USAGE、CREATE、CONNECT、TEMPORARY、TEMP、EXECUTE、ALL [PRIVILEGES]：用户的操作权限。ALL [PRIVILEGES]表示所有的权限，PRIVILEGES 关键字在 PostgreSQL 里是可选的，但是严格的 SQL 要求有这个关键字。
- ON 子句：用于指定撤销权限的对象。
- tablename：表名。
- FROM 子句：用来指定被撤销权限的角色。
- rolename、rolename1、rolename2：角色名。
- groupname：角色组名。
- PUBLIC：表示撤销隐含定义的、拥有所有角色的组，但并不意味着所有角色都失去了权限，那些直接得到的权限以及通过一个组得到的权限仍然有效。
- sequencename：序列名。
- CASCADE：撤销所有依赖性权限。
- RESTRICT：不撤销所有依赖性权限。
- databasename：数据库名。
- funcname([[argmode] [argname] argtype [, …]])：函数名及其参数。
- langname：过程语言名。
- schemaname：模式名。
- tablespacename：表空间名。
- ADMIN OPTION FOR：表示传递的授权不会自动收回。

撤销用户 userexample 对数据库 databaseexample 的所有权限。

```
postgres = # REVOKE ALL PRIVILEGES ON DATABASE databaseexample FROM userexample;
```

10.3.4 PostgreSQL 服务器数据库管理

1. 创建数据库

可以使用 CREATE DATABASE 语句或 createdb 来创建角色。createdb 是对

CREATE DATABASE 命令的封装,需要在 Shell 界面执行,而不是在数据库界面。

```
CREATE DATABASE databasename;
createdb databasename
```

其中,databasename 为数据库名。要使用这条命令,必须拥有 CREATEDB 权限。

创建一个数据库 database1 的示例如下。

```
postgres = # CREATE DATABASE database1;
```

2. 查看数据库

可以使用\l 语句来查看数据库。

```
\l;
```

查看所有数据库示例如下。

```
postgres = # \l;
```

3. 选择数据库

可以使用\c 语句来选择数据库。

```
\c databasename;
```

其中,databasename 为数据库名称。

选择 databaseexample 数据库的示例如下。

```
postgres = # \c databaseexample;
```

4. 删除数据库

可以使用 DROP DATABASE 语句或 dropdb 来删除数据库。dropdb 是对 DROP DATABASE 命令的封装,需要在 Shell 界面执行,而不是在数据库界面。

DROP DATABASE 会删除数据库的系统目录项并且删除包含数据的文件目录。DROP DATABASE 只能由超级管理员或数据库拥有者执行。删除数据库要谨慎操作,一旦删除,数据库中的所有表和数据都会删除。

```
DROP DATABASE databasename;
dropdb databasename
```

其中,databasename 为数据库名称。

删除 databaseexample 数据库的示例如下。

```
postgres = # DROP DATABASE databaseexample;
```

5. 备份数据库

可以使用 pg_dump 命令备份数据库,将数据库转储到一个脚本文件或其他归档文件中。

```
pg_dump [option]… [databasename] > outfile
```

其中:

- databasename：数据库名称。如果没有声明这个参数，那么使用环境变量PGDATABASE。如果那个环境变量也没声明，那么使用发起连接的用户名。
- outfile：数据库备份的文件。
- option：pg_dump命令参数选项，多个参数之间可以使用空格分隔。常用的pg_dump命令参数选项如下。

-f,--file=filename：指输出到指定的文件。如果忽略，则使用标准输出。

-d,--dbname=databasename：指定转储的数据库。

-h,--host=hostname：指定主机名。

-p,--port=portnumber：指定端口。

-U,--username=username：指定连接的用户名。

-W,--password：强制口令提示(自动)。

备份主机为192.168.202.144，端口为5432，postgres用户下的database1数据库到db1.sql中的示例如下。

```
[postgres@localhost ~]$ pg_dump -h 192.168.202.144 -p 5432 -U postgres -W database1 >
db1.sql
```

6. 恢复数据库

可以使用psql命令恢复数据库。

```
psql [option]… [databasename [username]] < infile
```

其中：

- databasename：数据库名称。如果没有声明这个参数，那么使用环境变量PGDATABASE。如果那个环境变量也没声明，那么使用发起连接的用户名。
- username：用户名。
- infile：pg_dump命令中的outfile参数。
- option：psql命令参数选项，多个参数之间可以使用空格分隔。常用的psql命令参数选项如下。

-f,--file=filename：指输出到指定的文件。如果忽略，则使用标准输出。

-d,--dbname=databasename：指定转储的数据库。

-h,--host=hostname：指定主机名。

-p,--port=portnumber：指定端口。

-U,--username=username：指定连接的用户名。

-W,--password：强制口令提示(自动)。

psql命令不会自动创建databasename数据库，所以在执行psql恢复数据库之前需要先创建databasename数据库。

将db1.sql脚本文件导入主机为192.168.202.144，端口为5432，postgres用户下newdb数据库中的示例如下。

```
[postgres@localhost ~]$ createdb newdb
[postgres@localhost ~]$ psql -h 192.168.202.144 -p 5432 -U postgres -W -d newdb < db1
.sql
```

小结

本章介绍了搭建数据库服务器的过程，重点讲解了如何配置和管理 MySQL、MariaDB、PostgreSQL 数据库服务器；详细说明了如何管理数据库角色，包括创建角色、查看角色、修改用户名、修改用户密码、删除用户、授权和撤销用户权限等操作；也介绍了管理数据库的操作，包括创建数据库、查看数据库、选择数据库、删除数据库、备份数据库和恢复数据库的过程；介绍了搭建和管理数据库服务器的基本步骤和注意事项，为构建稳定、高效的数据库环境提供了重要指导。

习题

1. 如何创建 MySQL 用户并设置密码？
2. 如何为 MySQL 用户分配组和设置密码？
3. 如何查看已经存在的所有用户？如何修改已存在用户的用户名？
4. 如何授予用户特定的数据库操作权限？如何删除用户的特定权限？
5. 如何创建数据目录并挂载硬盘？
6. 如何在 MySQL 中创建一个新的数据库？
7. 如何备份和恢复 MySQL 数据库？
8. MariaDB 的架构图有什么作用？
9. 在 MariaDB 中，执行 SQL 语句的详细过程是什么？
10. 优化器在 MariaDB 的执行过程中扮演什么角色？
11. MariaDB 支持哪些存储引擎？它们之间有何区别？
12. 如何配置环境以安装 MariaDB？
13. 如何在 MariaDB 中创建新的数据库用户？如何查看特定用户的权限？
14. 如何备份 MariaDB 数据库？如何在 MariaDB 中恢复数据库？
15. PostgreSQL 的架构是什么样的？PostgreSQL 中的主要进程有哪些？分别起什么作用？
16. PostgreSQL 的常驻进程有哪些重要功能？
17. 如何创建 PostgreSQL 用户和组？如何搭建数据盘并授权数据目录？
18. 如何安装和运行 PostgreSQL 服务器？如何卸载 PostgreSQL 服务器？
19. 在 PostgreSQL 中，如何创建角色、查看角色和修改用户密码？
20. 在 PostgreSQL 中，如何创建、查看、选择和删除数据库？

第 11 章

使用双机集群系统

CHAPTER 11

11.1 双机集群系统概述

双机集群系统,简称 HA(Highly Available),指两台服务器作为主备机,若其中一台故障,另一台仍可为用户提供服务。双机集群系统是高可用性的一种实现方式,它涉及将两台或多台计算机连接在一起,以共同提供服务并确保在一个节点遇到问题时另一个节点可以接管服务。这种集群配置旨在最大限度地减少服务中断时间,提供无缝的过渡以及更高的系统可靠性。

在双机集群系统中,通常有一个活动节点(Active Node)和一个备用节点(Standby Node)。活动节点负责处理实际的工作负载,而备用节点监控活动节点的状态。如果活动节点发生故障,备用节点会接管工作负载,以确保服务的持续性。

双机集群系统可以在许多领域得到应用,包括服务器、数据库、网络路由器等。这种配置可以提供更高的系统稳定性、可用性和容错性,确保业务不受单点故障的影响。

11.2 HA 的安装与部署

需要至少两台安装了 FusionOS 的物理机/虚拟机(现以两台为例)。两台主机均需要进行以下操作,现以其中一台为例。

1. 安装与部署

1) 修改主机名称及/etc/hosts 文件

在使用 HA 软件之前,需要确认修改主机名并将所有主机名写入/etc/hosts 文件中。

(1) 修改主机名。

```
hostnamectl set-hostname node1.xfusion.com
```

(2) 编辑/etc/hosts 文件并写入以下字段。

```
90.90.115.60 node1.xfusion.com node1
90.90.115.61 node2.xfusion.com node2
```

2) 配置 repo 源

确认已经配置好网络或者本地 repo 源。

3) 安装 HA 软件包组件

(1) 安装集群软件。

```
yum install corosync pacemaker fence-agents fence-virt corosync-qdevice sbd drbd -y
```

(2) 安装资源管理器客户端命令行接口工具 pcs。

```
yum install pcs -y
```

4) 设置 hacluster 用户密码

```
echo "you password" | passwd --stdin hacluster
```

建议使用 hacluster 用户,也可新建其他账号使用,但须在集群各节点上有相同的账号,且密码一致。

2. 管理服务

1）配置防火墙

增加规则使能 HA 相关端口的防火墙规则。

```
firewall-cmd --permanent --add-service=high-availability
firewall-cmd --add-service=high-availability
```

修改/etc/selinux/config 文件中 SELINUX 状态为 disabled。

```
SELINUX=disabled
```

2）管理 pcs 服务

（1）启动 pcs 服务。

```
systemctl start pcsd
```

（2）使能 pcs 服务开机启动。

```
systemctl enable pcsd
```

（3）查询 pcs 服务状态。

```
systemctl status pcsd
```

若回显如图 11-1 所示，则服务启动成功。

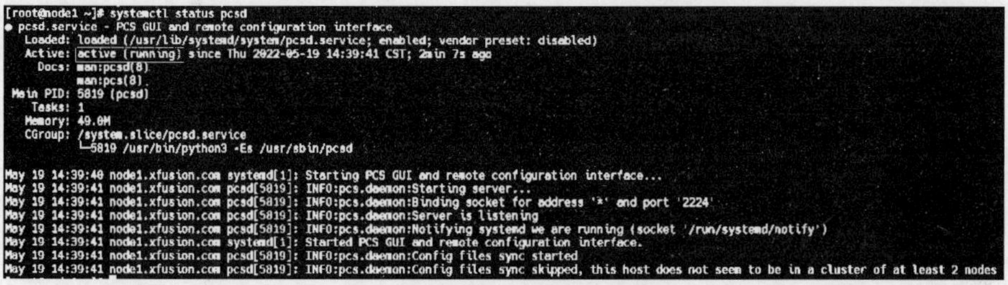

```
[root@node1 ~]# systemctl status pcsd
● pcsd.service - PCS GUI and remote configuration interface
   Loaded: loaded (/usr/lib/systemd/system/pcsd.service; enabled; vendor preset: disabled)
   Active: active (running) since Thu 2022-05-19 14:39:41 CST; 2min 7s ago
     Docs: man:pcsd(8)
           man:pcs(8)
 Main PID: 5819 (pcsd)
    Tasks: 1
   Memory: 49.0M
   CGroup: /system.slice/pcsd.service
           └─5819 /usr/bin/python3 -Es /usr/sbin/pcsd

May 19 14:39:40 node1.xfusion.com systemd[1]: Starting PCS GUI and remote configuration interface...
May 19 14:39:41 node1.xfusion.com pcsd[5819]: INFO:pcs.daemon:Starting server...
May 19 14:39:41 node1.xfusion.com pcsd[5819]: INFO:pcs.daemon:Binding socket for address '*' and port '2224'
May 19 14:39:41 node1.xfusion.com pcsd[5819]: INFO:pcs.daemon:Server is listening
May 19 14:39:41 node1.xfusion.com pcsd[5819]: INFO:pcs.daemon:Notifying systemd we are running (socket '/run/systemd/notify')
May 19 14:39:41 node1.xfusion.com systemd[1]: Started PCS GUI and remote configuration interface.
May 19 14:39:41 node1.xfusion.com pcsd[5819]: INFO:pcs.daemon:Config files sync started
May 19 14:39:41 node1.xfusion.com pcsd[5819]: INFO:pcs.daemon:Config files sync skipped, this host does not seem to be in a cluster of at least 2 nodes
```

图 11-1　服务启动成功示意图

3. 节点鉴权

使用 pcs 认证各节点的用户名和密码，此操作只在一个节点执行即可。

```
[root@node1 ~]# pcs host auth node1.xfusion.com node2.xfusion.com
Username: hacluster
Password:
node1.xfusion.com: Authorized
node2.xfusion.com: Authorized
```

4. 创建集群

```
[root@node1 ~]# pcs cluster setup xcluster --start node1.xfusion.com node2.xfusion.com
--force
No addresses specified for host 'node1.xfusion.com',
using 'node1.xfusion.com'
No addresses specified for host 'node2.xfusion.com', using 'node2.xfusion.com'
```

```
Destroying cluster on hosts: 'node1.xfusion.com',
'node2.xfusion.com'…
node1.xfusion.com: Successfully destroyed cluster
node2.xfusion.com: Successfully destroyed cluster
Requesting remove 'pcsd settings' from 'node1.xfusion.com',
'node2.xfusion.com'
node1.xfusion.com: successful removal of the file 'pcsd settings'
node2.xfusion.com: successful removal of the file 'pcsd settings'
Sending 'corosync authkey',
'pacemaker authkey' to 'node1.xfusion.com',
'node2.xfusion.com'
node1.xfusion.com: successful distribution of the file 'corosync authkey'
node1.xfusion.com: successful distribution of the file 'pacemaker authkey'
node2.xfusion.com: successful distribution of the file 'corosync authkey'
node2.xfusion.com: successful distribution of the file 'pacemaker authkey'
Sending 'corosync.conf' to 'node1.xfusion.com',
'node2.xfusion.com'
node1.xfusion.com: successful distribution of the file 'corosync.conf'
node2.xfusion.com: successful distribution of the file 'corosync.conf'
Cluster has been successfully set up.
Starting cluster on hosts: 'node1.xfusion.com',
'node2.xfusion.com'…
```

生成/etc/corosync/corosync.conf 配置文件如下。

```
totem {
    version: 2
    cluster_name: xcluster
    transport: knet
    crypto_cipher: aes256
    crypto_hash: sha256
}

nodelist {
    node {

        ring0_addr: node1.xfusion.com
        name: node1.xfusion.com
        nodeid: 1
    }


    node {

        ring0_addr: node2.xfusion.com
        name: node2.xfusion.com
        nodeid: 2
    }
}

quorum {
    provider: corosync_votequorum
    two_node: 1
}

logging {
    to_logfile: yes
    logfile: /var/log/cluster/corosync.log
```

```
    to_syslog: yes
    timestamp: on
}
```

--force 参数：如果创建集群失败，需要添加--force 参数清除之前已经添加进集群的 node。

若这一步启动失败，可以执行如下命令查看 corosync 服务的状态，如图 11-2 所示。

```
systemctl status corosync
```

```
[root@node1 ~]# systemctl status corosync
● corosync.service - Corosync Cluster Engine
   Loaded: loaded (/usr/lib/systemd/system/corosync.service; disabled; vendor preset: disabled)
   Active: failed (Result: exit-code) since Sat 2022-02-26 17:32:01 CST; 1min 33s ago
     Docs: man:corosync
           man:corosync.conf
           man:corosync_overview
  Process: 3173 ExecStart=/usr/sbin/corosync -f $COROSYNC_OPTIONS (code=exited, status=8)
 Main PID: 3173 (code=exited, status=8)

Feb 26 17:32:01 node1.xfusion.com systemd[1]: Starting Corosync Cluster Engine...
Feb 26 17:32:01 node1.xfusion.com corosync[3173]:   [MAIN  ] Corosync Cluster Engine 3.0.2 starting up
Feb 26 17:32:01 node1.xfusion.com corosync[3173]:   [MAIN  ] Corosync built-in features: dbus systemd xmlconf vqsim nozzle snmp pie relro bindnow
Feb 26 17:32:01 node1.xfusion.com corosync[3173]:   [MAIN  ] parse error in config: Nodes for link 0 have different IP families (compared 90.90.113.149 with ::1)
Feb 26 17:32:01 node1.xfusion.com corosync[3173]:   [MAIN  ] Corosync Cluster Engine exiting with status 8 at main.c:1386.
Feb 26 17:32:01 node1.xfusion.com systemd[1]: corosync.service: Main process exited, code=exited, status=8/n/a
Feb 26 17:32:01 node1.xfusion.com systemd[1]: corosync.service: Failed with result 'exit-code'.
Feb 26 17:32:01 node1.xfusion.com systemd[1]: Failed to start Corosync Cluster Engine.
```

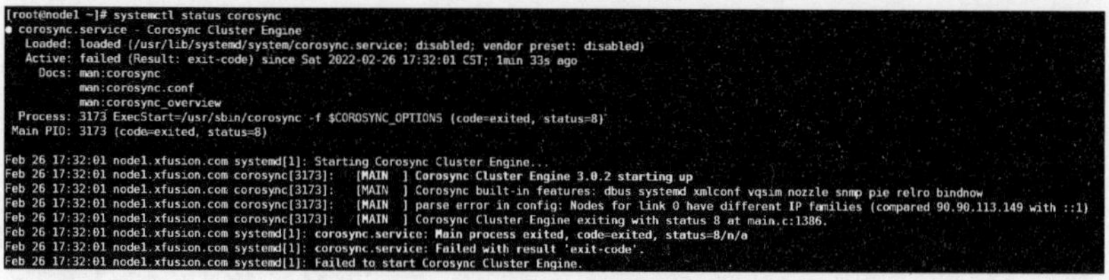

图 11-2　查看 corosync 服务状态

1）设置集群 pacemaker 和 corosync 服务自启动

创建集群时，pacemaker 和 corosync 服务会自动启动，但是主机重启后会失效，需要配置服务在系统启动后自启动。

```
pcs cluster enable --all
```

2）确认 cluster 的状态

```
[root@node1 ~]# pcs cluster status
Cluster Status:
Cluster Summary:
   * Stack: corosync
   * Current DC: node1.xfusion.com (version 2.0.3-2.fos22-4b1f869f0f) - partition with quorum
   * Last updated: Thu May 19 15:45:50 2022
   * Last change: Thu May 19 15:30:34 2022 by hacluster via crmd on node1.xfusion.com
   * 2 nodes configured
   * 0 resource instances configured
Node List:
   * Online: [ node1.xfusion.com node2.xfusion.com ]

PCSD Status:
  node2.xfusion.com: Online
  node1.xfusion.com: Online
```

3）禁用 stonith-enabled

由于没有使用 stonith 去隔离主机，因此需要禁用它。此操作也可以在管理页面配置。

```
pcs property set stonith-enabled=false
```

至此，双机 HA Cluster 已经创建完毕了。

11.3　HA 的配置与使用

1. 访问前端管理平台

HA 服务启动成功后，打开浏览器（建议使用 Chrome、Firfox），在浏览器导航栏中输入

https://90.90.115.60:2224 即可，采用 hacluster 账号登录，如图 11-3 所示。

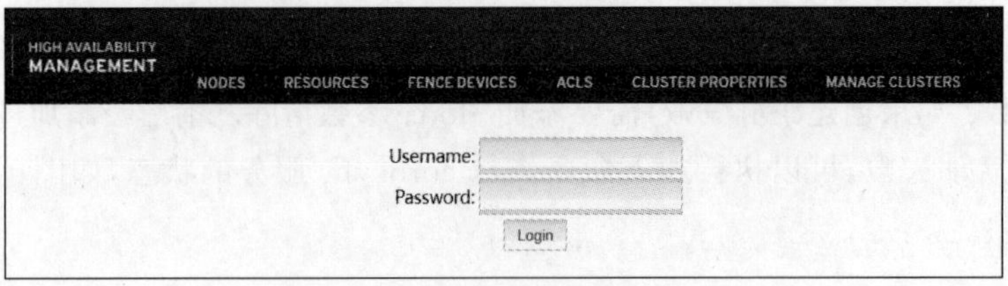

图 11-3 HA 原生管理平台界面

2. 首选项配置

以下操作均可用命令行配置，现只做简单示例，若想使用更多命令可以使用 pcs --help 进行查询。

```
pcs property set stonith - enabled = false
pcs property set no - quorum - policy = ignore
```

使用 pcs property 查看全部设置，如图 11-4 所示。

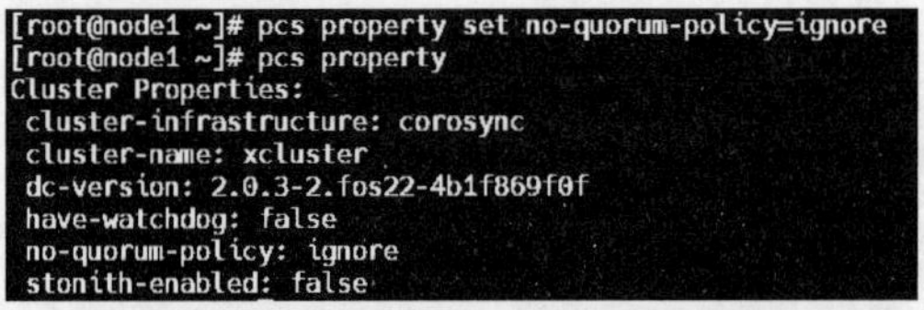

```
[root@node1 ~]# pcs property set no-quorum-policy=ignore
[root@node1 ~]# pcs property
Cluster Properties:
 cluster-infrastructure: corosync
 cluster-name: xcluster
 dc-version: 2.0.3-2.fos22-4b1f869f0f
 have-watchdog: false
 no-quorum-policy: ignore
 stonith-enabled: false
```

图 11-4 查看 pcs property 全部设置

将 No Quorum Policy 和 Stonith Enabled 由默认状态改为如图 11-5 所示的对应状态。

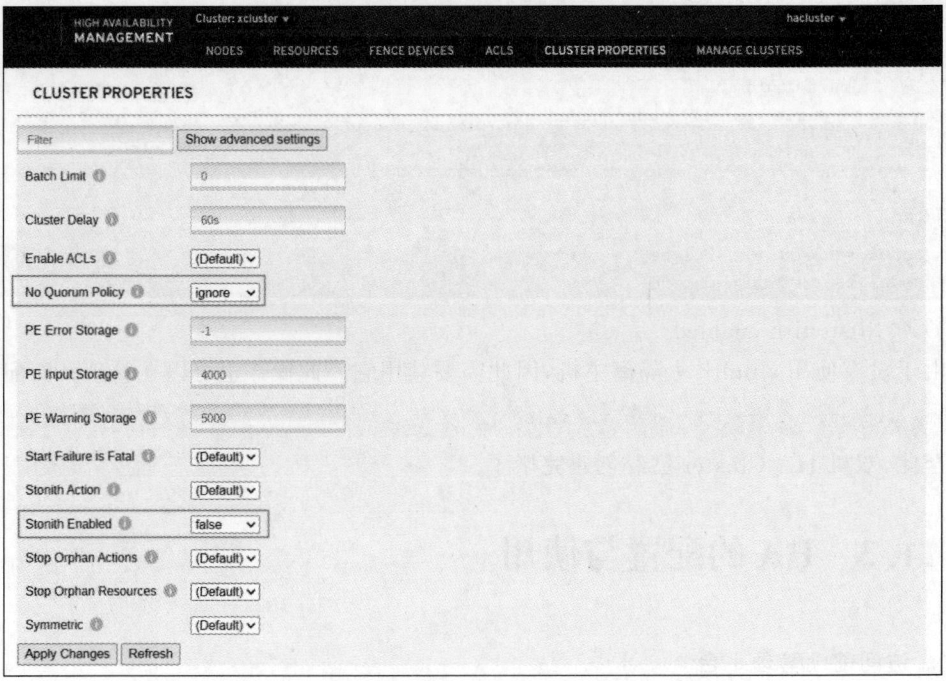

图 11-5 修改 No Quorum Policy 和 Stonith Enabled 状态

3. 主页面

主页面是集群管理界面，包括删除、添加现有集群、销毁、创建新的集群 4 个功能，如图 11-6 所示。

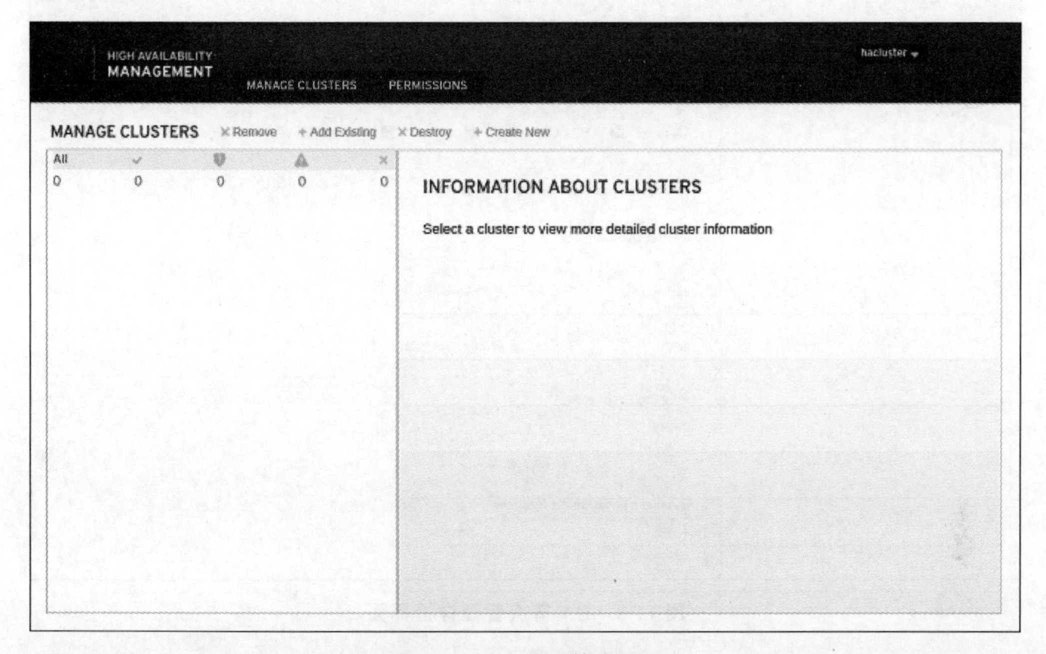

图 11-6 HA 集群管理界面

可以添加和删除节点，现以添加已存在节点为例，如图 11-7 所示。

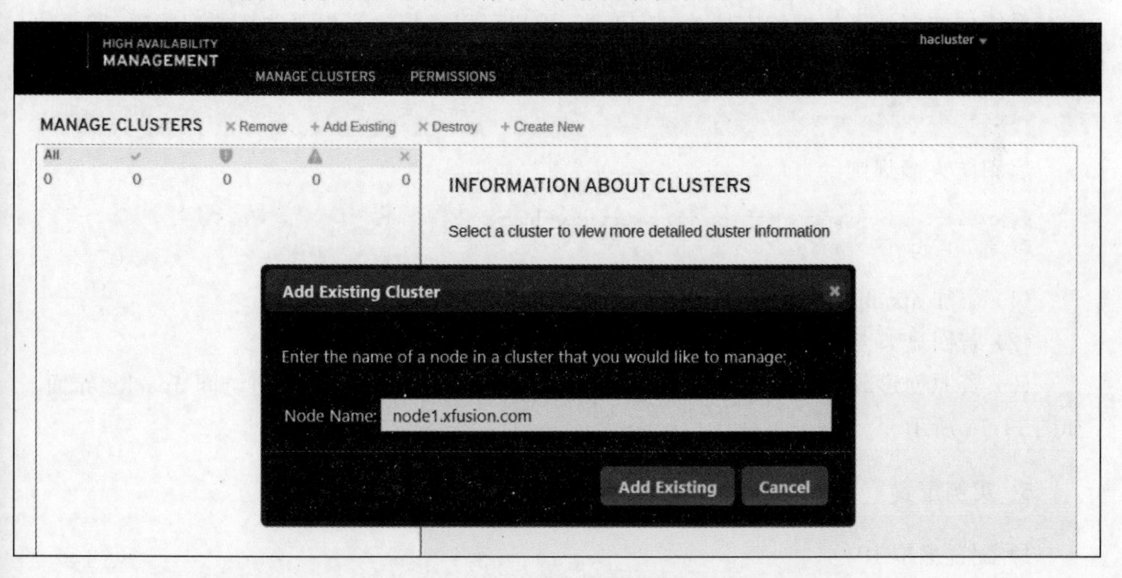

图 11-7 HA 节点管理界面

如图 11-8 所示，节点管理详情界面里包含启动、停止、重启、挂起、修复、配置 Fencing 功能。可以看到该节点开启的服务、正在运行的资源，对节点进行管理。

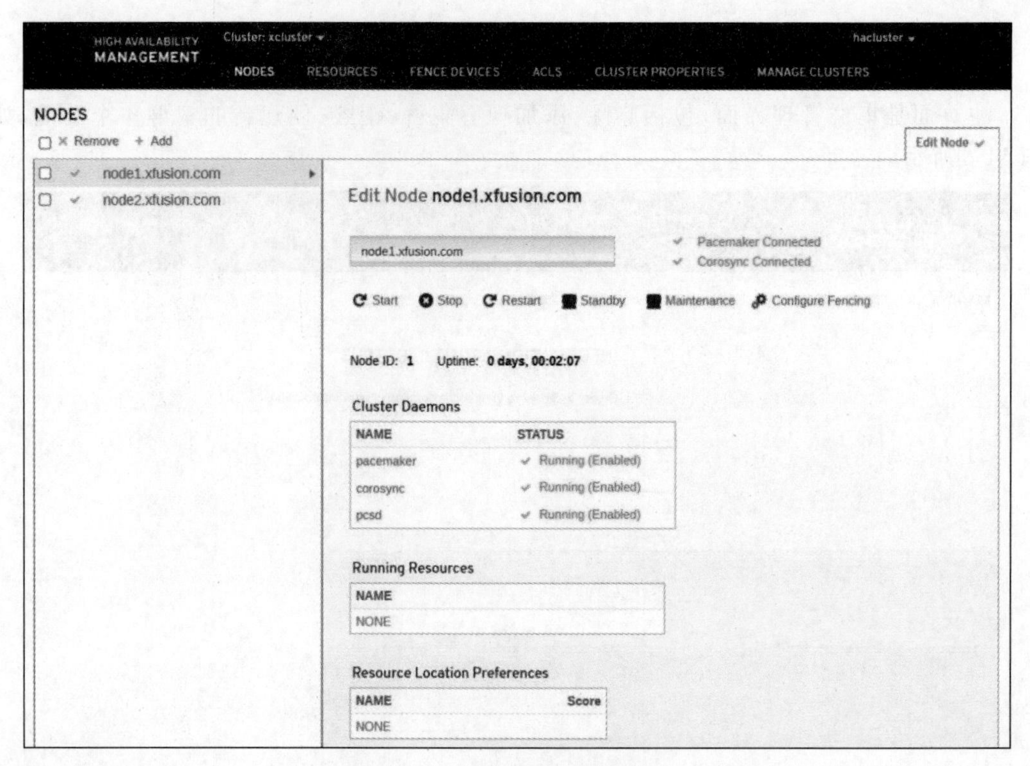

图 11-8 HA 节点管理详情界面

4. 添加资源

系统中的多选下拉框均支持关键字匹配,用户可以直接输入想要选择的配置项,即可快速选中。以 apache 和 ipaddr 为例,在各个节点安装 httpd 服务。

```
yum install httpd - y
```

启用防火墙规则。

```
firewall - cmd -- permanent -- add - service = http
firewall - cmd -- add - service = http
```

(1) 添加 apache 资源,如图 11-9 所示。

(2) 若回显如图 11-10 所示,则资源添加成功。

(3) 资源创建成功并启动,运行于其中一个节点上,如 node1; 成功访问 apache 界面,如图 11-11 所示。

5. 实例配置

1) 配置虚拟 IP

资源创建成功并启动,运行于其中一个节点上,如 node2; 可以 ping 通并连接,登录后可正常执行各种操作; 资源切换到 node1 运行时,也能够正常访问,如图 11-12 所示。

若回显如图 11-13 所示,则资源添加成功。

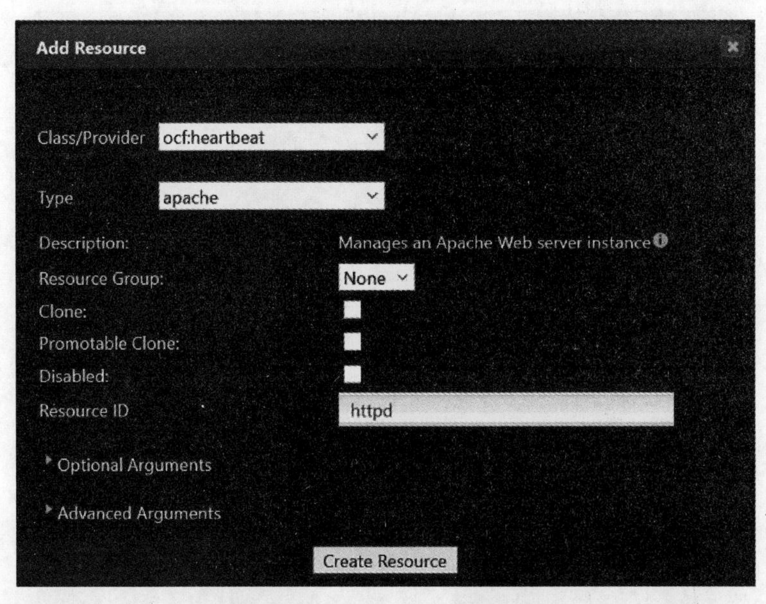

图 11-9　添加 apache 资源界面

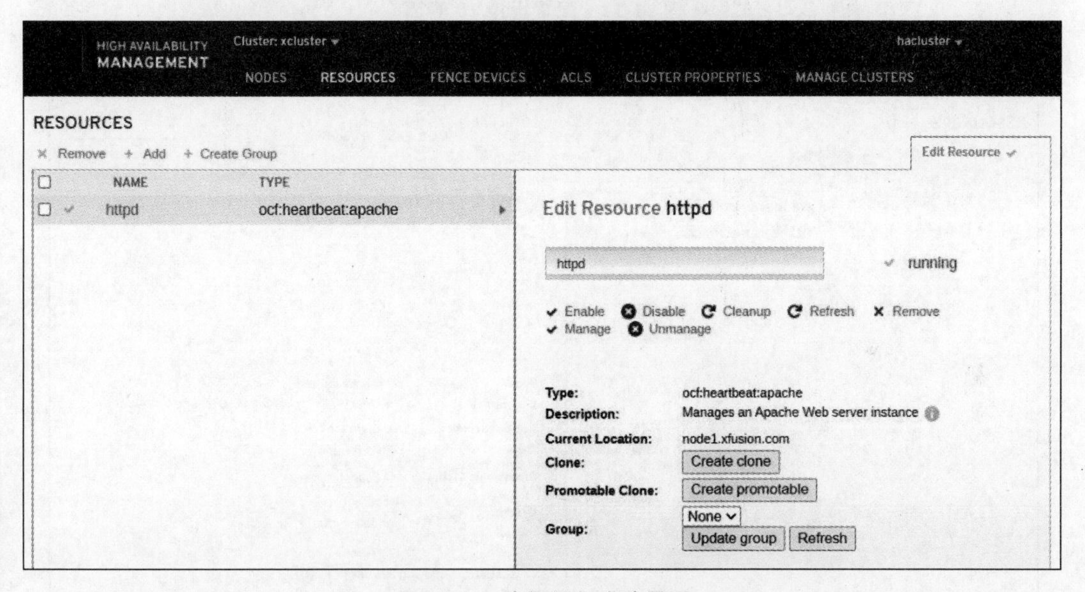

图 11-10　资源添加成功界面

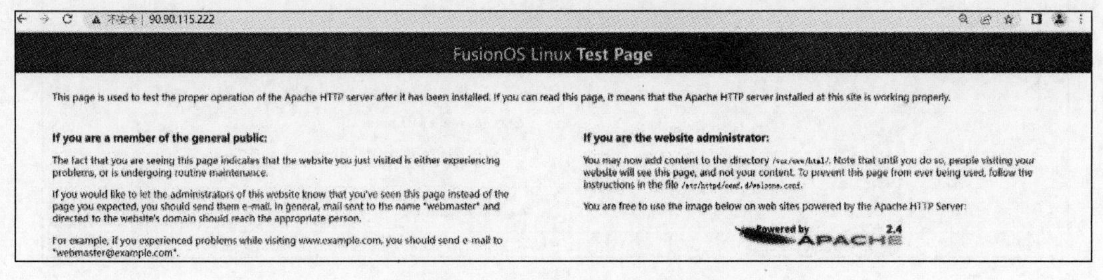

图 11-11　访问 apache 成功界面

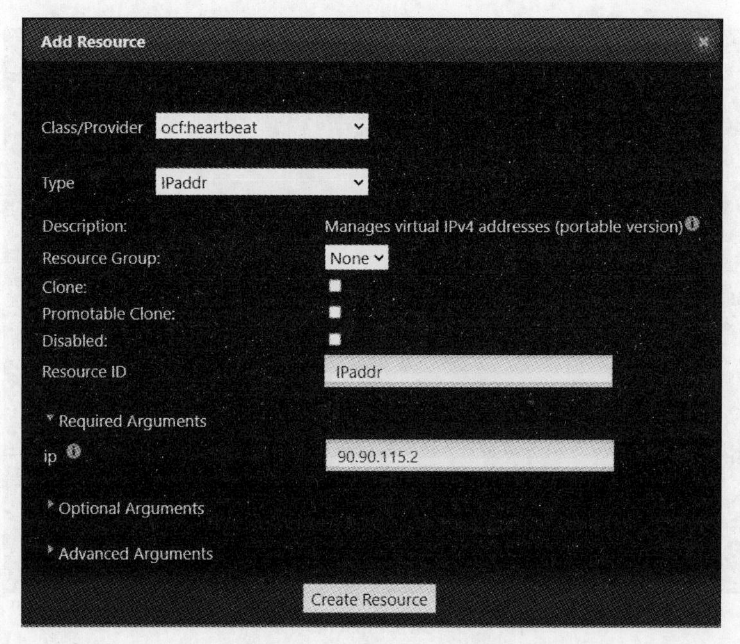

图 11-12 配置虚拟 IP 界面

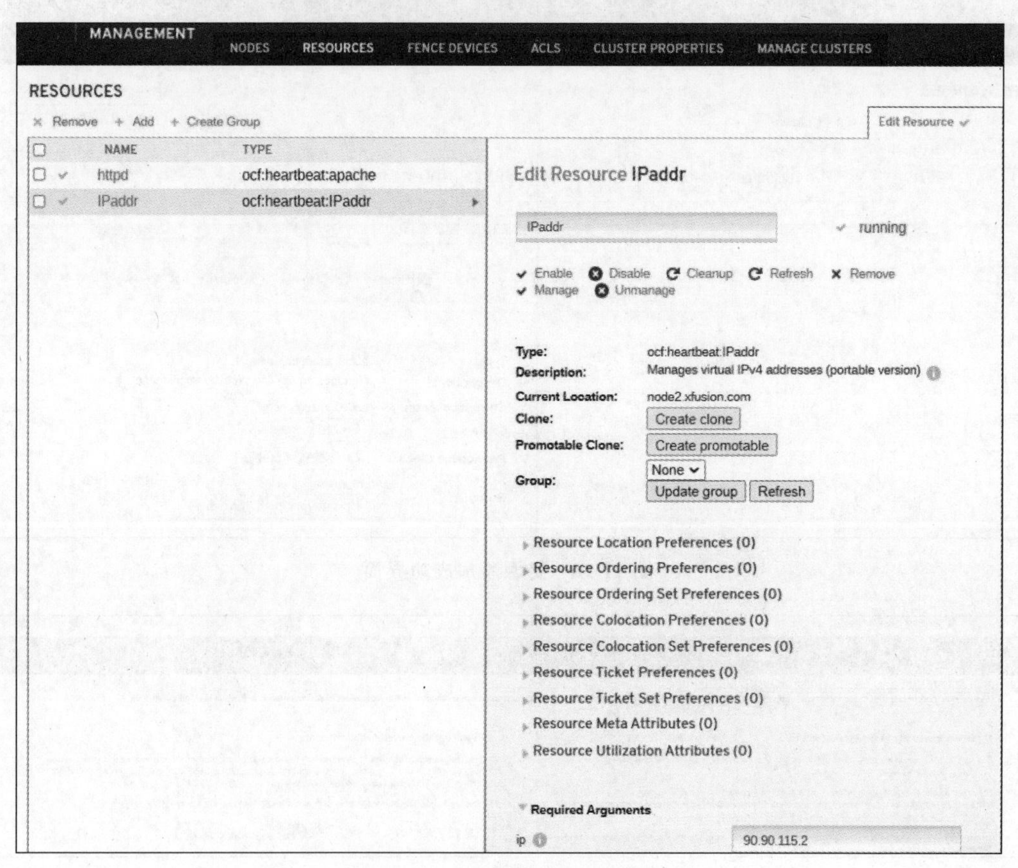

图 11-13 配置虚拟 IP 成功界面

2）配置 NFS 存储

另外找一台机器作为 NFS 服务端进行配置。

(1) 安装软件包。

```
yum install nfs-utils rpcbind -y
```

(2) 配置防火墙。

```
firewall-cmd --permanent --add-service=nfs
firewall-cmd --add-service=nfs
```

(3) 服务端创建一个共享目录。

```
mkdir -p /mnt/nfs
echo "hello world" > /mnt/nfs/testfile
```

(4) 修改 NFS 配置文件。

```
echo "/mnt/nfs *(rw,no_root_squash)" >> /etc/exports
```

(5) 启动服务。

```
systemctl start rpcbind && systemctl enable rpcbind
systemctl start nfs-server && systemctl enable nfs-server
```

3）添加 NFS 资源。

在各个节点安装 NFS 工具。

```
yum install nfs-utils -y
```

资源创建成功并启动，运行于其中一个节点上，如 node1；NFS 成功挂载到/var/www/html 路径下，如图 11-14 所示。资源切换到 node2 运行；NFS 从 node1 节点取消挂载，并自动在 node2 节点上挂载成功。若回显如图 11-15 所示，则资源添加成功。

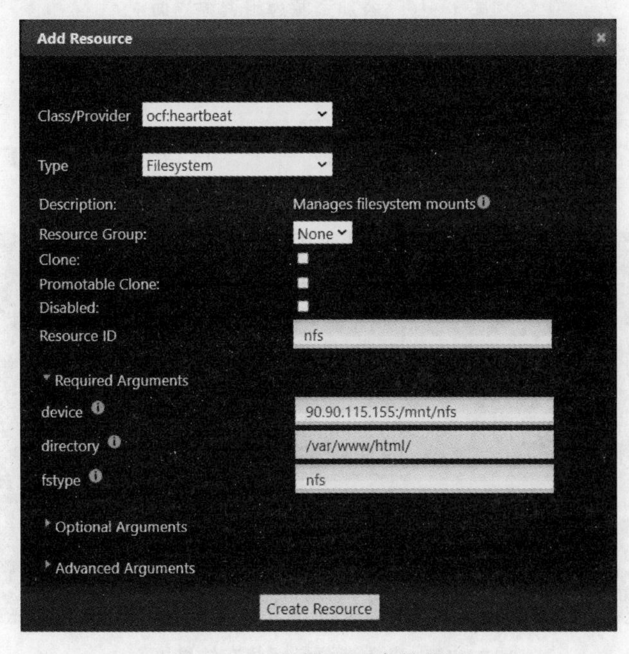

图 11-14　配置 NFS 存储界面

```
[root@node1 html]# df -h
Filesystem                   Size  Used Avail Use% Mounted on
devtmpfs                     3.5G     0  3.5G   0% /dev
tmpfs                        3.8G   43M  3.7G   2% /dev/shm
tmpfs                        3.8G   25M  3.7G   1% /run
tmpfs                        3.8G     0  3.8G   0% /sys/fs/cgroup
/dev/mapper/fusionos-root     49G  2.4G   45G   5% /
tmpfs                        3.8G     0  3.8G   0% /tmp
/dev/sda2                    976M  109M  801M  12% /boot
/dev/mapper/fusionos-home     24G   45M   23G   1% /home
/dev/sda1                    599M  6.5M  593M   2% /boot/efi
tmpfs                        758M     0  758M   0% /run/user/0
/dev/sr0                      16G   16G     0 100% /mnt/cdrom
90.90.115.155:/mnt/nfs        47G   11G   35G  24% /var/www/html
```

图 11-15　配置 NFS 存储成功界面

4）添加上述资源为组资源

添加为一组的资源会同时跑在一个节点，当节点异常时，将同时迁移到其他节点，如图 11-16 所示。

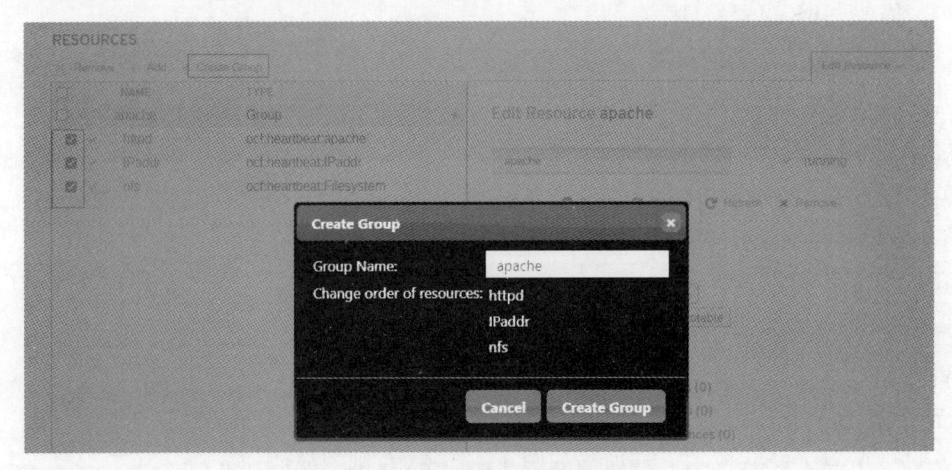

图 11-16　添加资源为组资源界面

（1）查看资源运行状态。

```
pcs status
```

此时资源都运行在 node1 上，如图 11-17 所示。可以使用虚拟 IP 访问，如图 11-18 所示。

```
[root@node1 ~]# pcs status
Cluster name: xcluster
Cluster Summary:
  * Stack: corosync
  * Current DC: node2.xfusion.com (version 2.0.3-2.fos22-4b1f869f0f) - partition with quorum
  * Last updated: Thu May 19 17:48:06 2022
  * Last change:  Thu May 19 17:41:06 2022 by hacluster via cibadmin on node1.xfusion.com
  * 2 nodes configured
  * 3 resource instances configured

Node List:
  * Online: [ node1.xfusion.com node2.xfusion.com ]

Full List of Resources:
  * Resource Group: apache:
    * httpd     (ocf::heartbeat:apache):         Started node1.xfusion.com
    * IPaddr    (ocf::heartbeat:IPaddr):         Started node1.xfusion.com
    * nfs       (ocf::heartbeat:Filesystem):     Started node1.xfusion.com

Daemon Status:
  corosync: active/enabled
  pacemaker: active/enabled
  pcsd: active/enabled
```

图 11-17　查看资源运行状态结果界面

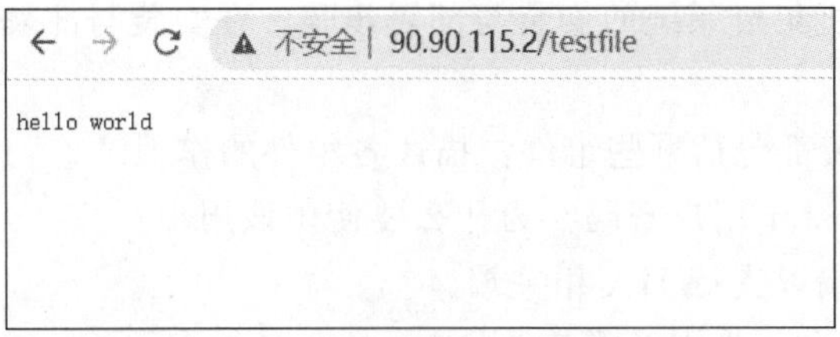

```
← → C ▲ 不安全 | 90.90.115.2/testfile

hello world
```

图 11-18　验证组资源生效结果示意图

(2) 验证一个 node 失败的情况下,HA 生效。

```
pcs node standby node1.xfusion.com
```

执行完上述命令设置集群节点 node1 进入 standby 状态,再次访问虚拟 IP,验证 http 服务是否运行正常。此时查看资源运行状态,已经全部切换到 node2,如图 11-19 所示。

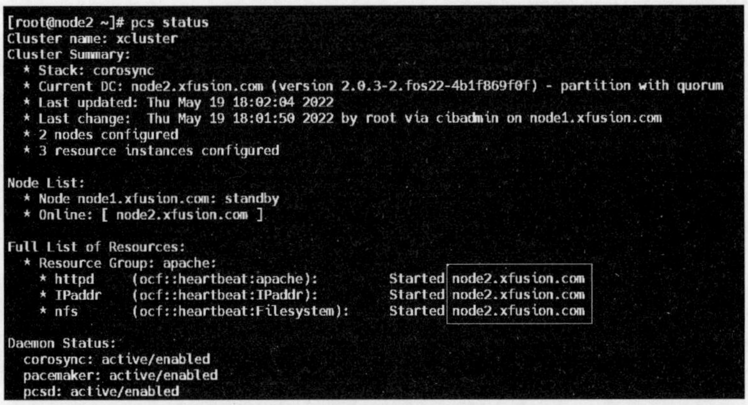

```
[root@node2 ~]# pcs status
Cluster name: xcluster
Cluster Summary:
  * Stack: corosync
  * Current DC: node2.xfusion.com (version 2.0.3-2.fos22-4b1f869f0f) - partition with quorum
  * Last updated: Thu May 19 18:02:04 2022
  * Last change:  Thu May 19 18:01:50 2022 by root via cibadmin on node1.xfusion.com
  * 2 nodes configured
  * 3 resource instances configured

Node List:
  * Node node1.xfusion.com: standby
  * Online: [ node2.xfusion.com ]

Full List of Resources:
  * Resource Group: apache:
    * httpd     (ocf::heartbeat:apache):        Started node2.xfusion.com
    * IPaddr    (ocf::heartbeat:IPaddr):        Started node2.xfusion.com
    * nfs       (ocf::heartbeat:Filesystem):    Started node2.xfusion.com

Daemon Status:
  corosync: active/enabled
  pacemaker: active/enabled
  pcsd: active/enabled
```

图 11-19　HA 生效结果示意图

小结

本章介绍了高可用性(HA)系统的概念、安装和部署过程,以及一些 HA 系统的使用实例。介绍了 HA 系统的安装与部署过程,包括环境准备、安装集群软件和资源管理器客户端工具、设置集群主机认证、创建双机 HA 集群、启用集群服务的自启动、查看集群状态等步骤。还介绍了如何配置资源属性,如禁用 STONITH 和设置 No Quorum Policy,以及如何添加普通资源(如 Apache 服务器)和配置虚拟 IP、NFS 存储资源,以及将多个资源添加为资源组。详细介绍了通过命令行和浏览器访问 HA 管理平台,展示了一些资源的配置和状态检查,以及如何设置节点进入 standby 状态的操作,使读者了解到如何搭建和配置基本的双机 HA 系统,实现高可用性的服务。

习题

1. 什么是双机集群系统?它的作用是什么?
2. 双机集群系统通常由哪些节点组成?各节点的功能是什么?

3. 请简要描述双机集群系统的安装与部署步骤。在安装与部署过程中,需要进行哪些环境准备?

4. HA 软件的安装都包括哪些组件?描述各组件的作用。

5. 如何设置 hacluster 用户密码?为什么要使用该用户?

6. 如何配置防火墙以支持 HA 相关端口?

7. 如何启动、使能和查询 pcs 服务的状态?

8. 如何使用 pcs 认证各节点的用户名和密码?

9. 如何验证 HA 在一个节点失败的情况下是否生效?

10. 如何访问 HA 服务的前端管理平台?如何通过命令行配置首选项属性?

11. 节点管理页面提供哪些节点管理操作?如何添加现有节点到节点管理中?

12. 如何添加普通资源(以 Apache 为例)?如何配置虚拟 IP?如何配置 NFS 存储资源?如何将多个资源添加为组资源?

第12章 FusionOS Shell编程

CHAPTER 12

12.1 Shell 基础知识

12.1.1 Shell 脚本基本概念

Shell 是一种在 Linux 环境中广泛使用的脚本语言。Shell 可以看作操作系统与用户之间的接口。通过 Shell,用户可以使用命令行来执行各种操作,如文件操作、网络操作、系统管理等。

在 Linux 环境中,Shell 的作用非常重要。Linux 是一种多用户、多任务的操作系统,用户需要使用 Shell 来与操作系统进行交互。Shell 提供了一种简单、高效的方式来实现这种交互,使得用户可以通过命令行快速地完成各种任务。

一个 Shell 脚本通常由以下几个组件组成。

第一,脚本的文件路径和名称。

第二,脚本的说明或者注释,如作者、修改时间等。

第三,脚本的主体,包含脚本的代码。

第四,脚本的最后一行,通常是脚本的退出命令。

以下为脚本的样例程序 demo. sh。

```
#!/bin/bash

# 打印欢迎信息
echo "欢迎使用本脚本!"

# 获取用户输入
echo "请输入第一个参数:"
read first_arg
echo "请输入第二个参数:"
read second_arg

# 计算命令行参数的数量
arg_count = $(( $# - 1 ))

# 输出所有命令行参数
echo "您输入的命令行参数如下:"
echo "第一个参数: $ first_arg"
echo "第二个参数: $ second_arg"
echo "其他参数数量: $ arg_count"

# 判断操作系统类型
os_type = $ (uname)
if [ "$ os_type" == "Darwin" ]; then
echo "您的操作系统是 macOS X"
elif [ "$ os_type" == "Linux" ]; then
echo "您的操作系统是 Linux"
else
echo "您的操作系统是 $ os_type,不受支持."
exit 1
fi
```

```
# 执行脚本时需要添加参数，例如：
# ./script.sh arg1 arg2 arg3 …
```

该脚本会打印欢迎信息，并要求用户输入两个参数。然后，它会计算命令行参数的数量，并输出所有命令行参数的名称和值。接下来，它会判断操作系统类型，并输出相应的信息。如果操作系统不受支持，则脚本将退出并返回一个错误码。最后，它会执行 script.sh 命令，并将用户输入的参数作为脚本的参数传递给脚本。脚本说明：$# 是一个特殊的 Shell 变量，表示传递给脚本的参数个数（不包括脚本名本身）。$((…)) 是一个算术扩展，它允许在扩展内进行基本算术计算。在这种情况下，我们计算了 $# - 1（即参数个数减 1）。

总之，Linux Shell 能够提供命令行解释器功能，允许用户通过输入命令来操作系统；还能够提供编程语言功能，允许用户编写脚本以自动化任务；同时还提供用户环境，允许用户自定义配置以满足自己的需求。

12.1.2 Shell 脚本种类

Bourne Shell (sh)是最初的 Linux Shell 之一。它由 Steve Bourne 在 AT&T Bell Labs 开发，紧凑且速度快，是 Shell 编程的首选。Bourne Shell 的主要缺点是缺乏交互使用的功能，如回忆以前的命令历史记录。此外，Bourne Shell 还缺乏内置的算术和逻辑表达式处理功能。

C Shell (csh)是 Linux Shell 的一种增强版本。它由 Bill Joy 在加州大学伯克利分校开发。它整合了一些交互使用的功能，如别名和命令历史记录，并提供了更方便的编程功能，如算术、类 C 表达式语法。C Shell 的语法与 C 编程语言类似，因此得名。这些新增的功能使得 C Shell 更适合交互使用，但也使得它比 Bourne Shell 更大、更慢。

Korn Shell(ksh)是 Bourne Shell 的超集，支持 Bourne Shell 中的一切。它提供了与 C Shell 相当的交互功能，包括方便的编程功能，如内置整数算术、数组、函数和字符串操作设施。Korn Shell 比 C Shell 更快，可以运行为 Bourne Shell 编写的脚本。

Bash(Bourne-Again Shell)是一种流行的 Linux Shell，用于命令行界面(CLI)。Bash 的起源可以追溯到 1987 年，当时 Brian Fox 为了 GNU 计划开始编写一个名为 Bourne-Again Shell(Bash)的 Linux Shell。Bash 的主要目的是作为 GNU 操作系统的一部分，但在 1989 年发布第一个正式版本后，它逐渐成为 Linux 系统的标准 Shell。

12.1.3 子进程介绍

Shell 子进程是指在 Shell 脚本中创建的一个独立的进程，与父进程相互独立，可以在父进程结束时继续执行。子进程可以通过 fork()系统调用创建，然后通过 exec()系统调用加载并执行 Shell 脚本。

在 Shell 脚本中，子进程通常用于执行特定的任务或者作为父进程的一个子进程来执行。子进程与父进程之间通过共享内存和文件描述符进行通信，因此可以使用管道、套接字等技术来进行数据传输和同步。

子进程的创建和执行过程与父进程类似，但是由于子进程是独立的进程，因此可以在父进程结束时继续执行。在 Shell 脚本中，子进程通常用于执行特定的任务或者作为父进程的一个子进程来执行。

Shell 子进程具有独立的执行路径、环境变量和文件描述符等资源，因此可以与父进程使用不同的工作目录、文件系统路径等，从而实现更好的资源隔离和安全性。

12.1.4 样例脚本

示例 1：echoscript1.sh。

```
#!/bin/sh
clear
echo "SCRIPT BEGINS"
echo "Hello $LOGNAME"
echo
echo "Todays date is: \c"
date '+%m/%d/%y'
echo "and the current time is: \c"
date '+%H:%M:%S%n'
echo "Now a list of the processes in the current shell"
ps
echo "SCRIPT FINISHED!!"
```

示例 2：echoscript2.ksh。

```
#!/bin/ksh
clear
print "SCRIPT BEGINS"
print "Hello $LOGNAME"
print
print -n "Todays date is: "
date '+%m/%d/%y'
print -n "and the current time is: "
date '+%H:%M:%S%n'
print "Now a list of the processes in the current shell"
ps
print "SCRIPT FINISHED!!"
```

12.2 编写、执行与调试脚本

12.2.1 创建脚本

以下是一个简单的 Shell 脚本示例。

```
vi firstscript.sh
#!/bin/sh
clear
echo "SCRIPT BEGINS"
echo "Hello $LOGNAME!"
echo
echo "Todays date and time: \c"
date
echo
mynum=21
```

```
myday = "Monday"
echo "The value of mynum is $ mynum"
echo "The value of myday is $ myday"
echo
echo "SCRIPT FINISHED!!"
echo
```

注意：在使用 Shell 脚本添加注释时，一定要在命令前放置一个“#”字符。保存该文件时，可以为其指定任何名称，但是推荐使用“.sh”扩展名以表明该文件是一个 Shell 脚本文件。

12.2.2 执行脚本

接下来，需要对脚本文件进行修改以授予执行权限。在终端上，输入以下命令。

```
chmod +x firstscript.sh
```

该命令授予文件 firstscript.sh 执行权限。

现在可以执行 Shell 脚本了。在终端上，输入以下命令来执行脚本。

```
./firstscript.sh
```

可以看到，终端将显示输出消息“Hello, World!”。

如果需要在脚本中使用其他 Linux 命令或 Shell 脚本文件，请确保它们具有读取和执行权限，并在脚本中包含它们的路径。执行其他脚本时，使用./firstscript.sh 命令，其中，“firstscript.sh”是要执行的脚本文件的名称。

12.2.3 以#!开始一个脚本

当在命令行上输入具有执行权限的脚本名称时，脚本的第一行是以“#!”开头的两个字符，指定要用作脚本解释器的 Shell 的路径名。需要注意的是，在这两个字符之前不能有空格或空行。例如：

```
#!/bin/sh
#!/bin/csh
#!/bin/ksh
#!/bin/bash
```

对于系统引导脚本，推荐使用 Bourne Shell(/sbin/sh)，因为在引导时可能只有根文件系统可以挂载，并且只有/sbin/sh 在根文件系统中。需要注意的是，系统库文件位于/usr/lib 中。同时，如果想使用 alias 功能或真正的整型变量，推荐使用 Korn Shell。如果熟悉 C 语言，那么 C shell 更合适。

12.2.4 在脚本中加入注释

在程序和 Shell 脚本中加入注释是一个好习惯。注释应该解释脚本的目的，并解释可能特别令人困惑的任何具体行。

示例脚本 scriptwithcomments.sh 在脚本开头有一个注释，解释脚本运行时做什么。带有日期语句的行包含一个注释，解释由日期语句产生的输出。

```
$ cat scriptwithcomments.sh
#!/bin/sh
#This script clears the window, greets the user,
and displays the current date and time.
clear # Clear the window
echo "SCRIPT BEGINS"
echo "Hello $LOGNAME!" # Greet the user
echo
echo "Todays date and time: \c"
date # Display current date and time
echo
mynum=21 # Set a local shell variable
myday="Monday" # Set a local shell variable
echo "The value of mynum is $mynum"
echo "The value of myday is $myday"
echo
echo "SCRIPT FINISHED!!"
echo

$ ./scriptwithcomments.sh
SCRIPT BEGINS
Hello user1!
Today's date and time: Fri May 5 13:44:48 MDT 2000
The value of mynum is 21
The value of myday is Monday
SCRIPT FINISHED!!
```

加入注释不会影响脚本的执行，除非添加注释时引入了语法错误。记住，注释是为了文档目的而存在的，因此当读取脚本时，读者将对执行脚本时会发生什么有一个大概了解。

12.2.5 调试模式控制

Linux Shell 的调试模式 set -xvf 是一种在 Shell 脚本中使用的命令行选项。这些选项的作用是启用解释器(如 bash)的详细调试信息输出，以便于开发者调试脚本时使用。

-x：启用解释器输出的命令行轨迹，以便于跟踪脚本的执行过程。这对于调试非常有用，因为它可以让开发者看到每一条被执行的命令以及它们的参数。

-v：启用额外的输出，即显示命令执行前后的环境变量值。这对于发现环境变量的错误使用非常有帮助。

-f：禁用一些特殊字符和操作的扩展，如文件名的扩展名等，从而减少错误的产生，可以减少调试过程中的干扰。

这些选项通常一起使用，以便于在 Shell 脚本调试时提供详细的执行信息和环境变量值。在脚本调试完成后，可以通过执行 set +xvf 命令来禁用这些选项，恢复正常的 Shell 环境。

示例 1：使用 set -x 的调试模式。

```
cat debug1.sh
#!/bin/bash
# 简单的范例脚本,用于展示 Shell 脚本调试功能

# 打开 bash 脚本调试功能(输出所有执行的命令)
set -x
```

```
# 定义一个简单的函数,用于计算数字之和
sum() {
  result=$(( $1 + $2 ))
  echo $result
}
# 调用 sum 函数,并将函数的结果赋值给变量 total
total=$(sum 5 10)
# 输出返回的结果
echo "Total: $total"

# 关闭调试功能(如果脚本未因上述错误而退出)
set +x
```

示例 2：使用 set -v 的调试模式。

```
cat debug2.sh
#!/bin/bash
# 使用 set -v 进行的 Shell 脚本调试范例

# 打开详细输出功能
set -v

# 设置变量
first_name="Alice"
last_name="Doe"

# 使用变量
full_name="$first_name $last_name"

# 打印完整名称
echo "完整名称为:$full_name"

# 计算年龄
birth_year=1990
current_year=$(date +%Y)
age=$((current_year - birth_year))

# 打印年龄
echo "年龄为:$age 岁"

# 关闭详细输出功能
set +v

echo "调试模式已关闭。"
```

请将此脚本保存到文件并将文件设置为可执行。然后,可以运行脚本以查看详细输出的结果。

示例 3：使用 set -f 的调试模式。

```
#!/bin/bash
# 使用 set -f 进行的 Shell 脚本调试范例

# 禁用文件名扩展
set -f

# 设置变量
```

```
files_path="*"

# 文件名扩展已禁用,因此 files_path 将按原样保留,不会展开成文件列表
echo "未禁用文件名扩展之前,以下命令会返回当前目录下的文件列表:"
echo $files_path

# 启用文件名扩展 - 恢复正常操作
set +f

# 文件名扩展已启用,files_path 现在将展开成文件列表
echo "禁用文件名扩展之后,以下命令会返回星号(*)自身:"
echo $files_path
```

示例 4：使用 set -xvf 的调试模式，展示了如何处理文件和循环体。

```
#!/bin/bash
# 在处理文件和循环时的 Shell 脚本调试范例

# 打开调试功能
set -xvf

# 设置变量
input_directory="input"
output_directory="output"

# 创建输出目录(如果尚不存在)
mkdir -p $output_directory

# 遍历输入目录中的所有文件(*.txt)
for file in ./$input_directory/*.txt; do
  # 获取文件名(不包括路径和扩展名)
  filename=$(basename "$file" .txt)
  echo $file $filename
  # 将当前文件的内容转换为大写,并将结果保存到输出目录中的新文件
  # 当前文件名为 output_directory/$filename-uppercase.txt
  tr '[:lower:]' '[:upper:]' < "$file" > "$output_directory/$filename-uppercase.txt"

  # 打印处理后的文件名
  echo "已处理:$filename-uppercase.txt"
done

# 关闭调试功能
set +xvf

echo "所有文件均已处理.结果始于 $output_directory 目录。"
```

如表 12-1 所示为等效语法的比较。

表 12-1　Bourne 和 Korn Shell 的命令选项

Bourne 和 Korn 选项	Korn Shell 专有选项	Bourne 和 Korn 选项	Korn Shell 专有选项
set -x	set -o xtrace	set +v	set +o verbose
set +x	set +o xtrace	set -f	set -o noglob
set -v	set -o verbose	set +f	set +o noglob

这个表格列举了 Bourne 和 Korn Shell 的命令选项以及 Korn Shell 特有的命令选项。例如，在 Korn Shell 模式下，使用 set -o noglob 选项可以禁用通配符扩展，达到和

Bourne Shell 模式下 set -f 一样的效果,这对于调试脚本非常有用。以下是一些示例。

在脚本中使用 set -o noglob 选项,如下。

```
#!/bin/bash
set -o noglob

for i in *.txt; do
    echo $i
done
```

上述脚本中,set -o noglob 选项将禁用通配符扩展,因此 *.txt 将不会被扩展为匹配所有扩展名为 .txt 的文件。相反,该循环将只处理文件名中明确指定的文件。

使用 set -o noglob 选项来检查通配符是否启用。

```
bash
#!/bin/bash
set -o noglob

echo *.txt # 输出: *.txt
```

而不是输出所有扩展名为 .txt 的文件名。

上述脚本中,set -o noglob 选项将禁用通配符扩展,因此 *.txt 将不会被扩展为匹配所有扩展名为 .txt 的文件。相反,该命令将只输出 *.txt。

在函数中使用 set -o noglob 选项,如下。

```
#!/bin/bash

function find_files() {
    set -o noglob
    for i in *.txt; do
        echo $i
    done
}

find_files
```

上述脚本中,find_files()函数使用 set -o noglob 选项来禁用通配符扩展。这将确保仅处理明确指定的文件,而不是所有扩展名为.txt 的文件。

12.3 变量、别名与初始化文件

12.3.1 审查用户启动脚本

当用户使用 sh 或 ksh 登录时,会运行以下几个配置脚本。

/etc/profile：这是系统级别的脚本,用于设置环境变量、定义命令别名、设置 PATH 等。这个脚本通常是第一个运行的。

$HOME/.profile：这是用户级别的脚本,通常用于设置用户专属的环境变量、加载某些自定义函数等。这个脚本通常是第二个运行的。

$HOME/.kshrc：这是 Korn Shell 用户级别的脚本,用于设置 Korn Shell 特有的环境

变量、定义命令别名、设置历史记录等。这个脚本通常是第三个运行的。

注意：如果有多个.profile 或.kshrc 文件，它们会按照读取顺序依次执行。另外，如果用户设置了 ENV 变量，那么.kshrc 中的内容将在.profile 之后执行。

12.3.2 修改.profile 配置文件

.profile 是 Linux 操作系统中的一种脚本文件，通常用于设置环境变量、定义别名、加载函数等，以便在用户登录时自动执行。

如果对 /etc/profile 或 $HOME/.profile 进行了更改，Shell 不会立即读取这些更改，直到下一次登录时才会读取。为了避免重新登录，可以使用点命令“.”告诉 Shell 重新读取.profile 文件。

```
$ . ~/.profile
```

或者如果更改了 /etc/profile，也可以使用以下命令。

```
$ source /etc/profile
```

这样，Shell 会立即读取更改，无须重新登录。

使用点命令“.”调用脚本时，告诉 Shell(父进程)读取脚本文件中的命令并执行，而无须创建子进程。这样，脚本中的任何定义都将成为当前环境的一部分。大多数 Shell 脚本都在私有环境中执行。它们设置的任何变量都无法提供给其他脚本使用。调用脚本的 Shell (或脚本)称为父进程，而被调用的脚本称为子进程。变量不会继承，除非使用 export 命令将其导出。

12.3.3 变量回顾

Shell 变量按照惯例是采用大写的命名方式。Shell 维护了两种变量列表，一种是当前 Shell 的本地变量，另一种是所有 Shell 的全局变量(环境变量)。可以使用 set 和 env 语句分别显示本地变量和环境变量。以下是 set 和 env 语句的部分输出，其中许多相同的变量都出现在本地变量和环境变量列表中。

```
root:FusionOS:/root > set
BASH = /bin/bash
BASH_ARGC = ()
BASH_ARGV = ()
BASH_LINENO = ()
BASH_SOURCE = ()
DIRSTACK = ()
DISPLAY = :0.0
ENV = /etc/bash.bashrc
EUID = 0
FROM_HEADER =
GNOME_DESKTOP_SESSION_ID = this - is - deprecated
GNOME_KEYRING_SOCKET = /tmp/keyring - yBFQCa/socket
GROUPS = ()
GTK_IM_MODULE = cedilla
GTK_RC_FILES = /etc/gtk/gtkrc:/root/.gtkrc - 1.2 - gnome2

root:FusionOS:/root > env
```

```
LESSKEY = /etc/lesskey.bin
ORBIT_SOCKETDIR = /tmp/orbit - root
NNTPSERVER = news
INFODIR = /usr/local/info:/usr/share/info:/usr/info
HOSTNAME = FusionOS
JRE6_64_HOME = /opt/teradata/jvm64/jre6/jre
XKEYSYMDB = /usr/share/X11/XKeysymDB
SHELL = /bin/bash
HOST = FusionOS
TERM = xterm
HISTSIZE = 1000
PROFILEREAD = true
TMPDIR = /tmp
WINDOW_MANAGER = /usr/bin/icewm
JRE6_64_ROOT = /opt/teradata/jvm64/jre6/jre
PERL5LIB = :/usr/lib64
GTK_RC_FILES = /etc/gtk/gtkrc:/root/.gtkrc - 1.2 - gnome2
```

12.3.4 特殊的 Shell 变量

$ $：当前进程的进程号(PID)。

$?：最近一次命令执行后返回的状态码。

$ #：传递给当前脚本或函数的参数个数。

$1, $2,…：传递给当前脚本或函数的第 1、2、……个参数。

$0：当前脚本或函数的文件名。

其他常用的特殊字符如下。

$ *：以一个单字符串显示所有向脚本传递的参数,如"1 12 … $n"。

$@：将每个参数作为一个独立的字符串返回,如"1","1","2",…,"$n"。

$!：后台运行的最后一个进程的进程号。

需要注意的是,$ * 和 $@的区别在于对参数拆分的处理方式不同。$ * 会将所有参数看成一个整体,而 $@会将每个参数看成独立的部分。

12.3.5 创建变量

在 Shell 中创建变量时,可以使用以下语法：var=value。不需要在“=”符号周围放置空格。如果值包含空格或特殊字符,可以使用单引号或双引号进行引用。例如：

```
name = "Susan B. Anthony"
```

要显示 Shell 变量的值,可以使用 echo 命令,并在变量名前面立即放置。例如,echo $name,将显示变量 name 的值。完成一个变量的使用后,可以使用 unset 命令取消变量的值并释放资源。例如：

unset $name

```
$ MYNUM = 21
$ MACHTYPE = sparc
$ echo $ MYNUM
21
```

```
$ echo $ MYNUM $ MACHTYPE
21 sparc
$ unset MYNUM
$ echo $ MYNUM $ MACHTYPE
sparc
$ echo $ EDITOR
Vi
```

在特定 Shell 创建的变量，在该 Shell 之外是不知道的。这些变量被称为局部变量，因为它们仅在当前 Shell 中生效。子 Shell 不会自动继承其父 Shell 的变量。只有变量被导出才会被传递到子 Shell 中。已导出的变量被称为环境变量。要将一个变量（以及其当前值）导出到 Shell 的子 Shell 中，可以使用以下命令：

```
export 变量名 1 变量名 2 …
```

注意：子 Shell 可以更改从其父 Shell 继承的变量的值；但更改不会影响父 Shell 中变量的值。因此，子 Shell 不能更改父 Shell 中变量的值。

以下示例在当前 Shell 中创建两个变量 x 和 name。然后导出 name 变量，以便其可被父 Shell 的任何子 Shell 继承。

```
$ x = 25
$ name = "Marion Morrison"
$ echo $ x $ name
25 Marion Morrison
$ echo $$
429
$ export name
$ ksh
$ print $$
430
$ print $ x
$ print $ name
Marion Morrison
$ export name = "Marlena Dietrich"
$ print $ name
Marlena Dietrich
$ exit
```

一个子 Shell 是通过使用 ksh 命令调用一个新的 Korn Shell 而创建的。可以看到一个新的 Shell 被启动是因为 $ shell 变量的值发生了改变。该变量始终保存当前进程（Shell）的 PID。

12.3.6 保留变量

在 Shell 编程中，保留变量（也称为内置变量）是预定义的环境变量，它们在 Shell 启动时自动设置，并且在 Shell 退出之前一直存在。保留变量具有特殊意义，它们在 Shell 脚本中用于执行各种任务，如读取配置文件、设置工作目录、获取命令行参数等。表 12-2 所示是一些常用的保留变量。

表 12-2 保留变量定义

变 量 名	意 义
HOME	用户登录目录的路径
IFS	字段分隔符,包含用于字段分隔符的字符串。默认情况下,此字符串包括空格、制表符和换行符。不要更改此字符串
LOGNAME	用户的登录名
MAILCHECK	邮件守护程序检查邮件的频率(以 s 为单位)
OPTIND	getopts 语句在解析命令行选项时使用此变量
PATH	用于搜索命令的路径
PS1	提示符。默认值为 $
PS2	用于显示命令行续写的提示符。默认值为 >
PS3	用于在 select 语句中选择的提示符。默认值为 #?
PS4	用于调试 Shell 的提示符。默认值为 +
PWD	当前工作目录
SHELL	从 passwd 文件中定义的用户 Shell
TERM	终端类型,用于 vi 编辑器和其他命令

12.3.7 逃逸字符的使用

在 Shell 编程中,逃逸字符用于指定特殊字符或通配符以便在命令或变量中正确解释它们,而不是将其解释为特殊字符或通配符。以下是几种常见的逃逸字符及其用法。

反斜杠(\):用于转义后面字符的特殊含义。例如,\n 表示换行符,\t 表示制表符等。

单引号('):用于完全避免解释变量或命令行参数的特殊含义。变量和特殊字符都不会被解释,而是作为文本直接传递给命令。

双引号("):用于在命令行参数中保留特殊字符的含义。例如,如果希望将目录路径传递给命令并将其作为参数传递,则需要使用双引号来确保反斜杠和大于号等特殊字符被正确解释。

反引号(`):也称为反向引号,用于执行命令并将输出结果捕获到变量中。例如,ls -l 将执行 ls -l 命令并将输出结果存储在变量中,可以使用` $ output` 变量来引用该输出结果。

以下是一些使用逃逸字符的示例。

(1) 使用反斜杠转义特殊字符。

```
echo "This is a \n newline"
```

这将输出一个带有换行符的文本:

```
This is a
newline
```

(2) 使用单引号避免解释变量和特殊字符。

```
dir = '/root/Desktop'
echo $ dir
```

这将输出字符串 " /root/Desktop",而不是将反斜杠解释为特殊字符。

(3) 使用双引号保留特殊字符的含义。

```
dir = "/root/Desktop"
echo $ dir/ *
```

这将输出该目录中的所有文件和文件夹名称,因为双引号将反斜杠保留为特殊字符。如果使用单引号，则不会输出任何文件和文件夹名称，因为单引号完全避免了特殊字符的含义。

(4) 使用反引号执行命令并将输出结果捕获到变量中。

```
output = `ls -l`
echo $ output
```

这将执行 ls -l 命令并将输出结果存储在 $ output 变量中。然后，可以使用 $ output 变量来引用该输出结果。

说明：命令替换是指 Shell 执行命令并将命令替换部分替换为执行该命令后的结果。命令替换形式有两种，第一种是使用反引号(或称为重音符号 …)，将要执行的命令框起来；第二种是使用 $(…) 方式。

```
例如 cat currentinfo.ksh
#!/bin/ksh

# outputs the day, time, & current month.

day = $ (date + %D)
time = $ (date + %T)

print "Today is $ day."
print
print "The time is $ time."
print
print "The month's calendar:"

cal
```

执行结果：

```
Today is 06/02/23.

The time is 14:33:28.

The month's calendar:
      June 2023
Su Mo Tu We Th Fr Sa
             1  2  3
 4  5  6  7  8  9 10
11 12 13 14 15 16 17
18 19 20 21 22 23 24
25 26 27 28 29 30
```

12.3.8 Bourne Shell 变量中的数学运算

在 Bourne Shell 中，数学运算通常使用 expr 命令来完成。该命令接收数学表达式作为参数，并返回运算结果。以下是一些示例。

(1) 加法运算。

```
num1 = 10
num2 = 20
result = `expr $ num1 + $ num2`
echo "10 + 20 = $ result"
输出：
10 + 20 = 30
```

（2）减法运算。

```
    num1 = 10
    num2 = 5
    result = `expr $num1 - $num2`
    echo "10 - 5 = $result"
输出：
    10 - 5 = 5
```

（3）乘法运算。

```
    num1 = 10
    num2 = 5
    result = `expr $num1 * $num2`
    echo "10 * 5 = $result"
输出：
    10 * 5 = 50
```

（4）除法运算。

```
    num1 = 10
    num2 = 5
    result = `expr $num1 / $num2`
    echo "10 / 5 = $result"
输出：
    10 / 5 = 2
```

在这些示例中，首先定义了两个变量 num1 和 num2，然后使用 expr 命令执行所需的数学运算，并将结果存储在 result 变量中。最后，使用 echo 命令将结果打印到终端上。请注意，在表达式中使用变量时，需要在其名称前加上 $ 符号。表 12-3 所示给出了更多的运算符示例。

表 12-3 运算符示例

运 算 符	示 例
加法	num2=`expr "$num1" + 25`
减法	num3=`expr "$num1" - "$num2"`
乘法	num3=`expr "$num1" \* "$num2"`
除法	num4=`expr "$num2" / "$num1"`
整数除法	num5=`expr "$num1" % 3`

12.3.9 Korn Shell 变量中的数学运算

在 Korn Shell 环境下，为了进行算术运算，要把一个整数表达式放在双括号内：((…))。在双括号内的算术运算符号前后都要加上空格，以提高可读性。

（1）加法运算。

```
var1 = 5
var2 = 10
result = $((var1 + var2))
echo $result    # 输出 15
```

（2）减法运算。

```
var1 = 15
var2 = 5
```

```
result = $((var1 - var2))
echo $result     # 输出 10
```

（3）乘法运算。

```
var1 = 5
var2 = 10
result = $((var1 * var2))
echo $result     # 输出 50
```

（4）除法运算。

```
var1 = 10
var2 = 5
result = $((var1 / var2))
echo $result     # 输出 2
```

（5）取余数。

```
var1 = 10
var2 = 3
result = $((var1 % var2))
echo $result     # 输出 1
```

表 12-4 所示给出了更多的运算符示例。希望这些例子能够帮助读者更好地理解 Korn Shell 中的变量数学运算。

表 12-4 操作示例结果

算术符号	操作示例	结果
+	((x = 24 + 25))	49
−	((x = 100 − 25))	75
*	((x = 4 * 5))	20
/	((x = 10 / 3))	3
%	((x = 10 % 3))	1

注意：在进行计算时，不要在变量引用前加上"$"。在双括号中进行所有变量引用时，都会自动展开。

计算中都是整数运算，所以需要知道在计算中执行除法时会发生什么情况。例如，在计算实际投票的合格选民比例时，以下语句很有可能会将 0 赋值给 prct。

```
((prct = voted / eligible_voters * 100))
```

以下语句等价于上述代数式的 Korn Shell 正确语法。

```
((prct = voted * 100 / eligible_voters))
```

当执行计算时，双括号内的任何变量都没有使用"$"，这确保了整数运算的执行，而不是字符串运算。

12.3.10 优先级

括号中的运算优先级最高，因此可以在一个表达式外面加上括号来提高它的运算优先级。乘法、除法的优先级高于加法、减法。除此之外，算术表达式是从左到右进行求值的。

(1) 括号中的表达式优先计算。

(2) "*""%"和"/"的优先级高于"+"和"-"。

(3) 其他所有内容的求值顺序是从左到右的。

因此,最简单的规则是:当有一点点疑问时,就用括号来明确运算顺序。

12.3.11 let 语句

let 语句是 Korn Shell 中的另一种进行算术运算的方法(另一种方法是使用(( )))。

let 语句的语法如下。

```
let var_name = value [,value … ]
```

其中,var_name 是要赋值的变量名,value 是要赋的值。值必须是整数,它们之间用逗号分隔。

除了值之间不能有空间,还有另一种使用方式,可以将变量名和等号以及值都放在双引号里面,这样可以避免空格问题。

```
let "var_name = value"
```

let 语句也可以使用公式来赋值,如下。

```
let var_name = value1 + value2
```

总的来说,let 语句在 Korn Shell 中被广泛用于简单的算术运算,当涉及更复杂的运算时,可以使用(( ))。

```
$ let a = a + 1
$ echo $a
1
$ let "a = a + 1"
$ echo $a
2
$ let a = b + c
$ echo $a
7
$ ((a = b + c))
$ echo $a
7
$ a = b + c
$ echo $a
```

12.3.12 脚本中的数学运算

该脚本将值 99 赋值给变量 y。然后计算输入数的立方,输入数除以 4 的商和输入数除以 4 的余数。然后打印结果以及适当的消息。最后,该脚本使用商、除数 4 和余数计算输入的数字。然后将结果乘以 2 并将结果存储在变量 z 中。然后打印涉及 z 值的消息。

```
$ cat math.ksh
#!/bin/ksh
# Script name: math.ksh
# This script finds the cube of a number, and the
```

```
# quotient and remainder of the number divided by 4.
y=99
(( cube = y * y * y ))
(( quotient = y / 4 ))
(( rmdr = y % 4 ))
print "The cube of $y is $cube."
print "The quotient of $y divided by 4 is $quotient."
print "The remainder of $y divided by 4 is $rmdr."
# Notice the use of parenthesis to
# control the order of evaluating.
(( z = 2 * (quotient * 4 + rmdr) ))
print "Two times $y is $z.""
$ ./math.ksh
The cube of 99 is 970299.
The quotient of 99 divided by 4 is 24.
The remainder of 99 divided by 4 is 3.
Two times 99 is 198.
```

12.3.13 Korn Shell 别名

可以在 Korn Shell 中创建一个别名。但别名不可用于 Bourne Shell。别名是给命令起的一个名字。使用别名的原因如下。

(1) 系统上可能存在多个版本的命令,默认使用其中一个。可以创建一个别名,将完整路径名列出来,例如: alias mycommand=/fullpathname/cmd。

(2) 可能经常拼写命令不正确,所以可以为一个错误的拼写创建一个别名,例如: alias mroe=more。

(3) 可能想要为命令设置默认选项,例如: alias dk='df -k'。

(4) 需要用户在命令行上执行大量输入的命令、脚本或程序时别名是绝佳候选。

如果不想使用已经创建的某个别名,可以使用 unalias 命令删除它。语法如下。

```
unalias aliasname
```

别名不会被子 Shell 继承。将别名放在~/.kshrc 文件中并将 ENV 的值设置为~/.kshrc,可以让新的 Korn Shell 知道这些别名。

12.3.14 内置别名

表 12-5 所示是 Korn Shell 中的一些预定义别名。除了别名函数,还可以使用 autoload 加载函数名称。可以使用 r 重新执行先前的命令。如果其后跟一个数字,则重新执行该命令历史文件中具有该数字作为命令编号的命令。如果其后跟一个字符串,则重新执行以该字符串开头的最近的命令。

表 12-5 内置别名含义

命　令	含　义
functions='typeset -f'	用此别名列出在当前 Shell 中已知的所有函数的名称及其定义
history='fc -l'	该别名显示最近使用的 16 个命令的列表。每个命令前面都有它的命令号

续表

命　令	含　义
integer='typeset -i'	使用整数别名将变量声明为整数数据类型
nohup='nohup'	运行一个命令，使其免疫挂起(HUP)和终止(TERM)信号。如果标准输出是一个终端，则会将其重定向到文件 nohup.out。标准错误将跟随标准输出进行重定向
r='fc -e -'	使用此别名重新执行先前的命令
suspend='kill -STOP $$'	此别名在当前 Shell($$)上使用 STOP(SIGSTOP)信号(信号 23)发出 kill 命令。Shell 进程被置于作业列表中，稍后可以使用 fg 命令重新启动

```
root::/mnt/hgfs/dw_adm/mod3/examples > history
234 set -o vi
235 echo "hello $name"
236 ksh
237 date +%H:%M
238 echo $SHELL
239 cd ~
240 pwd
241 vi .profile
242 . ./.profile
243 echo $SHELL
244 history
245 history
246 echo $SHELL
247 history
248 date +%H:%M
249 history
root::/mnt/hgfs/dw_adm/mod3/examples > r 238
echo $SHELL
/bin/bash
root::/mnt/hgfs/dw_adm/mod3/examples >
```

下面分享一个 autoload 的例子。首先，在一个名为 func_lib 的 Shell 脚本中定义一个函数。

```
# func_lib
my_func() {
  echo "Hello from my_func!"
}
```

然后，在另一个 Shell 脚本中使用 autoload 命令加载 func_lib 函数库，并调用其中的 my_func 函数。

```
# main_script
autoload -U func_lib # 加载函数库

# 调用 my_func 函数
my_func
```

现在，尝试运行 main_script 脚本，因为 func_lib 函数库中的 my_func 函数被声明为 autoload 函数，因此该函数库只有在第一次调用 my_func 时才会被加载。运行 main_script 时，可以看到以下输出。

```
Hello from my_func!
```

在这个简单的例子中，使用了 autoload 命令动态加载 func_lib 函数库，并成功调用其中的 my_func 函数。

12.4 grep 命令与正则表达式

12.4.1 grep 是什么

和大多数 Linux 命令一样，grep(global search a regular expression and print)是一种强大的文本搜索工具，它能使用特定模式匹配(包括正则表达式)搜索文本，并打印包含该模式的所有行。如果没有指定文件，grep 假定它将从标准输入中接收文本。表 12-6 所示给出了 grep 命令常用选项的含义。

表 12-6 grep 命令各选项的含义

选 项	含 义
-i	忽略大小写
-c	打印匹配行计数
-l	打印匹配行所在文件名
-v	打印不包含搜索模式的所有行
-n	打印匹配行行号

考虑以下场景，某位用户系统管理员报告，系统上运行的 Teradata 应用程序故障需要重新启动，但用户无法自行停止该程序，系统管理员的任务是定位并终止这个进程。

当使用 ps -ef 命令查看运行的进程时，输出结果可能会非常长，特别是当系统上有许多进程运行时。为了更容易地找到特定用户的进程，我们可以使用 grep 命令来过滤输出。

```
root::/mnt/hgfs/dw_adm/mod3/examples > ps - ef | grep 'teradata'
root       3837     1  0 Jun02 ?        00:00:19 /opt/teradata/swapspace/sbin/swapspace - d
- p - c /etc/sysconfig/teradata/swapspace
root       3913     1  0 Jun02 ?        00:00:00 /opt/teradata/TDput/bin/portmgmt
root       3915     1  0 Jun02 ?        00:00:00 /opt/teradata/TDput/bin/putjobd
root       3916  3913  0 Jun02 ?        00:00:02 /opt/teradata/TDput/bin/portmgmt
root       3917  3916  0 Jun02 ?        00:00:00 /opt/teradata/TDput/bin/portmgmt
root       3924     1  0 Jun02 ?        00:00:01 /opt/teradata/TDput/bin/wfxrd
root       4258     1  0 Jun02 ?        00:00:00 /bin/sh /opt/teradata/tdsched/tdsched_check
root       4265     1  0 Jun02 ?        00:00:00 /opt/teradata/tdsched/tdsched_watch /etc/opt/
teradata/tdconfig/vconfig.gdo
root       4267     1  0 Jun02 ?        00:00:00 /opt/teradata/tdsched/tdsched_watch /opt/
teradata/TDput/data/permanent/pnmgr.txt
root      15960  4402  0 07:38 pts/0    00:00:00 grep teradata
grep 命令选项说明
```

-i 选项指定 grep 忽略搜索模式中的字母大小写。在以下示例中，grep 以不区分大小写的模式搜索关键字'adm'。

```
root::/mnt/hgfs/dw_adm/mod4/lab > grep - i 'adm' mypasswd
adm:x:4:4:Admin:/var/adm:
```

```
lp:x:71:8:Line Printer Admin:/usr/spool/lp:
uucp:x:5:5:uucp Admin:/usr/lib/uucp:
nuucp:x:9:9:uucp Admin:/var/spool/uucppublic:/usr/lib/uucp/uucico
listen:x:37:4:Network Admin:/usr/net/nls:
user3:x:1002:10::/ADMIN/export/home/user2:/bin/ksh
```

-c 选项可以计算匹配模式的行数,然后输出计数而不是匹配行的实际内容。

```
root::/mnt/hgfs/dw_adm/mod4/lab > grep - ci 'adm' mypasswd
6
```

要在多个文件中搜索字符串,并将输出仅列出找到该字符串的文件,可使用 -l 选项。当想要将 grep 的输出提供给另一个实用程序进行处理时,这通常非常有用,常将其应用到在多个脚本中查找对某个函数的调用。

```
root::/mnt/hgfs/dw_adm/bin > grep - il 'execTdSQL' /mnt/hgfs/dw_adm/bin/ *
/mnt/hgfs/dw_adm/bin/checkDupError.sh
/mnt/hgfs/dw_adm/bin/dw_accounts_save_5th_month_sd.sh
/mnt/hgfs/dw_adm/bin/dw_acct_bip_audit_report.sh
/mnt/hgfs/dw_adm/bin/dw_attr_basic_load.sh
/mnt/hgfs/dw_adm/bin/dw_attr_basic_run.sh
/mnt/hgfs/dw_adm/bin/dw_attr_lstg_ended_sd_run.sh
```

要在一个大文件中查找匹配的搜索模式,可使用 -n 选项在匹配项前打印行号。这在编辑文件时非常有用。

```
root::/mnt/hgfs/dw_adm/bin > grep - in 'execTdSQL' /mnt/hgfs/dw_adm/bin/ *
/mnt/hgfs/dw_adm/bin/checkDupError.sh:49: $DW_EXE/execTdSQL.sh $DW_SQL/dw_get_error_
count.sql PARAM_DATA = $PARAM_DATA TABLE_NAME = $TABLE_NAME
/mnt/hgfs/dw_adm/bin/dw_accounts_save_5th_month_sd.sh:49: $DW_EXE/execTdSQL.sh $DW_SQL/
dw_accounts_save_5th_month_sd.sql
/mnt/hgfs/dw_adm/bin/dw_acct_bip_audit_report.sh:17: # Calls: execTdSQL.sh dw_bip_acct_
audit_report.sh start_date end_date last_process_date
```

-v 选项会打印不包含搜索模式匹配项的行。

```
root::/mnt/hgfs/dw_adm/bin > grep - v 'root' /etc/group
bin:x:1:daemon
daemon:x:2:
sys:x:3:
tty:x:5:
disk:x:6:
lp:x:7:
www:x:8:
kmem:x:9:
```

12.4.2 正则表达式元字符

正则表达式是一种用于匹配和操作文本的强大工具。下面介绍一些常用的正则表达式元字符及其含义。

.:匹配除换行符以外的任意字符。

w:匹配字母或数字或下画线。

s:匹配任意的空白符。

d：匹配数字。

[abcd]：匹配任意一个包含在方括号内的字符。

[a-z]：匹配任意一个小写字母。

[A-Z]：匹配任意一个大写字母。

[0-9]：匹配任意一个数字。

[^x]：匹配除了 x 以外的任意字符。

*：重复零次或更多次。

+：重复一次或更多次。

?：重复零次或一次。

{n}：重复 n 次。

{n,}：重复 n 次或更多次。

{n,m}：重复 $n \sim m$ 次。

这些元字符可以用来搜索、替换和操作文本。例如，可以使用正则表达式来查找一个文档中所有的电话号码，或者将一个字符串中的所有空格替换为制表符。元字符给模式赋予额外的含义，如表 12-7 所示。

表 12-7 正则表达式元字符含义

元字符	功能
\	转义正则表达式特殊字符
^	匹配行的开头
$	匹配行的结尾
<	匹配单词开头位置锚点
>	匹配单词结尾位置锚点
[]	匹配指定集合中的任一字符
[-]	匹配指定范围内的任一字符
*	匹配前一个字符出现零次或多次
.	匹配任意一个字符

当在 grep 命令中使用正则表达式时，为了避免 Shell 解释正则表达式中的特殊字符，最好将整个正则表达式放在引号中。这包括波浪号、下画线、冒号、问号、星号、加号和反斜杠等特殊字符。例如，在某个目录下寻找字符串“0##*/”，可考虑下面的命令。

```
root::/mnt/hgfs/dw_adm/bin>grep -n '0##\*\/' /mnt/hgfs/dw_adm/bin/*
/mnt/hgfs/dw_adm/bin/Account_Balances_Upd.sh:2:this=${0##*/}
/mnt/hgfs/dw_adm/bin/Account_Balances_wc_DT_Conv.sh:2:this=${0##*/}
/mnt/hgfs/dw_adm/bin/DateFunctions.ksh:19:#          print "${0##*/}:: error - 'date.
ksh' not found"  #
/mnt/hgfs/dw_adm/bin/EOM_Acct_Blnces_Prep.sh:2:this=${0##*/}
/mnt/hgfs/dw_adm/bin/EOM_Acct_Blnces_Recov_DW.sh:2:this=${0##*/}
/mnt/hgfs/dw_adm/bin/EOM_Target_Ins.sh:2:this=${0##*/}
/mnt/hgfs/dw_adm/bin/SEdayAggSync.sh:2:this=${0##*/}
/mnt/hgfs/dw_adm/bin/SEpreAggRecovery.sh:2:this=${0##*/}
/mnt/hgfs/dw_adm/bin/SEsetFileStats.sh:2:this=${0##*/}
/mnt/hgfs/dw_adm/bin/SOBND_EMLS_INBND_FCount.sh:44:          print "${0##*/}:: error -
'$DW_EXE/../lib/DateFunctions.ksh' not found"
/mnt/hgfs/dw_adm/bin/Subscription_ChargeDate_Upd.sh:2:this=${0##*/}
/mnt/hgfs/dw_adm/bin/Subscription_ChargeDate_Upd.sh:3:this=${0##*/}
```

```
/mnt/hgfs/dw_adm/bin/arc_listing_credits.sh:2:this=${0##*/}
/mnt/hgfs/dw_adm/bin/calc_listings_delta.sh:2:this=${0##*/}
```

这段代码 this=${0##*/}实际上是在 Korn Shell 中使用 0 来获取脚本的名称，然后使用{0##*/}的形式来提取脚本名称中的文件名部分，将其赋值给变量 this，后续方便在脚本中进行路径处理等操作。

具体解释如下。

${0}：获取当前 Shell 或命令执行的名称。

##*/：表示从字符串的开头开始，删除最长的"/"及其左边的所有字符，得到文件名部分。

${0##*/}：提取出来的文件名部分。

this=${0##*/}：将提取出来的文件名部分赋值给变量 this。

12.4.3 正则表达式

使用正则表达式，可以通过 grep 命令搜索当前进程表中包含 teradata 关键字的任何进程。

```
# ps -ef | grep 'teradata'
root      3860     1  0 09:49 ?        00:00:00 /opt/teradata/swapspace/sbin/swapspace -d
-p -c /etc/sysconfig/teradata/swapspace
root      3937     1  0 09:49 ?        00:00:00 /opt/teradata/TDput/bin/portmgmt
root      3938     1  0 09:49 ?        00:00:00 /opt/teradata/TDput/bin/putjobd
root      3939  3937  0 09:49 ?        00:00:00 /opt/teradata/TDput/bin/portmgmt
root      3940  3939  0 09:49 ?        00:00:00 /opt/teradata/TDput/bin/portmgmt
root      3947     1  0 09:49 ?        00:00:00 /opt/teradata/TDput/bin/wfxrd
root      4281     1  0 09:49 ?        00:00:00 /bin/sh /opt/teradata/tdsched/tdsched_check
root      4288     1  0 09:49 ?        00:00:00 /opt/teradata/tdsched/tdsched_watch /etc/
opt/teradata/tdconfig/vconfig.gdo
root      4290     1  0 09:49 ?        00:00:00 /opt/teradata/tdsched/tdsched_watch /opt/
teradata/TDput/data/permanent/pnmgr.txt
root      4993  4767  0 09:54 pts/2    00:00:00 grep teradata
```

12.4.4 正则表达式转义

\(反斜杠)后面紧跟着一个单字符，就匹配这个字符。因此，$ 匹配美元符号，. 匹配句点。其目的是剥夺元字符的特殊意义。如果未使用转义字符\，$ 代表正则表达式中的一个字符，匹配行末。

```
# grep '$' /etc/init.d/boot
#! /bin/bash
#
# /etc/init.d/boot
#
# first script to be executed from init on system startup
#

#
# Avoid be interrupted by child or keyboard
#
trap "echo" SIGINT SIGSEGV SIGQUIT
```

```
set +e

# grep '$'/etc/init.d/boot | wc -l
355
```

以下是使用逃逸字符实现正则表达式转义的样例。

```
# grep '\$'/etc/init.d/boot
test -z "$CONSOLE" && CONSOLE=/dev/console
REDIRECT="$(showconsole 2>/dev/null)"
    test "$TERM" = "linux" -o -z "$TERM" && TERM=vt102
elif test "${REDIRECT%[0-9]}" = "/dev/ttyS" ; then
    test "$TERM" = "linux" -o -z "$TERM" && TERM=vt102
otty=$(stty -g)
if test "$FLOW_CONTROL" = "yes" ; then
```

12.4.5 行锚点

正则表达式中的行锚点是特殊字符，用于匹配行的开头或结尾的模式。有两种类型的行锚点：^和$。

^和$锚点匹配的文本模式相对于一行文本的开头或结尾。例如，搜索以特定字符串开头的行：

```
grep '^start' file.txt
```

该命令将搜索file.txt中以“start”开头的所有行。

搜索以特定字符串结尾的行：

```
grep 'end$' file.txt
```

该命令将搜索file.txt中以“end”结尾的所有行。

12.4.6 单词锚点

“\<”和“\>”是单词锚点。小于号(<)标记着一个单词的开头。只有当该文本出现在一个单词的开头时，它才会被匹配。大于号(>)标记着一个单词的结尾。只有当该文本出现在一个单词的结尾时，它才会被匹配。单词由空格、制表符、行首、行尾和标点符号分隔。

下面是一个使用单词锚点匹配文本中所有包含单词“shell”的例子。

假设有一个文件example.txt，内容如下。

```
# more /mnt/hgfs/dw_adm/mod4/examples/example.txt
This is an example text file.
It contains some shell scripts.
We can search for the word "shell"
using word anchors in regular expressions
we call kornshellscript as ksh
```

现在想要查找所有包含单词“shell”的行，可以使用grep命令来实现。

```
grep '\<shell\>' example.txt
# grep '\<shell\>' /mnt/hgfs/dw_adm/mod4/examples/example.txt
It contains some shell scripts.
We can search for the word "shell"
```

在上面的命令中，\<和\> 代表单词边界，这样可以确保只匹配单独的单词“shell”，而不是包含该单词的其他词组。

如果运行不包含单词锚点的命令，输出结果应为

```
# grep 'shell' /mnt/hgfs/dw_adm/mod4/examples/example.txt
It contains some shell scripts.
We can search for the word "shell"
we call kornshellscript as ksh
```

12.4.7 字符类

通过在方括号内指定一类字符，可以匹配任何一个字符串中的单字符。例如，命令 grep '[abc]'frisbee 可以显示 frisbee 文件中包含字符 a、b 或 c 的所有行。下面这条命令可以显示/etc/group 中包含字母 i 或字母 u 的行。

```
# grep '[iu]' /etc/group
bin:x:1:daemon
disk:x:6:
mail:x:12:
uucp:x:14:
dialout:x:16:td,tdatuser
audio:x:17:pulse
utmp:x:22:
public:x:32:
video:x:33:td,tdatuser
trusted:x:42:
users:x:100:
nogroup:x:65534:nobody
messagebus:!:101:
postfix:!:51:
maildrop:!:59:
polkituser:!:103:
ntadmin:!:71:
pulse:!:105:
pulse-access:!:106:
tdtrusted:!:11:
tdatudf:!:1000:teradata
```

也可以指定一个字符范围，从而打印出包含该范围内至少一个指定字符的行。

```
# grep '[u-y]' /etc/group
root:x:0:
bin:x:1:daemon
daemon:x:2:
sys:x:3:
tty:x:5:
disk:x:6:
lp:x:7:
www:x:8:
kmem:x:9:
wheel:x:10:
mail:x:12:
```

下面是查找 teams 文件中以 the 或 The 开头的词的命令。

```
$ grep '\<[Tt]he\>' teams
The teams are chosen randomly.
```

```
$ cat teams
Team one consists of
Tom
Team two consists of
Fred
The teams are chosen randomly.
Tea for two and Dom
Tea for two and Tom
```

12.4.8 单字符匹配

普通字符“.”可以匹配除了换行符 \n 以外的任何单个字符。例如：

```
# grep 't…a' /mnt/hgfs/dw_adm/mod4/examples/teams
Tea for two and Dom
Tea for two and Tom
# grep 't.o' /mnt/hgfs/dw_adm/mod4/examples/teams
Team two consists of
Tea for two and Dom
Tea for two and Tom
```

在正则表达式中，星号（*）可以匹配前一个符号或字符零次或多次，例如：

```
# grep '[Tt]eam*' /mnt/hgfs/dw_adm/mod4/examples/teams
Team one consists of
Team two consists of
The teams are chosen randomly.
Tea for two and Dom
Tea for two and Tom
```

例如，要查找包含以 T 开头的单词和以 m 结尾的单词的所有行，可以使用以下命令。

```
# grep '\<T.*m\>' /mnt/hgfs/dw_adm/mod4/examples/teams
Team one consists of
Tom
Team two consists of
Tea for two and Dom
Tea for two and Tom
```

星号（*）只有在跟随于另一个字符之后时才有特殊含义。如果它是一个正则表达式中的第一个字符或者它本身就是单独的，那么它就没有特殊含义。下面的这个例子可以找到在叫作 teams 的文件中，实际包含星号（*）的行。

```
# grep '*' /mnt/hgfs/dw_adm/mod4/examples/teams
#
```

值得一提的是，星号（*）在正则表达式之外有另外的含义。下面的命令可以搜查到当前目录下所有文件中的字符串“abc”。

```
# grep 'abc' *
```

12.5 SED 编辑器

SED(Stream EDitor)是一种在线编辑器，它一次处理一行内容。处理时，把当前处理的行存储在临时缓冲区中,称为"模式空间"。接着用 sed 命令处理缓冲区中的内容,处理完成后,把缓冲区的内容送往屏幕。接着处理下一行,这样不断重复,直到文件末尾。文件内容并没有改变,除非使用重定向存储输出。sed 主要用来自动编辑一个或多个文件,简化对文件的反复操作,编写转换程序等。

12.5.1　命令格式

sed 命令格式:

```
sed [选项] '[范围定位] 命令[args]'file(s)[ > outfile]
```

在运行 SED 编辑器时不需要与其进行交互;因此,它也被称为批处理编辑器。这是与交互式编辑器(如 vi 和 ed)的不同之处。因为 sed 不需要交互,所以可以把 sed 命令放在一个脚本文件中。通过调用脚本文件并将其针对数据文件运行,以执行重复的编辑操作。

SED 编辑器能够使用正则表达式语法执行文本模式替换和文本模式删除操作。可以使用与 grep 相同的正则表达式字符。

SED 提供了许多扩展的交互式文本编辑功能。如果需要在大量文件中搜索和替换文本字符串,那么 sed 命令最为实用。

12.5.2　编辑命令

SED 编辑器使用一组与 vi 和 ed 类似的编辑命令。这些命令和选项的功能分别在表 12-8 和表 12-9 中给出。

表 12-8　sed 编辑命令功能含义

命　令	功　能	命　令	功　能
d	删除行	r	读取文件
p	打印行	s	用一个字符串替换另一个字符串

表 12-9　sed 选项功能含义

选　项	功　能
-n	取消默认输出
-f	从脚本文件中读取 sed 命令

12.5.3　范围定位

地址 SED 编辑器处理输入文件的所有行,除非默认指定编辑范围。该范围可以是一系列行号、正则表达式或二者的组合。当指定行号或行号范围时,输入文件中的所有其他行均以不变的形式显示到标准输出。同样,当使用包含正则表达式的模式选择行时,只有包含该模式的行被编辑,输入文件中的所有其他行均以不变的形式显示到标准输出。如果指定了两个模式,则会创建一个范围,从包含第一个模式的文件的第一行开始,包括文件中的所有后续行,直到包含第二个模式的行或文件的末尾。$代表文件的最后一行。

以下是一个示例,其中,sed 命令使用了地址范围来选择特定的行进行编辑。假设有一个文件 example2. txt,其内容如下。

```
This is line 1
This is line 2
This is line 3
This is line 4
This is line 5
```

要将文件的第二行替换为“New line 2”,可以使用以下 sed 命令。

```
sed '2,$ s/.*/New line 2/' example2.txt
```

在此命令中,数字“2”表示要编辑的行号,“$”代表最后一行,“s/.*/New line 2/”是要应用于该行的替换命令。该命令将第二行到最后一行的原始内容替换为“New line 2”。

```
# sed '2,$ s/.*/New line 2/' /mnt/hgfs/dw_adm/mod5/examples/example2.txt
This is line 1
New line 2
New line 2
New line 2
New line 2
New line 2
```

12.5.4 文本打印

以下是使用 sed 命令打印文本的示例。

```
# cat /mnt/hgfs/dw_adm/mod5/examples/data.file
northwest NW Joel Craig 3.0 .98 3 4
western WE Sharon Kelly 5.3 .97 5 23
southwest SW Chris Foster 2.7 .8 2 18
southern SO May Chin 5.1 .95 4 15
southeast SE Derek Johnson 5.0 .70 4 17
eastern EA Susan Beal 4.4 .8 5 20
northeast NE TJ Nichols 5.1 .94 3 13
north NO Val Shultz 4.5 .89 5 9
central CT Sheri Watson 5.7 .94 5 13
```

打印所有行:

```
sed -n 'p' data.file
```

这个命令使用 p 命令打印文件中的所有行。-n 选项用于抑制输入文本的打印,-p 选项用于打印模式空间(即文件中的行)。

打印与模式匹配的行:

```
sed -n '/pattern/p' data.file
```

该命令搜索与指定模式匹配的行并将其打印出来。-n 选项禁用 sed 的默认打印行为,/pattern/是指定要搜索的模式的正则表达式。

打印不匹配模式的行:

```
sed -n '/pattern/!p' data.file
```

该命令使用“!”修饰符打印不符合指定模式的行。-n 选项再次用于抑制文本输出。

打印一系列行:

```
sed '3,5p' data.file
```

该命令逐行打印文件内容,其中,3～5 行重复输出。

```
# sed '3,5p' /mnt/hgfs/dw_adm/mod5/examples/data.file
northwest NW Joel Craig 3.0 .98 3 4
western WE Sharon Kelly 5.3 .97 5 23
southwest SW Chris Foster 2.7 .8 2 18
southwest SW Chris Foster 2.7 .8 2 18
southern SO May Chin 5.1 .95 4 15
southern SO May Chin 5.1 .95 4 15
southeast SE Derek Johnson 5.0 .70 4 17
southeast SE Derek Johnson 5.0 .70 4 17
eastern EA Susan Beal 4.4 .8 5 20
northeast NE TJ Nichols 5.1 .94 3 13
north NO Val Shultz 4.5 .89 5 9
central CT Sheri Watson 5.7 .94 5 13

sed -n '3,5p' data.file
```

该命令打印文件中 3～5 行。逗号用于指定一系列行,p 命令打印匹配的行。

```
# sed -n '3,5p' /mnt/hgfs/dw_adm/mod5/examples/data.file
southwest SW Chris Foster 2.7 .8 2 18
southern SO May Chin 5.1 .95 4 15
southeast SE Derek Johnson 5.0 .70 4 17
```

打印特定的几行:

```
sed -n '2p;4p' data.file
```

该命令从文件中打印第 2、4 行,分号用于分隔多个 sed 命令。

```
# sed -n '2p;4p' /mnt/hgfs/dw_adm/mod5/examples/data.file
western WE Sharon Kelly 5.3 .97 5 23
southern SO May Chin 5.1 .95 4 15
```

以下命令打印所有包含模式为"west"的行。使用斜杠(/)来分隔正则表达式。

```
# sed -n '/west/p' /mnt/hgfs/dw_adm/mod5/examples/data.file
northwest NW Joel Craig 3.0 .98 3 4
western WE Sharon Kelly 5.3 .97 5 23
southwest SW Chris Foster 2.7 .8 2 18
```

以下命令打印第一行包含模式"west",一直打印到下一行包含模式"southern"。

```
# sed -n '/west/,/southern/p' /mnt/hgfs/dw_adm/mod5/examples/data.file
northwest NW Joel Craig 3.0 .98 3 4
western WE Sharon Kelly 5.3 .97 5 23
southwest SW Chris Foster 2.7 .8 2 18
southern SO May Chin 5.1 .95 4 15
```

以下命令打印第一行包含模式"Chris",直到打印文件的最后一行。

```
# sed -n '/Chris/,$p' /mnt/hgfs/dw_adm/mod5/examples/data.file
southwest SW Chris Foster 2.7 .8 2 18
southern SO May Chin 5.1 .95 4 15
southeast SE Derek Johnson 5.0 .70 4 17
eastern EA Susan Beal 4.4 .8 5 20
northeast NE TJ Nichols 5.1 .94 3 13
north NO Val Shultz 4.5 .89 5 9
central CT Sheri Watson 5.7 .94 5 13
```

模式可包含 grep 使用的正则表达式字符。以下示例打印以"s"开头且以"5"结尾的所有行。

```
# sed -n '/^s.*5$/p' /mnt/hgfs/dw_adm/mod5/examples/data.file
southern SO May Chin 5.1 .95 4 15
```

12.5.5 文本替换

使用 sed 可进行文本替换,sed s 命令允许在文本上进行搜索和替换操作。该命令使用模式搜索和文字替换。替换字符串字符被直接采用,不进行元字符扩展。一个例外是 &,后面的示例将予以说明。

sed 命令检查文件的每一行,当发现首次匹配文本时用新字符串替换旧字符串,同一行内旧字符串的后续出现不会发生改变。如果要替换多个匹配文本,可以将 g(全局)命令与 s(搜索和替换)命令一起使用,它可以用新字符串替换该行匹配到的所有旧字符串。

```
# sed 's/3/X/' /mnt/hgfs/dw_adm/mod5/examples/data.file
northwest NW Joel Craig X.0 .98 3 4
western WE Sharon Kelly 5.X .97 5 23
southwest SW Chris Foster 2.7 .8 2 18
southern SO May Chin 5.1 .95 4 15
southeast SE Derek Johnson 5.0 .70 4 17
eastern EA Susan Beal 4.4 .8 5 20
northeast NE TJ Nichols 5.1 .94 X 13
north NO Val Shultz 4.5 .89 5 9
central CT Sheri Watson 5.7 .94 5 1X
/mnt/hgfs/dw_adm/mod4/examples # sed 's/3/X/g' data.file
northwest NW Joel Craig X.0 .98 X 4
western WE Sharon Kelly 5.X .97 5 2X
southwest SW Chris Foster 2.7 .8 2 18
southern SO May Chin 5.1 .95 4 15
southeast SE Derek Johnson 5.0 .70 4 17
eastern EA Susan Beal 4.4 .8 5 20
northeast NE TJ Nichols 5.1 .94 X 1X
north NO Val Shultz 4.5 .89 5 9
central CT Sheri Watson 5.7 .94 5 1X
```

在某些使用搜索和替换的场景,旧字符串将是新替换字符串的一部分,可以通过在替换字符串中放置一个 &(ampersand)来完成。& 的位置决定了旧字符串在替换字符串中的位置。符合条件的记录显示如下。

```
# sed -n '/ [0-9]$/p' /mnt/hgfs/dw_adm/mod5/examples/data.file
northwest NW Joel Craig 3.0 .98 3 4
north NO Val Shultz 4.5 .89 5 9
```

编写一个命令,用于搜索所有以最后一个字段中的单个数字结尾的行,并将其替换为单个数字加上字符串"Single Digit"。

```
# sed 's/ [0-9]$/& Single Digit/' /mnt/hgfs/dw_adm/mod5/examples/data.file
northwest NW Joel Craig 3.0 .98 3 4 Single Digit
western WE Sharon Kelly 5.3 .97 5 23
southwest SW Chris Foster 2.7 .8 2 18
southern SO May Chin 5.1 .95 4 15
southeast SE Derek Johnson 5.0 .70 4 17
```

```
eastern EA Susan Beal 4.4 .8 5 20
northeast NE TJ Nichols 5.1 .94 3 13
north NO Val Shultz 4.5 .89 5 9 Single Digit
central CT Sheri Watson 5.7 .94 5 13
```

12.5.6 读取文件内容

下面是一个使用 sed 命令的示例,它将匹配包含"north"的行,并在匹配的行后插入一行文本。其中,/north/r northmesg 表示在匹配包含"north"的行后,插入一个名为 northmesg 的文件内容。

```
# cat /mnt/hgfs/dw_adm/mod5/examples/northmesg
*** The northern regions are the newest in the company ***
*** and the people are still being trained. **************
# cat /mnt/hgfs/dw_adm/mod5/examples/northmesg
FusionOS:/mnt/hgfs/dw_adm/mod5/examples # sed '/north/r northmesg' data.file
northwest     NW  Joel Craig     3.0 .98  3   4
*** The northern regions are the newest in the company ***
*** and the people are still being trained. **************
western       WE  Sharon  Kelly     5.3 .97  5    23
southwest     SW  Chris Foster 2.7 .8     2  18
southern SO   May Chin 5.1 .95  4     15
southeast     SE  Derek Johnson 5.0 .70    4  17
eastern       EA  Susan Beal     4.4 .8     5  20
northeast     NE  TJ Nichols     5.1 .94    3  13
*** The northern regions are the newest in the company ***
*** and the people are still being trained. **************
north         NO  Val Shultz     4.5 .89  5     9
*** The northern regions are the newest in the company ***
*** and the people are still being trained. **************
central       CT  Sheri Watson  5.7 .94  5     13
```

12.5.7 文本删除

下面的命令删除第 4～8 行内容。

```
FusionOS:/dw_adm/mod5/examples # sed '4,8d' data.file
northwest     NW  Joel Craig     3.0 .98  3    4
western       WE  Sharon  Kelly     5.3 .97    5    23
southwest     SW  Chris Foster  2.7 .8    2     18
central       CT  Sheri Watson  5.7 .94  5     13
```

删除匹配模式包含 west 的行。

```
FusionOS:/mnt/hgfs/dw_adm/mod5/examples # sed '/west/d' data.file
southern SO May Chin 5.1 .95  4     15
southeast   SE  Derek Johnson 5.0 .70  4     17
eastern     EA  Susan Beal    4.4 .8    5     20
northeast   NE  TJ Nichols    5.1 .94   3     13
north       NO  Val Shultz    4.5 .89   5     9
central     CT  Sheri Watson  5.7 .94   5     13
```

删除行首包含 west 的行。

```
northwest   NW Joel Craig   3.0 .98 3   4
southwest   SW Chris Foster 2.7 .8  2   18
southern SO May Chin 5.1 .95 4   15
southeast   SE Derek Johnson 5.0 .70 4  17
eastern     EA Susan Beal   4.4 .8  5  20
northeast   NE TJ Nichols   5.1 .94 3  13
north       NO Val Shultz   4.5 .89 5  9
central     CT Sheri Watson 5.7 .94 5  13
```

12.5.8　从文件中读取 sed 命令

虽然也可以使用-e 选项将多个编辑命令放入单个 sed 命令中，但也可以将这些编辑命令放入文件中，并使用-f 选项调用该文件。当将命令放在文件中时，应注意以下三点。

(1) 不要为每个命令使用-e 选项。

(2) 不要在操作和地址周围使用引号。

(3) 确保每行末尾没有尾随空格。

```
FusionOS:/mnt/hgfs/dw_adm/mod5/examples # cat script1.sed
1,4d
s/north/North/
s/^east/East/
FusionOS:/mnt/hgfs/dw_adm/mod5/examples # sed -f script1.sed data.file
southeast     SE   Derek Johnson 5.0 .70   4   17
Eastern       EA   Susan Beal    4.4 .8    5   20
Northeast     NE   TJ Nichols    5.1 .94   3   13
North         NO   Val Shultz    4.5 .89   5   9
central       CT   Sheri Watson  5.7 .94   5   13
```

12.5.9　输出写入指定文件

write 命令允许一个特定的 sed 命令将输出写入一个指定的文件。在 script5. sed 脚本文件中，有以下两个 sed 命令。

/north/w northregions：这个命令将匹配包含字符串"north"的行，并将这些行写入名为 northregions 的文件中。

s/9[0-9]/& Great job! /w topperformers：这个命令将匹配包含数字 9 和另一个数字的行，并将这些行写入名为 topperformers 的文件中。在匹配到的行中，数字 9 后面会插入字符串"Great job!"。

这个脚本文件中的其他命令和文件操作如下。

cat script5. sed：将脚本文件的内容打印到屏幕上。

sed -n -f script5. sed data. file：使用 sed 命令执行脚本文件中的命令，并将结果输出到屏幕上。在这个例子中，脚本文件中的两个命令将被应用于名为 data. file 的文件。

more northregions topperformers：查看名为 northregions 和 topperformers 的文件的内容。

最后，脚本文件中的注释以::::::::::::::开头，用于分隔两个输出文件的内容。

```
FusionOS:/mnt/hgfs/dw_adm/mod5/examples # cat script5.sed
/north/w northregions
```

```
s/9[0-9]/& Great job!/w topperformers
FusionOS:/mnt/hgfs/dw_adm/mod5/examples # sed -n -f script5.sed data.file
FusionOS:/mnt/hgfs/dw_adm/mod5/examples # l
total 10
drwxrwxrwx  1 root root 4096 Jun  7 14:59 ./
drwxrwxrwx  1 root root    0 May 30 11:23 ../
-rwxrwxrwx 1 root root  330 Aug 21  2000 data.file*
-rwxrwxrwx 1 root root  118 Aug 21  2000 northmesg*
-rwxrwxrwx 1 root root  106 Jun  7 14:59 northregions*
-rwxrwxrwx 1 root root   35 Aug 21  2000 script1.sed*
-rwxrwxrwx 1 root root   60 Aug 21  2000 script5.sed*
-rwxrwxrwx 1 root root  239 Jun  7 14:59 topperformers*
FusionOS:/mnt/hgfs/dw_adm/mod5/examples # more northregions topperformers
::::::::::::::
northregions
::::::::::::::
northwest   NW  Joel Craig  3.0 .98 3  4
northeast   NE  TJ Nichols  5.1 .94 3  13
north       NO  Val Shultz  4.5 .89 5  9
::::::::::::::
topperformers
::::::::::::::
northwest   NW  Joel Craig  3.0 .98 Great job!     3    4
western     WE  Sharon  Kelly    5.3 .97 Great job!     5   23
southern    SO  May Chin 5.1 .95 Great job!   4   15
northeast   NE  TJ Nichols  5.1 .94 Great job!     3     13
central     CT  Sheri Watson 5.7 .94 Great job!     5     13
```

12.5.10　-e 选项

-e 选项可以用来指定多个编辑命令。以下是在 Linux Shell 中运行 sed -e 命令的一个例子。

```
FusionOS:/mnt/hgfs/dw_adm/mod5/examples # echo "Hello world" | sed -e 's/world/there/' -e
's/Hello/Hi/'
Hi there
```

这个命令将输出"Hi there",其中,第一个-e 选项执行了将"world"替换为"there"的编辑命令,第二个-e 选项执行了将"Hello"替换为"Hi"的编辑命令。

12.6　AWK 脚本编写

AWK 是一种强大而灵活的文本处理工具,它可以将文本文件作为输入,从而进行各种操作。AWK 最初是用来处理文本数据的,但它也可以轻松地处理数字数据。AWK 是一种以记录为导向的语言,它的名字来源于它的作者 AT&T 贝尔实验室的 Aho、Weinberger 和 Kernighan。

AWK 是一种命令行工具,通常用于文本数据的格式化和查询。使用 AWK,可以轻松地执行各种任务,包括数据过滤、格式化、文件处理和文本搜索。

AWK 使用一种基于模式匹配的语言,在处理文件时使用这种语言的模式和操作。

AWK 程序由一个或多个规则组成，规则由模式和操作组成。模式指示在何时处理数据，操作用于指示如何处理数据。AWK 根据规则来处理输入数据，并输出结果。

AWK 还具有许多内置函数、控制结构和变量，可以帮助用户轻松处理数据。AWK 还包含许多选项和标志，这些标志和选项可以帮助用户控制数据处理过程。

总而言之，AWK 是一种非常强大的文本和数据处理工具，可以帮助用户快速解析和处理文本文件，以及将它们转换成需要的形式。

以下是一个简单的 AWK 编程示例，该示例用于检索包含特定关键字的文本行并记录它们的行号。

```
awk '/关键字/{print NR ": " $0}' 文件名
```

其中，"/关键字/"是一个正则表达式模式，用于匹配所有包含关键字的文本行。"NR"是一个内置变量，表示当前处理的行号，0 是指当前文本行。$0 是指当前文本行，printNR": "$0 用于输出每行的行号和文本内容。

```
FusionOS:/mnt/hgfs/dw_adm/mod6/examples # cat data.file
northwest    NW Joel Craig   3.0 .98  3    4
western      WE Sharon   Kelly    5.3 .97  5    23
southwest    SW Chris Foster 2.7 .8    2    18
southern     SO May Chin 5.1 .95  4   15
southeast    SE Derek Johnson 5.0 .70  4    17
eastern      EA Susan Beal    4.4 .8    5    20
northeast    NE TJ Nichols    5.1 .94   3    13
north        NO Val Shultz    4.5 .89   5     9
central      CT Sheri Watson 5.7 .94    5    13
FusionOS:/mnt/hgfs/dw_adm/mod6/examples # awk '/west/{print NR ":" $0}' data.file
1:northwest  NW Joel Craig   3.0 .98    3    4
2:western    WE Sharon   Kelly    5.3 .97    5    23
3:southwest  SW Chris Foster 2.7 .8     2    18
```

12.6.1 命令格式

AWK 命令用于文本处理和模式匹配。它的格式为

```
awk 'statement' input.file
```

其中，statement 被用单引号括起来，可以采用以下三种形式之一。

- pattern {ACTION}：会对与模式匹配的记录执行操作。
- pattern：会打印所有与模式匹配的记录。
- {ACTION}：会对输入文件中的所有记录执行操作。

也可以使用-f 选项执行 AWK 脚本。

```
awk - f scriptfile input.file
```

AWK 脚本由以下形式的一行或多行组成。

```
pattern { ACTION }
```

其中，pattern 通常是一个在斜杠符号(/RE/)中括起来的正则表达式(RE)，而 ACTION 则是 AWK 语言的一个或多个语句。这使得用户可以将重复的 awk 命令组合成可重用的脚本。

12.6.2　使用 AWK 打印选定的字段

使用 print 语句输出文件中的数据。当 AWK 读取记录时，它会根据 FS(输入字段分隔符)变量将记录划分为字段。该变量在 AWK 中预定义为一个或多个空格或制表符。

变量 $1、$2、$3 保存第一、第二和第三列字段的值，变量 0 保存整行的值。在下面的示例中，打印了字段 3(名字)、字段 4(姓氏)和字段 2(办公室)。

```
FusionOS:/mnt/hgfs/dw_adm/mod6/examples # cat data.file
northwest     NW Joel Craig     3.0 .98  3  4
western       WE Sharon  Kelly     5.3 .97  5     23
southwest     SW Chris Foster  2.7 .8    2  18
southern      SO May Chin 5.1 .95  4  15
southeast     SE Derek Johnson 5.0 .70  4  17
eastern       EA Susan Beal     4.4 .8    5  20
northeast     NE TJ Nichols     5.1 .94  3  13
north         NO Val Shultz     4.5 .89  5  9
central       CT Sheri Watson  5.7 .94  5  13
FusionOS:/mnt/hgfs/dw_adm/mod6/examples # awk '{ print $3, $4, $2 }' data.file
Joel Craig NW
Sharon Kelly WE
Chris Foster SW
May Chin SO
Derek Johnson SE
Susan Beal EA
TJ Nichols NE
Val Shultz NO
Sheri Watson CT
```

12.6.3　格式化打印

在 AWK 中，可以使用 printf 语句进行格式化打印。printf 语句的语法如下。

```
printf fmt, expr - list
```

其中，fmt 是格式规范和常量字符串，expr-list 是对应于格式说明符的参数列表。

此外，格式也可以包含嵌入的转义序列，例如：

新的一行：\n。

水平制表符：\t。

以下是一个示例，展示如何在 AWK 中使用 printf 进行格式化打印。

```
awk 'BEGIN { printf "Sr No\tName\tSub\tMarks\n" }'
```

执行上述代码后，将输出以下结果。

```
Sr No Name Sub Marks
```

还可以使用转义序列来控制输出的格式。例如，要在不同的字段之间添加水平制表符，请使用以下代码。

```
awk 'BEGIN { printf "Sr No\tName\tSub\tMarks\011" }'
```

执行上述代码后，将输出以下结果。

```
Sr No Name Sub Marks
```

在上例中\t 和\011 代表制表符。可以使用的特殊转义字符如表 12-10 所示。

表 12-10 AWK 中 print 语句的字符含义

字 符	含 义	字 符	含 义
\t	制表符	\012	换行符
\n	换行符	\042	双引号
\007	铃声	\045	百分号
\011	制表符		

如果 AWK print 语句中的字段用逗号(,)分隔,则在打印时字段之间默认用空格分隔。在 print 语句中,逗号实际上代表 AWK 变量 OFS(输出字段分隔符)的值,OFS 变量的默认值为单个空格。

```
FusionOS:/mnt/hgfs/dw_adm/mod6/examples # awk '{ print $3, $4 "\t" $2 }' data.file
Joel Craig NW
Sharon Kelly WE
Chris Foster SW
May Chin SO
Derek Johnson SE
Susan Beal EA
TJ Nichols NE
Val Shultz NO
Sheri Watson CT
```

12.6.4 正则表达式

在 AWK 中,可以使用正则表达式来匹配和处理文本数据。AWK 中的正则表达式使用与 grep 和其他工具相同的语法。

下面是一个示例,演示如何在 AWK 中使用正则表达式来匹配和处理文本数据。

```
awk '/^[a-zA-Z]/' file.txt
```

这个命令将打印 file.txt 中所有以字母开头的行。在这个正则表达式中,^表示行的开头,[a-zA-Z]表示任何字母。还可以使用其他正则表达式元字符,例如,“.”表示匹配任意单个字符,“*”表示匹配前面的元素零次或多次,“+”表示匹配前面的元素一次或多次,等等。

下面是一些其他的 AWK 正则表达式示例。

匹配任何数字:[0-9]

匹配任何字母或数字:[a-zA-Z0-9]

匹配电子邮件地址:/\b[A-Za-z0-9._%+-]+@[A-Za-z0-9.-]+\.[A-Za-z]{2,4}\b/

匹配 URL:/\b((https?|ftp):\/\/)?([a-z0-9]+(-[a-z0-9]+)*\.)+[a-z]{2,}(:\d{1,5})?([/?#]\S*)?$/

这只是 AWK 正则表达式的一小部分示例。可以在 AWK 的文档中找到更多有关正则表达式的信息。以下是更多的格式化打印的例子。

```
FusionOS:/mnt/hgfs/dw_adm/mod6/examples # awk '/east/' data.file
southeast     SE   Derek Johnson 5.0 .70   4   17
eastern       EA   Susan Beal     4.4 .8    5   20
northeast     NE   TJ Nichols     5.1 .94   3   13
FusionOS:/mnt/hgfs/dw_adm/mod6/examples # awk '/east/ { print $1, $5, $4 }' data.file
southeast 5.0 Johnson
eastern 4.4 Beal
northeast 5.1 Nichols
FusionOS:/mnt/hgfs/dw_adm/mod6/examples # awk '/east/ { print $1, $5 "\t" $4 }' data.file
southeast 5.0 Johnson
eastern 4.4   Beal
northeast 5.1 Nichols
FusionOS:/mnt/hgfs/dw_adm/mod6/examples # awk '/^east/' data.file
eastern          EA   Susan Beal    4.4 .8   5   20
```

当搜索字符串包含一个作为正则表达式字符具有特殊含义的字符时，结果可能是出乎意料的。在这个例子中，使用了“.”，它具有任何字符的特殊含义。

```
FusionOS:/mnt/hgfs/dw_adm/mod6/examples # awk '/.9/' data.file
northwest      NW   Joel Craig   3.0 .98     3     4
western        WE   Sharon  Kelly     5.3 .97     5     23
southern       SO   May Chin 5.1 .95 4      15
northeast      NE   TJ Nichols    5.1 .94     3     13
north          NO   Val Shultz    4.5 .89     5     9
central        CT   Sheri Watson 5.7 .94     5     13
```

若要消除正则表达式字符的特殊含义，请在它前面加上反斜杠(\)。

```
FusionOS:/mnt/hgfs/dw_adm/mod6/examples # awk '/\.9/' data.file
northwest     NW   Joel Craig     3.0 .98   3   4
western       WE   Sharon  Kelly     5.3 .97   5   23
southern      SO   May Chin 5.1 .95   4     15
northeast     NE   TJ Nichols     5.1 .94   3   13
central       CT   Sheri Watson   5.7 .94   5   13
```

12.6.5　特殊模式 BEGIN 和 END

在 AWK 中，BEGIN 和 END 是两个特殊模式，它们分别表示在处理任何输入行之前和之后要执行的操作。

BEGIN 模式用于在处理任何输入行之前执行一些初始化操作，如打印标题行、设置变量值等。该模式的语法如下。

```
BEGIN {
// 在这里编写要执行的代码
}
```

例如，下面的代码将在处理任何输入行之前打印一条消息。

```
BEGIN {
print "Hello, World!"
}
```

END 模式用于在处理完所有输入行之后执行一些总结性操作，例如，打印总计、计算平均值等。该模式的语法如下。

```
END {
// 在这里编写要执行的代码
}
```

例如,下面的代码将在处理完所有输入行之后打印所有行的数量。

```
{
count++
}
END {
print "Total lines:", count
}
```

需要注意的是,BEGIN 和 END 模式可以多次出现,并且可以在 AWK 程序的任何位置出现。如果有多个 BEGIN 或 END 模式,它们将按照在程序中出现的顺序执行。

以下示例使用 BEGIN 语句向输出添加标题。

```
FusionOS:/mnt/hgfs/dw_adm/mod6/examples # awk 'BEGIN { print "Eastern Regions\n" }; /east/
{ print $5, $4 }' data.file
Eastern Regions

5.0 Johnson
4.4 Beal
5.1 Nichols
```

虽然可以在 awk 命令中使用多行,但是 BEGIN 和 END 模式的动作的起始花括号必须在关键字 BEGIN 或 END 所在的同一行。以下是正确的用法。

```
FusionOS:/mnt/hgfs/dw_adm/mod6/examples # awk 'BEGIN {
> print "Eastern Regions\n"}; /east/ {print $5, $4}' data.file
Eastern Regions

5.0 Johnson
4.4 Beal
5.1 Nichols
```

以下是错误的用法。

```
FusionOS:/mnt/hgfs/dw_adm/mod6/examples # awk 'BEGIN
{print "Eastern Regions\n"}; /east/ {print $5, $4}' data.file
awk: cmd. line:1: BEGIN blocks must have an action part
```

END 模式允许在输入文件的末尾执行操作。

```
FusionOS:/mnt/hgfs/dw_adm/mod6/examples # awk 'BEGIN { print "Eastern Regions\n"}; /east/
{print $5, $4}
> END {print "Eastern Region Monthly Report"}' data.file
Eastern Regions

5.0 Johnson
4.4 Beal
5.1 Nichols
Eastern Region Monthly Report
```

12.6.6　使用 AWK 进行编程

AWK 脚本是将 AWK 语句(模式和操作)存储在文本文件中的集合。AWK 脚本可以减少错误的机会，因为命令存储在文件中，并在需要时从文件中读取。给脚本文件一个描述性的名称。为了指示 AWK 读取脚本文件，请使用以下命令。

```
awk -f 脚本_file 数据_文件
FusionOS:/mnt/hgfs/dw_adm/mod6/examples # cat report.nawk
BEGIN { print "Eastern Regions\n" }
/east/ { print $5, $4 }
END { print "Eastern Region Monthly Report" }
FusionOS:/mnt/hgfs/dw_adm/mod6/examples # awk -f report.nawk data.file
Eastern Regions

5.0 Johnson
4.4 Beal
5.1 Nichols
Eastern Region Monthly Report
```

使用 AWK 脚本可以轻松地进行更改或添加。在这个例子中，添加了第二个 BEGIN 语句来打印报告的总标题。请记住，BEGIN 语句按顺序执行。

```
FusionOS:/mnt/hgfs/dw_adm/mod6/examples # cat report2.nawk
BEGIN { print " ** Acme Enterprises ** " }
BEGIN { print "Eastern Regions\n" }
/east/ { print $5, $4 }
END { print "Eastern Region Monthly Report" }
FusionOS:/mnt/hgfs/dw_adm/mod6/examples # awk -f report2.nawk data.file
** Acme Enterprises **
Eastern Regions

5.0 Johnson
4.4 Beal
5.1 Nichols
Eastern Region Monthly Report
```

12.6.7 使用内置变量

表 12-11 列出了一些内置变量。

表 12-11 内置变量的描述

名　称	默 认 值	描　述
FS	空格或制表符	输入字段分隔符
OFS	空格	输出字段分隔符
NR	第一个输入文件的开头	记录的数量

12.6.8 使用变量

变量的值可以是数字、字符串或数组中的一组值。要给变量赋值，请使用以下格式：

```
variablename = value
```

默认输入字段分隔符(FS)是空格，无论是空格还是制表符。通常，其他字符可以分隔输入，如冒号或逗号。可以使用-F 选项设置输入字段分隔符变量，或使用赋值设置值。以下两个示例都将输入字段分隔符设置为冒号。

```
awk -F:'statement'filename
awk'BEGIN{FS= ":" }; statement'filename
```

当使用-F 或 FS 变量时，可以通过将值放置在方括号中(创建字符类)，或者通过在双引号内使用|(OR)分隔值来指定多个字段分隔符。

```
awk -F "[ :]" 'statement'filename
awk -F " |:"'statement'filename
awk 'BEGIN{FS = "[ :]" }; next_statement'filename
awk 'BEGIN{FS = " |:" }; next_statement'filename
```

例如，如果想要处理使用冒号分隔字段的/etc/group 文件，则需要设置默认输入字段分隔符。在这种情况下，可以在处理文件的第一个记录之前设置 FS 变量。

```
FusionOS:/mnt/hgfs/dw_adm/mod6/examples # awk 'BEGIN { FS = ":" }; { print $1, $3 }' /
etc/group
root 0
bin 1
daemon 2
sys 3
tty 5
disk 6
lp 7
www 8
kmem 9
wheel 10
mail 12
news 13
uucp 14
shadow 15
dialout 16
```

也可以把前面的命令保存到 AWK 脚本文件中执行。

```
FusionOS:/mnt/hgfs/dw_adm/mod6/examples # cat report3.nawk
BEGIN { FS = ":" }
{ print $1, $3 }
FusionOS:/mnt/hgfs/dw_adm/mod6/examples # awk -f report3.nawk /etc/group
root 0
bin 1
daemon 2
sys 3
tty 5
disk 6
lp 7
www 8
kmem 9
```

默认输出字段分隔符是一个空格。在 print 语句中，逗号表示使用输出字段分隔符。如果省略逗号，则字段将合并在一起。也可以直接在 print 语句中指定字段分隔符。比较以下三行语句的不同：

```
awk '{ print $3 $4 $2 }'data.file
awk '{ print $3, $4, $2 }'data.file
awk '{ print $3, $4 "\t" $2 }'data.file

FusionOS:/mnt/hgfs/dw_adm/mod6/examples # awk '{ print $3 $4 $2 }'data.file
```

```
JoelCraigNW
SharonKellyWE
ChrisFosterSW
MayChinSO
DerekJohnsonSE
SusanBealEA
TJNicholsNE
ValShultzNO
SheriWatsonCT
FusionOS:/mnt/hgfs/dw_adm/mod6/examples # awk '{ print $3, $4, $2 }' data.file
Joel Craig NW
Sharon Kelly WE
Chris Foster SW
May Chin SO
Derek Johnson SE
Susan Beal EA
TJ Nichols NE
Val Shultz NO
Sheri Watson CT
FusionOS:/mnt/hgfs/dw_adm/mod6/examples # awk '{ print $3, $4 "\t" $2 }' data.file
Joel Craig NW
Sharon Kelly  WE
Chris Foster  SW
May Chin SO
Derek Johnson SE
Susan Beal EA
```

要设置输出字段分隔符，请在 BEGIN 语句中放置赋值。

```
FusionOS:/mnt/hgfs/dw_adm/mod6/examples # awk 'BEGIN { OFS = "\t" } ; { print $3, $4, $2 }'
data.file
Joel Craig NW
Sharon  Kelly WE
Chris Foster  SW
May Chin SO
Derek  Johnson  SE
Susan  Beal EA
TJ  Nichols  NE
Val  Shultz  NO
Sheri Watson  CT
```

12.6.9　记录数

NR 变量从第一个输入文件的开头开始计算读取的输入行数。每当读取另一行输入时，该变量的值会更新。下例给定一个输入文件，当特殊模式 END 匹配时，NR 变量代表统计文件中的行数。

```
FusionOS:/mnt/hgfs/dw_adm/mod6/examples # more report4.nawk
{ print $3, $4, $2 }
END { print "The number of employee records is " NR }
FusionOS:/mnt/hgfs/dw_adm/mod6/examples # awk -f report4.nawk data.file
Joel Craig NW
Sharon Kelly WE
Chris Foster SW
May Chin SO
```

```
Derek Johnson SE
Susan Beal EA
TJ Nichols NE
Val Shultz NO
Sheri Watson CT
The number of employee records is 9
```

12.7 条件测试与编程结构

在 Shell 中，条件判断语句一般使用 if 语句来实现，其基本语法如下。

```
if [ condition ]
then
   # if condition is true, execute commands here
fi
```

其中，[condition]中的 condition 是要进行判断的条件表达式，可以是数值、字符串、文件等。如果 condition 为真，在 then 后面的命令将会被执行，否则将跳过 if 语句，执行后面的语句。

还可以在 if 语句中加入 elif(else if)和 else 关键字来进行多条件分支判断，其语法如下。

```
if [ condition1 ]
then
   # if condition1 is true, execute commands here
elif [ condition2 ]
then
   # if condition1 is false and condition2 is true, execute commands here
else
   # if all conditions evaluate to false, execute commands here
fi
```

当 condition1 不满足时，会判断下一个条件 condition2；如果 condition2 为真，则执行 elif 语句中的命令，否则执行 else 中的命令。

值得一提的是，在 Shell 中，then 被认为是一个独立的语句。因此，除非在前面加上分号(;)，它必须出现在单独的一行上。这类似于可以在一行中提供多个操作系统命令的方式，只要使用分号(;)分隔每个命令即可。

例如，语句"if command; then"被视为与以下语句相同。

```
if command
then
```

12.7.1 if 语句

无论何时在条件测试中比较变量，务必在变量周围使用双引号，以确保正确地评估变量。如果没有双引号，如果字符串值包含空格或者变量的值为 null，将会出现问题。

下面的示例使用了单括号，因此代码适用于 Bourne 和 Korn 两种 Shell。关于 if 语句中变量周围的双引号,如果变量为 null 且没有引号,则错误消息将是 test: expected argument。

```
FusionOS:/mnt/hgfs/dw_adm/mod7/examples # cat snoopy.sh
#!/bin/sh

# Script name: snoopy.sh

name = snoopy

if [ "$name" = "snoopy" ]
then
    echo "It was a dark and stormy night."
fi
```

12.7.2 返回结果

Shell 的保留变量"?"存储表示先前执行的语句、脚本或执行结果状态。如果语句成功运行,则返回结果为 0,否则为非零。以下示例使用 grep 在/etc/passwd 中搜索字符串 root。然后,使用"echo $?"来测试语句的成功或失败。

```
FusionOS:/mnt/hgfs/dw_adm/mod7/examples # grep root /etc/passwd
root:x:0:0:root:/root:/bin/bash
FusionOS:/mnt/hgfs/dw_adm/mod7/examples # echo $?
0
FusionOS:/mnt/hgfs/dw_adm/mod7/examples # if [ $? -eq 0 ]
> then
>   echo "Record founded"
> fi
Record founded
```

也可以将语句本身放在条件中。

```
FusionOS:/mnt/hgfs/dw_adm/mod7/examples # if grep root /etc/passwd
> then
>   echo "Record founded"
> fi
root:x:0:0:root:/root:/bin/bash
Record founded
```

此外,可以将 stdout 重定向或管道作为输出的一部分。

```
FusionOS:/mnt/hgfs/dw_adm/mod7/examples # if grep root /etc/passwd >> /dev/null; then   echo
"Record founded"; fi
Record founded
```

12.7.3 数值和字符串比较

在 Korn Shell 中比较数值时,使用双括号((…)),不需要在任何组件周围留空格。在变量和运算符周围应留空格以提高可读性。((…))是 let 语句的缩写。在((…))中,变量前面可以加上空格,但不需要加字符。当使用方括号([])时,Shell 要求在开方括号后、闭方括号前留空格。例如,[$a -eq $b]是无效的,正确的用法是[$a -eq $b]。

表 12-12 列出了 Bourne Shell 和 Korn Shell 数值比较的差异。

表 12-12 Bourne Shell 和 Korn Shell 数值比较的差异

Bourne 和 Korn Shells	Korn Shell	返回 True 的条件
[$num1 -eq $num2]	((num1 == num2))	num1 等于 num2
[$num1 -ne $num2]	((num1 != num2))	num1 不等于 num2
[$num1 -lt $num2]	((num1 < num2))	num1 小于 num2
[$num1 -gt $num2]	((num1 > num2))	num1 大于 num2
[$num1 -le $num2]	((num1 <= num2))	num1 小于或等于 num2
[$num1 -ge $num2]	((num1 >= num2))	num1 大于或等于 num2

```
FusionOS:/mnt/hgfs/dw_adm/mod7/examples # num=21
FusionOS:/mnt/hgfs/dw_adm/mod7/examples # if ((num > 15)); then echo "You are old enough to drive in most places."; fi;
You are old enough to drive in most places.
```

在 Korn Shell 中比较字符串时，使用双方括号([[…]])。在这里，Shell 对空格非常敏感。必须在[[…]]中的每个组件周围使用空格，包括在[[之后和]]之前放置空格。

当将字符串与模式进行比较时，字符串必须出现在等号的左侧，模式必须出现在右侧。Bourne 和 Korn Shell 中字符串比较的差异如表 12-13 所示。

表 12-13 Bourne Shell 和 Korn Shell 字符串比较的差异

比　　较	Bourne Shell	Korn Shell
等于	str1=str2	[[str1==str2]]
不等于	str1!=str2	[[str1!=str2]]
匹配模式	(不支持)	[[str1==pattern]]
不匹配模式	(不支持)	[[str1!=pattern]]
小于	str1<str2	[[str1<str2]]
大于	str1>str2	[[str1>str2]]
长度为 0	[-z str1]	[[-z str1]]
长度大于 0	[-n str1]	[[-n str1]]

其中，str1 和 str2 代表要比较的两个字符串，pattern 代表要匹配的模式。请注意，在 Bourne Shell 中，比较运算符使用空格分隔，而在 Korn Shell 中，比较运算符使用方括号 [ ] 分隔。

备注：词法顺序意味着小写字母的值大于大写字母。因此，尝试比较大小写混合的字符串可能会产生意外的结果。对于使用[ ]或[[ ]]进行字符串比较的语句，请在文字字符串或变量周围使用引号。当变量值或字符串值包含空格时，引号是必需的。

```
FusionOS:/mnt/hgfs/dw_adm/mod7/examples # name=fred
FusionOS:/mnt/hgfs/dw_adm/mod7/examples # set -x
FusionOS:/mnt/hgfs/dw_adm/mod7/examples # if [[ "$name" == "fred" ]]
> then
>   echo "fred is here."
> fi
 + [[ fred == \f\r\e\d ]]
 + echo 'fred is here.'
fred is here.
```

当比较一个变量或字符串与一个模式时，模式本身不需要用引号引起来；使用引号会隐藏掉模式匹配元字符的能力。表 12-14 展示了用于字符串比较的元字符。

表 12-14　字符串比较的元字符含义

元　字　符	中 文 翻 译
?	匹配任意单个字符
[]	匹配指定集合中的任意一个字符
*	匹配任意字符的零个或多个出现

备注：双方括号条件测试的内容必须以空格开头和结尾，在条件运算符周围至少留一个空格。同时因为方括号起引用机制的作用，所以不要用引号将模式文本包围起来。下面的示例设置一个变量，然后将该变量的值与一个模式进行比较。该模式必须放在运算符的右侧。

```
FusionOS:/mnt/hgfs/dw_adm/mod7/examples # name = fred
+ name = fred
FusionOS:/mnt/hgfs/dw_adm/mod7/examples # set - x
+ set - x
FusionOS:/mnt/hgfs/dw_adm/mod7/examples # if [[ "$name" == f* ]]; then   echo "fred is
here."; fi
+ [[ fred == f* ]]
+ echo 'fred is here.'
fred is here.
```

在下例中使用了双引号，所以没有返回期望的结果。

```
FusionOS:/mnt/hgfs/dw_adm/mod7/examples # if [[ "$name" == "f*" ]]; then   echo "fred is
here."; fi
+ [[ fred == \f\* ]]
```

12.7.4　if/then/else 语法

在条件语句中，常常需要执行测试命令成功时的任务和测试命令失败时的任务。Shell 可以通过 if/then/else 语法来适应这种情况。在 if/then/else 形式的 if 语句中，如果命令成功，则执行 then 语句后面的语句块。然后继续执行 fi 语句后面的语句。如果 if 语句中的命令失败，则跳过 then 语句后面的语句块，并执行 else 后面的语句。然后继续执行 fi 语句后面的语句。

if/then/else 的语法如下。

```
    if 命令
then
    语句块
else
    语句块
fi
```

以下是两个脚本的范例。

```
FusionOS:/mnt/hgfs/dw_adm/mod7/examples # cat snoopynap.ksh
#!/bin/ksh

# Script name: snoopynap.ksh

name = snoopy
```

```
if [[ "$name" == "snoopy" ]]
then
    echo "It was a dark and stormy night."
else
    echo "Snoopy is napping."
fi
FusionOS:/mnt/hgfs/dw_adm/mod7/examples # cat findroot.ksh
#!/bin/ksh

# Script name: findroot.ksh

if grep root /etc/passwd > /dev/null
then
    echo "Found root!"
else
    echo "root not in the passwd!"
    echo "Do not logout until the passwd file is repaired!"
fi
```

12.7.5 if/then/elif/else 语法

在这种形式的 if 语句中，else 变成了另一个 if 语句或“elif”，而不是简单的 else。Shell 首先评估 command1，然后是 command2，以此类推，直到第一个成功的命令停止。然后执行与成功命令关联的语句，执行 fi 语句后面的任何语句。如果没有命令成功，则执行 else 语句后面的语句。然后继续执行 fi 语句后面的任何语句。if/then/elif/else 的语法如下。

```
if 命令 1
     then
          语句块
    elif 命令 2
    then
          语句块
     else
          语句块
fi
```

以下是脚本的范例。

```
FusionOS:/mnt/hgfs/dw_adm/mod7/examples # cat snoopy2.ksh
#!/bin/ksh

# Script name: snoopy2.ksh

name = snoopy

if [[ "$name" == "snoopy" ]]
then
    echo "It was a dark and stormy night."
elif [[ "$name" == "charlie" ]]
then
    echo "You're a good man Charlie Brown."
elif [[ "$name" == "lucy" ]]
then
```

```
    echo "The doctor is in."
elif [[ "$name" == "schroder" ]]
then
    echo "In concert."
else
    echo "Not a Snoopy character."
fi
```

12.7.6 使用 if 检查命令行参数

不是将值设置为变量然后执行脚本，而是经常将值放在命令行上。脚本将命令行参数捕获到特殊变量中，如 $ #，$1，$2，$3 等。$ # 捕获命令行参数的数目。表 12-15 列出了位置参数含义。

```
FusionOS:/mnt/hgfs/dw_adm/mod7/examples # cat numtest.ksh
#!/bin/ksh

# Script name: numtest.ksh

num1 = 5
num2 = 6

if (($num1 > $num2))
then
    print "num1 is larger"
else
    print "num2 is larger"
fi

FusionOS:/mnt/hgfs/dw_adm/mod7/examples # cat argtest.ksh
#!/bin/ksh

# Script name: argtest.ksh

if (($1 > $2))
then
    print "num1 is larger"
else
    print "num2 is larger"
fi
FusionOS:/mnt/hgfs/dw_adm/mod7/examples # argtest.ksh 2 3
num2 is larger
```

表 12-15 位置参数含义

位置参数名称	中文
$0	脚本名称
$1	脚本的第一个参数的值
$2	脚本的第二个参数的值
$9	脚本的第九个参数的值
${10}	脚本的第十个参数的值(仅限 Korn Shell；对于 Bourne Shell，请使用 shift 语句)
${11}、${12}等	脚本的第十一个、第十二个等参数的值(仅限 Korn Shell)
$ #	传递给脚本的参数的数目
$ *	所有命令行参数的值

在编写脚本和设置用户交互时，脚本通常期望某种类型的用户输入。脚本应该验证输入的类型和输入值的数量是否正确。如果不正确，脚本可以以返回用法帮助消息的形式打印一个错误消息。以下是一些类似上面的例子，展示了如何使用 if 语句和 exit 命令来返回使用帮助信息。

检查命令行参数数量是否为 3。

```
if (( $ #!= 3))
then
    echo "USAGE: $ 0 arg1 arg2 arg3"
    exit 1
fi
```

检查第一个参数是否为选项“-h”或“--help”。

```
if [[ $ 1 != "-h" && $ 1 != "--help" ]]
then
    echo "USAGE: $ 0 -h | --help"
    exit 1
fi
```

检查第一个参数是否为选项“-v”或“--version”，并且没有其他参数。

```
if [[ $ 1 == "-v" || $ 1 == "--version" ]] && (( $ #  == 1))
then
    echo "VERSION: 1.0"
    exit 0
fi
```

检查第一个参数是否为选项“-f”或“--file”，并且第二个参数是一个文件路径。

```
if [[ $ 1 == "-f" || $ 1 == "--file" ]] && [[ -f $ 2 ]]
then
    echo "FILE: $ 2"
else
    echo "USAGE: $ 0 -f| --file <file-path>"
    exit 1
fi
```

12.7.7 使用 if 检查闰年

下一个示例脚本使用 date 语句将变量 mth 设置为表示当前月份的整数(01 是 January，12 是 December)。然后测试变量 mth 的值。如果当前月份是 2 月(mth 是 02)，则打印有关二月份天数的消息。如果月份不是 2 月，而是 4 月、6 月、9 月或 11 月，则打印当前月份有 30 天的消息；否则，当前月份必须是 1 月、3 月、5 月、7 月、8 月、10 月或 12 月。所有这些月份都有 31 天。else 语句涵盖了最后一种情况。需要注意的是，elif 分支中的 test 使用特定于 Korn Shell 的模式匹配。示例中使用的特定语法要求它与指定的模式完全匹配。

```
FusionOS:/mnt/hgfs/dw_adm/mod7/examples # cat monthcheck.ksh
#!/bin/ksh

# Script name: monthcheck.ksh

mth= $ (date + %m)
```

```
if ((mth == 2))
then
    echo "February usually has 28 days."
    echo "If it is a leap year, it has 29 days."
elif [[  $ mth = @(04|06|09|11) ]]
then
    echo "The current month has 30 days."
else
    echo "The current month has 31 days."
fi
FusionOS:/mnt/hgfs/dw_adm/mod7/examples # date
Sun Jun 11 16:46:51 CST 2023
FusionOS:/mnt/hgfs/dw_adm/mod7/examples # monthcheck.ksh
The current month has 30 days.
```

可以在一个 if 语句中使用另一个 if 语句。在以下示例中，将年份作为命令行参数输入，脚本将 $ 1 的值分配给变量 year。脚本的其他部分确定输入的年份是否为闰年，如果是，则打印相应的消息。第二个 if 语句包含一个 if 语句作为其语句之一，这是嵌套发生的地方。对于脚本来说，在这种情况下，如果要打印年份是闰年，年份必须可被 4 整除的条件必须是 true，并且年份不可被 100 整除的条件也必须是 true。然后从命令行多次运行脚本。输入脚本的数字是为了测试每次是否会打印出某些内容。并不总是需要与 if 语句一起使用 else；但是，对于每个 if 语句，必须包括一个 if 语句。

```
FusionOS:/mnt/hgfs/dw_adm/mod7/examples # cat leap.ksh
#!/bin/ksh

# Script name: leap.ksh

# Assume the user enters the year on the command line
# when they execute the script.

if [  $ # != 1 ]
then
    echo "You need to enter the year."
    exit 1
fi

year = $ 1

if (( (year % 400) == 0 ))
then
    print " $ year is a leap year!"
elif (( (year % 4) == 0 ))
then
    if (( (year % 100) != 0 ))
    then
        print " $ year is a leap year!"
    else
        print " $ year is not a leap year."
    fi
else
    print " $ year is not a leap
fi
```

```
FusionOS:/mnt/hgfs/dw_adm/mod7/examples # ./leap.ksh 2000
2000 is a leap year!
FusionOS:/mnt/hgfs/dw_adm/mod7/examples # ./leap.ksh 1900
1900 is not a leap year.
FusionOS:/mnt/hgfs/dw_adm/mod7/examples # ./leap.ksh 2050
2050 is not a leap year.
```

12.7.8 测试文件对象

有时候,脚本可能需要能够确定文件的权限或者文件的类型。可以使用如表12-16所示的几个标志之一来测试文件的权限。文件或路径名可以为常量或存储在变量中。

表 12-16 测试文件权限选项的含义

选项	Bourne 或 Korn	Korn	描述
-r	[-r file]	[[-r file]]	用户是否有读取文件的权限
-w	[-w file]	[[-w file]]	用户是否有修改文件的权限
-x	[-x file]	[[-x file]]	用户是否有执行文件的权限
-O	[-O file]		文件是否属于此进程的有效用户 ID
-G	[-G file]		文件所属的组是否为此进程的有效组 ID
-u	[-u file]	[[-u file]]	文件是否设置了 set-user-ID 位
-g	[-g file]	[[-g file]]	文件是否设置了 set-group-ID 位
-k	[-k file]	[[-k file]]	文件是否设置了粘滞位

了解正在处理的文件类型是很重要的。例如,不能对目录文件执行和普通文件相同的操作。表12-17给出了用于测试文件类型各种选项的含义。

表 12-17 测试文件类型选项的含义

选项	Bourne 或 Korn	Korn	描述
-f	[-f file]	[[-f file]]	文件是否为常规文件
-d	[-d file]	[[-d file]]	文件是否为目录
-c	[-c file]	[[-c file]]	文件是否为字符特殊文件
-b	[-b file]	[[-b file]]	文件是否为块特殊文件
-p	[-p file]	[[-p file]]	文件是否为有名管道
-S	Not available	[[-S file]]	文件是否为套接字(不可用)
-L	Not available	[[-L file]]	文件是否为符号链接(不可用)
-s	[-s file]	[[-s file]]	文件是否存在且大小大于 0
-e	Not available	[[-e file]]	文件是否存在(不可用)

12.7.9 布尔型与或非

AND、OR、NOT是布尔逻辑操作符,用于对两个或多个条件进行逻辑运算。下面是它们的用法和例子。

AND(布尔与):如果所有条件都为真(true),则返回true;否则返回false。

Korn Shell 中:

```
if [ -d /tmp/dir ] && echo "Directory exists"
```

Bourne Shell 中：

```
if [ -d /tmp/dir ] -a echo "Directory exists"
```

OR(布尔或)：如果其中任意一个条件为真(true)，则返回 true；如果所有条件都为假(false)，则返回 false。

Korn Shell 中：

```
if false || true; then echo "At least one condition is true"
```

Bourne Shell 中：

```
if false -o true; then echo "At least one condition is true"
```

NOT(布尔非)：对一个条件取反。如果原条件为真(true)，则返回假(false)；如果原条件为假(false)，则返回真(true)。

Korn Shell 和 Bourne Shell 中：

```
if ! true; then echo "Original condition is false"
```

以上是 AND、OR、NOT 的基本用法和例子。在实际使用中，这些操作符可以组合使用，实现更复杂的逻辑运算。

```
FusionOS:/mnt/hgfs/dw_adm/mod7/examples # cat leap2.ksh
#!/bin/ksh

# Script name: leap2.ksh

# Assume the user enters the year on the command line
# when they execute the script.

if [ $# != 1 ]
then
    echo "You need to enter the year."
    exit 1
fi

year = $1

if (( ( year % 400 ) == 0 )) ||
    (( ( year % 4 ) == 0 && ( year % 100 ) != 0 ))
then
    print "$year is a leap year!"
else
    print "$year is not a leap year."
Fi

FusionOS:/mnt/hgfs/dw_adm/mod7/examples # ./leap2.ksh 2000
2000 is a leap year!
FusionOS:/mnt/hgfs/dw_adm/mod7/examples # ./leap2.ksh 2003
2003 is not a leap year.

FusionOS:/mnt/hgfs/dw_adm/mod7/examples # cat leap2.sh
#!/bin/sh

# Script name: leap_scr2_sh
```

```
# Assume the user enters the year on the command line
# when they execute the script.

if [ $ # != 1 ]
then
    echo "You need to enter the year."
        exit 1
fi

year= $ 1

if [ `expr $ year % 400` - eq 0 - o \
    `expr $ year % 4` - eq 0 - a `expr $ year % 100` - ne 0  ]
then
    echo " $ year is a leap year!"
else
    echo " $ year is not a leap year."
Fi

FusionOS:/mnt/hgfs/dw_adm/mod7/examples # ./leap2.sh 2000
2000 is a leap year!
FusionOS:/mnt/hgfs/dw_adm/mod7/examples # ./leap2.sh 2003
2003 is not a leap year.

FusionOS:/mnt/hgfs/dw_adm/mod7/examples # cat monthcheck.sh
#!/bin/sh

# Script name: monthcheck.sh

mth= `date + % m`

if [ " $ mth" - eq 02 ]
then
    echo "February usually has 28 days."
    echo "If it is a leap year, it has 29 days."
elif [ \( " $ mth" - eq 04 \) - o \( " $ mth" - eq 06 \) - o \
    \( " $ mth" - eq 09 \) - o \( " $ mth" - eq 11 \) ]
then
    echo "The current month has 30 days."
else
    echo "The current month has 31 days."
fi
```

NOT 经常用于测试文件对象。例如,要测试一个文件是否不可读而不是可读,或测试一个对象是否不是一个常规文件,请使用以下语句。

```
if [[ ! - r var ]] # 如果 var 不可读…
if [[ ! - f var ]] # 如果 var 不是一个常规文件…
```

12.7.10 case 语句

case 语句的语法为

```
case value in
pattern1)
```

```
        statement1
        …
        statementn
        ;;
    pattern2)
        statement1
        …
        statementn
        ;;
    *)
        statement1
        …
        statementn
        ;;
esac
```

在 case 语句的语法中，value 可以代表任何值，但通常是一些变量的值。每个模式组中的最后一个语句之后包含双分号终止符"；；"。这样可以防止 Shell 落入下一个模式的语句中并执行它们。可以把"；；"看作"现在跳出 case 语句，转到 esac 语句之后的语句"。

在 case 语句中，模式可以分为以下几种类型。

（1）单个字符或字符串。例如，模式"a"或模式"hello"。

（2）通配符模式。可以使用通配符来匹配文件名模式，例如，模式""可以匹配任意文件名，模式".txt"可以匹配以".txt"结尾的文件名。

（3）多个模式的组合。可以使用竖线"|"来表示多个模式的组合，例如，模式"a|b|c"可以匹配字符"a"、"b"或"c"。

（4）模式的匹配。在 case 语句中，模式是按顺序进行匹配的，当匹配到第一个能够匹配的模式时，就会执行该模式对应的命令。如果没有任何模式能够匹配，则执行星号模式"*"对应的命令。表 12-18 给出了 case 语句中模式匹配说明。

表 12-18　case 语句中模式匹配说明

元字符	描述
?	任意单个字符
*	任意字符出现 0 次或多次
[ ]	指定集合中的任意单个字符

需要注意的是，在 case 语句中，模式必须是唯一的，即不同的模式不能出现相同的字符或字符串，否则会出现语法错误。

?(pat1|pat2|…|pat*n*)匹配指定的模式中的零个或一个。

@(pat1|pat2|…|pat*n*)匹配指定的模式中的恰好一个。

*(pat1|pat2|…|pat*n*)匹配指定的模式中的零个、一个或多个。

+(pat1|pat2|…|pat*n*)匹配指定的模式中的一个或多个。

!(pat1|pat2|…|pat*n*)匹配任何除了指定模式的模式。

```
FusionOS:/mnt/hgfs/dw_adm/mod7/examples # cat case.ksh
#!/bin/ksh

# Script name: case.ksh

mth = $(date + %m)
```

```
case $mth in
02)
    print "February usually has 28 days."
    print "If it is a leap year, it has 29 days."
    ;;

04|06|09|11)
    print "The current month has 30 days."
    ;;

*)
    print "The current month has 31 days."
    ;;
esac

FusionOS:/mnt/hgfs/dw_adm/mod7/examples # date
Mon Jun 12 22:12:12 CST 2023

FusionOS:/mnt/hgfs/dw_adm/mod7/examples # case.ksh
The current month has 30 days.
```

12.7.11 用 case 语句替换复杂的 if 语句

```
FusionOS:/mnt/hgfs/dw_adm/mod7/examples # cat snoopy2.ksh
#!/bin/ksh

# Script name: snoopy2.ksh

name=snoopy

if [[ "$name" == "snoopy" ]]
then
    echo "It was a dark and stormy night."
elif [[ "$name" == "charlie" ]]
then
    echo "You're a good man Charlie Brown."
elif [[ "$name" == "lucy" ]]
then
    echo "The doctor is in."
elif [[ "$name" == "schroder" ]]
then
    echo "In concert."
else
    echo "Not a Snoopy character."
fi

FusionOS:/mnt/hgfs/dw_adm/mod7/examples # cat snoopy3.ksh
#!/bin/ksh

# Script name: snoopy3.ksh

name=snoopy
```

```
case $ name in
"snoopy")
    echo "It was a dark and stormy night."
    ;;

"charlie")
    echo "You're a good man Charlie Brown."
    ;;

"lucy")
    echo "The doctor is in."
    ;;

"schroder")
    echo "In concert."
    ;;

*)
    echo "Not a Snoopy character."
    ;;
esac
```

12.7.12 exit 语句

在 Shell 中，exit 函数用于终止脚本的执行并返回一个退出状态码。退出状态码是一个整数值，通常用于表示脚本的执行结果。

exit 函数可以带一个可选的参数，该参数是一个整数，表示脚本的退出状态码。如果脚本成功执行，通常将退出状态码设置为 0。如果脚本执行失败或发生错误，可以将退出状态码设置为一个非零值，以指示发生了错误。

以下是一个示例脚本，演示了如何使用 exit 函数。

```
#!/bin/bash
# 执行一些操作
echo "Doing some work…"
# 如果发生错误，设置退出状态码为 1
if [ $? -ne 0 ]; then
  exit 1
fi

# 执行其他操作
echo "Doing more work…"

# 成功退出脚本，设置退出状态码为 0
exit 0
```

在上面的示例中，脚本首先执行一些操作，然后检查它们是否成功。如果它们失败，脚本将设置退出状态码为 1 并使用 exit 函数终止脚本的执行；否则，脚本将继续执行其他操作，并在最后成功退出，将退出状态码设置为 0。

12.8 用户输入和输出

交互式 Shell 脚本是一种可以与用户进行交互的脚本。它可以根据用户的输入来决定执行哪些操作。在交互式 Shell 脚本中，可以使用 read 命令来读取用户的输入，并将其存储在变量中。

以下是一个简单的交互式 Shell 脚本示例，它会要求用户输入姓名和年龄，并输出一条问候语。

```
#!/bin/bash

echo "What is your name?"
read name

echo "How old are you?"
read age

echo "Hello, $ name! You are $ age years old."
```

在上面的示例中，脚本首先使用 echo 命令输出一条消息，询问用户的姓名和年龄。然后，它使用 read 命令读取用户的输入，并将其存储在变量 name 和 age 中。最后，脚本使用 echo 命令输出一条问候语，其中使用了变量替换来显示用户的姓名和年龄。

当用户运行这个脚本时，它会输出两条消息，询问用户的姓名和年龄。用户可以输入姓名和年龄，然后按 Enter 键。脚本会读取用户的输入，并根据输入的内容输出问候语。

12.8.1 print 语句

更多场景下使用 print 语句进行输出，它比 echo 语句更通用。

print 语句有几个选项，当它们被包含在双引号中时，print 语句还将以下内容解释为特殊字符。

注意，-为 print 语句提供双引号内的特殊字符。打印 print\n 和打印"\n"的语句不会产生相同的结果。

-n：打印消息后，抑制新行。通常在打印用户输入提示时使用。

-r：关闭\字符的特殊含义。

-R：不解释跟随的选项，除了跟随-n 的情况；也就是说，如果-n 选项跟随-R，它仍然被视为选项。如果需要打印负数，此选项很有用。

--：与-R 相同，除非后面的-n 选项是字面意义上的。

\n：打印一个新行字符，可以使用一个 print 语句在几行上打印一条消息。

\t：打印一个制表符字符，这在创建表格或报告时很有用。

\a：在终端上敲响铃声，引起用户的注意。

\b：退格一个字符，覆盖前面的字符。

```
$ print "Hello there.\nHow are you?"
Hello there.
How are you?
```

```
$ print -r "Hello there.\nHow are you?"
Hello there.\nHow are you?"
$ print "-2 was the temperature this morning."
ksh: print: bad option(s)
$ print -R "-2 was the temperature this morning."
-2 was the temperature this morning.
$ print -- "-2 was the temperature this morning."
-2 was the temperature this morning.
$ print -- -n "is the option."
-n is the option.
$ print -R -n "is the option."
is the option. $
$ print -n "No newline printed here. "
No newline printed here.  $
$ print "Hello\tout\tthere!"
Hello out there!
$ print "\aListen to me!"
<bell rings> Listen to me!
$ print "Overwrite\b the 'e' in 'Overwrite'."
Overwrit the 'e' in 'Overwrite'.
```

以下是一些使用 echo 语句的示例。

输入字符串：

```
echo "Hello, World!"
```

输出：

```
Hello, World!
```

输入变量的值：

```
name = "John"
echo "My name is $ name"
```

输出：

```
My name is John
```

输入命令：

```
ls -l /etc | echo "The files in /etc are:"
```

输出：

```
The files in /etc are:
total 12404
drwxr-xr-x    2 root root    4096 Mar 17 10:18 .X11-Linux
-rw-r--r--    1 root root    4096 Mar 17 10:18 .Xmodmap
…
```

输出命令执行的错误结果输出：

```
ls nonexistent_file 2>&1 | echo "Error:"
```

输出：

```
Error: ls: cannot access 'nonexistent_file': No such file or directory
```

12.8.2 read 语句

read 语句是 Bash 脚本中用于从终端或文件读取输入的命令。它可以将用户输入的行存储在指定的变量中,以便在脚本中使用。

read 语句的基本语法如下。

```
read variable
```

其中,variable 是存储输入行的变量名。如果未指定变量名,则输入行将被存储在内置变量 REPLY 中。

例如,下面的代码将从终端读取用户输入的姓名和年龄,并输出问候语。

```
echo "What is your name?"
read name
echo "How old are you?"
read age
echo "Hello, $ name! You are $ age years old."
```

在上面的代码中,read 语句分别读取了用户输入的姓名和年龄,并将它们存储在变量 name 和 age 中。最后,echo 语句使用这些变量输出问候语。

12.8.3 打印提示符

本例展示如何使用输出字符串中的\c 提示用户输入。read 语句用于获取输入。使用 read 语句读取输入并将其保存在变量中。两个 read 语句都提供了名为 junk 的额外变量,用于接收用户输入的任何其他内容。然后,使用 echo 语句在屏幕上打印一条消息,该消息将输入用作消息文本。

```
FusionOS:/mnt/hgfs/dw_adm/mod8/examples # cat io1.sh
#!/bin/sh

# Script name: io1.sh

# This script prompts for input and prints messages
# involving the input received.

echo "Enter your name: \c"
read name junk

echo "Hi $ name, how old are you? \c"
read age junk

echo "\n\t $ age is an awkward age, $ name,"
echo "   You're too old to depend on your parents,"
echo "and not old enough to depend on your children."
FusionOS:/mnt/hgfs/dw_adm/mod8/examples # io1.sh
Enter your name: \c
sparkle
Hi sparkle, how old are you? \c

\n\t is an awkward age, sparkle,
```

```
   You're too old to depend on your parents,
and not old enough to depend on your children.

FusionOS:/mnt/hgfs/dw_adm/mod8/examples # cat io2.ksh
#!/bin/ksh

# Script name: io2.ksh

# This script prompts for input and prints messages
# involving the input received.

print -n "Enter your name: "
read name junk #其中,junk 参数表示读取输入时忽略的任何其他字符

print -n "Hi $name, how old are you? "
read age junk

print "\n\t$age is an awkward age, $name,"
print "   You're too old to depend on your parents,"
print "and not old enough to depend on your children."
FusionOS:/mnt/hgfs/dw_adm/mod8/examples # io2.ksh
Enter your name: sparkle
Hi sparkle, how old are you? 33

    33 is an awkward age, sparkle,
   You're too old to depend on your parents,
and not old enough to depend on your children.

FusionOS:/mnt/hgfs/dw_adm/mod8/examples # cat io3.ksh
#!/bin/ksh
```

12.8.4　提示输入——Korn Shell 快捷方式

当使用一个变量与 read 语句时，可以将输入提示放在 read 语句本身中。语法是：read var?"prompt"。注意变量名和"?"之间，以及"?"和引号中的提示字符串之间没有空格。尽管这种提示在 Korn Shell 中可用，但使用 echo 或 print 语句来显示提示消息被认为是更好的实践。echo 和 print 语句使用更灵活，因为它们可以显示多个文本行作为单个输出字符串。将 read 语句与提示字符串组合在一个语句行中，也更容易调试脚本。以下示例演示如何将提示放在 read 语句中，而不是使用 print 语句。运行脚本的输出与执行脚本 io2.ksh 的输出相同。

```
# Script name: io3.ksh

# This script prompts for input and prints messages
# involving the input received.

read name?"Enter your name: "

read age?"Hi $name. How old are you? "

print "\n\t$age is an awkward age, $name,"
```

```
print "   You're too old to depend on your parents,"
print "and not old enough to depend on your children."

FusionOS:/mnt/hgfs/dw_adm/mod8/examples # io3.ksh
Enter your name: sparkle
Hi sparkle. How old are you? 23

     23 is an awkward age, sparkle,
   You're too old to depend on your parents,
and not old enough to depend on your children.
```

12.8.5 文件输入和输出

脚本可以从文件中接收输入，并将输出发送到文件中，这样脚本就可以在没有用户交互的情况下运行。稍后，用户可以查看输出文件，或者另一个脚本可以使用输出文件作为其输入。文件输入和输出在 Shell 中通过整数句柄完成，内核使用这些句柄来跟踪进程中打开的所有文件。这些数字值称为文件描述符。最知名的文件描述符是 0(stdin)、1(stdout)和2(stderr)。数字 3～9 用于程序员定义的文件描述符。可以使用它们将数字值与路径名相关联。因此，在程序中，如果有需要多次读取或写入同一文件，简写的文件描述符值可能会减少引用文件名时的错误。此外，如果文件随后通过文件描述符访问，则只需更改一次文件名。

文件输入和输出重定向是 Linux 操作系统中的常见操作，可以用于将命令的输入和输出来源于文件而不是终端。下面是一些文件输入和输出重定向的命令描述。

< file：从文件读取标准输入。

0 < file：从文件读取标准输入。

file：将标准输出写入文件。

1 > file：将标准输出写入文件。

2 > file：将标准错误写入文件。

exec fd >/some/filename：将文件描述符 fd 分配给/some/filename 用于输出。

exec fd </some/filename：将文件描述符 fd 分配给/some/filename 用于输入。

read < &fd var1：从文件描述符 fd 读取并存储到变量 var1。

cmd > &fd：执行 cmd 并将输出发送到文件描述符 fd。

exec fd < &-：关闭文件描述符 fd。

12.8.6 用户自定义文件描述符

文件描述符是一种给文件指定数值的方式。除了使用文件名外，还可以使用文件描述符。Shell 内置的命令之一是 exec。可以使用此命令将文件描述符分配给文件。语法如下。

```
exec fd> filename
exec fd< filename
```

文件描述符数字(fd)和重定向符号(>用于输出，<用于输入)之间不允许有任何空格。

将文件描述符分配给文件后，可以使用该描述符与 Shell 重定向运算符一起使用。在输出方面，如果文件不存在，则会创建该文件。如果文件已存在，则会清空该文件。在输入方面,如果文件不存在,则会发生错误。

```
command > &fd
command < &fd
```

分配给文件的文件描述符仅在当前 Shell 中有效。

12.8.7　Bourne Shell 中的文件描述符

以下是一个用于处理/etc/hosts 文件的脚本,它将文件中的每一行分成地址和名称两部分,并将它们合并成一个新的文件/tmp/hostsfinal。

下面是脚本中每个步骤的详细解释。

1. 步骤 1:复制/etc/hosts

cp /etc/hosts /tmp/hosts2:将/etc/hosts 文件复制到/tmp/hosts2 文件中,以便在处理过程中不会修改原始文件。

2. 步骤 2:删除注释行

grep -v '^ # ' /tmp/hosts2 > /tmp/hosts3:使用 grep 命令删除/tmp/hosts2 文件中的注释行(以 # 开头的行),并将结果重定向到/tmp/hosts3 文件中。

3. 步骤 3:将文件描述符 3 与/tmp/hosts3 文件关联

exec 3 </tmp/hosts3:将文件描述符 3(默认为标准输入)与/tmp/hosts3 文件关联起来,以便从该文件中读取数据。

4. 步骤 4:将文件描述符 4 与/tmp/hostsfinal 文件关联

exec 4 >/tmp/hostsfinal:将文件描述符 4(默认为标准输出)与/tmp/hostsfinal 文件关联起来,以便将数据写入该文件中。

5. 步骤 5:执行以下 4 条语句

```
read < & 3 addr1 name1 alias
read < & 3 addr2 name2 alias
echo $ name1 $ addr1 > & 4
echo $ name2 $ addr2 > & 4
```

这里使用了多个 read 命令来逐行读取/tmp/hosts3 文件中的内容,然后将每行内容分成地址和名称两部分。每读一行内容后自动换行,这些部分被写入/tmp/hostsfinal 文件中,其中地址部分(即第一部分)被重复写入两次。注意,这里没有写入别名部分。

6. 步骤 6:关闭文件描述符 3

exec 3 < &-:关闭文件描述符 3(即标准输入),因为不再需要从该文件中读取数据。

7. 步骤 7:关闭文件描述符 4

exec 4 < &-:关闭文件描述符 4(即标准输出),因为不再需要将数据写入该文件中。

```
# Script name: readex.sh

##### Step 1 - Copy /etc/hosts
cp /etc/hosts /tmp/hosts2

##### Step 2 - Strip out comment lines
grep -v '^#' /tmp/hosts2 > /tmp/hosts3

##### Step 3 - fd 3 is input file /tmp/hosts3
exec 3< /tmp/hosts3

##### Step 4 - fd 4 is output file /tmp/hostsfinal
exec 4> /tmp/hostsfinal

#####  The following 4 statements accomplish STEP 5

read <&3 addr1 name1 alias   # Read from fd 3
read <&3 addr2 name2 alias   # Read from fd 3

echo $name1 $addr1 >&4       # Write to fd 4 (do not write aliases)
echo $name2 $addr2 >&4       # Write to fd 4 (do not write aliases)

#####  END OF STEP 5 statements

exec 3<&-                    # Step 6 - close fd 3

exec 4<&-                    # Step 7 - close fd 4

FusionOS:/mnt/hgfs/dw_adm/mod8/examples # ./readex.sh
FusionOS:/mnt/hgfs/dw_adm/mod8/examples # more /tmp/hosts2
more /tmp/hosts2
#
# hosts          This file describes a number of hostname-to-address
#                mappings for the TCP/IP subsystem.  It is mostly
#                used at boot time, when no name servers are running.
#                On small systems, this file can be used instead of a
#                "named" name server.
# Syntax:
#
# IP-Address  Full-Qualified-Hostname  Short-Hostname
#

127.0.0.1  localhost dbccop1 tdatcop1

# special IPv6 addresses
::1             localhost ipv6-localhost ipv6-loopback

fe00::0         ipv6-localnet

ff00::0         ipv6-mcastprefix
ff02::1         ipv6-allnodes
```

```
ff02::2        ipv6 - allrouters
ff02::3        ipv6 - allhosts

192.168.100.121 sandbox
FusionOS:/mnt/hgfs/dw_adm/mod8/examples # more /tmp/hosts3
more /tmp/hosts3

127.0.0.1       localhost dbccop1 tdatcop1

::1             localhost ipv6 - localhost ipv6 - loopback

fe00::0         ipv6 - localnet

ff00::0         ipv6 - mcastprefix
ff02::1         ipv6 - allnodes
ff02::2         ipv6 - allrouters
ff02::3         ipv6 - allhosts

192.168.100.121 sandbox
FusionOS:/mnt/hgfs/dw_adm/mod8/examples # more /tmp/hostsfinal
more /tmp/hostsfinal

localhost 127.0.0.1
```

12.8.8　Korn Shell 中的文件描述符

这是一个用 ksh 脚本编写的程序，用于处理/etc/hosts 文件。它包含 7 个步骤，下面是对每个步骤的详细解释。

1. 步骤 1：复制/etc/hosts

cp /etc/hosts /tmp/hosts2：将/etc/hosts 文件复制到/tmp/hosts2 文件，以便在处理过程中不会修改原始文件。

2. 步骤 2：删除注释行

grep -v '^ # ' /tmp/hosts2 > /tmp/hosts3：使用 grep 命令删除/tmp/hosts2 文件中的注释行(以' # '开头的行)，并将结果重定向到/tmp/hosts3 文件中。

3. 步骤 3：将文件描述符 3 与/tmp/hosts3 文件关联

exec 3 < /tmp/hosts3：将文件描述符 3(默认为标准输入)与/tmp/hosts3 文件关联起来，以便从该文件中读取数据。

4. 步骤 4：将文件描述符 4 与/tmp/hostsfinal 文件关联

exec 4 > /tmp/hostsfinal：将文件描述符 4(默认为标准输出)与/tmp/hostsfinal 文件关联起来，以便将数据写入该文件中。

5. 步骤5：执行以下4条语句

```
read -u3 addr1 name1 alias
read -u3 addr2 name2 alias
print -u4 $name1 $addr1
print -u4 $name2 $addr2           # write to fd 4 (do not write aliases)
```

这里使用了多个read和print命令来逐行读取/tmp/hosts3文件中的内容，然后将每行内容分成地址和名称两部分。这些部分被写入/tmp/hostsfinal文件中，其中地址部分(即第一部分)被重复写入两次。注意，这里没有写入别名部分。

6. 步骤6：关闭文件描述符3

exec 3<&-：关闭文件描述符3(标准输入)，因为不再需要从该文件中读取数据。

7. 步骤7：关闭文件描述符4

exec 4<&-：关闭文件描述符4(标准输出)，因为不再需要将数据写入该文件中。

```
FusionOS:/mnt/hgfs/dw_adm/mod8/examples # cat readex.ksh
cat readex.ksh
#!/bin/ksh

# Script name: readex.ksh

###### Step 1 - Copy /etc/hosts
cp /etc/hosts /tmp/hosts2

##### Step 2 - Strip out comment lines
grep -v '^#' /tmp/hosts2 > /tmp/hosts3

##### Step 3 - fd 3 is an input file /tmp/hosts3
exec 3< /tmp/hosts3

##### Step 4 - fd 4 is output file /tmp/hostsfinal
exec 4> /tmp/hostsfinal

#####  The following 4 statements accomplish STEP 5

read -u3 addr1 name1 alias    # read from fd 3
read -u3 addr2 name2 alias    # read from fd 3

print -u4 $name1 $addr1      # write to fd 4 (do not write aliases)
print -u4 $name2 $addr2      # write to fd 4 (do not write aliases)

#####  END OF STEP 5 statements

exec 3<&-          # Step 6 - close fd 3

exec 4<&-          # Step 7 - close fd 4
```

12.8.9 Here document 文件

在Shell中，Here文件是一种特殊的文件类型，用于将文本输入命令行中。它通常用于向命令提供输入,而无须用户手动输入。

Here document 的语法如下。

```
command << [Delimiter]
[text]
Delimiter
```

其中,command 是要执行的命令,[text]是要输入的文本,[Delimiter]是分隔符,用于标记文本的结束位置。

例如,以下是一个使用 Here document 的例子。

```
cat << EOF
This is a test.
EOF
```

在这个例子中,cat 是执行的命令,<<和 EOF 之间的文本是要输入命令行中的文本。这个例子会输出以下内容。

```
This is a test.
```

注意,在使用 Here document 时,分隔符必须是唯一的,并且不能出现在输入的文本中;否则,命令可能会无法正确解析输入的文本。

```
FusionOS:/mnt/hgfs/dw_adm/mod8/examples # cat termheredoc.ksh
cat termheredoc.ksh
#!/bin/ksh

# Script name: termheredoc.ksh

print "Select a terminal type"
cat << ENDINPUT
sun
ansi
wyse50
ENDINPUT

print - n "Which would you prefer? "
read termchoice

print
print "You choice is terminal type: $ termchoice"

FusionOS:/mnt/hgfs/dw_adm/mod8/examples # ./termheredoc.ksh
./termheredoc.ksh
Select a terminal type
sun
ansi
wyse50
Which would you prefer? sun

You choice is terminal type: sun
```

12.9 循环结构和菜单功能

在 Shell 中，有三种循环语句：for 循环、while 循环和 until 循环。

1. for 循环

for 循环可以遍历一个列表中的元素，并对每个元素执行一组语句。
示例：

```
for i in {1..10}
do
 echo $ i
done
```

这个例子会输出从 1 到 10 的数字。

2. while 循环

while 循环会在指定的条件为真时，重复执行一组语句。
示例：

```
counter = 1
while [ $ counter - le 10 ]
do
 echo $ counter
 ((counter++))
done
```

这个例子会输出从 1 到 10 的数字。

3. until 循环

until 循环与 while 循环类似，但是会在指定的条件为假时停止执行。
示例：

```
counter = 0
until [ $ counter - gt 10 ]
do
 echo $ counter
 ((counter++))
done
```

这个例子会输出从 0 到 10 的数字。

12.9.1 for 循环

Shell 中的 for 循环接收一个单词(字符串)列表作为参数。列表中的单词数量决定了 for 循环中的语句执行的次数。

for 循环的语法如下。

```
for var in argument_list …
do
```

```
statement1
…
statement
done
```

其中，var 是任何变量名。

argument_list 可以是任何单词、字符串或数字列表。argument_list 可以是字面值，也可以使用 Shell 命令或 Shell 命令行元字符生成。语句可以是任何返回(生成)列表的操作系统命令、用户程序、Shell 脚本或 Shell 语句。第一次循环时，变量 var 的值被设置为列表中的第一个单词。第二次循环时，其值被设置为列表中的第二个单词，以此类推。当 var 依次取到参数列表中的每个值且没有剩余参数时，循环终止。

12.9.2 参数列表

参数列表可以是任何单词、字符串或数字的列表。可以使用以下任何方法(或方法的组合)生成参数列表。

- 显式列表。
- 变量的内容。
- 命令行参数。
- 命令替换。
- 文件名替换。

12.9.3 显式列表

当为 for 循环列出参数时，它们被称为显式列表。这是参数列表的最简单形式。循环一次执行列表中的每个元素。for var in arg1 arg2 arg3 arg4 … argn，以下示例是使用元素的显式列表的 for 循环。

```
for fruit in apple orange banana peach kiwi
do
print "fruit 的值为: $ fruit"
done
```

此 for 循环的输出为

```
fruit 的值为:apple
fruit 的值为:orange
fruit 的值为:banana
fruit 的值为:peach
fruit 的值为:kiwi
```

12.9.4 变量的内容

当参数位于变量中并且语句被执行时，将替换变量的内容。如果变量为空，则循环退出。

```
for var in $ var_sub
```

在以下示例中，提示中输入的文本成为变量 INPUT 的值。该变量表示 for 构造的参数列表。因此，将 INPUT 中的文本基于空格拆分为单词或标记。

```
FusionOS:/mnt/hgfs/dw_adm/mod9/examples # cat ex1.sh
cat ex1.sh
#!/bin/sh

# Script name: ex1.sh

echo "Enter some text: \c"
read INPUT

for var in $ INPUT
do
    echo "var contains: $ var"
done

/mnt/hgfs/dw_adm/mod9/examples # ./ex1.sh
./ex1.sh
Enter some text: \c
I like the korn shell.
var contains: I
var contains: like
var contains: the
var contains: korn
var contains: shell.
```

12.9.5 命令行参数

在以下示例中，命令行中输入的文本成为 for 构造的参数列表。因此，基于空格将命令行文本拆分为单词或标记。

```
FusionOS:/mnt/hgfs/dw_adm/mod9/examples # cat ex2.sh
cat ex2.sh
#!/bin/sh

# Script name: ex2.sh

for var in $ *
do
    echo "command line contains: $ var"
done

FusionOS:/mnt/hgfs/dw_adm/mod9/examples # ./ex2.sh The Bourne shell is good too.
./ex2.sh The Bourne shell is good too.
command line contains: The
command line contains: Bourne
command line contains: shell
command line contains: is
command line contains: good
command line contains: too.
```

12.9.6 命令替换

Korn Shell 中命令替换的语法为

```
for var in $(cmd_sub)
```

Bourne 或 Korn Shell 中命令替换的语法为

```
for var in `cmd_sub`
```

以下示例使用 cat 命令的输出作为参数列表。

```
FusionOS:/mnt/hgfs/dw_adm/mod9/examples # cat fruit1
cat fruit1
apple
orange
banana
peach
kiwi
FusionOS:/mnt/hgfs/dw_adm/mod9/examples # cat ex3.ksh
cat ex3.ksh
#!/bin/ksh

# Script name: ex3.ksh

for var in $(cat fruit1)
do
    print  "$var"
done
FusionOS:/mnt/hgfs/dw_adm/mod9/examples # ./ex3.ksh
./ex3.ksh
apple
orange
banana
peach
kiwi
```

以下示例还使用 cat 命令的输出作为参数列表，但它是使用 Bourne Shell 语法来实现的。

```
FusionOS:/mnt/hgfs/dw_adm/mod9/examples # cat fruit2
cat fruit2
Apple
Orange
Banana
Peach
Kiwi
FusionOS:/mnt/hgfs/dw_adm/mod9/examples # cat ex4.sh
cat ex4.sh
#!/bin/sh

# Script name: ex4.sh

for var in `cat fruit2`
do
    echo "var contains: $var"
done
FusionOS:/mnt/hgfs/dw_adm/mod9/examples # ./ex4.sh
./ex4.sh
var contains: Apple
var contains: Orange
```

```
var contains: Banana
var contains: Peach
var contains: Kiwi
```

12.9.7　命令替换中的文件名

有些命令提供文件名和目录名作为它们的输出。在以下示例中，Shell 将命令的输出(/etc/passwd，/etc/profile 等)替换为 for 循环的参数列表。

以下代码是一个 Korn Shell 脚本，名为“ex7. ksh”，用于列出/etc 目录下以“p”开头的所有文件名并打印出来。以下是代码的逐行解释。

#!/bin/ksh：用于指定使用 Korn Shell 解释器来执行这个脚本。

Script name：ex7. ksh：这是一个注释行，用于说明这个脚本的名称。

3-5. for var in $(ls /etc/p*)：这是一个 for 循环，用于遍历/etc 目录下以“p”开头的所有文件名。$(ls /etc/p*)用于执行 ls 命令并获取其输出，即所有以“p”开头的文件名，然后将其作为参数传递给 for 循环。

print "var contains：$var"：这是一个 print 命令，用于打印当前循环变量 var 的值。在这个例子中，它将打印出每个文件名。

done：这是一个关键字，用于表示 for 循环的结束。

```
FusionOS:/mnt/hgfs/dw_adm/mod9/examples # cat ex7.ksh
cat ex7.ksh
#!/bin/ksh

# Script name: ex7.ksh

for var in $(ls /etc/p*)
do
    print  "var contains: $var"
done
```

for. ksh 示例脚本使用 ls 命令的输出在 for 语句中创建参数列表。

print "Subdirectories in $(pwd):"：这是一个 print 命令，用于打印提示信息，告诉用户这个脚本会列出当前目录下的所有子目录。$(pwd)是一个命令替换，用于获取当前工作目录的路径。

for fname in $(ls)：这是一个 for 循环，用于遍历当前目录下的所有文件和目录。$(ls)是一个命令替换，用于获取当前目录下的所有文件和目录的列表。

if [[-d $fname]]：这是一个条件语句，用于判断当前文件或目录是否为目录。-d 是一个测试命令，用于检查文件或目录是否存在且是一个目录。

then：这是一个关键字，用于表示 if 语句的条件为真时的执行部分。

print $fname：这是一个 print 命令，用于打印当前文件或目录的名称(如果是子目录)。

done：这是一个关键字，用于表示 if 语句和 for 循环的结束。

```
FusionOS:/mnt/hgfs/dw_adm/mod9/examples # cat for.ksh
#!/bin/ksh

# Script name: for.ksh
```

```
print "Subdirectories in $ (pwd):"

for fname in $ (ls)                # using command substitution to
do                                  # generate an argument list
    if [[ -d $ fname ]]
    then
        print $ fname
    fi
done
FusionOS:/mnt/hgfs/dw_adm/mod9/examples # ./for.ksh
Subdirectories in /mnt/hgfs/dw_adm/mod9/examples:
test.dir
```

ls 命令提供了文件和目录的列表。可以使用 ls 命令的输出作为 for 循环的参数列表。

此外，还有用于指定文件和目录的语法。

```
for var in file_list
```

在以下示例中，Shell 将/etc/p * 匹配的文件名作为参数列表进行替换。

```
ls /etc/p *
/etc/passwd /etc/profile /etc/prtvtoc
…
for var in /etc/p *
```

12.9.8　while 循环

while 循环允许在一个命令成功执行时重复执行一组语句。while 循环的语法如下。

```
while command_control
do
statement1
…
statementn
done
```

command_control 可以是任何命令，只要它以成功或失败状态退出。

while 循环体中的语句可以是任何实用命令、用户程序、Shell 脚本或 Shell 语句。

当执行一个 while 语句时，command_control 被求值。如果 command_control 成功，do 和 done 之间的所有语句都被执行，然后控制命令再次被执行。只要控制命令成功，循环体就会继续执行。一旦 command_control 失败，done 语句后面的语句就会被执行。

注意：do 语句是一个单独的语句，必须单独占一行(不包含在 while command_control 语句所在的一行中)，除非它前面有一个分号。done 语句也是一样的，它必须单独占一行或如果它在循环中最后一行语句的结尾存在，它前面必须有一个分号。

以下示例都是有效的 while 语法形式。

当 var 的内容等于 stringv alue 字符串时，循环继续。

```
while["var" = "string_value" ]
while [[ "var" = = "stringv alue"]]
```

当 num 的值小于或等于 10 时，循环继续。

```
while [ $num -le 10 ]
while (( num <= 10 ))
```

就像 if 语句一样,while 循环的控制命令通常是((…))或[[…]]或[…]命令。通常,测试中的变量在 while 循环中更改值,以便最终终止循环。以下两个示例演示如何在循环主体中更改数值以导致 while 循环终止。

```
FusionOS:/mnt/hgfs/dw_adm/mod9/examples # cat whiletest.sh
#!/bin/sh

# Script name: whiletest.sh

num=5

while [ $num -le 10 ]
do
    echo $num
    num=`expr $num + 1`
done
FusionOS:/mnt/hgfs/dw_adm/mod9/examples # ./whiletest.sh
5
6
7
8
9
10


FusionOS:/mnt/hgfs/dw_adm/mod9/examples # cat whiletest.ksh
#!/bin/ksh

# Script name: whiletest.ksh

num=5

while (( num <= 10 ))
do
    echo $num
    (( num = num + 1 )) # let num=num+1
done
FusionOS:/mnt/hgfs/dw_adm/mod9/examples # ./whiletest.ksh
5
6
7
8
9
10
```

12.9.9 while 循环的输入重定向

除了从键盘或 stdin 获取输入,还可以指定一个文件,从中读取输入。这个重定向在脚本的最后一行完成: done < phonelist 通过 stdin 重定向,只需打开一次文件。每次循环时,read 返回文件中的下一行。只要文件中有可读的行,就会将这些行读入循环。当到达文件末尾时,true 状态不再存在,循环终止。循环终止后,执行紧跟在 done 语句之后的语句。

以下脚本文件设置了 Internal Field Separator 为冒号“:”,然后使用 while 循环逐行读取输入文件 phonelist 中的姓名和电话号码,并输出到终端。

```
FusionOS:/mnt/hgfs/dw_adm/mod9/examples # ./whiletest.ksh
5
6
7
8
9
10
FusionOS:/mnt/hgfs/dw_adm/mod9/examples # cat phonelist
Claude Rains:214 - 555 - 5107
Agnes Moorehead:710 - 555 - 6538
Rosalind Russel:710 - 555 - 0482
Loretta Young:409 - 555 - 9327
James Mason:212 - 555 - 2189
FusionOS:/mnt/hgfs/dw_adm/mod9/examples # cat internalredir.ksh
#!/bin/ksh

# Script name: internalredir.ksh

# set the Internal Field Separator to a colon
IFS = :

while read name number
do
    print "The phone number for $ name is $ number"
done < phonelist

FusionOS:/mnt/hgfs/dw_adm/mod9/examples # ./internalredir.ksh
The phone number for Claude Rains is 214 - 555 - 5107
The phone number for Agnes Moorehead is 710 - 555 - 6538
The phone number for Rosalind Russel is 710 - 555 - 0482
The phone number for Loretta Young is 409 - 555 - 9327
The phone number for James Mason is 212 - 555 - 2189
```

12.9.10　until 循环

until 循环与 while 循环非常相似,只是 until 循环只要命令失败就执行。在命令成功后,循环退出,脚本的执行继续到 done 语句后面的语句。

until 循环的语法为

```
until control_command
do
statement1
…
statementn
done
```

control_command 可以是任何以成功或失败状态退出的命令。命令可以是任何实用程序命令、用户程序、Shell 脚本或 Shell 语句。如果控制条件失败,则循环主体(do 和 done 之间的所有语句)执行,并且控制命令再次执行。只要控制命令继续失败,循环主体就会继续执行。一旦控制命令成功,就会执行 done 语句后面的语句。例如:

```
FusionOS:/mnt/hgfs/dw_adm/mod9/examples # cat until.ksh
#!/bin/ksh

# Script name: until.ksh

num = 1

until ((num == 6))
do
    print "The value of num is: $ num"
    ((num = num + 1))
done

print "Done."

FusionOS:/mnt/hgfs/dw_adm/mod9/examples # ./until.ksh
The value of num is: 1
The value of num is: 2
The value of num is: 3
The value of num is: 4
The value of num is: 5
Done.
```

12.9.11 break 语句

break 语句允许退出当前的循环。它通常包含在 while 循环的 if 语句中使用，而 while 循环中的条件始终为 true。如果循环执行的次数取决于用户的输入而不是一些预定的数字，这是很有用的。

这段代码是一个使用 Korn Shell(ksh)编写的脚本，名为 break. ksh。以下是每个语句的解释。

#!/bin/ksh：用于指定脚本使用的解释器。

typeset -i num＝0：声明一个整型变量 num 并初始化为 0。

while true：无限循环，只要条件为真就会一直执行循环体。

print -n "Enter any number(0 to exit)："：打印一条消息，提示用户输入一个数字(0 表示退出)。

read num junk：从标准输入读取一行，并将其赋值给变量 num。junk 是一个额外的参数，用于处理输入行中的任何其他字符。

if ((num ＝＝ 0))：如果变量 num 的值为 0，则执行下面的语句。

break：这是一个 break 语句，用于退出当前循环。

else：如果变量 num 的值不为 0，则执行下面的语句。

print "Square of $ num is $ ((num * num)). \n"：打印一条消息，显示用户输入的数字的平方。

done：循环的结束标记。

print "script has ended"：打印一条消息，表示脚本已经结束。

总之，这个脚本是一个简单的循环，用于读取用户输入的数字并计算其平方，直到用户输入 0 为止。

```
FusionOS:/mnt/hgfs/dw_adm/mod9/examples # cat break.ksh
#!/bin/ksh

# Script name: break.ksh

typeset -i  num=0

while true
do
    print -n "Enter any number (0 to exit): "
    read num junk

    if ((num == 0))
    then
        break
    else
        print "Square of $num is $((num * num)). \n"
    fi
done

print "script has ended"

FusionOS:/mnt/hgfs/dw_adm/mod9/examples # ./break.ksh
Square of 222 is 49284.

Enter any number (0 to exit): 0
script has ended
```

12.9.12　continue 语句

在循环内部使用 continue 语句，强制 Shell 跳过出现在 continue 语句之后的循环语句，并返回到循环的顶部，以便进行下一次迭代。当在 for 循环中使用 continue 语句时，变量 var 会接收列表中下一个元素的值。当在 while 或 until 循环中使用 continue 语句时，执行会继续进行，并重新开始对控制命令进行测试。

下面脚本的功能是将当前目录下所有以小写字母开头的文件名改为以大写字母开头的文件名。以下是脚本的逐行解释。

#!/bin/ksh：指定该脚本使用 Korn Shell 解释器来执行。

typeset -l new：定义一个名为 new 的变量，将一个变量的字符变成小写。

for file in *：使用 for 循环遍历当前目录下的所有文件。

print "Working on file $file…"：在终端上输出一条消息，表示正在处理文件 $file。

if [[$file != *[A-Z]*]]：使用 if 语句检查文件名是否以小写字母开头。

continue：如果文件名以小写字母开头，则使用 continue 命令跳过本次循环。

orig=$file：将原文件名赋值给变量 orig。

new=$file：将新文件名赋值给变量 new。

mv $orig $new：使用 mv 命令将原文件名改为新文件名。

print "New file name for $orig is $new."：在终端上输出一条消息，表示原文件名已改为新文件名。

print "Done."：在终端上输出一条消息，表示脚本已完成。

```
FusionOS:/mnt/hgfs/dw_adm/mod9/examples # cat continue.ksh
#!/bin/ksh

# Script name: continue.ksh

typeset -l new

for file in *
do
    print "Working on file $file…"

    if [[ $file != *[A-Z]* ]]
    then
         continue
    fi

    orig=$file
    new=$file
    mv $orig $new
    print "New file name for $orig is $new."
done

print "Done."
FusionOS:/mnt/hgfs/dw_adm/mod9/examples # ./continue.ksh
Working on file break.ksh…
Working on file continue.ksh…
Working on file ex1.sh…
Working on file ex2.sh…
Working on file ex3.ksh…
Working on file ex4.sh…
Working on file ex5.ksh…
Working on file ex6.ksh…
Working on file ex7.ksh…
Working on file for.ksh…
Working on file fruit1…
Working on file fruit2…
Working on file fruit3…
Working on file fruit4…
Working on file internalredir.ksh…
Working on file menu.ksh…
Working on file menu1.ksh…
Working on file phonelist…
Working on file pospara.ksh…
Working on file readinput.ksh…
Working on file shift.ksh…
Working on file submenu.ksh…
Working on file test.dir…
Working on file until.ksh…
Working on file while.ksh…
Working on file whiletest.ksh…
Working on file whiletest.sh…
Working on file whiletest2.ksh…
Done.
```

该脚本在执行 mv 命令之前没有检查是否已经存在小写版本的包含大写字母的文件

名，因此，可能覆盖现有的文件并报错。如何改进脚本以避免发生这个问题？

12.9.13　Korn Shell select 循环

Korn Shell 中的 select 语句创建了一个菜单。这个结构仅适用于 Korn Shell。创建菜单的语法是

```
select var in list
do
    statement1
     …
    statementn
done
```

变量 var 和 list 的语法规则与 for 循环相同（尽管 select 循环的操作大不相同）。如果 list 包含元字符，则这些元字符会被扩展为文件名。

根据上述原文，下面是一个使用 Korn Shell select 循环的示例。

假设有一个目录，其中包含不同类型的文件，如 txt、doc、pdf 等。我们想要根据文件的类型创建一个菜单，以便用户可以选择他们想要操作的文件类型。下面是一个使用 select 循环实现此目的的示例代码。

```
FusionOS:/mnt/hgfs/dw_adm/mod9/examples # cat select.ksh
#!/bin/ksh

# 定义文件类型列表
types = (txt doc pdf)

# 创建 select 循环
select file_type in "${types[@]}"
do
  # 根据用户选择的文件类型执行相应的操作
  case $REPLY in
    1) # 用户选择了 txt 文件类型
      echo "您选择了 txt 文件类型。"
      # 在这里添加对 txt 文件的操作代码
      break ;;
    2) # 用户选择了 doc 文件类型
      echo "您选择了 doc 文件类型。"
      # 在这里添加对 doc 文件的操作代码
      break ;;
    3) # 用户选择了 pdf 文件类型
      echo "您选择了 pdf 文件类型。"
      # 在这里添加对 pdf 文件的操作代码
      break ;;
    *) # 用户输入了无效的选项
      echo "无效的选项，请重新选择。"
      continue ;;
  esac

  # 显示下一个菜单选项或退出循环（如果这是最后一个选项）
  echo ""
  echo "您想对哪种类型的文件进行操作?"
  echo ""
  echo "1. txt 文件"
```

```
    echo "2. doc 文件"
    echo "3. pdf 文件"
    echo ""
done
```

上述脚本主要实现了以下功能。

(1) 定义文件类型列表：包含 txt、doc、pdf 三种文件类型。

(2) 使用 select 语句创建菜单，让用户选择文件类型。

(3) 根据用户选择的文件类型，执行相应的操作。

(4) 如果用户输入了无效的选项，则提示用户重新选择。

(5) 循环显示菜单选项，直到用户选择退出。

具体解释如下。

首先，脚本定义了一个包含 txt、doc、pdf 三种文件类型的数组 types。

其次，使用 select 语句创建了一个菜单，让用户从三种文件类型中选择一种。select 语句会根据用户输入的选项，将 REPLY 变量赋值为对应的数字(1 表示 txt，2 表示 doc，3 表示 pdf)。

再次，使用 case 语句根据 REPLY 变量的值执行相应的操作。如果用户选择了 txt 文件类型，则输出提示信息并跳出循环；如果选择了 doc 或 pdf 文件类型，则同样输出提示信息并跳出循环。如果用户输入了无效的选项，则输出提示信息并继续执行下一个菜单选项。

最后，脚本会根据用户选择的文件类型执行相应的操作，并显示下一个菜单选项或退出循环(如果这是最后一个选项)。

12.9.14 菜单

PS3 是一个特殊的变量，它在 select 语句中作为 Shell 界面提示符使用。它的值通常是一个字符串，用于提示用户选择选项。

以下是一个示例，展示了如何使用 PS3 变量。

```
#!/bin/bash
PS3 = "请选择一个选项:"
options = ("选项 1" "选项 2" "选项 3")
select opt in "${options[@]}"
do
    echo "您选择了:$opt"
    break
done
```

在这个例子中，PS3 变量的值被设置为“请选择一个选项：”，然后使用 select 语句来显示这个提示。用户可以在选项中选择一个选项，然后脚本会输出用户选择的选项。备注：Korn Shell 中 PS3 变量的默认值是“#?”。因此，如果未能设置 PS3 变量，系统会使用字符串“#?”作为提示，然后等待用户输入。如果发生这种情况，用户可能不知道脚本正在等待输入。

以下是另一个菜单选择的例子。

```
FusionOS:/mnt/hgfs/dw_adm/mod9/examples # cat menu.ksh
#!/bin/ksh
```

```
# Script name: menu.ksh

PS3 = "Enter the number for your fruit choice: "

select fruit in apple orange banana peach pear
do
    case $fruit in
    apple)
        print "An apple has 80 calories."
        ;;

    orange)
        print "An orange has 65 calories."
        ;;

    banana)
        print "A banana has 100 calories."
        ;;

    peach)
        print "A peach has 38 calories."
        ;;

    pear)
        print "A pear has 100 calories."
        ;;

    *)
        print "Please try again. Use '1' - '5'"
        ;;
esac

done
```

用户可以在任何时候通过输入 EOF 字符来退出菜单循环，但是，除非用户知道这一点或者在菜单提示中加入了一条解释这个的命令，否则用户可能陷入菜单循环中。可以在菜单选项中包含一个字符串来帮助用户退出菜单。下面是另一个 Korn Shell 脚本，名为“menu1.ksh”，演示退出菜单的样例，用于实现一个简单的菜单系统。以下是脚本的逐行解释。

#!/bin/ksh：指定脚本使用的解释器为 Korn Shell。

Script name：menu1.ksh：注释说明脚本的名称。

PS3="Enter the number for your fruit choice:"：设置 PS3 变量，作为菜单提示。

select fruit in apple orange banana peach pear "Quit Menu" do：使用 select 语句创建一个菜单，其中包含 5 个选项(苹果、橙子、香蕉、桃子、梨子)和一个退出选项(Quit Menu)。

case $fruit in：使用 case 语句对用户选择的选项进行处理。

apple) print "An apple has 80 calories.";;：当用户选择苹果时，输出 80 卡路里信息。

orange) print "An orange has 65 calories.";;：当用户选择橙子时，输出 65 卡路里信息。

banana) print "A banana has 100 calories. ";;：当用户选择香蕉时，输出 100 卡路里信息。

peach) print "A peach has 38 calories. ";;：当用户选择桃子时，输出 38 卡路里信息。

pear) print "A pear has 100 calories. ";;：当用户选择梨子时，输出 100 卡路里信息。

"Quit Menu") break;;：当用户选择退出选项时，跳出 select 循环。

*) print "You did not enter a correct choice. ";;：当用户选择无效选项时，输出错误信息。

done：结束 select 循环。

```
 1 #!/bin/ksh
 2
 3 # Script name: menu1.ksh
 4
 5
 6 PS3 = "Enter the number for your fruit choice: "
 7
 8 select fruit in apple orange banana peach pear "Quit Menu"
 9 do
10     case $ fruit in
11         apple)
12             print "An apple has 80 calories."
13             ;;
14
15         orange)
16             print "An orange has 65 calories."
17             ;;
18
19         banana)
20             print "A banana has 100 calories."
21             ;;
22
23         peach)
24             print "A peach has 38 calories."
25             ;;
26
27         pear)
28             print "A pear has 100 calories."
29             ;;
30
31         "Quit Menu")
32             break
33             ;;
34
35          *)
36             print "You did not enter a correct choice."
37             ;;
38     esac
39 done

FusionOS:/mnt/hgfs/dw_adm/mod9/examples # ./menu1.ksh
1) apple
2) orange
```

```
3) banana
4) peach
5) pear
6) Quit Menu
Enter the number for your fruit choice: 3
A banana has 100 calories.
Enter the number for your fruit choice: 6
```

12.9.15 二级子菜单

以下是一个 Korn Shell 脚本，名为“submenu.ksh”，用于实现一个简单的菜单系统。以下是脚本的逐行解释。

#!/bin/ksh：指定脚本使用的解释器为 Korn Shell。

Script name：submenu.ksh：注释说明脚本的名称。

main_prompt="Main Menu：What would you like to order?"：定义一个变量 main_prompt，用于设置主菜单的提示信息。

dessert_menu="Enter number for dessert choice:"：定义一个变量 dessert_menu，用于设置甜点菜单的提示信息。

PS3=$main_prompt：将 PS3 变量设置为 main_prompt 变量的值，用于设置菜单提示信息。

select order in "broasted chicken" "prime rib" "stuffed lobster" dessert "Order Completed"：使用 select 语句创建一个菜单，其中包含 4 个选项（烤鸡、牛排、烤龙虾、甜点）和一个退出选项（Order Completed）。

do：开始 do-done 循环，对用户选择的选项进行处理。

case $order in：使用 case 语句对用户选择的选项进行处理。

"broasted chicken") print 'Broasted chicken with…';;：当用户选择烤鸡时，输出相应的菜品信息。

"prime rib") print 'Prime rib with…';;：当用户选择牛排时，输出相应的菜品信息。

"stuffed lobster") print 'Stuffed lobster with…';;：当用户选择烤龙虾时，输出相应的菜品信息。

dessert)：当用户选择甜点时，跳转到第 19 行。

PS3=$dessert_menu：将 PS3 变量设置为 dessert_menu 变量的值，用于设置甜点菜单的提示信息。

select dessert in "apple pie" "sherbet" "fudge cake" "carrot cake"：使用 select 语句创建一个菜单，其中包含 4 个选项（苹果派、雪芭、软糖蛋糕、胡萝卜蛋糕。

do：开始 do-done 循环，对用户选择的选项进行处理。

case $dessert in：使用 case 语句对用户选择的选项进行处理。

"apple pie") print 'Fresh…';;：当用户选择苹果派时，输出相应的菜品信息。

"sherbet") print 'Orange…';;：当用户选择雪芭时，输出相应的菜品信息。

"fudge cake") print 'Triple layer…';;：当用户选择软糖蛋糕时，输出相应的菜品信息。

"carrot cake") print 'Carrot cake is ＄2.95.';;：当用户选择胡萝卜蛋糕时，输出相应的菜品信息。

*) print 'Not a dessert choice.';;：当用户选择无效选项时，输出错误信息。

done：结束 do-done 循环。

PS3=＄main_prompt：将 PS3 变量设置为 main_prompt 变量的值，用于设置主菜单的提示信息。

"Order Completed") break;;：当用户选择退出选项时，跳出 do-done 循环。

```
 1 #!/bin/ksh
 2
 3 # Script name: submenu.ksh
 4
 5 main_prompt = "Main Menu: What would you like to order? "
 6 dessert_menu = "Enter number for dessert choice: "
 7 PS3 = $ main_prompt
 8
 9 select order in "broasted chicken" "prime rib" "stuffed lobster" dessert "Order Completed"
10 do
11     case $ order in
12         "broasted chicken") print 'Broasted chicken with baked potato, rolls, and salad is
     $ 14.95.';;
13         "prime rib") print 'Prime rib with baked potato, rolls, and fresh vegetable is
     $ 17.95.';;
14         "stuffed lobster") print 'Stuffed lobster with rice pilaf, rolls, and salad is
     $ 15.95.';;
15         dessert)
16             PS3 = $ dessert_menu
17             select dessert in "apple pie" "sherbet" "fudge cake" "carrot cake"
18             do
19                 case $ dessert in
20                     "apple pie") print 'Fresh baked apple pie is $ 2.95.'
21                         break;;
22                     "sherbet") print 'Orange sherbet is $ 1.25.'
23                         break;;
24                     "fudge cake") print 'Triple layer fudge cake is $ 3.95.'
25                         break;;
26                     "carrot cake") print 'Carrot cake is $ 2.95.'
27                         break;;
28                      * ) print 'Not a dessert choice.';;
29                 esac
30             done
31             PS3 = $ main_prompt;;
32         "Order Completed") break;;
33          * ) print 'Not a main entree choice.';;
34     esac
35 done
36 print 'Enjoy your meal.'

FusionOS:/mnt/hgfs/dw_adm/mod9/examples # submenu.ksh
1) broasted chicken
2) prime rib
3) stuffed lobster
4) dessert
```

```
5) Order Completed
Main Menu: What would you like to order? 2
Prime rib with baked potato, rolls, and fresh vegetable is $ 17.95.
Main Menu: What would you like to order? 4
1) apple pie
2) sherbet
3) fudge cake
4) carrot cake
Enter number for dessert choice: 1
Fresh baked apple pie is $ 2.95.
~
```

12.9.16　使用 shift 语句

shift. ksh 示例脚本包含一个用法消息，显示脚本将使用一些参数运行，尽管给出的参数数量是可变的。

该脚本是一个 Korn Shell 脚本，用于演示如何使用 shift 语句。脚本的主要功能是接收任意数量的参数，并打印每个参数的值，然后打印位置参数 $ * 的值。脚本还演示了如何使用 shift 语句将位置参数向左移动一个位置。

脚本首先定义了一个 USAGE 变量，用于存储脚本的用法信息。然后，脚本检查传递给脚本的参数数量是否为 0。如果是，则打印用法信息并退出脚本。否则，脚本打印传递给脚本的参数，并使用 while 循环遍历每个参数。在每次循环中，脚本打印当前参数的值，并使用 shift 语句将位置参数向左移动一个位置。当所有参数都被处理后，"#"的值变为 false，while 循环终止。最后，脚本打印位置参数"*"的值。

```
FusionOS:/mnt/hgfs/dw_adm/mod9/examples # cat shift.ksh
#!/bin/ksh

# Script name: shift.ksh

USAGE = "usage: $ 0 arg1 arg2 … argN"

if (( $ #  == 0))
then
    print $ USAGE
    exit 1
fi

print "The arguments to the script are:"
while (( $ #))
do
    print $ 1
    shift
done

print 'The value of $ * is now:' $ *

FusionOS:/mnt/hgfs/dw_adm/mod9/examples # shift.ksh 3 4 5
The arguments to the script are:
3
4
```

```
5
The value of $ * is now:
```

12.10 变量与数组操作

12.10.1 变量的类型

在 Bourne Shell 中有两种类型的变量：字符串和常量。在 Korn Shell 中有 4 种类型的变量：字符串，整数，数组和常量。所有变量都是字符串类型，除非另有说明。也可以指定 Shell 中的常量。常量是一个只读变量，当它被声明时分配了一个值，并且不能更改值。变量的数据类型决定了可以分配给变量的值。可以为字符串变量分配任何值。整数变量只能保存数字值，数组可能会受到限制，这取决于它是否是整数或字符串的数组。通过在变量名前面加上 $ 来访问变量的值时，可能需要将变量名与紧跟其后的字符隔离开来。例如：

```
 $ flower = rose
 $ print "$flower $flowers $flowerbush"
rose
 $ print "$flower ${flower}s ${flower}bush"
rose roses rosebush
```

12.10.2 Korn Shell typeset 语句

typeset 语句为变量设置属性。在某些情况下，它可以改变变量的值，如右对齐或左对齐。表 12-19 中给出了这些属性。

表 12-19　typeset 语句属性描述

语　法	描　述
${#var}	返回字符串变量 var 的长度
typeset -u var	将 var 转换为大写字母
typeset -l var	将 var 转换为小写字母
typeset -LZ var	从字符串 var 中删除前导零
typeset -Lnum var	将 var 左对齐，并占用 num 指定的字段宽度
typeset -Rnum var	将 var 右对齐，并占用 num 指定的字段宽度
typeset -i var	var 只能包含整数值
typeset -r var	var 是只读变量。var 的值不能通过后续赋值改变

可以使用 typeset -i 强制将变量存储为整数。对这样的变量执行任何算术运算都比不使用 typeset -i 更快。

12.10.3 字符串操作

如果要正确查看具有前导空格的右对齐字符串，需要在输出语句中通过引号对变量进行引用。以下是一个 Korn Shell(ksh)脚本，名为 strman1.ksh。以下是脚本中每个命令的解释。

#!/bin/ksh：用于指定脚本使用的解释器。

Script name：strman1.ksh：注释，用于提供脚本的名称。

typeset -R8 word="happy"：typeset 命令，用于声明一个只读的 8 位整数类型变量 word，并将其值设置为"happy"。

typeset -L5 word1="depressed"：typeset 命令，用于声明一个长度为 5 的宽字符类型变量 word1，并将其值设置为"depressed"。

print "123456789"：print 命令，用于打印字符串"123456789"。

print "$word"：print 命令，用于打印变量 word 的值("happy")。注意，变量名前面有一个"$"符号，用于引用变量的值。

print：print 命令，用于打印一个空行。

print "123456789"：print 命令，用于打印字符串"123456789"。

print "$word1"：print 命令，用于打印变量 word1 的值("depressed")。注意，变量名前面有一个"$"符号，用于引用变量的值。

```
FusionOS:/mnt/hgfs/dw_adm/mod10/examples # cat strman1.ksh
#!/bin/ksh

# Script name: strman1.ksh

typeset -R8 word = "happy"

typeset -L5 word1 = "depressed"


print "123456789"
print "$word"
print

print "123456789"
print "$word1"

FusionOS:/mnt/hgfs/dw_adm/mod10/examples # ./strman1.ksh
123456789
   happy

123456789
depre
```

如果没有引号，开头的空格不会被打印出来。考虑以下示例和输出。

```
FusionOS:/mnt/hgfs/dw_adm/mod10/examples # cat strman2.ksh
#!/bin/ksh

# Script name: strman2.ksh

typeset -R8 word = "happy"

typeset -L5 word1 = "depressed"


print "123456789"
```

```
print $word
print

print "123456789"
print $word1

FusionOS:/mnt/hgfs/dw_adm/mod10/examples # ./strman2.ksh
123456789
happy

123456789
depre
```

12.10.4 示例：使用 typeset

该脚本演示了一些字符串操作。它首先定义了一些字符串变量并输出其长度。然后，它将一个字符串转换为大写字母和小写字母，并输出相应的结果。接下来，它使用 typeset 命令定义了两个变量，并使用-L 和-R 选项左对齐和右对齐它们的值。最后，它将一个字符串变量赋值为带有前导零的数字，并使用-LZ 选项将其转换为左对齐的变量。运行脚本后，输出结果显示了所有定义的变量以及字符串转换和对齐的结果。

```
FusionOS:/mnt/hgfs/dw_adm/mod10/examples # cat strman3.ksh
#!/bin/ksh

# Script name: strman3.ksh

string1 = "manipulation"
print "Length of string1 is ${#string1} characters \n"

string2 = "CaSes"
print "string2 is $string2"

typeset -u string2
print "string2 in upper case: $string2"

typeset -l string2
print "string2 in lower case: $string2 \n"


typeset -L7 ljust
ljust = "hi there"

typeset -R5 rjust
rjust = "farewell"

print "                123456789"
print "Value of ljust: $ljust"
print "Value of rjust: $rjust \n"

lzero = "00034;lsl"
print "Value of lzero: $lzero"

typeset -LZ lzero
```

```
print "New value of lzero: $ lzero"

FusionOS:/mnt/hgfs/dw_adm/mod10/examples # ./strman3.ksh
Length of string1 is 12 characters

string2 is CaSes
string2 in upper case: CASES
string2 in lower case: cases

        123456789
Value of ljust: hi ther
Value of rjust: ewell

Value of lzero: 00034;lsl
New value of lzero: 34;lsl
```

12.10.5 声明整数变量

可以使用 typeset -i 或 integer 在变量名前声明整数变量。前者更灵活,因为它还允许指定变量表示的基数。

```
typeset - i int_var1 [ = value] int_var2 [ = value] … int_varn [ = value]
```

或

```
integer int_var1 [ = value] int_var2 [ = value] … int_varn [ = value]
```

整数变量只能被分配整数数字。分配一个带有小数部分的数字会导致小数被截断。将非数字字符包含到整数变量的分配中会导致错误消息。

```
$ typeset - i num # base 10 integer
$ num = 5
$ print $ num
5
$ typeset - i num # base 10 integer
$ num = 25.34 # truncation will occur on the decimal portion
$ print $ num
25

$ typeset - i num # base 10 integer
$ num = 27
$ print $ num
27
$ typeset - i8 num # change to base 8
$ print $ num
8#33
$
$ num = two
/usr/bin/ksh: two: bad number
$ print $ num
8#33
```

12.10.6 Korn Shell 变量的算术运算

Korn Shell 通过在两个括号内放置整数表达式来调用算术运算:((…))。为了可读性,在双括号之间的任何算术运算符之前和之后应加上空格。表 12-20 为 Korn Shell 变量的算术运算。

表 12-20 Korn Shell 变量的算术运算

运算符	操 作	样 例	结 果
+	加法	((x=24+25))	49
-	减法	((x=100-25))	75
*	乘法	((x=4*5))	20
/	除法	((x=10/3))	3
%	取模(取余数)	((x=10%3))	1
#	基数转换,将整数转换为二进制、八进制、十六进制等	((x=#1101010)))10#6A or((x=#6A)))	2#1101010
<<	位左移	((x=2#11 << 3))	2#11000
>>	位右移	((x=2#1001 >> 2))	2#10
&	位与(位-级联)	((x=2#101&2#110))	2#100
|	位或(位-固接)	((x=2#101 | 2#110))	2#111
^	位异或(位-异固接)	(((x=2#101 ^ 2#110))	2#11

表 12-20 列出的前 5 个运算符执行标准的算术运算,其余的 6 个运算符执行位运算。

12.10.7 位运算

运算符指定接下来的值的基数。例如,2#101 表示值 101 是一个二进制值(2#101 在十进制中是 5)。

注意:如果不熟悉位运算,请查看二进制值而不是十进制值。

<<运算符左移二进制位数,其位数由操作符后面的数指定。例如,表达式 2#10 << 1 产生值 2#100,表达式 2#10100 << 2 产生值 2#1010000。

如果一个数字是正数,则被清空的位置会被填充为 0,否则会被填充为 1。

>>运算符的作用是将二进制数右移指定位数,移动的位数由其后面的数字表示。例如,2#10 >> 1 将得到值 2#1,2#10100 >> 2 将得到值 2#101。

& 运算符将两个二进制数相与。这意味着对于每个数字中相应的 0 或 1 位进行“与”运算,如果两个数字的相应位都为 1,则结果为 1;否则结果为 0。

|运算符将两个二进制数相或。这意味着对于每个数字中相应的 0 或 1 位进行“或”运算,如果两个数字的相应位中有任意一个为 1,则结果为 1;否则结果为 0。

^运算符对两个二进制数字进行异或运算。这意味着在每个数字的相应位执行异或,如果只有其中一个数字的位为 1,则结果为 1。如果两个位都是 0 或都是 1,则结果为 0。

12.10.8 创建 Bourne Shell 常量

使用以下语法可以使变量变为只读变量:

```
readonly var[ = value]
```

方括号中的“=value”表示并不总是需要赋值。例如,如果该变量之前已经被创建并分配了一个值,而现在想要将其设置为只读(并不更改其当前值),那么不需要使用“=value”。

如果该变量以前不存在，而将其设置为只读，则永远不会为该变量分配值。只读变量无法更改其值。这就是只读变量被称为常量的原因，例如：

```
 $ sh
 $ var = constant
 $ readonly var
 $ unset var
var: is read only
 $ var = new_value
var: is read only
```

12.10.9　创建 Korn Shell 常量

可以使用以下任一语法使变量变为只读变量：

```
typeset -r var[ = value] readonly var[ = value]
```

方括号中的"＝value"表示并不总是需要赋值。例如，如果该变量之前已经被创建并分配了一个值，而现在想要将其设置为只读（并不更改其当前值），那么不需要使用"＝value"。

如果该变量以前不存在，则在将其设置为只读时为其分配一个值。

例如：

```
 $ ksh
 $ typeset -r cvar = constant
 $ unset cvar
ksh: cvar: is read only
 $ cvar = new_value
ksh: cvar: is read only
```

12.10.10　删除字符串的部分内容

表 12-21 为部分删除字符串的语法说明。

表 12-21　删除字符串语法说明

语　法	说　明
{str_var%pattern}	删除与模式匹配的最小右侧子字符串
{str_var%%pattern}	删除与模式匹配的最大右侧子字符串
{str_var#pattern}	删除与模式匹配的最小左侧子字符串
{str_var##pattern}	删除与模式匹配的最大左侧子字符串

可以在%、%%、#和##符号后使用任何 Shell 元字符作为模式。注意，当模式不包含任何元字符时，{str_var%pattern}和{str_var%%pattern}具有相同的值，{str_var#pattern}和{str_var##pattern}也是一样的。

12.10.11　示例：去掉字符串的一部分

在字符串操作中，去掉字符串的一部分在处理路径名时特别有用。有时只需要文件的名称，因此必须除去路径名中的所有内容，只留下路径名中最后一个"/"后的内容。有时需要得到文件所在的父目录，为此，必须删除文件路径名中最后的"/"和跟随它的所有字符。将变量 stringx 的值设置为"/usr/bin/local/bin"。

```
$ stringx=/usr/bin/local/bin
```

在这两种情况下，最右边匹配 /bin 和 /bin* 的最小子串都是 /bin。因此，结果是 /usr/bin/local。

```
$ print ${stringx%/bin}
/usr/bin/local
$ print ${stringx%/bin*}
/usr/bin/local
```

最右边匹配 /bin 的最大子串是 /bin。因此，结果与前面的两种情况相同。

```
$ print ${stringx%%/bin}
/usr/bin/local
```

最右边匹配 /bin* 的最大子串是 /bin/local/bin。因此，打印出的结果只是字符串 /usr。

```
$ print ${stringx%%/bin*}
/usr
```

最小的左侧匹配 /usr/bin 和 */bin 的子串都是 /usr/bin。因此，打印出的结果是 /local/bin。

```
$ print ${stringx#/usr/bin}
/local/bin
$ print ${stringx#*/bin}
/local/bin
```

最大的左侧匹配 /usr/bin 的子串是 /usr/bin。因此，结果与前两种情况相同。

```
$ print ${stringx##/usr/bin}
/local/bin
```

最大的左侧匹配 */bin 的子串是 /usr/bin/local/bin。因此，打印的结果是空字符串(null)。

```
$ print ${stringx##*/bin}
```

最大的左侧匹配 */ 的子串是 /usr/bin/local/。因此，打印的结果是字符串 bin。

```
$ print ${stringx##*/}
bin
```

12.10.12 Korn Shell 数组

数组是包含一个以上数值的变量。不需要显式声明数组，也不需要显式设置数组的大小。当第一次给数组变量中的一个元素赋值时，它被作为数组处理。每个数组最多可以容纳 1024 个值。可以创建字符串或整数数组。默认情况下，数组包含字符串。要创建一个整数数组，必须将变量声明为整数，然后将其用作数组名称，并将整数值分配给元素；例如：

```
整数 my_array
my_array[1]=5
my_array[12]=16
```

数组的第一个元素使用 0 进行索引，第二个元素使用 1 进行索引，以此类推。因此，有效的最大索引值是 1023。Korn Shell 中的所有数组都是一维的。对于 Korn Shell，必须将数组引用用括号括起来，例如，${arr[1]}而不是 $arr[1]。访问第 i 个数组元素值的语法如下，其中，i 是整数：

```
{array_name[ i ]}
```

要打印所有数组元素的值，请使用以下语法：

```
{array_name[ * ]}
```

要打印数组中实际分配的元素(值)的数量，请使用以下语法：

```
{ #array_name[ * ]}
```

数组元素不必按顺序进行分配。此外，可以跳过任何想要的值分配。

```
arr[2] = two
arr[4] = 4
arr[8] = eight
arr[16] = 16
```

跳过的数组元素不会分配值，实际上，它们会被视为不存在。注意：在 Korn Shell 中，不能使用 export 语句与数组一起使用。

12.10.13 示例：数组

前两个示例说明如何创建字符串数组。不需要将分配给各种数组元素的值包含在双引号中，除非字符串值包含特殊字符，如空格或制表符。创建包含三个字符串的数组：

```
# arr[0] = big
# arr[1] = small
# arr[2] = "mediumsized"
# set -o vi
# print ${#arr[ * ]}
3
```

使用 set 语句创建包含三个字符串的数组：

```
w # set - A arr big small "medium sized"
w # print ${#arr[ * ]}
3
w # print ${arr[0]}
big
w # echo ${arr[1]}
small
w # echo ${arr[2]}
medium sized
```

在以下示例中，注意整数数组的创建。变量 num 首先声明为整数变量，然后用作数组名称以将整数分配给数组的前 5 个元素。如果尝试将其他值分配给数组的任何元素，则会收到有关错误数字的错误消息。创建包含 5 个整数的数组并打印数组 num 中的数组元素数量：

```
FusionOS:/mnt/hgfs/dw_adm/mod10/examples # ksh
# integer num
# num[0] = 0
# num[1] = 100
# num[2] = 200
```

```
# num[3]=300
# num[4]=400
# print ${#num[*]}
5
```

打印数组 arr 中所有数组元素的值：

```
# print ${arr[*]}
big small medium sized
```

取消数组 arr：

```
unset arr
```

12.10.14 命令行参数

通过在命令行上提供参数来运行脚本，脚本的执行变得更加通用。这样，脚本的操作会根据所提供的参数而有所不同。Korn Shell 自动将特殊变量名(称为位置参数)分配给命令行上提供给脚本的每个参数。位置参数的名称和含义如表 12-22 所示。

表 12-22 命令行参数描述说明

参 数	描 述
$0	脚本的名称
$1	脚本的第 1 个参数
$2	脚本的第 2 个参数
$9	脚本的第 9 个参数
$10, ${11}, ${n}	脚本的第 10 个及更高参数(仅适用于 Korn Shell)
$#	脚本参数的数量
$@	脚本所有参数的列表
$*	脚本所有参数的列表
${#N}	位置参数 N 的值的长度(仅适用于 Korn Shell)

注意：①如果@和*没有包围在双引号中，二者的值是相同的，但是"$@"和"$*"的值是不同的。"$@"的展开是一个由位置参数的值组成的字符串列表。"$*"的展开是一个由位置参数的值组成的长的字符串，这些值由 IFS 变量的分隔符分隔开。②Bourne Shell 存储脚本传递的所有参数，但只能引用位置参数 1~9。为了获得第 9 个参数之后的值，可以使用 shift 语句。

假设有一个脚本叫作 my_script，它接收任意数量的参数。现在，调用这个脚本并传递 10 个参数：

```
$ my_script arg1 arg2 arg3 arg4 arg5 arg6 arg7 arg8 arg9 arg10
```

在脚本内部，可以使用$@或$*来获取所有参数，它们都会展开为一个字符串列表。

```
#!/bin/sh
for param in "$@"; do
    echo "Parameter: $param"
done
```

输出结果为

```
Parameter: arg1
Parameter: arg2
Parameter: arg3
```

```
Parameter: arg4
Parameter: arg5
Parameter: arg6
Parameter: arg7
Parameter: arg8
Parameter: arg9
Parameter: arg10
```

如果想要获取第 9 个参数之后的值，可以使用 shift 语句来移动位置参数的指针。例如，下面的代码将获取第 9 个参数之后的值，并将位置指针向前移动 9 个位置。

```
cat shift.sh
#!/bin/sh
shift 9    # Move the position parameter pointer by 9 positions
for param in "$@"; do
    echo "Remaining Parameter: $param"
done
# shift.sh 1 2 3 4 5 6 7 8 9 0
Remaining Parameter: 0
```

注意，使用 shift 语句会破坏位置参数的顺序。因此，如果需要保留位置参数的值，最好使用数组来存储它们。

shift 语句默认移动位置参数中保存的值。shift 语句会删除第一个值 $1，然后将所有其他值向左移动。$2 中的值被移动或复制到 $1 中，然后 $3 中的值被移动或复制到 $2 中，以此类推。以下示例展示了这一点。

```
# cat argtest.ksh
#!/bin/ksh

# Script name: argtest.ksh

echo '$#: ' $#
echo '$@: ' $@
echo '$*: ' $*
echo
echo '$1 $2 $9 $10 are: ' $1 $2 $9 $10
echo

shift
echo '$#: ' $#
echo '$@: ' $@
echo '$*: ' $*
echo
echo '$1 $2 $9 are: ' $1 $2 $9

shift 2
echo '$#: ' $#
echo '$@: ' $@
echo '$*: ' $*
echo
echo '$1 $2 $9 are: ' $1 $2 $9


echo '${10}: ' ${10}
```

```
# ./argtest.sh a b c d e f g h i j k l m n
$ #:  14
$ @:  a b c d e f g h i j k l m n
$ *:  a b c d e f g h i j k l m n

$ 1 $ 2 $ 9 $ 10 are:  a b i a0

$ #:  13
$ @:  b c d e f g h i j k l m n
$ *:  b c d e f g h i j k l m n

$ 1 $ 2 $ 9 are:  b c j
$ #:  11
$ @:  d e f g h i j k l m n
$ *:  d e f g h i j k l m n

$ 1 $ 2 $ 9 are:  d e l
$ {10}:  m
```

在 Korn Shell 中，当引用第 9 个之后的所有命令行参数时，需要在参数号码周围加上大括号。例如，要显示第 10 个参数的内容，使用语法 $ {10}。

12.10.15 使用位置参数

脚本会检查传递给它的参数数量，如果参数数量不是所期望的，将向用户发送消息，例如：

```
# cat checkpara.ksh
#!/bin/ksh
# Script name: checkpara.ksh
if (( $ # != 2 ))
then
print "Two arguments were expected."
exit
fi

# checkpara.ksh 33
Two arguments were expected.
```

12.10.16 使用 set 语句来分配位置参数值

在 Shell 脚本中，可以使用 set 语句来创建参数列表和分配位置参数值。通过使用 set 语句，可以让 Shell 脚本在执行时接收传递给它想要的值。1 是第一个位置参数的值，2 是第二个位置参数的值，以此类推。$ 0 的位置参数的值是脚本的名称。

以下是使用 set 语句为位置参数分配值的示例。

```
# assign values to positional parameters
set abc def ghi
# display the positional parameters using echo command
echo $ 1
echo $ 2
echo $ 3
```

输出：

```
abc
def
ghi
```

在这个例子中，set 语句将三个字符串 abc、def 和 ghi 分别分配给 $1、$2 和 $3 位置参数。

接下来，可以使用 echo 命令输出这些位置参数的值。

可以使用变量来为位置参数分配值。例如：

```
# assign value of variable var1 to position parameter $1
var1 = "hello"
set $var1
# display the positional parameter $1 using echo command
echo $1
```

输出：

```
hello
```

在这个例子中，首先定义了一个变量 var1 并将它的值设置为“hello”。然后，使用 set 语句将变量 var1 的值分配给位置参数 1。之后，使用 echo 命令输出位置参数 1。最后，使用 echo 命令输出位置参数 1 的值。

使用 set 语句或变量替换可以创建参数列表，例如：set $(cal)或 set 'cal'或 set $var1。

```
# set 'cal'
# echo $1
June
```

如果需要将位置参数按字典顺序排序，可以使用 set -s 语句。这意味着如果按字典顺序对值列表进行排序，则列表上的第一个值分配给 $1，第二个值分配给 $2，以此类推。

使用 set --语句可以取消所有位置参数的值，$1、$2 等都没有值了，但 $0 的值仍是脚本的名称。

无论位置参数名称的值是从命令行参数还是使用 set 语句指定的，set -s 和 set --语句都可以操作位置参数。

还可以通过使用语句或变量替换以及 set 语句结合使用，这可以非常有用。例如，要找出当前月份有多少天，可以使用 cal 语句。cal 语句输出该月份中每天的一个值，以及 9 个附加值，即月份、年份和星期几的值。

```
# set 'cal'
# echo $1
June
# echo $#
39
# echo `cal`
June 2023 Su Mo Tu We Th Fr Sa 1 2 3 4 5 6 7 8 9 10 11 12 13 14 15 16 17 18 19 20 21 22 23 24 25 26
27 28 29 30
```

以下名为“pospara2.ksh”的脚本，用于演示如何使用 Korn Shell 的命令和语法。脚本中每个命令的解释如下。

#!/bin/ksh：用于指定脚本使用的解释器。

print "Executing script $0 \n"：简单的输出语句，用于打印脚本的名称和路径。

print "$1 $2 $3"：输出语句，用于打印传递给脚本的参数。在执行脚本时，可以使用以下命令传递参数

```
./pospara2.ksh arg1 arg2 arg3
```

set uno duo tres：设置语句，用于将三个变量设置为"uno"、"duo"和"tres"。

print "One two three in Latin is:"：输出语句，用于打印一条消息。

print "$1" print "$2" print "$3"：输出语句，分别打印变量"uno"、"duo"和"tres"的值。

textline="name phone address birthdate salary"：设置语句，用于将一个名为“textline”的变量设置为包含一些文本字符串。

set $textline：设置语句，用于将文本字符串"name phone address birthdate salary"拆分为单独的参数，并将它们分别设置为变量"1"、"2"、"3"、"4"和"$5"。

print "$*"：输出语句，用于打印所有变量的值。

print 'At this time $1 =' $1 'and $4 =' $4：输出语句，用于打印变量"1"和"4"的值。

set -s：设置语句，用于启用 Korn Shell 的安静模式(silent mode)。在安静模式下，Korn Shell 不会输出命令的返回值。

print "$* \n"：输出语句，用于打印所有变量的值，并添加一个换行符。

set --：设置语句，用于将"?"设置为一个空字符串。在 Korn Shell 中，""包含所有传递给脚本的参数。通过将"$"设置为空字符串，可以禁用安静模式并恢复默认行为。

print "$0 $*"：输出语句，用于打印脚本的名称和所有传递给脚本的参数。

```
# cat pospara2.ksh
#!/bin/ksh

# Script name: pospara2.ksh

print "Executing script $0 \n"
print "$1 $2 $3"

set uno duo tres
print "One two three in Latin is:"
print "$1"
print "$2"
print "$3 \n"

textline = "name phone address birthdate salary"
set $textline
print "$*"
print 'At this time $1 = ' $1 'and $4 = ' $4 "\n"

set -s
print "$* \n"

set --
print "$0 $*"
```

```
# ./pospara2.ksh a b c
Executing script ./pospara2.ksh

a b c
One two three in Latin is:
uno
duo
tres

name phone address birthdate salary
At this time $1 = name and $4 = birthdate

address birthdate name phone salary
```

12.10.17　"$*"和"$@"的值

$*和$@的值是相同的，但"$*"和"$@"的值是不同的。"$@"的扩展是由位置参数的值组成的字符串列表。"$*"的扩展是一个由位置参数的值组成的字符串，这些值由 IFS 变量的分隔符进行分隔，例如：

```
# cat posparatest1.ksh
#!/bin/ksh

# Script name: posparatest1.ksh

set This is only a test

print 'Here is the $* loop output: '
for var in "$*"
do
    print "$var"
done


print "\n"
print 'Here is the $@ loop output: '
for var in "$@"
do
    print "$var"
done

# ./posparatest1.ksh
Here is the $* loop output:
This is only a test


Here is the $@ loop output:
This
is
only
a
test
```

"$@"扩展为"$1" "$2""$3" … "$n"；即 n 个单独的字符串。"$*"扩展为"$1x

$2x$3x…$n"，其中，$x$ 是 IFS 变量的分隔符集合中的第一个字符。这意味着"$*"是一个长字符串。当使用引号将标记组合成一个字符串时，该字符串设置了单个位置参数的值。

```
# cat posparatest2.sh
#!/bin/sh

# Script name: posparatest2.ksh

set "This is a test" and only a test

echo 'Here is the $* loop output: '
for var in "$*"
do
    echo "$var"
done

echo "\n"
echo 'Here is the $@ loop output: '
for var in "$@"
do
    echo "$var"
done

# ./posparatest2.sh
Here is the $* loop output:
This is a test and only a test
\n
Here is the $@ loop output:
This is a test
and
only
a
test
```

12.11 函数

函数是一个或多个语句的集合，作为一个完整的例程。在 Shell 或 Shell 脚本中，每个函数都必须有一个唯一的名称。

12.11.1 语法

创建函数有两种语法：Bourne Shell 语法和 Korn Shell 语法。Korn Shell 接受任意一种语法，Bourne Shell 只接受第一种语法。

Bourne Shell 语法：

```
function_name () {
  语句行块
}
```

Korn Shell 语法：

```
function function_name
{
语句行块
}
```

12.11.2 函数执行

函数是在声明它的 Shell 中执行的、函数作为 Shell 的一个子程序执行，它不是作为当前 Shell 的子进程执行的。在一个函数被加载到当前 Shell 之后，它会被保留。

12.11.3 位置参数

函数的作用类似于迷你脚本，可以接收传递给它们的参数，可以使用局部变量，也可以将值返回给调用的 Shell 命令行。传递给函数的位置参数与传递给脚本的位置参数不同，例如：

```
cat funparas.ksh
#!/bin/ksh
# 脚本名称: funparas.ksh
function hello
{
print '在函数里的 $1 是: ' $1
}
print '输入传递存储到 $1 的是: ' $1
hello John # 执行函数 hello
print
print '函数结束后 $1 依旧是 ' $1
$ ./funparas.ksh Susan
输入传递存储到 $1 的是: Susan
在函数里的 $1 是: John
函数结束后 $1 依旧是 Susan
```

12.11.4 返回值

一个值可以从函数传递回调用该函数的 Shell 或脚本。

return 语句终止函数，并将值传递回调用该函数的 Shell 或脚本。return 语句返回 0～255 的任何指定值。默认情况下，return 语句传递的值是“?”(退出状态变量)。

12.11.5 typeset 和 unset

使用 typeset -f 可以列出已定义的函数和函数定义的内容。typeset -f myfunc 命令列出 myfunc 函数定义的完整内容，包括函数名、函数体和参数。这对于调试和验证脚本中定义的函数非常有用，以确保它们如预期一般运作。表 12-23 给出了 typeset 和 unset 定义说明。

表 12-23 typeset 和 unset 定义说明

命　令	说　明
typeset -f	列出已知的函数及其定义
typeset +f	列出已知的函数名
functions	typeset -f 的别名
unset -f name	取消设置函数的值

```
# typeset -f
path()
{
    if test -x /usr/bin/$1 ; then
        ${1+"/usr/bin/$@"}
    elif test -x  /bin/$1 ; then
        ${1+"/bin/$@"}
    fi
}

remount() { /bin/mount -o remount,${1+"$@"} ; }
startx() {
        test -x /usr/bin/startx || {
            echo "No startx installed" 1>&2
            return 1;
        }
        /usr/bin/startx ${1+"$@"} 2>&1 | tee $HOME/.xsession-errors
    }
# typeset +f
path()
remount()
startx()
```

12.11.6 函数文件

可以在 Shell 脚本中创建函数，也可以在 Shell 脚本外部创建函数。在 Shell 脚本中创建的函数只存在于解释该脚本的 Shell 中。函数也可以放在文件中。当创建一个函数文件时，它必须只包含一个函数的定义。函数的名称必须与函数文件的名称相同。每个函数文件中只能有一个函数，例如：

```
$ cat holder
function holder
{
print
print -n "Type some text to continue: "
read var1
print "In function holder var1 is: $var1"
}
```

函数文件应该是可执行的，而且可以被自动加载到一个 Shell 脚本中，并被该脚本使用。

函数可以通过在 FPATH 变量中包含路径名(包含该文件)来加载到当前 Shell 环境中。当函数被加载到 Shell 环境中时，它可以像调用任何语句一样被调用，例如：

```
$ cat holdertest.ksh
#!/bin/ksh
# Script name: holdertest.ksh
FPATH=.
export FPATH
print "Calling holder..."
holder
print
print "After the function var1 is: $var1"
$ ./holdertest.ksh
Calling holder...
Type some text to continue: shell scripts
In function holder var1 is: shell scripts
After the function var1 is: shell scripts
```

12.11.7　自动加载带有 FPATH 变量的 Korn Shell 函数

在 Shell 中，fpath 是一个数组，用于指定函数搜索路径。当定义一个函数时，Shell 会首先在 fpath 数组中查找该函数。如果找到了该函数，则会执行该函数。如果未找到该函数，则会引发错误。

下面是一个简单的示例，演示了如何使用 fpath 数组。

```
#!/bin/bash
# 定义一个函数
function my_function {
    echo "Hello, World!"
}
# 添加函数路径到 fpath 数组中
fpath+=('/path/to/my/functions')

# 调用函数
my_function
```

在上面的示例中，首先定义了一个名为 my_function 的函数。然后，将/path/to/my/functions 添加到 fpath 数组中，以指定该函数的路径。最后，调用 my_function 函数，这将导致 Shell 在 fpath 数组中查找该函数。由于添加了/path/to/my/functions 到 fpath 数组中，因此 Shell 将能够找到该函数并执行它。

另外，也可通过 export 命令实现函数的自动加载。假设有一个名为 my_functions 的目录，其中包含三个函数文件：func1、func2 和 func3。为了使用 fpath 变量使这些函数在 Shell 脚本中自动加载，可以执行以下命令。

```
$ FPATH=$HOME/my_functions; export FPATH
```

这将把 my_functions 添加到 FPATH 环境变量中，并将其导出，使得任何后续的 Shell 会话都可以使用这些函数。

现在，在任何 Shell 脚本中调用函数 func1、func2 或 func3 时，系统将自动从 $HOME/my_functions 目录中加载相应的函数文件，并执行其中定义的函数。

这使得在许多脚本中使用某些常用函数变得更加容易，因为不再需要在每个脚本中单独地标明这些函数。

12.11.8 函数示例

下列脚本将两个数字相加并输出结果。

```
# cat add.ksh
#!/bin/ksh
# 定义一个函数,参数为两个数字
function add_numbers {
  result = $(( $1 + $2))                    # 将两个数字相加并赋值给 result 变量
  echo "The sum of $1 and $2 is $result"    # 输出结果
}
add_numbers $1 $2

# add.ksh 3 5
The sum of 3 and 5 is 8
```

在上面的示例中,首先定义了一个名为 add_numbers 的函数,它接收两个数字作为参数。在函数内部,使用$(( ))语法将两个数字相加,并将结果赋值给 result 变量。最后,使用 echo 命令输出结果。在函数调用时,将两个数字作为参数传递给 add_numbers 函数。

12.12 陷阱和信号

Shell 中的陷阱(trap)和信号(signal)是一些处理程序,用于捕获和处理程序在运行中遇到的异常和错误。以下是更详细的说明。

陷阱是用于捕获和处理 Shell 程序在运行中遇到的异常和错误的方法。可以通过 trap 命令设置陷阱,以指定在遇到特定异常或错误时要执行的操作。例如,可以在脚本中使用 trap 设置一个陷阱,在程序遇到 SIGINT 信号(由 Ctrl+C 组合键触发)时执行某个操作:

```
#!/bin/sh
trap "echo 'Interrupt signal received'; exit" SIGINT
# 程序代码
```

在上述示例中,当程序收到 SIGINT 信号时,将输出"Interrupt signal received"并退出程序。

信号是指 Linux 系统中的一种通信机制,用于将某个事件通知到进程。进程可以通过注册信号处理函数来捕获和处理信号。在 Shell 中,可以通过 kill 命令向进程发送信号。例如,可以通过以下方式向 pid 指定的进程发送 SIGINT 信号:

```
kill - INT pid
```

在 Shell 中,可以使用 trap 命令设置信号处理函数。例如,可以在程序中捕获 SIGINT 信号并执行某些操作。

```
#!/bin/sh
function cleanup {
    echo "Cleaning up…"
    # 清理代码
    exit 0
}
trap cleanup SIGINT
```

```
# 程序代码
echo "Running program…"
```

在上述示例中，当程序收到 SIGINT 信号时，将执行 cleanup 函数，并输出"Cleaning up …"消息。在 cleanup 函数中，可以执行一些清理代码，例如，释放资源或删除临时文件。

总之，陷阱和信号是 Shell 中用于处理异常和错误的重要机制。通过正确使用陷阱和信号，可以使程序更具健壮性和可靠性。

12.12.1 Shell 的信号值

信号是某些异常事件发生的消息，或者是请求另一个进程处理事件的消息。信号从一个进程发送到另一个进程。通常情况下，一个进程将信号发送给它的子进程。可以从 signal 和 kill 手册页中获得更多关于信号的信息。

可以通过使用 kill 命令向进程发送信号。root 用户可以向任何进程发送任何信号。其他用户只能向自己拥有的进程发送信号。

可以从键盘发送的一些信号如下。

Ctrl+C：发送信号 2(INT)。

Ctrl+\：发送信号 3(QUIT)。

Ctrl+S：发出信号 23(STOP)。

Ctrl+Z：发送信号 24(TSTP)。

Ctrl+Q：发送信号 25(CONT)。

INT 和 QUIT 信号会终止 tty 终端设备(控制台或窗口)相关的运行中的进程。TSTP 信号会使进程停止或暂停执行，作业被放到后台，可以通过将作业放到前台来恢复进程。

因为大多数发送给执行 Shell 脚本的进程的信号都会导致脚本终止，所以 12.12.2 节将描述如何让脚本避免被指定信号终止。

Shell 定义了 46 种信号，每种信号都有一个名称和对应的数字。输入 kill -l 命令会显示这个列表：

```
EXIT HUP INT QUIT ILL
TRAP ABRT EMT FPE KILL
BUS SEGV SYS PIPE ALRM
TERM USR1 USR2 CLD PWR
WINCH URG POLL STOP TSTP
CONT TTIN TTOU VTALRM PROF
XCPU XFSZ WAITING LWP FREEZE
THAW CANCEL LOST RTMIN RTMIN + 1
RTMIN + 2 RTMIN + 3 RTMAX - 3 RTMAX - 2 RTMAX - 1
RTMAX
```

信号值范围从 0(EXIT)到 45(RTMAX)。可以通过执行带有-l 选项的 kill 命令，后面跟上信号名，来确认数字值，例如：

```
$ kill - l EXIT 0
$ kill - l RTMAX 45
$ kill - l kill 9
$ kill - l TSTP 24
```

如果知道数字，并且想要学习或确认信号的名称，可以执行带有-l 选项的 kill 命令，后面跟上信号值。

```
$ kill -l 0
EXIT
$ kill -l 45
RTMAX
$ kill -l 9
KILL
$ kill -l 24
TSTP
```

可以使用 kill 命令向系统上运行的进程发送一个信号。

```
kill -signal pid
```

其中，signal 是信号值或信号名，pid 是需要被发送信号的进程的进程识别码。

可以通过执行 kill -9 命令终止一个进程。-9 选项向进程发送 KILL 信号。如下可以使用信号值或信号名称。

```
kill -9 pid
kill -KILL pid
```

当不指定信号名称或信号值时，TERM 信号即信号 15，就会被发送给进程。

12.12.2 用陷阱捕捉信号

读者可能希望编写一个脚本，但不希望用户使用 Ctrl+C、Ctrl+\或 Ctrl+Z 终止脚本。例如，该脚本可能需要在退出之前进行一些清理操作。为了避免这种情况，可以在脚本中使用 trap 语句来捕获这些信号。trap 语句的使用语法如下。

```
trap 'action' signal
```

其中，action 可以是一个语句或用分号分隔的多个语句。如果没有提供 action，则不执行任何动作，但是信号仍然会被捕捉。必须将 action 附在一对单引号内。signal 是要捕获的信号的名称或信号值。例如，如果想要捕获 Ctrl+C，使用以下方法。

```
trap 'echo "Control-C not available"' INT
```

只要右引号后面跟着要捕获的信号或信号值，要执行的语句就可以输入不止一行，例如：

```
trap 'echo "Control-C not available"
echo "Core dumps not allowed"
sleep 1
continue' INT QUIT
```

如果试图捕捉 KILL 或 STOP 信号，这个陷阱就不起作用。Shell 不会让你捕获这两个信号，从而确保你总是可以终止或停止一个进程。这意味着 Shell 脚本仍然可以使用以下命令终止。

```
kill -9 script_PID
```

或者

```
kill -KILL script_PID
```

可以使用 Ctrl+S 暂停 Shell 脚本的执行，因为在 Korn Shell 脚本中这两个信号永远不会被捕捉。

下面的语句告诉 Korn Shell 在给出 trap 语句之前，要恢复信号的原始动作。

```
trap - signal
```

下面的语句告诉 Korn Shell 在给出 trap 语句之前要恢复信号的原始动作。

```
trap signal
```

12.12.3 示例：使用陷阱

trapsig. ksh 示例脚本为信号 INT(Ctrl+C)，QUIT(Ctrl+\)和 TSTP(Ctrl+Z)设置一个 trap 语句。该脚本并没有说明任何实际的应用，只是展示了如何为这些信号设置信号处理。

在 trap 语句后，输入一个 while 循环，打印字符串“rolling…”并等待用户输入。当用户输入字符串“dough”时，while 循环和脚本终止。

不能通过输入 Ctrl+C、Ctrl+\或 Ctrl+Z 来终止脚本。

脚本被执行后，用户在第一次“rolling…”提示后按 Enter 键，然后在第二次“rolling …”提示后输入“d”，第三次输入“s”。

用户第四次输入 Ctrl+D 直到第七次“rolling…”提示完成，这使得提示保持在同一行。

然后用户在第八次“rolling…”提示后输入。

用户在后续的“rolling…”提示后输入 Ctrl+C、Ctrl+\、Ctrl+Z，这将触发适当的 trap 语句执行。

最后，用户输入字符串“dough”，脚本终止。

```
$ cat trapsig.ksh
#!/bin/ksh
# Script name: trapsig.ksh
trap 'print "Control - C cannot terminate this script."' INT
trap 'print "Control -  cannot terminate this script."' QUIT
trap 'print "Control - Z cannot terminate this script."' TSTP
print "Enter any string (type 'dough' to exit)."
while ((1))
do
print - n "Rolling…"
read string
if [[ "$string" = "dough" ]]
then
break
fi
done
print "Exiting normally"
$
$ ./trapsig.ksh
Enter any string (type 'dough' to exit).
Rolling…
Rolling…d
Rolling…s
```

```
Rolling … Rolling … Rolling … Rolling … Rolling … 4
Rolling … ^c
Control - C cannot terminate this script.
Rolling … ^\
Control -  cannot terminate this script.
Rolling … ^z
Control - Z cannot terminate this script.
Rolling … dough
Exiting normally
 $
```

12.12.4 用 trap 捕获用户错误信息

除了捕捉信号，当脚本执行过程中出现错误时，还可以使用 trap 语句采取指定的操作。这类 trap 语句的语法是：

```
trap 'action' ERR
```

$? 变量值表示何时执行 trap 语句。它保存先前执行的命令或语句的退出(错误)状态，因此任何非零值都表示错误。当 $?为非零时 trap 语句就会被执行。

如果用户想退出，traperr1.ksh 示例脚本要求用户输入一个负整数(-1)。如果用户输入的整数不是-1，脚本会打印该数字的平方。然后脚本会请求输入另一个整数，直到用户输入-1 退出脚本。

脚本被执行后，用户输入字母 r，这不是一个整数。用户的输入被读入变量 num，该变量被声明为整型，因此 Shell 打印一个错误消息并退出脚本。可以通过使用 trap 语句来避免这个问题，如下面的页面中所示。

```
 $ cat traperr1.ksh
#!/bin/ksh
# Script name: traperr1.ksh
integer num = 2
while ((1))
do
read num?"Enter any number ( - 1 to exit): "
if ((num ==  - 1))
then
break
else
print "Square of $num is $(( num * num )). \n"
fi
done
print "Exiting normally"
 $ ./traperr1.ksh
Enter any number ( - 1 to exit): r
traperr1.ksh[9]: r: bad number
Square of 2 is 4.
Enter any number ( - 1 to exit): - 1
```

12.12.5 示例：使用 trap 带 ERR

trapsig2.ksh 脚本为 traperr1.ksh 脚本重写了一个 trap 语句、一个退出状态的测试，以及一个 exec 语句用来将标准错误消息重定向到/dev/null。

完成标准错误消息的重定向,这样用户就看不到 Shell 本来要打印到屏幕上的错误消息了。如果发生错误,用户将看到用 trap 语句设置的消息。

$? 的值在 read 语句执行后立即保存在变量 status 中,以便以后检查 read 语句是否成功读取了一个整数。

if 语句检查用户是否输入了−1。如果是,脚本会跳出 while 循环并终止。如果用户没有输入−1,status 的值为 0(表示 read 语句读取了一个整数),则打印用户输入的整数的平方,并再次提示用户输入一个数字。

如果用户没有输入整数,则 $? 的值是非零,并被捕获。然后执行 trap 语句中的 print 语句。然后,返回 while 循环,提示用户输入另一个数字。

脚本被执行,用户输入几个整数,然后是字母 r,另一个整数,最后是−1 退出脚本。根据前面的描述,脚本根据用户对应的输入,所输出的消息符合预期。

```
$ cat trapsig2.ksh
#!/bin/ksh
# Script name: trapsig2.ksh
integer num
exec 2> /dev/null
trap 'print "You did not enter an integer."' ERR
while ((1))
do
print -n "Enter any number (-1 to exit): "
read num
status= $?
if ((num == -1))
then
break
elif ((status == 0))
then
print "Square of $num is $((num * num)). \n"
fi
done
print "Exiting normally"
$ ./trapsig2.ksh
Enter any number (-1 to exit): 3
Square of 3 is 9.
Enter any number (-1 to exit): r
You did not enter an integer.trap_err2
Enter any number (-1 to exit): 8
Square of 8 is 64.
Enter any number (-1 to exit): -1
Exiting normally
```

12.12.6 何时声明 trap

要在 Shell 脚本的执行过程中随时捕获信号,请在脚本的开头定义陷阱。或者为了只在执行某些命令行时捕获信号,可以在适当的命令行之前打开 trap,并在命令行执行后关闭 trap。如果正在使用循环,则 trap 可以包含 continue 语句,使循环从头再开始。

也可以捕获 EXIT 信号,以便某些语句只在 Shell 脚本被终止且没有错误时执行。例如,如果一个 Shell 脚本创建了临时文件,可以使用 EXIT 信号值的陷阱来确保这些文件被删除。

```
trap 'rm -f /tmp/tfile* ; exit 0' EXIT
```

下面的例子是/etc/profile 文件的副本,添加了一些注释来解释各种 trap 语句。

```
#ident "@(#)profile 1.18 98/10/03 SMI "/* SVr4.0 1.3 */
# The profile that all logins get before using their own .profile.
trap "" 2 3 # trap INT (Control-C) and QUIT (Control-\)
# and give no feedback
export LOGNAME PATH
if [ "$TERM" = "" ]
then
  if /bin/i386
  then
    TERM=sun-color
  else
    TERM=sun
  fi
  export TERM
fi
# Login and -su shells get /etc/profile services.
# -rsh is given its environment in its .profile.
case "$0" in
-sh | -ksh | -jsh)
  if [ ! -f .hushlogin ]
  then
    /usr/sbin/quota
      # Allow the user to break the Message-Of-The-Day only.
      # The user does this by using Control-C (INT).
      # Note: QUIT (Control-\) is still trapped (diabled).
    trap "trap ''2" 2
    /bin/cat -s /etc/motd
    trap "" 2 # trap Control-C (INT) and give no feedback.
    /bin/mail -E
    case $? in
    0)
      echo "You have new mail."
      ;;
    2)
      echo "You have mail."
      ;;
    esac
  fi
Esac
umask 022
trap 2 3 # Allow the user to terminate with Control-C (INT) or
# Control-\(QUIT)
```

12.13 Linux 命令与工具

12.13.1 状态命令

状态命令是 Linux 命令,而不是特定于 Shell 的命令。

例如,如果创建了一个写报告的脚本,可能希望日期和时间也出现在文件的条目中。

date 命令可打印出当前日期和时间(系统日期和时间)的单行输出。

```
$ date Mon Feb 21 09:26:03 MST 2000
```

以下是常用的几个命令。

date：显示当前(系统)日期和时间。

ps：显示系统进程的信息。

who：显示已登录到系统的用户。

rusers：显示本地区域网络(LAN)系统上的用户。

finger：显示有关已登录用户的信息。

uptime：显示系统已运行的时间。

rup：显示 LAN 系统已运行的时间(所有网络系统的运行时间)。

12.13.2　进程状态

ps 命令显示执行用户的当前进程。例如：

```
$ ps PID TTY TIME CMD 22373 pts/3 0:00 csh
```

一些 ps 命令选项可以扩展所显示的信息。

-f 选项显示完整列表，并包括诸如用户登录名、进程标识号、父进程的 PID 等信息。

-e 选项显示系统上的所有进程。

可以组合这些选项。

```
  # ps
 PID TTY          TIME  CMD
 4762 pts/2    00:00:00 bash
 5973 pts/2    00:00:00 ps
21619 pts/2    00:00:00 ksh
  # ps - ef
UID        PID  PPID  C STIME  TTY          TIME    CMD
root         1     0  0 00:01  ?        00:00:01  init [5]
root         2     0  0 00:01  ?        00:00:00  [kthreadd]
root         3     2  0 00:01  ?        00:00:00  [ksoftirqd/0]
root         4     2  0 00:01  ?        00:00:00  [migration/0]
root         5     2  0 00:01  ?        00:00:00  [watchdog/0]
root         6     2  0 00:01  ?        00:00:00  [cfs_b/0]
root         7     2  0 00:01  ?        00:00:01  [events/0]
root         8     2  0 00:01  ?        00:00:00  [cpuset]
root         9     2  0 00:01  ?        00:00:00  [khelper]
root        10     2  0 00:01  ?        00:00:00  [netns]
root        11     2  0 00:01  ?        00:00:00  [async/mgr]
```

12.13.3　系统用户查询

在准备进行系统管理任务之前，了解当前正在系统上工作的用户是很重要的。

who 命令可以显示当前已登录的用户列表，以及他们登录的终端和登录日期和时间。

```
# who
root     :0          Jun 14 16:28 (console)
root     pts/1       Jun 14 16:28 (:0.0)
root     pts/2       Jun 14 16:28 (:0.0)
```

12.13.4 finger 命令

finger 命令可以列出当前系统登录用户的信息。信息字段包括：

- 用户的登录名。
- 用户的真实姓名(在/etc/passwd 文件中定义)。
- 用户登录的终端。
- 用户空闲时间(自上次键盘活动以来的时间)。
- 用户登录时间。
- 用户登录的位置(如果用户从网络上的另一个系统远程登录)。

```
# finger root
Login: root                         Name: root
Directory: /root                           Shell: /bin/bash
On since Thu Jun  1 20:37 (CST) on pts/0 (messages off) from :0.0
On since Wed Jun 14 16:28 (CST) on :0 (messages off) from console
On since Wed Jun 14 16:28 (CST) on pts/1, idle 1 day 2:53, from :0.0
On since Wed May 24 15:26 (CST) on pts/3 (messages off) from :0.0
On since Wed Jun 14 16:28 (CST) on pts/2, idle 1 day 2:53, from :0.0
New mail received Fri Jul 12 12:51 2013 (CST)
    Unread since Fri May  3 10:36 2013 (CST)
No Plan.
```

12.13.5 系统运行时间

uptime 命令用于显示关于系统状态的信息。该命令包括以下字段。

- 当前时间。
- 系统已运行时间(自系统上次启动以来的时间)。
- 当前登录系统的用户数。
- 系统的平均负载。平均负载是前 1 分钟、5 分钟和 15 分钟的运行队列中的作业(进程)数量的平均值。

```
# uptime
 7:25pm  up  19:23,  3 users,  load average: 0.00, 0.00, 0.00
```

12.13.6 w 命令

w 命令首先显示 uptime 命令的输出。然后，w 命令显示系统上当前活动的列表以及每个用户正在执行的操作。它提供以下信息。

- 用户的登录名。
- 用户登录的终端。
- 用户登录时间。

- 用户空闲时间。
- 终端所有进程消耗的联合CPU(JCPU)时间。
- 当前活动进程消耗的进程CPU(PCPU)时间。
- 当前进程的名称和参数。

```
# w
 19:26:20 up 19:24,  5 users,  load average: 0.00, 0.00, 0.00
USER     TTY        LOGIN@   IDLE    JCPU    PCPU WHAT
root     :0         Wed16    ?xdm?   2:37    0.03s - :0
root     pts/1      Wed16    26:58m  0.00s   0.00s bash
root     pts/2      Wed16    26:57m  0.31s   0.00s w
```

12.13.7 文件访问

文件访问命令是Linux命令,而不是特定的Shell命令。

- find:查找文件的位置。
- sort:读取文件并对输出进行排序。
- cut:选择文件字段并仅输出这些字段。
- head和tail:查看文件的开头或结尾。

12.13.8 find命令

find命令可以搜索文件和目录,并在这些文件上执行命令。find的语法有三个一般性参数部分。路径部分是要搜索的路径名(目录)列表。搜索标准部分是一个选项列表,这些选项被认为是布尔(真或假)表达式。每个选项(条件)依次进行测试,如果结果为true,则执行相应的操作。

一些可能的标准条件如下。

- -name:如果文件名匹配。
- -user:如果文件属于一个用户(登录名)。
- -atime:如果文件上次访问时间是指定天数前。
- -mtime:如果文件上次修改时间是指定天数前。
- -size:如果文件是特定块大小。
- -print:显示文件的路径名。
- -exec:执行命令。
- -ok:仅在从标准输入收到y后执行命令。

以下是一些find命令的例子。

搜索当前目录及其子目录下的所有文件和目录。

```
find .
```

搜索指定目录(例如/usr/local)及其子目录下的所有文件和目录,并将结果输出到一个文件。

```
find /usr/local -print > /tmp/my_files.txt
```

搜索当前目录及其子目录下所有扩展名为.txt的文件。

```
find . -name "*.txt"
```

搜索当前目录及其子目录下最近 7 天内被访问过的文件。

```
find . -atime -7 -type f
```

搜索当前目录及其子目录下所有大小为 10MB 的文件。

```
find . -type f -size 10M
```

搜索当前目录及其子目录下所有不包含任何内容的文件或目录。

```
find . -empty
```

在所有文本文件中搜索特定的字符串(如"hello world")。

```
find . -type f -name "*.txt" -exec grep "hello world" {} +
```

搜索当前目录及其子目录下的所有符号链接文件。

```
find . -type l
```

搜索特定文件权限的文件(如所有者只有读权限的文件)。

```
find . -perm /4000
```

12.13.9 排序文件内容

文件通常以将新用户添加到文件末尾的方式进行构建。文件没有特定的顺序,但是在文件中查找某些内容或某些人时,如果文件被排序,将会非常有帮助。sort 命令提供了一种排序文件的方式。

一些常用的 sort 命令选项如下。

- -r:倒序排序(从 z 到 a,而不是从 a 到 z)。
- -n:按数字进行排序(而不仅仅是按 ASCII 字符串进行排序)。
- -t:设置字段分隔符字符。
- +num:设置从第几个字段开始进行排序(从 0(零)开始编号)。
- -num:设置在排序前停止排序的字段。
- -b:忽略前导空格(在键控排序期间,它们通常被认为是指定的字段的一部分)。
- -o 文件:设置要用来存放 sort 输出的文件(可能是包含原始输入的同一文件)。

以下是 sort 命令的一些例子。

将一个文本文件按字母顺序排序并输出到控制台。

```
sort filename.txt
```

将一个文本文件按数字顺序排序并输出到一个新文件。

```
sort -n input.txt -o output.txt
```

将一个文本文件按照第二个字段(以冒号分隔)的大小写不敏感的字母顺序排序,并将结果输出到新文件。

```
sort -t: -k 2f input.txt -o output.txt
```

在这个例子中,-t 选项指定使用冒号作为字段分隔符,-k 选项指定按第二个字段排序,

f 选项指定大小写不敏感排序。

以递减的数字顺序对一个 CSV 文件进行排序，并将结果输出到控制台。

```
sort -t, -k 3nr input.csv
```

在这个例子中，-t 选项指定使用逗号作为字段分隔符，-k 选项指定按第三个字段排序，n 选项指定按数字排序，r 选项指定逆序排序。

12.13.10　看部分文件

有时候并不想查看整个文件，可能只想浏览文件开头来确定是否是正确的文件，或者查看文件末尾以查看最后一次输入的内容。

```
# head -5 /etc/passwd
at:x:25:25:Batch jobs daemon:/var/spool/atjobs:/bin/bash
bin:x:1:1:bin:/bin:/bin/bash
daemon:x:2:2:Daemon:/sbin:/bin/bash
ftp:x:40:49:FTP account:/srv/ftp:/bin/bash
games:x:12:100:Games account:/var/games:/bin/bash
 # tail -5 /etc/passwd
ftpsecure:x:104:65534:Secure FTP User:/var/lib/empty:/bin/false
td:x:500:100::/home/td:/bin/bash
teradata:x:14:11::/home/teradata:/bin/bash
tdatuser:x:501:1000:UDF user:/home/tdatuser:/bin/bash
mqm:x:105:1001::/var/mqm:/bin/false
 # tail -f /etc/passwd
root:x:0:0:root:/root:/bin/bash
sshd:x:71:65:SSH daemon:/var/lib/sshd:/bin/false
wwwrun:x:30:8:WWW daemon apache:/var/lib/wwwrun:/bin/false
pulse:x:103:105:PulseAudio daemon:/var/lib/pulseaudio:/bin/false
ftpsecure:x:104:65534:Secure FTP User:/var/lib/empty:/bin/false
td:x:500:100::/home/td:/bin/bash
teradata:x:14:11::/home/teradata:/bin/bash
tdatuser:x:501:1000:UDF user:/home/tdatuser:/bin/bash
mqm:x:105:1001::/var/mqm:/bin/false
```

12.13.11　tr 命令

tr 命令用于翻译字符，它将一组输入字符映射到一组输出字符。输入字符集和输出字符集应该具有相同的长度，因为映射是一对一的。

以下是一些 tr 命令的例子。

(1) 由小写字母转换成大写字母。

```
$ echo "hello world" | tr '[:lower:]' '[:upper:]'
HELLO WORLD
```

(2) 由空格字符转换成制表符。

```
$ echo "one    two    three" | tr ' ' '\t'
one     two     three
```

(3) 删除所有数字。

```
$ echo "abc123def456" | tr -d '[:digit:]'
abcdef
```

(4) 用 * 字符替换所有换行符。

```
$ echo -e "one\ntwo\nthree" | tr '\n' '*'
one*two*three*
```

12.13.12 cut 命令

cut 命令用于从文件的每行中提取部分内容。唯一棘手的部分是在命令中指定要保留的部分,而不是要丢弃的部分。为了帮助用户指定要保留的部分,cut 有三个选项:-c、-f 和-d。

- -c 数字:打印数字位置处的字符。
- -f 数字:打印编号为数字的字段。
- -d 字符:使用字符作为分隔符。
- ,(逗号):列出多个字段或字符。
- -(连字号):列出一系列字段或字符。

例如,如果有一个名为 phonefile 的文件,其内容如下。

```
John Robinson:Koren Inc.:978 Commonwealth Ave.:Boston:MA 01760:696-0987
Phyllis Chapman:GVE Associates:34 Seville Drive:Amesbury:MA 01881:879-0900
Jeffrey Willis:Burns Medical Group:22 Altair Drive:Yonkers:NY 10701:914-636-0000
Bill Gold:George Menkins:1100 Fan Drive:Santa Rosa:CA 95470:1-707-724-0000
Alice Gold:George Menkins:1100 Fan Drive:Santa Rosa:CA 95470:(707) 724-4568
Alice Silver:GTE Associates:123 Crescent:Artesia:NM 88210:505 746-2231
```

可以使用 cut 命令提取每行的第 1 个字符和第 6~10 个字符,如下所示。

```
cut -c1,6-10 phonefile
输出:
JRobin
Pis Ch
Jey Wi
BGold:
A Gold
A Silv
```

12.13.13 paste 命令

paste 命令将文件的行附加到一起,如以下示例所示。

假设有两个文件 file1.txt 和 file2.txt,内容如下。

```
file1.txt
1
2
3
file2.txt
a
b
c
```

可以使用 paste 命令将这两个文件逐行合并。

```
paste file1.txt file2.txt

输出:
1       a
2       b
3       c
```

可以看到,paste 命令将两个文件的每一行逐行合并,用 Tab 键分隔每一行。也可以使用-d 选项来指定分隔符,例如,可以使用逗号作为分隔符。

```
paste -d ',' file1.txt file2.txt
输出:
1,a
2,b
3,c
```

12.13.14 文件比较

比较文件有几种方式。

cmp 命令按字节逐个比较文件。

diff 和 sdiff 命令逐个比较文件的字符。

例如,有两个文件 file1 和 file2,可以使用以下命令进行比较。

使用 cmp 命令: cmp file1 file2。该命令将会逐字节比较两个文件并输出结果。

使用 diff 命令: diff file1 file2。该命令将会按行比较两个文件,输出包含不同行的文件内容。

使用 sdiff 命令: sdiff file1 file2。该命令将会按行比较两个文件并将结果以并列的形式呈现,以便比较两个文件的差异。

小结

通过本章系统的学习,读者将掌握以下技能: 开发和调试脚本,使用本地变量和环境变量,掌握 Shell 元字符,定制系统范围的 Shell 初始化文件,使用 grep、sed 和 nawk 处理正则表达式,使用 sed 执行非交互式编辑任务,使用 awk 操作记录中的单个字段以及编写基于输入文件的报告。此外,还了解了如何使用命令的退出状态判断命令的成功或失败,并访问和处理传入的命令行参数。同时,需要开发交互式脚本,并掌握使用流控制结构如分支和循环。还要求对 Shell 变量执行字符串操作和整数运算,编写使用函数的脚本,并了解如何使用 trap 命令捕捉信号。本章所有的实验脚本位于目录 FusionOS:/mnt/hgfs/dw_adm 下。

习题

请参考本书公众号提供的示例代码压缩包中/dw_adm 目录下的脚本和程序来了解模块示例和练习解决方案。样例程序存放在/dw_adm/mod*/examples 子目录中。习题解决方案的脚本则位于/dw_adm/mod*/lab 子目录下。其中,mod* 代表具体的节编号,例如，若需参考第 12.13 节的样例解决方案程序，请查看 dw_adm/mod13/lab/testfunction.ksh 文件”。具体如下：习题 1 请参考 mod1，习题 2～4 请参考 mod2，习题 5～7 参考 mod3，习题 8～12 参考 mod4，习题 13、14 参考 mod5，习题 15～24 参考 mod6，习题 25、习题 26 参考 mod7，习题 27 参考 mod8，习题 28 参考 mod9，习题 29 参考 mod10，习题 30 参考 mod11，习题 31 参考 mod12，习题 32 参考 mod13。

1. 请根据 12.1 节的内容编写名为 echoscript 的脚本。根据当前模块的主题，请确保：

(1) 第一行调用 Korn Shell 作为解释器，添加一个注释来描述脚本的目的，添加任何其他您认为必要的注释。

(2) 整个脚本的功能就是打印出关于机器的信息，包括机器名、平台类型、CPU 信息(包括架构、型号、频率)以及当前运行的进程数。

(3) 列出当前运行的所有进程并选择最后的两个进程统计当前的进程数。

2. 请根据 12.2 节的内容完成 2～4 题。编写名为 firstscript 的脚本，该脚本的目的是展示如何定义和使用变量。内容包括清除窗口，向用户问好，并显示当前日期和时间，然后显示两个变量(mynum 和 myday)的值。最后，它打印出一个消息表示脚本已完成。

3. 为下述脚本添加注释和说明：

```
#!/bin/sh

clear
echo "SCRIPT BEGINS"

echo "Hello $LOGNAME!"
echo

echo "Todays date and time: \c"
date
echo

mynum = 21
myday = "Monday"

echo "The value of mynum is $mynum"
echo "The value of myday is $myday"
echo

echo "SCRIPT FINISHED!!"
echo
```

4. 编写一个基本的模板(template.ksh/template.sh)，包含所编写的每个脚本应该包含的基本信息，以便提供文档和注释。在创建新脚本时，可以复制该模板，填写相关信息，然后输入脚本的语句。模板包括：解释器(shell)、脚本名称、脚本作者、编写日期。

5. 请根据 12.3 节的内容完成 5 题～7 题。创建 var1 shell 变量，并将其初始化为 twenty；创建 var2 shell 变量，并将其初始化为 21；创建 var3 shell 变量，并将其初始化为 temp，回答下列问题：

(1) 显示所有三个变量的值。

(2) 显示本地 shell 变量的列表，并确定其中是否包含 var1、var2 或 var3。

(3) 显示环境变量的列表，并确定其中是否包含第 5 题中的 var1、var2 或 var3。

(4) 使用 export 命令将 var1 和 var3 设置为环境变量。显示环境变量的列表，并确定其中是否包含 var1 或 var3。

(5) 使用 unset 命令删除 var3 变量。

(6) 创建一个新的终端窗口。在新的终端窗口中，显示本地 shell 变量的列表，并确定其中是否包含 var1 或 var2。

6. 对于 root 用户，将提示符设置为登录名＋冒号＋主机名＋冒号＋当前目录＋大于号。

7. 编写一个 Korn Shell 脚本，可以接收整数输入并输出该整数的平方。

8. 请根据 12.4 节的内容完成 8 题～12 题。打印/etc/passwd 文件中所有使用 bash 作为登录 shell 的用户条目。

9. 打印/etc/passwd 文件中所有使用 sh 作为登录 shell 的用户条目。

10. 打印/etc/group 中包含“root”模式的行，并在每行前面显示行号。

11. 打印/etc/group 中不包含“root”模式的行。

12. 编写命名为 adduser 脚本。在脚本中添加一个 grep 命令，允许您确定用户名(nuucp)是否已在 mypasswd 文件中存在。测试模板文件中出现的所有 name 值。

13. 请根据 12.5 节的内容完成第 13、14 题。输出文件“/etc/passwd”中以“sh”结尾的行。输出该文件中第二个字符是“o”的行。从每行的开头删除前 4 个字符。删除包含“uu”模式的所有行。输出包含“oo”模式的所有行。

14. 将“/(root)”目录的详细列表作为输入，通过管道符号“|”发送给 sed 命令。创建一个包含 sed 命令的文件，以执行以下操作：如果行的第一个字母是“l”(符号链接 symbolic link。在 UNIX 和 Linux 系统中，符号链接是一种特殊类型的文件，它创建了一个指向另一个文件或目录的链接)，那么打印整行，并附加“＊＊＊＊ SYM LINK”。如果行的第一个字母是“-”，那么打印整行，并附加“＊＊＊＊ PLAIN FILE”。

15. 请根据 12.6 节的内容完成 15 题～24 题。使用文件 data.file 用于以下练习。对于文件中的每一行，先打印字符串“Name：”，然后是该人的名字和姓氏，中间用制表符隔开，接着打印字符串“Region：”，最后是该地区的缩写。

16. 使用 awk 命令，对于文件中的每一行，打印行号，后面跟一个冒号和一个制表符，最后打印整个记录。

17. 使用 awk 命令，将输出字段分隔符设置为制表符，并将此报告的初始标题设置为“＊＊＊＊＊ Regional Report ＊＊＊＊＊”。对于文件的每一行，打印行号，后面跟随着该人的姓氏，最后是该地区的名称。

18. 计算输入的行数(也就是记录数)，并在处理完所有数据后打印出来。最后一行内容“＊＊＊ The number of records is ”＋文件 data.file 的记录数。

19. 读取并打印 numexample2.nawk 文件的内容，该文件的内容如下：

```
{ total = total + $8 }
{ print "Field 8 = " $8 }
END { print "Total = " total }
```

其中，$8 表示第 8 个字段的值。该脚本会将每个记录中第 8 个字段的值累加到 total 变量中，并打印出每个记录中第 8 个字段的值以及所有记录中第 8 个字段的值的总和。

20. 从 data.file 文件中提取每一行的记录号和最后一个字段,并将它们以"Record: 行号 最后一个字段"的格式打印出来。NR 是一个内置变量,表示当前处理的行号。$NF 是一个内置变量,表示当前行的最后一个字段。

21. NF 为每个记录设置记录中的字段数,打印输入文件 raggeddata.file 中每个记录的记录号以及该记录的字段数。

22. awk 的 length()函数返回一个变量值的字符数。编写命令将打印字符串"Field 1 has",接着是 $1 中字符的个数,最后是字符串"letters"。

23. 编写命令将 data.file 的第二和第一列字段写入 textfile 文件中。

24. 格式化打印每一行的第 4 个字段($4)和第 7 个字段($7)。其中第 4 个字段,其长度为 10 个字符,如果字符串的长度不足 10 个字符,那么它将在前面填充空格以使其总长度为 10 个字符。第 7 个字段,其长度为 3 个字符,如果整数的长度不足 3 个字符,那么它将在前面填充空格以使其总长度为 3 个字符。

25. 请根据 12.7 节的内容完成 25 题、26 题。将/.profile 文件修改为确保仅在测试并验证 korn Shell 文件存在后,才将 Korn Shell 作为登录 shell 调用。

26. 用 Korn Shell 编写一个脚本,用于在系统中添加用户。首先,脚本检查是否只有一个命令行参数(在这种情况下,应该是新用户的用户名)。如果没有,则输出用法消息并退出。然后,该参数(新用户的用户名)被赋值给变量 name。接着,脚本使用 grep 检查在文件./mypasswd 中是否已经存在该用户名。如果存在,则输出消息并退出。接下来,脚本使用 awk 从./mypasswd 文件中提取所有用户 ID,并将这些 UID 存储在临时文件./currentuid 中。然后,使用 sed 从./currentuid 中删除所有 1、2 和 3 位数的 UID,并将结果存储在临时文件./currentuid2 中。接下来,使用 sed 从./currentuid2 中删除 UID 60001、60002 和 65534,并将结果存储在临时文件./currentuid3 中。然后,将./currentuid3 中的 UID 排序为数字顺序,并将结果存储在临时文件./currentuid4 中。最后,从./currentuid4 中找到最后一个 UID,然后计算下一个可用 UID,并将该 UID 输出为新添加用户的用户 ID。需要注意的是,此脚本没有实际创建用户账号或设置密码,只是计算并输出新的 UID。要真正添加用户,可能需要额外的步骤或特权。

27. 请根据 12.8 节的内容编写用于在系统中添加用户的 shell 脚本。输入用户名称、用户归属组别,检查用户输入的 shell 类型用户的注释信息,然后输出新用户的条目信息,并将新用户的信息追加到文件./mypasswd 中。如果用户输入的 shell 不是 csh/ksh/sh 三种之一,那么会输出错误信息并退出脚本。

28. 请根据 12.9 节的内容编写脚本,实现以下功能:检查输入的文件或目录,并输出相关的信息,如文件类型、大小等。如果输入的参数为空,脚本会输出用法信息并退出。

29. 请根据 12.10 节的内容编写脚本,实现以下功能:打印出位置参数的信息。它首先打印出脚本的名称(0),然后打印出每个位置参数的值(1,2,{10}等),以及位置参数的总数($#)。如果位置参数的数量大于或等于 5,那么它会将所有的位置参数向右移动 5 个位置(使用 shift 5 命令),然后打印出剩余的位置参数,并再次打印出位置参数的总数。

30. 请根据 12.11 节的内容编写脚本允许用户反复输入路径名,并使用 parsepath 函数来解析每个路径名。当用户输入 Control-D(表示结束输入)时,脚本将停止读取和解析路径名。

31. 请根据 12.12 节的内容编写一个脚本来向系统添加用户。生成一个登录 shell 选择菜单。为 Control-C 添加陷阱。

32. 请根据 12.13 节的内容编写一个大作业，该脚本用于消息处理，无论是信息、错误或警告，还是调试信息，消息返回的结构都是一致的，以方便开发人员阅读和解读日志文件。日志内容包括每个程序模块执行所花费的时间，提取的错误、警告。开发人员能够通过跟踪记录的消息序列来追溯一个脚本失败执行的情况。警报信息还可以通过邮件方式发送到不同责任人。

日志将显示类似以下内容：

```
I|Sep 28 2002 3|03|55|060AM|some_shell_script|Starting database work
I|Sep 28 2002 3|03|56|060AM|some_perl_script|Inserting data into all tables
I|Sep 28 2002 3|03|57|060AM|some_stored_proc|Inserting data into 'listings_ended'
working table
W|Sep 28 2002 3|03|58|060AM|some_stored_proc|Found currency with no mapping ...
I|Sep 28 2002 3|03|59|000AM|some_stored_proc|Inserting data into 'listings_ended'
working table
E|Sep 28 2002 3|03|59|060AM|some_insert_trigger|Insert permission denied
```

附录A 各章表格汇总

附录B 各章图片汇总

参考文献

[1] 亚伯拉罕·西尔伯沙茨，彼得·贝尔·高尔文，格雷格·加涅. 操作系统概念. 10版. 北京：机械工业出版社，2023.

[2] 安德鲁·S. 塔姆，等. 现代操作系统. 4版. 北京：机械工业出版社，2017.

[3] 特尼博姆，等. 操作系统设计与实现. 3版. 北京：清华大学出版社，2008.

[4] 威廉·斯托林斯. 操作系统精髓. 9版. 北京：电子工业出版社，2020.

[5] https://ocw.mit.edu/courses/6-828-operating-system-engineering-fall-2012/.

[6] https://www.kernel.org/.

[7] https://docs.freebsd.org/en/.

[8] https://support.xfusion.com/support/#/zh/product?anchor=fusionos.

图书资源支持

感谢您一直以来对清华版图书的支持和爱护。为了配合本书的使用，本书提供配套的资源，有需求的读者请扫描下方的“书圈”微信公众号二维码，在图书专区下载，也可以拨打电话或发送电子邮件咨询。

如果您在使用本书的过程中遇到了什么问题，或者有相关图书出版计划，也请您发邮件告诉我们，以便我们更好地为您服务。

我们的联系方式：

清华大学出版社计算机与信息分社网站：https://www.shuimushuhui.com/

地　　址：北京市海淀区双清路学研大厦 A 座 714

邮　　编：100084

电　　话：010-83470236　010-83470237

客服邮箱：2301891038@qq.com

QQ：2301891038（请写明您的单位和姓名）

资源下载：关注公众号“书圈”下载配套资源。

资源下载、样书申请

书圈

图书案例

清华计算机学堂

观看课程直播